高等学校建筑环境与能源应用工程专业
"十三五"规划 · "互联网+"创新系列教材

燃气输配与储存

黄小美 管延文 赵 丽 庞凤皎 李永存 蔡 磊 编著

中南大学出版社
www.csupress.com.cn
·长沙·

高等学校建筑环境与能源应用工程专业
"十三五"规划·"互联网+"创新系列教材编委会

主　任

廖胜明　　杨昌智　　王汉青

副主任（按姓氏笔画排序）

王春青　　周文和　　郝小礼　　曹小林　　寇广孝

委　员（按姓氏笔画排序）

王志毅　　方达宪　　向立平　　刘建龙　　齐学军

江燕涛　　孙志强　　苏　华　　杨秀峰　　李　沙

李新禹　　余克志　　谷雅秀　　邹声华　　张振迎

陈　文　　周乃君　　周传辉　　黄小美　　隋学敏

喻李葵　　傅俊萍　　管延文　　薛永飞

秘　书

刘颖维（中南大学出版社）

出版说明
Publisher's Note

遵照《国务院关于印发"十三五"国家战略性新兴产业发展规划的通知》（国发〔2016〕67号）提出的推进"互联网＋"行动，拓展"互联网＋"应用，促进教育事业服务智能化的发展战略，中南大学出版社理工出版中心、中南大学廖胜明教授、湖南大学杨昌智教授、南华大学王汉青教授等共同组织国内建筑环境与能源应用工程领域一批专家、学者组成"高等学校建筑环境与能源应用工程专业'十三五'规划·'互联网＋'创新系列教材"编委会，共同商讨、编写、审定、出版这套系列教材。

本套教材的编写原则与特色：

1. 新颖性

本套教材打破传统的教材出版模式，融入"互联网＋""虚拟化、移动化、数据化、个性化、精准化、场景化"的特色，最终建立多媒体教学资源服务平台，打造立体化教材。采用"互联网＋"的形式出版，其特点为：扫描书中的二维码，阅读丰富的工程图片，演示动画，操作视频，工程案例，拓展知识，三维模型等。

2. 严谨性

本套教材以《高等学校建筑环境与能源应用工程本科指导性专业规范》为指导，教材内容在严格按照规范要求的基础上编写、展开、丰富，精益求精，认真把好编写人员遴选关、教材大纲评审关、教材内容主审关。另外，本套教材的编辑出版，中南大学出版社将严格按照国家相关出版规范和标准执行，认真把好编辑出版关。

3. 实用性

本套教材针对 21 世纪学生的知识结构与素质特点，以应用型人才培养为目标，注重理论知识与案例分析相结合，将传统教学方式与基于现代信息技术的教学手段相结合，重点培养学生的工程实践能力，提高学生的创新素质。

4. 先进性

本套教材要既能突出建筑环境与能源应用工程专业理论知识的传承，又能尽可能全面反映该领域的新理论、新技术和新方法。本着面向实践、面向未来、面向世界的教育理念，培养符合社会主义现代化建设需要，面向国家未来建设，适应未来科技发展，德智体美全面发展以及具有国际视野的建筑环境与能源应用工程专业高素质人才。

本套教材不仅仅是面向建筑环境与能源应用工程专业本科生的课程教材，还可以作为其他层次学历教育和短期培训教材和广大建筑环境与能源应用工程专业技术人员的专业参考书。由于我们的水平和经验有限，这套教材可能会存在不尽人意的地方，敬请读者朋友们不吝赐教。编审委员会将根据读者意见、建筑环境与能源应用工程专业的发展趋势和教学手段的提升，对教材进行认真的修订，以期保持这套教材的时代性和实用性。

编委会

2018 年 6 月

前 言
Preface

21 世纪以来，我国燃气行业发展非常迅速，尤其是天然气得到了快速发展，天然气已经成为我国能源消费结构中重要的一种能源类型，液化石油气在城市零散用户及农村用户中占有较大比例，人工煤气在一些企业自用燃气中仍发挥重要作用。而随着国家对碳排放控制的不断加强，可再生的生物天然气及氢气也受到了越来越多的关注。天然气的输送方式已发展为管道输送为主，液化输送储存和压缩输送储存为补充的成熟体系，而吸附天然气及天然气水合物输送储存技术也处于研发之中，并建立了一些示范项目。

根据专业指导规范，《燃气输配与储存》是建筑环境与能源应用工程专业必须学习的内容，该规范还指出了应涵盖的知识点。因此，我们希望能够编写一本既能满足现阶段我国燃气行业发展需求，又能满足专业培养规范要求的《燃气输配与储存》教材。

本教材由从事燃气输配与储存相关教学工作的教师合作编写，其中第 1、3、4、6、8、14 章由重庆大学黄小美编写；第 2、5、9 章由华中科技大学管延文、蔡磊共同编写；第 7 章由湖南科技大学李永存编写；第 10、11 章由兰州交通大学庞凤皎编写；第 12、13 章由湖南工业大学赵丽编写；全书由黄小美统稿。

本书在编写过程中，参考了大量文献，在此表示衷心感谢。由于编者水平有限，书中错误和不妥之处，请读者批评指正。

编 者
2018 年 8 月

目 录
Contents

第 1 章　概述

1.1　燃气的来源及分类

广义上讲，一切可燃气体均可称为燃气。但城镇燃气是指符合有关规范要求，供给居民用户、商业用户(含公共建筑)、交通工具、采暖空调用户、工业企业及发电(含分布式发电)用户等作燃料用的具有公用性质的燃气，城镇燃气主要包括天然气、液化石油气和人工煤气。本书中所称燃气，均指城镇燃气。

1.1.1　天然气

天然气主要是由低分子的碳氢化合物组成的混合物。根据天然气气藏类型不同，一般可分为：气田气(或称纯天然气)、石油伴生气、凝析气田气、煤层气、页岩气和天然气水合物等。前三种属于常规天然气，后三种属于非常规天然气。

1. 气田气

气田气是从气井直接开采出来的天然气。气田气的成分以甲烷为主，甲烷含量在90%以上，还含有少量的二氧化碳、硫化氢、氮和微量的氦、氖、氩等气体。

2. 石油伴生气

伴随石油一起开采出来的低烃类气体称为石油伴生气。石油伴生气的甲烷含量约为80%，乙烷、丙烷和丁烷等含量约为15%。

3. 凝析气田气

凝析气田气是含石油轻质馏分的天然气。凝析气田气除含有大量甲烷外，还含有2%~5%的戊烷及其他碳氢化合物。

4. 煤层气

煤层气俗称瓦斯，是在成煤过程中生成并以吸附和游离状态赋存于煤层及周围岩石上的一种可燃气体。煤层气的主要成分是甲烷(通常占90%以上)，还有少量的二氧化碳、氮、氢以及烃类化合物，其低热值约为 35 MJ/m³。在煤层开采过程中，井巷中的煤层气与空气混合形成的气体称为矿井气。矿井气主要成分为甲烷(30%~55%)，氮气(30%~55%)，氧气及二氧化碳等，低热值约为 18 MJ/m³。

5.页岩气

页岩气是从页岩层中开采出来的天然气，是一种重要的非常规天然气资源。页岩气的形成和富集有着自身独特的特点，往往分布在盆地内厚度较大、分布广的页岩烃源岩地层中。与常规天然气相比，页岩气的开采周期短，开采费用高。页岩气的成分与气田气相近。

6.天然气水合物

天然气水合物即可燃冰，是分布于深海沉积物或陆域的永久冻土中，由天然气与水在高压低温条件下形成的类冰状的结晶物质。天然气水合物在地球上分布广泛，储量巨大，其碳储量约是当前已探明的所有化石燃料（包括煤、石油和天然气）中碳含量总和的 2 倍。

1.1.2　液化石油气

液化石油气是开采和炼制石油过程中，作为副产品而获得的一部分碳氢化合物。液化石油气可以从气、油田的开采中获取，称为天然石油气；也可从石油炼制过程中作为副产品提取，称为炼厂石油气。

1.天然石油气

天然石油气可从纯气田的天然气中获得，在一定条件下经过分离、吸收、分馏过程将天然气中的丙烷丁烷分离出来；也可以从油田的石油伴生气中获得，在开采石油过程中，石油伴生气与石油一起喷出，利用安装在油井上的油气分离器将石油和油田气分离，然后采用吸收法将气体中的各种碳氢化合物分离，并从中提取液化石油气。天然石油气的主要成分是丙烷和丁烷。

2.炼厂石油气

在石油的炼制和加工过程中产生的液化石油气，统称为炼厂石油气。其组成和产量取决于原料油的成分和性质、工艺流程及加工方法，根据炼油生产工艺，炼厂石油气可分为蒸馏器热裂化气、催化裂解气、催化重组气和焦化气四种。根据炼油方法不同获取的液化石油气组分也不同。其中，采用蒸馏法可获取高质量的液化石油气；而采用催化重组法获取的液化石油气是液化石油气主要来源之一。炼厂石油气的主要成分是丙烷、丙烯、丁烷和丁烯。

1.1.3　人工燃气

人工燃气是指以固体、液体（包括煤、重油、轻油等）为原料经转化制得，且符合现行国家标准《人工煤气》GB/T 13612 质量要求的可燃气体。根据制气原料和加工方式的不同，可生产多种类型的人工燃气。

1.干馏煤气

利用焦炉、炭化炉等对煤进行干馏所获得的煤气称为干馏煤气。用干馏方式生产煤气，每吨煤可产煤气 300～400 m³。这类煤气中甲烷和氢的含量较高，低热值约为 17 MJ/m³。干馏煤气的生产历史最长,曾是我国一些城镇燃气的重要气源。

2.气化煤气

加压气化煤气、水煤气、发生炉煤气等均属此类。

①加压气化煤气是在 2.0～3.0 MPa 的压力下,煤粉与蒸汽、氧气反应,获得的高压气化煤气。其主要成分为氢气、甲烷和一氧化碳,低热值约为 15 MJ/m³。

②水煤气和发生炉煤气主要成分为甲烷、一氧化碳和氢气。水煤气是常压下煤与水蒸气反应所得,其低热值约为 10 MJ/m³,发生炉煤气是常压下煤与空气、水蒸气反应所得燃气,其低热值约为 6 MJ/m³。由于这两种燃气的热值低,而且毒性大,故不可单独作为城镇燃气的气源,但可用来加热焦炉和连续直立式炭化炉,以顶替出热值较高的干馏煤气,增加供应城镇的气量,也可以和干馏煤气、重油蓄热裂解气掺混。

3.油制气

油制气是指利用石脑油或重油(炼油厂提取汽油、煤油和柴油之后所剩的油品)制取城镇燃气。按制取方法不同,可分为热裂解气和催化裂解气两种。热裂解气以甲烷、乙烯和丙烯为主要成分,低热值约为 41 MJ/m³。每吨重油的产气量为 500～550 m³。催化裂解气中氢气含量最多,也含有甲烷和一氧化碳,低热值约为 17 MJ/m³。

4.高炉煤气

高炉煤气是钢铁企业炼铁时的副产气,主要成分是一氧化碳和氮气,低热值约为 4 MJ/m³。高炉煤气可用作炼焦炉的加热煤气,以使更多的焦炉煤气供应城镇。高炉煤气也常用作锅炉的燃料或与焦炉煤气掺混用于工业气源。

5.煤制天然气

煤制天然气是指煤炭经过气化产生合成气,再经过甲烷化处理生产出的以甲烷为主的燃气,其组分和性质与常规天然气接近,可利用天然气管网进行输送。煤制天然气的耗水量在煤化工行业中相对较少,而转化效率又相对较高,技术已基本成熟,是生产石油替代产品的有效途径,且对环境的影响也较小。

1.1.4　其他燃气

随着全球对新能源和可持续能源的持续关注,一些新型燃气种类逐渐被开发利用,其中主要包括不同来源的生物质气、二甲醚、轻烃、氢气等。

1.生物质气

生物质气是以生物质为原料通过发酵、干馏或直接气化等方法产生的可燃气体。各种有机物质,如蛋白质、纤维素、脂肪、淀粉等,在隔绝空气的条件下发酵,并在微生物的作用下可产生可燃气体,又称为沼气。发酵的原料有粪便、垃圾、秸秆、杂草和落叶等有机物质。用于干馏和气化的秸秆、稻壳、树枝、木屑也是农业和林业的废弃物,因此生物质气属于可再生资源。沼气中甲烷的含量约为 60%,二氧化碳约为 35%,还含有少量的氢、一氧化碳等气体，低热值约为 21 MJ/m^3。

2. 二甲醚

二甲醚作为代替液化石油气的民用燃料已得到推广。而它作为柴油的代用燃料的潜在用途如能实现，市场前景将十分广阔。二甲醚在常温常压下为无色气体，有令人愉快的气味，燃烧时的火焰略带光亮，无毒。能与大多数极性和非极性有机溶剂混溶，与水能部分混溶，加入少量助剂后可与水以任意比例混溶。二甲醚易冷凝、易汽化，室温下蒸气压与液化石油气相似，其燃烧性质也与液化石油气相近。

3. 轻烃

目前使用的轻烃燃料主要来自石油炼厂的塔顶油、催化重整油或溶剂油厂的直馏馏分。液化石油气和液化石油气残液也可作为轻烃燃料使用。液化气残液的主要成分是戊烷(C_5)、己烷(C_6)、庚烷(C_7)等在常温下不能自然气化的燃料。利用轻烃必须为其提供气化所需的热量。

4. 氢气

氢气是一种无色、无味、无臭的气体，在通常情况下密度为 0.08988 kg/m^3，约为空气密度的 1/13。氢气在一般溶剂中的溶解度很低，用液态空气对氢气进行冷冻后加压，或使高压氢气通过绝热膨胀，都可以将氢气液化，在减压下令液态氢蒸发，可以将温度进一步降低使氢冻结为固体。氢具有高挥发性、高能量，是能源载体和燃料，单位质量发热量高，除核燃料外，氢的发热量是所有化石燃料、化工燃料和生物燃料中最高的，为 141.8 MJ/kg，氢气燃烧的产物是水，是世界上最干净的能源。氢气可以由水制取，而水是地球上最为丰富的资源。

1.2   燃气利用概述

1.2.1   居民和商业用

在居民日常生活中，燃气主要用于居民家庭热水和炊事燃料。与其他能源的热水器相比，燃气热水器具有供应热水及时、方便、持续时间长久、稳定且费用低的特点。燃气灶则具有火力猛、可调节等特点，特别适合中餐烹饪习惯。除此之外，城镇燃气也可以用于家庭烤箱、家用干衣机、分户式取暖等用途。居民用气量与城市规模、经济水平、地理位置有很大关系。通常说来，家庭平均每天用气量为 0.6~1.2 m^3 天然气。随着城市家庭生活水平的提高，人均耗热量将会增多，住宅用户是城镇燃气的一个最稳定的消费市场。民用燃具在种类、质量和产量等方面的技术进步，大大促进我国天然气在住宅中的使用。

在商业领域，城镇燃气可为食堂、医院、学校、宾馆、饮食业和公共服务等部门提供燃料以用于炊事、热水、采暖和空调等。尤其是天然气制冷技术的进步，使吸收式制冷空调的应用得到迅速推广。天然气热电冷联供技术的发展，使能源利用率大大加强，进一步体现了天然气作为清洁环保能源的巨大优势，拓宽了天然气的应用领域。

1.2.2　工业用

工业企业中，燃气可用作工业燃料，化工原料和发电燃料，其应用范围非常广泛。

（1）天然气作为工业炉燃料：工业炉是一种最常用的加热设备之一，工业用的能源有电、煤、油、气等。燃烧天然气的工业炉是火焰炉的一种，它比燃煤和燃油工业炉条件优越，调节方便，主要有以下特点：①工业炉一般能耗较大，与燃煤和燃料油对比，使用天然气，不必建设燃料储存场所和设备，无须备运操作，燃料使用前的管理工作简单，燃烧设备结构也简单，可节省占地、投资及操作费用。②天然气经过脱硫等预处理，燃烧产生的二氧化硫量少；含氮量也少，产生的燃料型氮氧化物少，因此天然气是一种清洁燃料。③燃烧器不存在结渣、结焦等问题，即使不完全燃烧，产生的炭黑也容易清理，燃烧器容易实现自动点火及火焰监测。

（2）天然气化工工业：天然气是制造氮肥的最佳原料，具有投资少、成本低、污染少等特点。天然气占氮肥生产原料的比重，世界平均为 80% 左右。

（3）天然气发电：天然气发电属于工业利用，而且是工业中消费天然气的主要用途之一，具有缓解能源紧缺、降低燃煤发电比例，减少环境污染的有效途径，且从经济效益看，天然气发电的单位装机容量所需投资少，建设工期短。天然气发电具有清洁环保低污染、可热电联产、能源利用率高等特点。

1.2.3　交通领域用

天然气和液化石油气可以用作车船替代燃料，例如压缩天然气汽车、液化天然气汽车、液化石油气汽车和液化天然气船舶等。压缩天然气汽车已经在全世界范围内广泛使用，技术成熟可靠，由于压缩天然气钢瓶自重大、存储能源密度低，压缩天然气汽车行驶里程一般较短。液化天然气汽车是以液化天然气为燃料的新一代天然气汽车，液化天然气钢瓶存储能源密度大，因而不仅可用于城市公交车辆，也可以用于长途客车和重载货运车辆。燃气汽车使用后尾气排放污染物均比汽油、柴油低，属于清洁的汽车替代燃料。

1.2.4　采暖通风和空调

燃气可用于集中或分户式的采暖和空调系统，例如燃气采暖热水炉、燃气暖风机、燃气空调、燃气锅炉等。

燃气锅炉的主要作用是将一定数量的可燃气体和空气通入燃烧设备中，通过可燃气体的燃烧将化学能转变为热能，给锅炉本体提供持续的热能。锅炉本体就是借助燃烧设备提供的热能将水转化为高温热水或水蒸气。燃气锅炉作为一种产生热能和动力的工艺设备，广泛地应用于电力、机械、化工、纺织及造纸等工业部门及宾馆、居民区采暖供热等方面。

燃气空调是以燃气为能源的空调设备。直燃型溴化锂吸收式制冷机组是由燃气（或燃油）直接驱动的双效吸收式制冷机组，可在夏季供冷，冬季供暖，全年提供生活热水，广泛应用于公共建筑中。

1.2.5　分布式能源系统

天然气冷热电联产和以此为基础发展起来的区域能源网络技术，是高效利用天然气领域取得的又一重大进步，是分布式能源系统的高级形式，它改变了传统的天然气燃料利用方式。

分布式能源(distributed energy sources，DES)系统是相对于集中能源生产(主要代表形式是大机组、大电厂、大系统的电力系统)而言的一种能源生产、供应系统，是一种分布在用户端的能源综合利用系统。分布式能源系统的一次能源以燃气为主，可再生能源(风能、太阳能、生物能等)为辅；二次能源以分布在用户端的热电联产或热电冷联产为主，其他中央能源供应系统为辅。它是一种直接满足用户多种需求的能源梯级利用系统。传统燃气锅炉供热方式将燃烧温度在 2000℃ 左右的高品质能源(天然气)直接转化成 90℃ 左右的热水，这是一种非常浪费的能源利用方式。燃气分布式能源系统先燃烧天然气产生高品质的电能，并对发电后的余热充分回收和利用，减少了电力长距离输送损失，与传统集中供电加分散燃气锅炉供热的能源利用方式相比可提高能源综合利用率30%～40%，节约大量一次能源，大幅度降低了二氧化碳的排放量。我国电力和天然气需求快速提高，但负荷时间分布极不均衡，昼夜和夏冬季节峰谷差别很大，电力需求高峰为夏季，而天然气需求高峰则为冬季。为了保障尖峰时段的有效供给，电力系统建设了大量调峰电厂，天然气主要靠在负荷区域增加储气装置来调节，这使得能源基础设施投入巨大但利用率却偏低。燃气分布式能源不仅能源利用率高，且夏季使用天然气发电、供冷和供生活热水，大大提高了天然气设施的利用率，同时降低了夏季电力峰值，优化了城市能源结构。

1.2.6 燃料电池

燃料电池被公认为是继火力、水力、核能之后的第四代发电装置和替代内燃机的动力装置，具有高效、清洁、低噪声等特点，与常规的火力发电厂相比，其优势十分突出。

燃料电池是一种在等温过程中直接将富氢燃料和氧化剂中的化学能通过电化学反应的方式转化为电能的发电装置。其基本结构单元由阳极、阴极和两极之间的电解质构成，两电极上附有催化剂以提高化学反应速度。图 1-1 所示为氢-氧燃料电池的基本工作原理，两电极的化学反应如下：

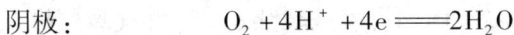

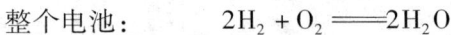

阳极：$\qquad 2H_2 =\!=\!= 4H^+ + 4e$

阴极：$\qquad O_2 + 4H^+ + 4e =\!=\!= 2H_2O$

整个电池：$\qquad 2H_2 + O_2 =\!=\!= 2H_2O$

工作时向阳极供给燃料(氢)，向阴极供给氧化剂(空气)。氢在阳极分解成正离子(H^+)和 e。氢离子进入电解液中，而电子则沿外部电路移向正极，用电的负载就接在外部电路中。在正极上，空气中的氧同电解液中的氢离子吸收抵达正极上的电子而形成水，这正是水电解反应的逆过程。因此，利用这个原理，只要将燃料和空气(氧)连续提供给燃料电池，它就能连续稳定地产生电能和热能。

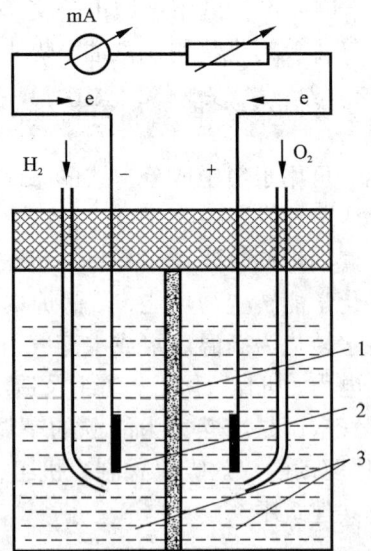

图 1-1 氢-氧燃料电池的基本工作原理

1—隔膜；2—电极；3—电解液

1.3 燃气的物理化学和热力学性质

燃气是由多种可燃与不可燃气体组成的混合物，是一种均匀混合物。燃气的性质取决于各组分气体的比例和性质。燃气组分中常见的低烃类和某些单一气体的基本性质分别列于表 1 - 1 和表 1 - 2 中。

表 1 - 1 某些低烃类气体的基本性质

气体名称	甲烷	乙烷	乙烯	丙烷	丙烯	正丁烷	异丁烷	正戊烷
分子式	CH_4	C_2H_6	C_2H_4	C_3H_8	C_3H_6	C_4H_{10}	C_4H_{10}	C_5H_{12}
相对分子质量 M_r	16.0430	30.0700	28.0540	44.0970	42.0810	58.1240	58.1240	72.1510
摩尔体积 $V_m/(m^3 \cdot kmol^{-1})$	22.3621	22.1874	22.2567	21.9362	21.990	21.5036	21.5977	20.891
密度 $\rho/(kg \cdot m^{-3})$	0.7174	1.3553	1.2605	2.0102	1.9136	2.7030	2.6912	3.4537
气体常数 $R/[J \cdot (kg \cdot K)^{-1}]$	517.1	273.7	294.3	184.5	193.8	137.2	137.8	107.3
临界参数 临界温度 T_c/K	191.05	305.45	282.95	368.85	364.75	425.95	407.15	470.35
临界压力 p_c/MPa	4.6407	4.8839	5.3398	4.3975	4.7623	3.6173	3.6578	3.3437
临界密度 $\rho_c/(kg \cdot m^{-3})$	162	210	220	226	232	225	221	232
发热量 高热值 $H_h/(MJ \cdot m^{-3})$	39.842	70.351	63.438	101.266	93.667	133.886	133.048	169.377
低热值 $H_l/(MJ \cdot m^{-3})$	35.902	64.397	59.477	93.240	87.667	123.649	122.853	156.733
爆炸极限 爆炸下限 $L_l/\%$	5.0	2.9	2.7	2.1	2.0	1.5	1.8	1.4
爆炸上限 $L_h/\%$	15.0	13.0	34.0	9.5	11.7	8.5	8.5	8.3
黏度 动力黏度 $\mu/(Pa \cdot s)$	10.393	8.600	9.316	7.502	7.649	6.835	—	6.355
运动黏度 $\nu/(mm^2 \cdot s^{-1})$	14.5	6.41	7.46	3.81	3.99	2.53	—	1.85
无因次系数	164	252	225	278	32`	377	368	383

注：①爆炸极限指在温度为 293 K，压力为 101.325 kPa 状态下的数据；②其余参数指在温度为 273.15 K，压力为 101.325 kPa 状态下的数据。

表 1 - 2 某些气体的基本性质

气体名称	一氧化碳	氢气	氮气	氧气	二氧化碳	硫化氢	空气	水蒸气
分子式	CO	H_2	N_2	O_2	CO_2	H_2S	—	H_2O
相对分子质量 M_r	28.0104	2.0106	28.0134	31.9988	44.0098	34.076	28.966	18.0154
摩尔体积 $V_m/(m^3 \cdot kmol^{-1})$	22.3984	22.427	22.403	22.3923	22.2601	22.1802	22.4003	21.629
密度 $\rho/(kg \cdot m^{-3})$	1.2506	0.0899	1.2504	1.4291	1.9771	1.5363	1.2931	0.833
气体常数 $R/[J \cdot (kg \cdot K)^{-1}]$	296.63	4126.64	296.66	259.585	188.74	241.45	286.867	445.357
临界参数 临界温度 T_c/K 临界压力 p_c/MPa 临界密度 $\rho_c/(kg \cdot m^{-3})$		33.30 1.2970 31.015	126.2 3.3944 310.91	154.8 5.0764 430.09	304.2 7.3866 468.19		132.5 3.7663 320.07	647.3 22.1193 321.07
发热值 高热值 $H_h/(MJ \cdot m^{-3})$ 低热值 $H_l/(MJ \cdot m^{-3})$	12.636 12.636	12.745 10.786				25.348 23.368		
爆炸极限 爆炸上限 $L_l/\%$ 爆炸下限 $L_h/\%$	12.5 74.2	4.0 75.9				4.3 45.5		
黏度 动力黏度 $\mu/(Pa \cdot s)$ 运动黏度 $\nu/(mm^2 \cdot s^{-1})$	16.573 13.30	8.355 93.0	16.671 13.30	19.417 13.60	14.023 7.09	11.670 7.63	17.162 13.4	8.434 10.12
无因次系数 C	104	81.31	112	131	266		112	

注：①爆炸极限指在温度为 293 K，压力为 101.325 kPa 状态下的数据；②其余参数指在温度为 273.15 K，压力为 101.325 kPa 状态下的数据。

1.3.1 燃气的平均参数

1. 燃气的平均相对分子质量、平均密度和相对密度

燃气一般都是由多种气体组成的混合气体或混合液化气体，通常把它假设成具有平均参数的某一种物质来计算其平均相对分子质量、平均密度和相对密度等参数。

（1）平均相对分子质量

①混合气体的平均相对分子质量按式（1-1）计算，即

$$M_r = \varphi_1 M_{r_1} + \varphi_2 M_{r_2} + \cdots + \varphi_n M_{r_n} \tag{1-1}$$

式中：M_r——混合气体平均相对分子质量；

$\varphi_1, \varphi_2, \cdots, \varphi_n$——混合气体各组分的体积分数；

$M_{r_1}, M_{r_2}, \cdots, M_{r_n}$——混合气体各组分的相对分子质量。

②混合液体的平均相对分子质量可按式(1-2)计算,即

$$M_r = x_1 M_{r_1} + x_2 M_{r_2} + \cdots + x_n M_{r_n} \qquad (1-2)$$

式中：M_r——混合液体平均相对分子质量；

x_1，x_2，$\cdots$，x_n——混合液体各组分的体积分数；

M_{r_1}，M_{r_2}，$\cdots$，M_{r_n}——混合液体各组分的相对分子质量。

(2)燃气的平均密度和相对密度

单位体积燃气所具有的质量称为燃气的平均密度。

①密度按式(1-3a)或式(1-3b)计算,即

$$\rho = \varphi_1 \rho_1 + \varphi_2 \rho_2 + \cdots + \varphi_n \rho_n \qquad (1-3a)$$

或

$$\rho = \frac{M}{V_m} \qquad (1-3b)$$

式中：ρ——混合气体平均密度,kg/m^3；

ρ_1，ρ_2，$\cdots$，ρ_n——混合气体各组分在标准状态下的密度,kg/m^3；

M——混合气体的摩尔质量,kg/mol；

V_m——混合气体平均摩尔体积,m^3/mol。

混合气体的摩尔质量 M 与混合气体的平均相对分子质量 M_r 在数值上相等,单位不同。

在标准状态下,由双原子气体和甲烷组成的混合气体的平均摩尔体积 V_m 可取 $0.0224\ m^3/mol$,由其他碳氢化合物组成的混合气体的平均摩尔体积则取 $0.022\ m^3/mol$。平均摩尔体积也可按式(1-4)精确计算。

$$V_m = \varphi_1 V_{m_1} + \varphi_2 V_{m_2} + \cdots + \varphi_n V_{m_n} \qquad (1-4)$$

式中：V_{m_1}，V_{m_2}，$\cdots$，V_{m_n}——混合气体各组分摩尔体积,m^3/mol。

湿燃气体积分数可按式(1-5)换算

$$\varphi_{w_i} = \frac{0.833}{0.833+d} \varphi_i = k\varphi_i \quad k = \frac{0.833}{0.833+d} \qquad (1-5)$$

式中：φ_{w_i}——湿燃气体积分数；

φ_i——干燃气体积分数；

k——换算系数；

d——燃气的含湿量,kg/m^3(干燃气)；

0.833——水蒸气密度,kg/m^3。

湿燃气平均密度可按式(1-6)计算,即

$$\rho_w = (\rho + d) \times \frac{0.833}{0.833+d} \qquad (1-6)$$

式中：ρ_w——湿燃气密度,kg/m^3；

ρ——干燃气密度,kg/m^3。

②混合气体相对密度是指气体的平均密度与标准状态下空气密度的比值,可按式(1-7)计算

$$S = \frac{\rho}{1.293} = \frac{M}{1.293 V_m} \qquad (1-7)$$

式中：S——混合气体相对密度；

1.293——标准状态下空气的密度，kg/m^3。

混合气体的相对密度可以按式（1-3a）和式（1-7）间接求得，也可以根据《城镇燃气热值和相对密度测定方法》GB/T 12206 中相关规定，使用燃气相对密度计直接测定。

几种燃气的平均密度和相对密度列于表1-3中。

表1-3　几种燃气的平均密度和相对密度

燃气种类	平均密度/（$kg \cdot m^{-3}$）	相对密度
天然气	0.75~0.8	0.58~0.62
焦炉煤气	0.4~0.5	0.3~0.4
气态液化石油气	1.9~2.5	1.5~2.0

由表1-3可知，天然气、焦炉煤气都比空气轻，而气态液化石油气约比空气重一倍。

③混合液体的平均密度为

$$\rho = \frac{1}{\dfrac{w_1}{\rho_1} + \dfrac{w_2}{\rho_2} + \cdots + \dfrac{w_n}{\rho_n}} \tag{1-8}$$

式中：ρ——混合液体的平均密度，kg/m^3；

$w_1, w_2, \cdots, w_n$——混合液体中各组分的质量分数；

$\rho_1, \rho_2, \cdots, \rho_n$——混合液体各组分的密度，$kg/m^3$。

④混合液体平均密度与101.325 kPa、277 K 时水的密度（1 kg/L）的比值称为混合液体相对密度。故液体的相对密度与平均密度在数值上相等。

在常温下，液态液化石油气的密度是$(0.5 \sim 0.6) \times 10^3 \ kg/m^3$，其相对密度为$0.5 \sim 0.6$。

2.临界参数

当气体温度不超过某一数值，对气体进行加压，可以使气体液化，而在该温度以上，无论加多大压力都不能使气体液化。可以使气体压缩成液态的这个极限温度称为该气体的临界温度。在临界温度下，使气体液化所必需的压力称为临界压力，此时的状态称为临界状态，气体的各项参数称为临界参数。

图1-2所示为在不同温度下对气体加压时，其压力和体积的变化情况。从E点开始压缩至D点开始液化，到B点液化完成，DB段相当于气体凝结成液体的过程，这时气液两相处于气液共存状态，称为饱和状态；而当气体从F点开始压缩至C点开始的状态与前者不同。C点为临界点，气体在C点所处的状态称

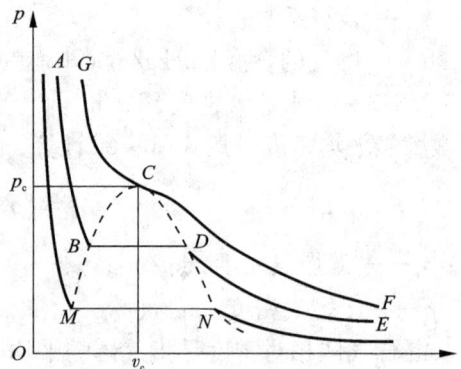

图1-2　临界状态

为临界状态,在临界点上气态和液态没有明显差别。这时的温度 T_c、压力 p_c、比容 v_c 和密度 ρ_c 分别称作临界温度、临界压力、临界比容和临界密度。在图 1-2 中 *CBM* 是不同温度下气体液化终了各点的连线,称为饱和液体线;*CDN* 是气体开始液化各点的连线,称为干饱和蒸气线。这些界限将图分成三个区域,*NDCG* 线的右边是气体状态,*MBCG* 线左边是液体状态,而在 *MCN* 线以下为气液共存状态。

气体的临界温度越高,越易液化。天然气的主要成分甲烷的临界温度低,故较难液化。而组成液化石油气的碳氢化合物的临界温度较高,故较易液化。

几种气体的液态-气态平衡曲线如图 1-3 所示。图 1-3 中的曲线是蒸气和液体的分界线,曲线左侧为液态,右侧为气态。

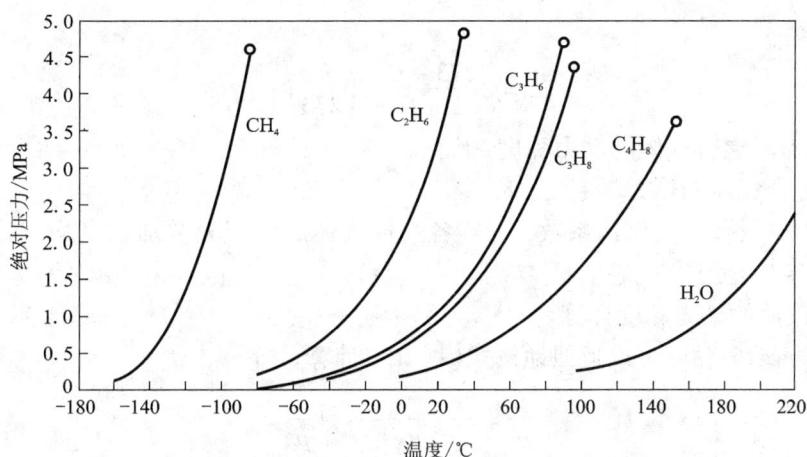

图 1-3　几种气体的液态-气态平衡曲线

由图 1-3 可知,气体温度比临界温度越低,则液化所需压力越小。例如 20℃时,使丙烷液化的绝对压力为 0.846 MPa,而当温度为 -20℃时,在 0.248 MPa 绝对压力下即可液化。

混合气体的平均临界压力和平均临界温度分别按式(1-9)和式(1-10)计算,即

$$P_{m \cdot c} = \varphi_1 P_{c_1} + \varphi_2 P_{c_2} + \cdots + \varphi_n P_{c_n} \tag{1-9}$$

$$T_{m \cdot c} = \varphi_1 T_{c_1} + \varphi_2 T_{c_2} + \cdots + \varphi_n T_{c_n} \tag{1-10}$$

式中:$P_{m \cdot c}$——混合气体的平均临界压力,MPa;

$T_{m \cdot c}$——混合气体的平均临界温度,K;

P_{c_1},P_{c_2},$\cdots$,P_{c_n}——各组分的临界压力,MPa;

T_{c_1},T_{c_2},$\cdots$,T_{c_n}——各组分的临界温度,K;

φ_1,φ_2,$\cdots$,φ_n——各组分的体积分数。

3. 黏度

物质的黏性用黏度来表示。黏度一般用动力黏度 μ 和运动黏度 ν 表示。气体的动力黏度随温度升高而增加,液体的动力黏度随温度的升高而减小。气体在小于 1 MPa 压强作用下,可以认为它们的动力黏度与压强无关。但在高压作用下,气体和液体的动力黏度都将随压强

的升高而增大。

(1)混合气体的动力黏度计算

混合气体的动力黏度可以近似按式(1-11)计算,即

$$\mu = \frac{w_1 + w_2 + \cdots + w_n}{\frac{w_1}{\mu_1} + \frac{w_2}{\mu_2} + \cdots + \frac{w_n}{\mu_n}} \qquad (1-11)$$

式中:μ——混合气体在0℃时的动力黏度,Pa·s;

$w_1, w_2, \cdots, w_n$——各组分的质量分数;

$\mu_1, \mu_2, \cdots, \mu_n$——相应各组分在0℃时的动力黏度,Pa·s。

若以μ表示0℃时混合气体的动力黏度,则t℃时混合气体的动力黏度按式(1-12)计算,即

$$\mu_t = \mu \frac{273 + C}{T + C} \times \left(\frac{T}{273}\right)^{\frac{1}{2}} \qquad (1-12)$$

式中:μ_t——t℃时混合气体的动力黏度,Pa·s;

T——混合气体的热力学温度,K;

C——混合气体的无因次系数,可按各组成气体的体积分数加权平均求得。单一气体的C值由表1-1、表1-2查得。

(2)混合液体的动力黏度计算

混合液体的动力黏度可以近似地按式(1-13)计算,即

$$\frac{1}{\mu} = \frac{x_1}{\mu_1} + \frac{x_2}{\mu_2} + \cdots + \frac{x_n}{\mu_n} \qquad (1-13)$$

式中:$x_1, x_2, \cdots, x_n$——各组分的摩尔分数;

$\mu_1, \mu_2, \cdots, \mu_n$——相应各组分的动力黏度,Pa·s;

μ——混合液体的动力黏度,Pa·s。

(3)混合气体和混合液体的运动黏度计算

混合气体和混合液体的运动黏度为

$$\nu = \frac{\mu}{\rho} \qquad (1-14)$$

式中:ν——混合气体或混合液体的运动黏度,m²/s;

μ——混合气体或混合液体的动力黏度,Pa·s;

ρ——混合气体或混合液体的平均密度,kg/m³。

不同温度下液态甲烷的动力黏度见表1-4,不同温度下其他液态碳氢化合物的动力黏度见图1-4。

表1-4 不同温度下液态甲烷的动力黏度

温度/K	110	111.63	120	130	140	150	160	170	180	190	190.65
动力黏度 μ /(Pa·s)	122.3	118.3	98.4	80.7	66.9	55.8	46.4	38	30	18.7	16.5

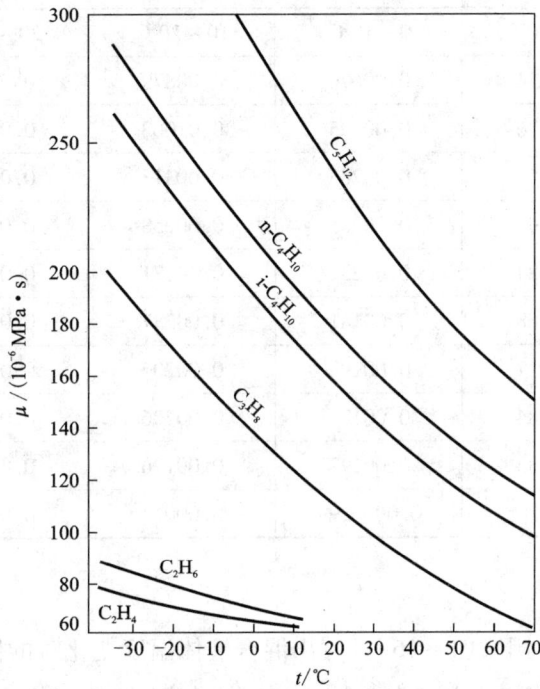

图 1 - 4 不同温度下其他液态碳氢化合物的动力黏度

液态碳氢化合物的动力黏度随相对分子质量的增加而增大，随温度的上升而急剧减小。而气态碳氢化合物的动力黏度则正相反，相对分子质量越大动力黏度越小，温度越上升，动力黏度越大，对于一般的气体都适用。

4.体积膨胀系数

大多数物质具有热胀冷缩的性质。通常将温度每升高 1℃，液体体积增加的倍数称为体积膨胀系数。

一些液态碳氢化合物的体积膨胀系数列于表 1 - 5。

由表 1 - 5 中数据可以看出，液态碳氢化合物的体积膨胀系数很大。在灌装容器时必须考虑由温度变化引起的体积增大，留出必需的气相空间容积。

（1）单一液体

对于单一液体，可以用式（1 - 15）计算出单一液体温度变化时的体积变化值。

$$V_2 = V_1 [1 + \alpha (t_2 - t_1)] \qquad (1 - 15)$$

式中：V_2——温度为 t_2 时的液体体积，m^3；

　　　V_1——温度为 t_1 时的液体体积，m^3；

　　　α——$t_1 \sim t_2$ 温度范围的体积膨胀系数平均值，K^{-1}。

表 1-5　某些液态碳氢化合物和水的体积膨胀系数

名称	-30~0℃	0~10℃	10~20℃	20~30℃	30~40℃
乙烯	0.00454	0.00674	0.00879	0.01357	—
乙烷	0.00436	0.00495	0.01063	0.03309	—
丙烯	0.00254	0.00283	0.00313	0.00329	0.00354
丙烷	0.00246	0.00265	0.00258	0.00352	0.00340
异丁烷	0.00184	0.00233	0.00171	0.00297	0.00217
正丁烷	0.00168	0.00181	0.00237	0.00173	0.00227
1-丁烯	0.00217	0.00198	0.00206	0.00214	0.00227
异丁烯	0.00184	0.00191	0.00206	0.00213	0.00226
异戊烷	0.00133	0.00192	0.00126	0.00186	0.00122
水	—	0.0000299	0.00014	0.00026	0.00035

（2）混合液体

对于混合液体，可以用式（1-16）计算出混合液体温度变化时的体积变化值。

$$V_2' = V_1'\varphi_1[1+\alpha_1(t_2-t_1)] + V_1'\varphi_2[1+\alpha_2(t_2-t_1)] + \cdots + V_1'\varphi_n[1+\alpha_n(t_2-t_1)]$$

$$(1-16)$$

式中：V_1'、V_2'——温度为 t_1、t_2 时混合液体的液体体积，m^3；

φ_1，φ_2，$\cdots$，φ_n——温度为 t_1 时混合液体各组分的体积分数，%；

α_1，α_2，$\cdots$，α_n——各组分由 $t_1\sim t_2$ 温度范围的体积膨胀系数平均值，K^{-1}。

5. 气化潜热

气化潜热就是单位质量（1 kg）的液体变成与其处于平衡状态的蒸气时所吸收的热量。某些碳氢化合物在 101.325 kPa 压力下，沸点时的气化潜热见表 1-6。

表 1-6　部分碳氢化合物沸点时的气化潜热

名称	甲烷	乙烷	丙烷	正丁烷	异丁烷	乙烯
气化潜热/(kJ·kg⁻¹)	510.8	485.7	422.9	383.5	366.3	481.5
名称	丙烯	1-丁烯	2-顺丁烯	2-反丁烯	异丁烯	正戊烷
气化潜热/(kJ·kg⁻¹)	439.6	391.0	416.2	405.7	394.4	355.9

混合液体气化潜热可按式（1-17）计算，即

$$r = w_1 r_1 + w_2 r_2 + \cdots + w_n r_n$$

$$(1-17)$$

式中：r——混合液体的气化潜热，kJ/kg；

w_1，w_2，$\cdots$，w_n——混合液体各组分的质量分数，%；

r_1，r_2，$\cdots$，r_n——混合液体中各组分的气化潜热，kJ/kg。

气化潜热因气化时的压力和温度而异，气化潜热与温度的关系表达式可见式（1-18），即

$$r_1 = r_2 \left(\frac{t_c - t_1}{t_c - t_2} \right)^{0.38} \qquad (1-18)$$

式中：r_1——温度为 t_1 时的气化潜热，kJ/kg；

r_2——温度为 t_2 时的气化潜热，kJ/kg；

t_c——临界温度，℃。

某些烷烃和烯烃在不同温度下的气化潜热见图 1-5 和图 1-6。

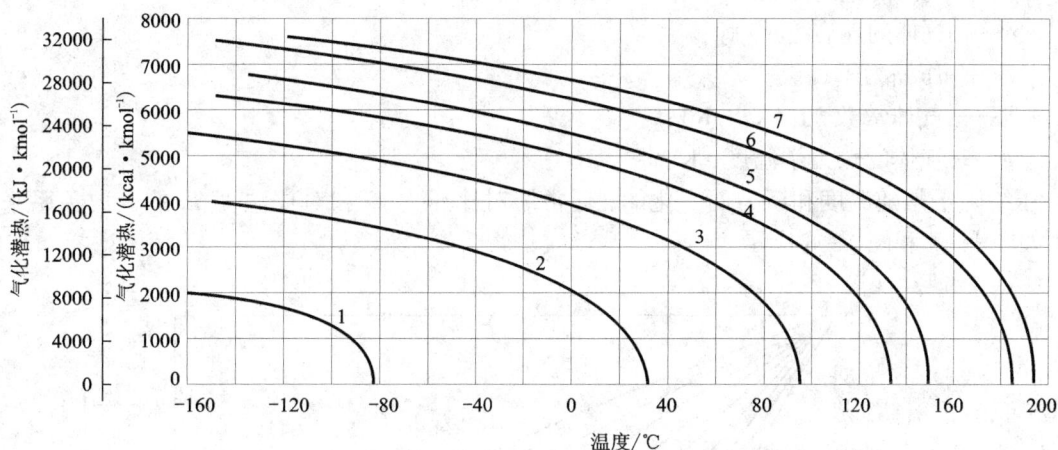

图 1-5 某些烷烃的气化潜热与温度的关系

1—甲烷；2—乙烷；3—丙烷；4—异丁烷；5—正丁烷；6—异戊烷；7—正戊烷

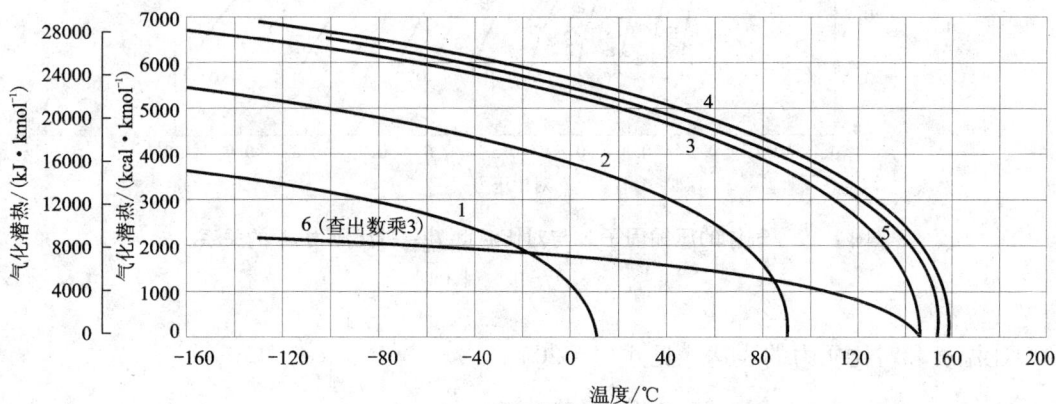

图 1-6 某些烯烃的气化潜热与温度的关系

1—乙烯；2—丙烯；3—1—丁烯；4—2—顺丁烯；5—2—反丁烯；6—异丁烯

由图 1-5 和图 1-6 可知，烷烃和烯烃的气化潜热随着温度的升高而减小，达到临界温度时，气化潜热等于零。

1.3.2　燃气的压缩因子与状态方程

当燃气压力低于 1 MPa 和温度在 10 ~ 20℃时，在工程上可以当作理想气体。当压力很高（如高压管道或压力容器中的天然气），温度很低时，用理想气体状态方程进行计算所引起的误差将很大。实际工程中，在理想气体方程中引入修正项而得到实际气体性质的状态方程。如在相同温度和压力下，实际气体的比容 v 与理想气体状态方程计算的比容的比值称为压缩因子，也称压缩性系数，用符号 Z 表示，即

$$pv = ZRT \tag{1-19}$$

式中：p——气体的绝对压力，Pa；

v——气体的比容，m^3/kg；

Z——压缩因子；

R——气体常数，$J/(kg \cdot K)$；

T——气体的热力学温度，K。

压缩因子是随温度和压力而变化的，通常用对比压力 p_r 和对比温度 T_r 的函数关系来表示，如图 1-7 和图 1-8 所示。

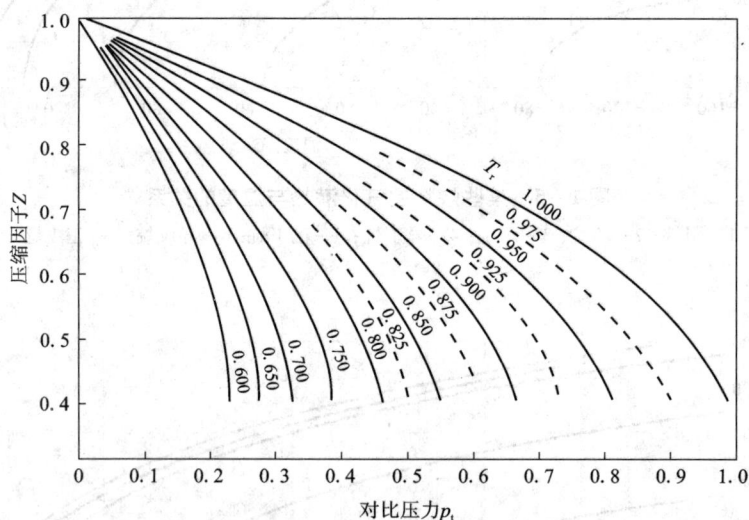

图 1-7　气体的压缩因子 Z 与对比温度 T_r、对比压力 p_r 的关系

（当 $p_r < 1$，$T_r = 0.6 \sim 1.0$ 时）

对比温度和对比压力的表达式见式(1-20)

$$p_r = \frac{p}{p_c} \quad T_r = \frac{T}{T_c} \tag{1-20}$$

式中：T——气体的工作温度，K；

T_c——气体的临界温度，K，若为混合气体则用平均临界温度 $T_{m \cdot c}$；

p——气体的工作压力（绝对压力），Pa；

p_c——气体的临界压力，Pa，若为混合气体则用平均临界压力 $p_{m \cdot c}$。

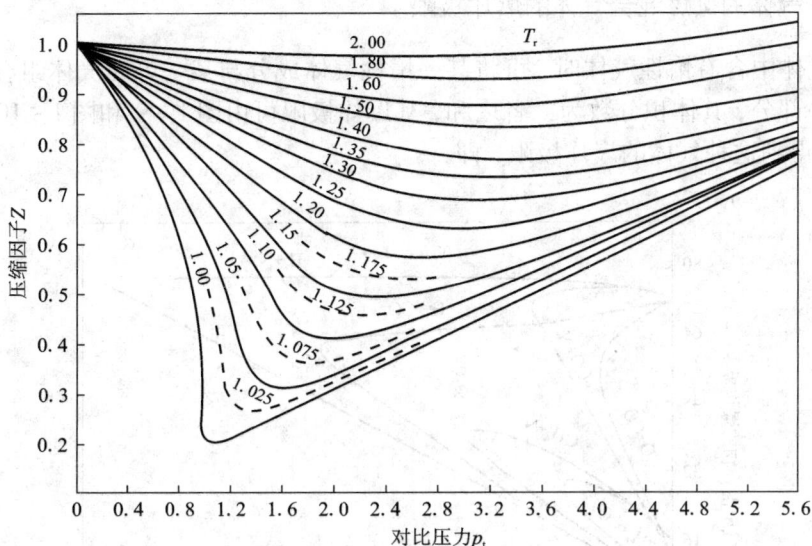

图 1 - 8 气体的压缩因子 Z 与对比温度 T_r、对比压力 p_r 的关系

（当 $p_r < 5.6$，$T_r = 1.0 \sim 2.0$ 时）

对于混合气体，首先要先按式（1 - 9）、式（1 - 10）确定平均临界压力与平均临界温度，然后按式（1 - 20）计算对比压力和对比温度，再由图 1 - 7、图 1 - 8 查得压缩因子。

在天然气输气管线中也常采用式（1 - 21）计算或根据式（1 - 22）计算。

$$Z = \frac{100}{100 + 0.113(p \times 10)^{1.15}} \quad\quad\quad (1-21)$$

$$Z = 1 - \frac{0.0241p}{1 - 1.68T_r + 0.78T_r^2 + 0.0107T_r^3} \quad\quad\quad (1-22)$$

1.3.3 燃气爆炸极限和混合安全性

可燃气体和空气的混合物遇点火源而引起爆炸时的可燃气体浓度范围称为爆炸极限。在这种混合物中，当可燃气体的含量减少到使燃烧不能进行，即不能形成爆炸混合物时的含量，称为可燃气体的爆炸下限；而当可燃气体含量增加到某一程度，由于缺氧而无法燃烧，以致不能形成爆炸混合物时的含量，称为爆炸上限。

1. 不含氧及惰性气体燃气的爆炸极限

不含氧及惰性气体燃气的爆炸极限可按式（1 - 23）计算：

$$L = \frac{1}{\dfrac{\varphi_1}{L_1} + \dfrac{\varphi_2}{L_2} + \cdots + \dfrac{\varphi_n}{L_n}} \quad\quad\quad (1-23)$$

式中：L——混合气体的爆炸极限；

L_1，L_2，$\cdots$，L_n——混合气体中各可燃气体的爆炸极限；

φ_1，φ_2，$\cdots$，φ_n——混合气体中各可燃气体的体积分数。

2. 含惰性气体的可燃混合气体的爆炸极限

当混合气体中含有惰性气体时，可将某一惰性气体成分与某一可燃气体组合起来视为混合气体中的一部分，其体积分数为二者之和，其爆炸极限可由图1-9和图1-10查得。然后按式(1-24)得到这种气体的爆炸极限，即

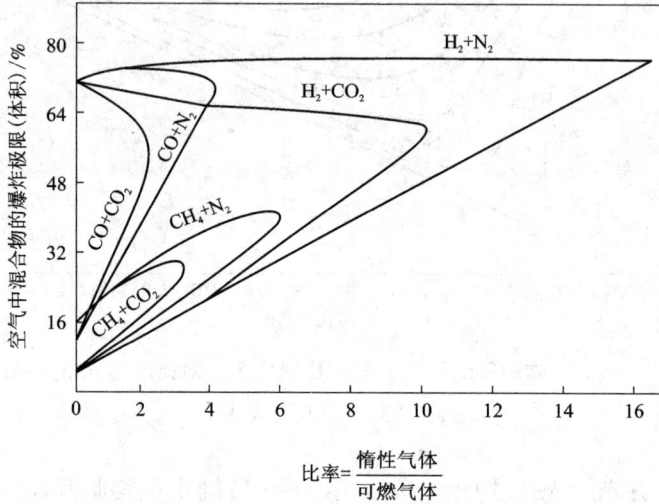

图1-9　用氮或二氧化碳和氢、一氧化碳、甲烷混合时的爆炸极限

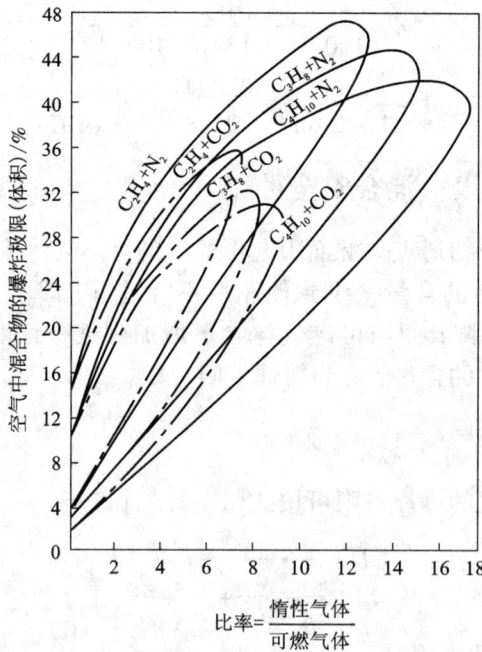

图1-10　用氮或二氧化碳和乙烯、丙烷、丁烷混合时的爆炸极限

$$L = \cfrac{1}{\left(\cfrac{\varphi_1'}{L_1'} + \cfrac{\varphi_2'}{L_2'} + \cdots + \cfrac{\varphi_n'}{L_n'}\right) + \left(\cfrac{\varphi_1}{L_1} + \cfrac{\varphi_2}{L_2} + \cdots + \cfrac{\varphi_n}{L_n}\right)} \tag{1-24}$$

式中：L——含有惰性气体的混合气体的爆炸极限；

φ_1'，φ_2'，$\cdots$，φ_n'——由某一可燃气体成分与某一惰性气体成分组成的混合组分在混合气体中的体积分数；

L_1'，L_2'，$\cdots$，L_n'——由某一可燃气体成分与某一惰性气体成分组成的混合组分在该混合比时的爆炸极限；

φ_1，φ_2，$\cdots$，φ_n——未与惰性气体组合的可燃气体成分在混合气体中的体积分数；

L_1，L_2，$\cdots$，L_n——未与惰性气体组合的可燃气体成分的爆炸极限。

对于含有惰性气体的混合气体，也可以不采用上述组合法计算爆炸极限，而采用公式修正法，其修正公式为

$$L = L^c \cfrac{1 + \cfrac{\varphi_N}{1 - \varphi_N}}{1 + L^c \cfrac{\varphi_N}{1 - \varphi_N}} \tag{1-25}$$

式中：L——含有惰性气体的混合气体的爆炸极限；

L^c——该燃气的可燃基（扣除了惰性气体含量后，重新调整计算出的各燃气体积分数）的爆炸极限；

φ_N——含有惰性气体的燃气中，惰性气体的体积分数。

3. 含有氧气的混合气体爆炸极限

当混合气体中含有氧气时，则可认为混入了空气。因此，应先扣除氧含量以及按空气的氧氮比例求得的氮含量，并重新调整混合气体中各组分的体积分数得到该混合气体的无空气基组成，再按式(1-23)算出该混合气体的无空气基爆炸极限。对于这种含有氧气(可折算出相应的空气)的混合气体，也可以将它看为一个整体，则相应有其在空气中的爆炸极限值。一般将其称为该混合气体的整体爆炸极限，其表达式为

$$L^T = \frac{L^{nA}}{1 - \varphi_{Air}} \tag{1-26}$$

式中：L^T——包含有空气的混合气体的整体爆炸极限；

L^{nA}——该混合气体的无空气基爆炸极限；

φ_{Air}——空气在该混合气体中的体积分数。

1.3.4 焦耳-汤姆逊系数

气体在管道中流过突然缩小的截面，如阀门或孔口等，而又未及时与外界进行热量交换的过程称为绝热节流。在压缩天然气供应系统中除设置调压器等装置外，还采用了较多的阀门，压缩天然气在通过这些节流设备后产生较大的压力降，温度相应也出现明显降低，即发生焦耳-汤姆逊效应。实践证明，节流后温度下降可能导致压缩天然气气相组分出现结露冰堵问题，这也是压缩天然气供应系统中需设置加热装置的原因。

绝热节流温度效应常用绝热节流系数 μ_J（也称焦耳 – 汤姆逊系数）来表示，定义式为：

$$\mu_J = \left(\frac{\partial T}{\partial p}\right)_h \qquad (1-27)$$

其物理意义为单位压力降下的温度变化值。根据天然气的组分、调压前压力 p_1、调压前温度 T_1、调压后的压力 p_2 可计算焦耳 – 汤姆逊系数。

此外，工程上常采用图解法确定焦耳 – 汤姆逊系数，如图 1 – 11 所示，该图横坐标为天然气对比压力，纵坐标为临界压力和临界温度下的关系式(1 – 28)值：

$$\frac{p_{m,c} c_p'' \mu_J}{T_{m,c}} \qquad (1-28)$$

式中：μ_J——焦耳 – 汤姆逊系数，K/Pa；

c_p''——调压前状态下天然气的定压摩尔比热，$J/(mol \cdot K)$；

$p_{m,c}$——天然气的平均临界压力，Pa；

$T_{m,c}$——天然气的平均临界温度，K。

根据天然气组分计算天然气的平均临界压力 $p_{m,c}$ 和平均临界温度 $T_{m,c}$；天然气的压力取调压前的压力 p_1（绝对压力），天然气的温度取调压前的温度 $T_1(K)$，再由式(1 – 20)计算对比压力 p_r 和对比温度 T_r；查图 1 – 11 得到对应的纵坐标值；代入天然气的相应量的值，即可得到焦耳 – 汤姆逊系数。

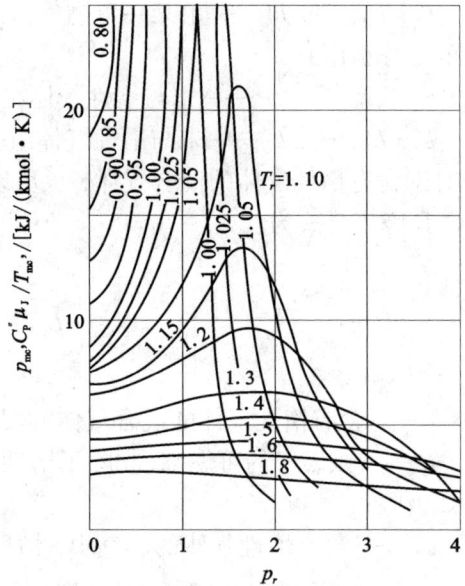

图 1 – 11   确定节流效应的关系曲线

此外，在管输天然气中，当甲烷的体积含量大于 85% 时，焦耳 – 汤姆逊系数可按式(1 – 29)计算：

$$\mu_J = \frac{1}{c_p}\left(\frac{0.908 \times 10^6}{T_1^2} - 1.5\right) \qquad (1-29)$$

式中：μ_J——焦耳 – 汤姆逊系数，K/MPa；

c_p——节流前状态下天然气的定压质量比热，$kJ/(kg \cdot K)$；

T_1——未加热的天然气调压降温前的温度，K。

1.3.5   露点

饱和蒸气经冷却或加压，立即处于过饱和状态，当遇到接触面或凝结核便液化成露，这时的温度称为露点。

对于气态碳氢化合物，与表 1 – 7 所列的饱和蒸气压相应的温度也就是露点。例如，丙烷在 0.349 MPa 压力时露点为 – 10℃；而在 0.846 MPa 压力时露点为 + 20℃。气态碳氢化合物在某一蒸气压时的露点也就是液体在同一压力时的沸点。

表 1-7 不同温度下部分液态烃的饱和蒸气压

温度/℃	乙烷	乙烯	丙烷	丙烯	正丁烷	异丁烷	1-丁烯
-40	0.792	1.47	0.114	0.15	—	—	0.023
-35	—	1.65	0.143	0.18	—	—	0.028
-30	1.085	1.88	0.171	0.21	—	0.0547	0.033
-25	—	2.18	0.208	0.25	—	0.0612	0.036
-20	1.446	2.56	0.248	0.31	—	0.0742	0.056
-15	—	2.91	0.295	0.38	0.0578	0.0920	0.074
-10	1.891	3.34	0.349	0.45	0.0812	0.1120	0.095
-5	—	3.79	0.414	0.52	0.0976	0.1380	0.113
0	2.433	4.29	0.482	0.61	0.1170	0.1629	0.139
+5	—	—	0.556	0.7	0.1410	0.1962	0.165
+10	3.079	—	0.646	0.79	0.1675	0.2290	0.190
+15	—	—	0.741	0.88	0.2006	0.2582	0.215
+20	3.844	—	0.846	0.97	0.2348	0.3115	0.262
+25	—	—	0.967	1.11	0.2744	0.3620	0.302
+30	4.736	—	1.093	1.32	0.3202	0.4180	0.366
+35	—	—	1.231	1.51	0.3670	0.4800	0.439
+40	—	—	1.396	1.68	0.4160	0.5510	0.497

1. 碳氢化合物混合气体的露点

碳氢化合物混合气体的露点与混合气体的组成及其总压力有关。

在混合物中，由于各组分在气相或液相中的分子成分之和都等于1，所以在气-液平衡时必须满足下列关系：

$$\sum y_i = \sum k_i x_i = 1 \qquad (1-30)$$

$$\sum x_i = \sum \frac{y_i}{k_i} = 1 \qquad (1-31)$$

当已知混合物气相组成时，可按式(1-30)、式(1-31)通过计算的方法来确定在某一定压力下的混合气体露点。具体计算步骤为先假设一露点温度，根据假设的露点和给定的压力，查出各组分在相应湿度、压力下的相平衡常数 k_i，并计算出平衡液相的分子成分 x_i。当 $\sum x_i = 1$ 时，则原假设的露点温度正确。如果 $\sum x_i \neq 1$（查阅相平衡计算图），必须再假设一露点进行计算，直到满足为止。

2.液化石油气掺混空气前后露点的比较

在实际的液化石油气供应中，有时采用含有空气的非爆炸性混合气体。由于碳氢化合物蒸气分压力降低，因而露点也降低了。

丙烷、正丁烷和异丁烷与空气混合物的露点，分别示于图1－12、图1－13、图1－14中。

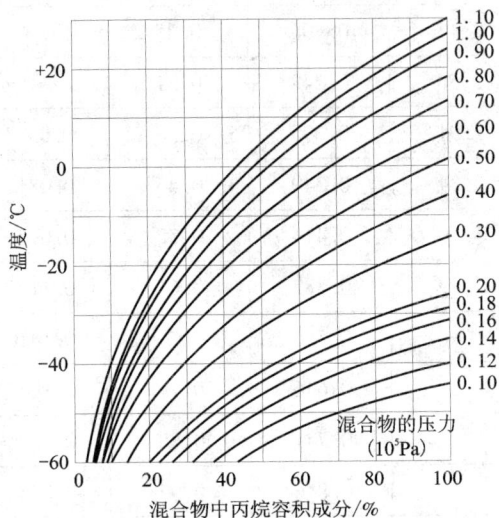

图1－12 丙烷－空气混合物的露点

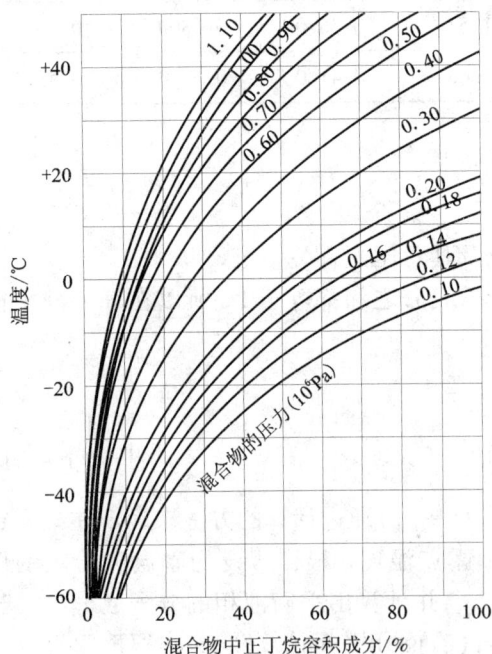

图1－13 正丁烷－空气混合物的露点

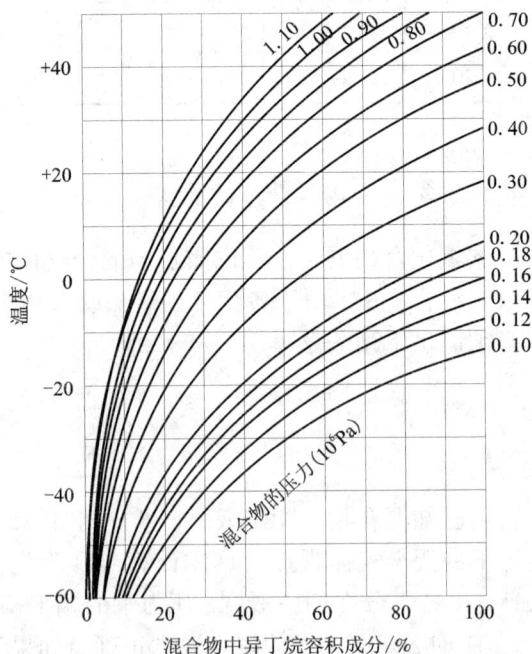

图1－14 异丁烷－空气混合物的露点

由图 1-12、图 1-13、图 1-14 可见，露点随混合气体的压力及各组分的容积成分而变化，混合气体的压力增大，露点升高。

当用管道输送气体碳氢化合物时，必须保持其温度在露点以上，以防凝结，阻碍输气。

1.4 城镇燃气的质量要求

城镇燃气的发热量和组分的波动应符合城镇燃气互换的要求。城镇燃气偏离基准气的波动范围应符合现行国家标准《城镇燃气分类及基本性质》GB/T 13611 的规定，并适当留有余地。天然气、人工燃气和液化石油气用作城镇燃气时，还应分别符合下列规定。

1. 天然气

天然气的质量指标应符合下列规定：

（1）天然气发热量、总硫和硫化氢含量、水露点指标应符合现行国家标准《天然气》GB 17820 的一类气或二类气的规定。

（2）在天然气交接点的压力和温度条件下：天然气的水露点应比最低环境温度低 5℃；天然气中不应有固态、液态或胶状物质。天然气的质量技术指标应符号现行国家标准《天然气》GB 17820 一类气或二类气的规定，详见表 1-8。

表 1-8 天然气技术指标

项目	一类	二类	三类	试验办法
高发热量/(MJ·m^{-3})	≥36.0	≥31.4	≥31.4	GB/T 11062
总硫(以硫计)/(mg·m^{-3})	≤60	≤200	≤350	GB/T 11060.4
硫化氢/(mg·m^{-3})	≤6	≤20	≤350	GB/T 11060.1
二氧化碳/%(体积分数)	≤2.0	≤3.0	—	GB/T13610
水露点/℃	在交接点压力下,水露点应比输送条件下最低环境温度低 5℃			GB/T17283

注：①标准中气体体积的标准参比条件是 101.325 kPa，20℃。

②在输送条件下，当管道管顶埋地温度为 0℃，水露点应不高于 -5℃。

③进入输气管道的天然气，水露点的压力应是最高输送压力。

2. 人工燃气

人工燃气质量指标应符合现行国家标准 GB 13612《人工煤气》中的规定。主要指标如表 1-9 所示。表 1-9 中的一类气为煤干馏气；二类气为煤气化气、油气化气(包括液化石油气及天然气改制)。对二类气或掺有二类气的 -类气，其一氧化碳含量应小于 20%(体积分数)。

表 1-9 　人工燃气的质量要求

项目	一类	二类	三类	试验办法
高发热量/$(MJ \cdot m^{-3})$	$\geqslant 36.0$	$\geqslant 31.4$	$\geqslant 31.4$	GB/T 11062
总硫(以硫计)/$(mg \cdot m^{-3})$	$\leqslant 60$	$\leqslant 200$	$\leqslant 350$	GB/T 11060.4
硫化氢/$(mg \cdot m^{-3})$	$\leqslant 6$	$\leqslant 20$	$\leqslant 350$	GB/T 11060.1
二氧化碳/%(体积分数)	$\leqslant 2.0$	$\leqslant 3.0$	—	GB/T 13610
水露点/℃	在交接点压力下,水露点应比输送条件下最低环境温度低 5℃			GB/T 17283

注:标准煤气体体积指在 101.325 kPa,15℃状态下的体积。

3. 液化石油气质量要求

液化石油气与空气的混合气作为主气源时,液化石油气的体积分数应高于其爆炸上限的 2 倍,且混合气的露点温度应低于管道外壁温度 5℃。硫化氢含量不应大于 20 mg/m³。

液化石油气的相关技术条件应符合现行国家标准 GB11174《液化石油气》的规定,见表 1-10。

表 1-10 　液化石油气质量要求

项目	质量指标	项目	质量指标
37.8℃时蒸气压/kPa	$\leqslant 1380$	15℃时密度/$(kg \cdot m^{-3})$	报告
C_5 及 C_6 以上组分含量/%	$\leqslant 3.0$	铜片腐蚀/级	$\leqslant 1$
残留物 100 mL 蒸发残留物/mL 油渍观察	$\leqslant 0.05$ 通过	总硫含量/$(mg \cdot m^{-3})$ 游离水	$\leqslant 343$ 无

注:残留物中油渍观察是按照 SY/T 7509 方法进行,即每次以 0.1 mL 的增量将 0.3 mL 溶剂残留物混合物滴到滤纸上,2 min 后在日光下观察,无持久不退的油环为通过。

4. 城镇燃气加臭要求

《城镇燃气设计规范》GB 50028 对燃气中加臭剂进行了要求:加臭剂和燃气混合在一起后应具有特殊的臭味;加臭剂不应对人体、管道与其接触的材料有害;加臭剂的燃烧产物不应对人体呼吸有害,并不应腐蚀或伤害与次燃烧产物经常接触的材料;加臭剂溶解于水的程度不应大于 2.5%(质量分数);无毒燃气泄漏到空气中,达到爆炸下限的 20% 时,应能察觉;有毒燃气泄漏到空气中,达到对人体允许的有害浓度时,应能察觉。

本章小结

本章根据天然气的来源将天然气分为气田气(或称纯天然气)、石油伴生气、凝析气田气、煤层气、页岩气和天然气水合物等。液化石油气又可分为天然石油气和炼厂石油气。根据制气原料和加工方式的不同,可生产多种类型的人工燃气。同时随着全球对新能源和可持续能源的持续关注,一些新型燃气种类逐渐被开发利用,其中主要包括不同来源的生物质气、二甲醚、轻烃、氢气等。

在燃气利用方面,可分为居民和商业用、工业用、交通领域用(车船)、采暖通风和空调、分布式能源系统、燃料电池等。同时本章还详细介绍了燃气的物理化学和热力学性质。城镇燃气的利用过程中,发热量和组分的波动应符合城镇燃气互换的要求。采用不同种类的燃气作城镇燃气时,应该满足相关规定。在使用过程中,作为城镇燃气的气源,如干馏煤气、水煤气、油制气、天然气和液化石油气,要求经过加臭后才进行输配使用。

思考题

1. 根据来源不同天然气分为哪几类? 液化石油气分为哪几类? 人工燃气分为哪几类? 其他还有哪些燃气?

2. 燃气主要有哪几种用途?

3. 什么叫焦耳 – 汤姆逊系数? 什么叫露点?

4. 城镇燃气有哪些质量要求?

5. 已知天然气中各成分的体积分数为:

CH_4	C_2H_6	C_3H_8	N_2
97%	1.5%	0.5%	1%

液化石油气(催化裂解气)中各成分的体积分数为:

H_2	CH_4	C_2H_6	C_2H_4	C_3H_8	C_3H_6	C_4H_{10}	C_4H_8	C_5H_{12}
5.4%	10%	3.3%	3%	18.2%	6.5%	45.8%	5.2%	2.6%

人工燃气(干馏煤气)中各成分的体积分数为:

H_2	CO	CH_4	O_2	N_2	CO_2	H_2O
48.0%	19.3%	13.0%	0.8%	12.0%	4.5%	2.4%

(1)分别求出天然气、液化石油气、人工燃气的平均相对分子质量、平均密度和相对密度。

(2)分别求出天然气、液化石油气、人工燃气的各种临界参数、黏度、体积膨胀系数。

(3)分别求出天然气、液化石油气、人工燃气的压缩因子。

(4)分别求出天然气、液化石油气、人工燃气的爆炸极限。

第 2 章　城镇燃气负荷计算及供需平衡

2.1　燃气负荷概述

2.1.1　燃气负荷的定义

燃气系统终端用户对燃气的需用气量形成燃气系统最基本的负荷，即燃气用气负荷，简称燃气负荷，传统上也叫作燃气用气量、燃气需用量。

用户对燃气的需用量不只是一个在一定时段内的某一用气数量，同时具有随时间变化的特点。终端用户对燃气一个时段内的需用量以及用气量随时间的变化可以称为燃气负荷。燃气负荷数据对项目规划，工程设计中设施和设备容量的确定，管网设施运行与调度以及工程技术分析都具有根本性意义。在进行城镇燃气系统的设计时，首先要确定燃气用气负荷，这是确定气源供应、管网规模和设备容量的依据。

城镇燃气用气负荷主要取决于用户类型、用户数量及用气量指标。

2.1.2　燃气负荷的分类

燃气用户用气数量和用气特点不同，形成的用气负荷也有不同的类型。燃气负荷可以分为以下几类：

（1）居民负荷。用于居民家庭炊事及制备热水等的燃气，不包括采暖通风及空调用气。

（2）商业负荷。用于商业或共同建筑制备热水或炊事的燃气，包括餐饮业、幼儿园、医院、宾馆酒店、洗浴、洗衣房、超市、商场、机关、学校和科研机构等各类公共服务设施所用燃气。

（3）工业负荷。用于工业企业生产设备或生产过程中作为原料或燃料的燃气。当以煤或石油为原料生产用于化工的原料气体时，其生产设备为化工生产系统的一部分，独立于城镇燃气系统，因而不属于燃气系统范畴。

（4）采暖通风和空调负荷。指上述三类用户中较大型采暖通风和空调设施的用气。

（5）燃气汽车负荷。以燃气作为燃料的汽车在近年迅猛发展，燃气汽车负荷也显著增加。

（6）电站负荷。指电站使用燃气用来发电或供热时所需的用气量。

（7）天然气分布式能源站负荷。指利用天然气分布式能源站发电或供热时所需的用气量。

2.2　用气量指标及年用气量计算

2.2.1　供气原则

燃气是一种优质的燃料，应力求经济合理地充分发挥其使用效能。供气原则是一项与很多重大设计原则有关联的复杂问题，不仅涉及国家的能源政策，而且与当地的具体情况密切相关。在天然气的利用方面，应综合考虑资源分配、社会效益、环保效益和经济效益等各方面的因素。我国根据不同用户的用气特点，将天然气的利用分为优先类、允许类、限制类和禁止类。优先发展居民用户、商业用户、汽车用户和分布式冷热电联产用户的用气。

1. 居民用气供气原则

（1）应优先满足城镇居民炊事和生活用热水用气。

（2）采暖与空调对于改善北方冬季的室内外环境及缓解南方用电高峰有着重要作用，在天然气气量充足的前提下应积极发展。

2. 商业用户供气原则

（1）优先供应公共服务设施用气，尤其是替代燃煤及非洁净燃料用户。

（2）积极供应大中型公共服务设施（如宾馆、商场、写字楼、机场、火车站等）的燃气空调、冷热电联产用气。

3. 工业用气供气原则

（1）优先供应可中断的建材、机电、轻纺、石化、冶金等工业领域用气及天然气制氢用气。

（2）优先供应使用燃气后能显著减轻大气污染的工业企业。

（3）优先供天然气热电联产项目用气。

4. 城镇交通供气原则

汽车以燃气作为燃料，可以有效改善城镇中因汽车尾气排放导致的大气污染。因此，燃气汽车用户应优先发展。

5. 工业与民用供气的比例

工业与民用用气的比例受城镇发展、资源分配、环境保护和市场经济等诸多因素影响。一般应优先发展居民及商业用气，同时也要发展工业用气，两者兼顾。这有利于平衡燃气使用的不均匀性、减少储气容积、减小高峰负荷、有利于节假日的调度平衡等。另外，从提高能源效率、改善大气环境和发展低碳经济方面考虑，天然气占城镇能源的比例将大幅提高，从而带动工业用气的发展。

2.2.2 各类用气对象的用气量指标

用气量指标又称为用气定额。用气量指标分为以下 5 种。

1. 居民生活用气量指标

居民生活用气量指标指每人每年消耗的燃气量（折算为热量）。居民用户的用气量指标受到两个趋势的影响。一个是，燃气热水器等燃气用具的普及，使用气量指标有增大的趋势；另一个是第三产业，特别是饮食服务业的发展，使用气量指标增大的趋势受到一定的遏制。居民生活用气量指标应该根据当地居民生活用气量的统计数据分析确定。根据抽样调查，结合同类城市的有关经验数据，相关地区居民用户用气量指标确定可参考表 2 - 1。

表 2 - 1　不同地区有无集中采暖的用户年消耗热量

城镇地区	有集中采暖的用户/(MJ/人·年)	无集中采暖的用户/(MJ/人·年)
东北地区	2303 ~ 2721	1884 ~ 2303
华东、中南地区	—	2093 ~ 2303
北京	2721 ~ 3140	2512 ~ 2931
上海	—	2303 ~ 2512
成都	—	2512 ~ 2931

2. 商业用气量指标

商业用气量指标指单位成品或单位设施或每人每年消耗的燃气量（折算为热量）。影响该用气量指标的重要因素是燃具设备类型和热效率、商业单位的经营状况和地区气象条件等。商业用气量指标，应该根据当地商业用气量的统计数据分析确定。部分商业用户的用气量指标可参考表 2 - 2。

表 2 - 2　部分商业用户的年消耗热量

类别	指标值
职工食堂	2090 MJ/(人·年)
饮食业	8360 MJ/(座·年)
大学	2512 MJ/(人·年)
中学	2303 MJ/(人·年)
小学	1256 MJ/(人·年)
高级宾馆	9630 MJ/(人·年)
理发店	4.19 MJ/(人·次)
医院	3344 MJ/(床位·年)

续表 2 - 2

类别		指标值
托儿所 幼儿园	全托	2090 MJ/（人·年）
	半托	1463 MJ/（人·年）
旅馆 招待所	有餐厅	4180 MJ/（床位·年）
	无餐厅	837 MJ/（床位·年）

3. 采暖和空调用气指标

采暖和空调用气指标与气候条件密切相关。有很强的地域性，随着经济社会的发展会提高到某种水平。可按现行行业标准《城市热力网设计规范》CJJ34 或当地建筑物耗热量指标确定。部分采暖和空调用户用气指标可参考表 2 - 3。

表 2 - 3　部分采暖、制冷、生活热水用户的用气量指标

采暖、制冷、生活热水用气量指标

建筑类别	采暖		制冷		生活热水	
	kJ/(m²·h)	kcal/(m²·h)	kJ/(m²·h)	kcal/(m²·h)	kJ/(m²·h)	kcal/(m²·h)
普通住宅	209	50	—	—	—	—
高级公寓	230	55	—	—	—	—
别墅	243	58	—	—	54	13
学校、幼儿园	289	69	—	—	42	10
宾馆	251	60	289	69	—	—
大型公共建筑	289	69	544	130	38	9
配套公共建筑	209	50	335	80	—	—
办公、写字楼	218	52	435	104	42	10
商店、展览馆	335	80	435	104	21	5
影剧院	419	100	435	104	—	—
综合商业大厦	377	90	444	106	84	20
工艺美术中心	461	110	523	125	—	—
加工、仓储	419	100	—	—	—	—

4. 汽车用气量指标

汽车用气量指标与汽车种类、车型和单位时间运营里程有关，应当根据当地燃气汽车种类、车型和使用量的统计数据分析确定。当缺乏用气量的实际统计资料时，可参考已有燃气汽车城市的经验值。燃气汽车主要为公交车和出租车，大城市通常每 800 ~ 1000 人配置一辆

公交车,中小城市每1200~1500人配置一辆公交车。大城市每千人配置出租车不少于2辆,小城市不小于0.5辆,中等城市为0.5~2辆。燃气汽车耗气量见表2-4。

表2-4   燃气汽车用气量指标

车辆种类	用气量指标/($m^3 \cdot km^{-1}$)	日行驶里程/($km \cdot d^{-1}$)
公交汽车	0.17	150~200
出租汽车	0.10	150~300

5. 工业用户用气量指标

工业用户主要是工业炉窑和燃气锅炉等用气设备,其用气量指标与各企业生产设备及工艺密切相关,对于由其他燃料改用天然气的工业用户,可根据被替换燃料的耗量、热值和热效率进行换算。表2-5给出了不同燃料的热效率。

表2-5   不同燃料的热效率

燃料种类	燃气	煤炭	汽油	柴油	重油	电
热效率/%	60	18	30	30	28	80

2.2.3   年用气量计算

在进行城镇燃气年用气量计算时,应分别计算各类用户的年用气量,各类用户年用气量之和即为该城镇的年用气量。

1. 居民生活年用气量

在计算居民生活年用气量时,需要确定用气人数。居民用气人数取决于城镇居民人口及气化率。气化率是指城镇居民使用燃气的人口数占城镇总人口的百分数。一般城镇的气化率很难达到100%,但从发展的观点看,城镇燃气基础设施应能达到对城镇居民普遍覆盖。

根据居民生活用气量指标、居民人口数和气化率即可按式(2-1)计算出居民生活年用气量:

$$Q_a = \frac{NKQ}{H_1} \qquad (2-1)$$

式中:Q_a——年用气量,m^3(标)/a;

N——居民人口数,人;

K——气化率,%;

Q——人均耗热指标,kJ/人·a;

H_1——燃气低热值,kJ/m^3(标)。

2. 商业用户年用气量

商业用户的发展速度与城镇人口及经济增长率有着密切的联系，一般会随着人口与经济发展成比例增长。商业用户年用气量通常与居民用气量呈一定比例关系。

根据居民人口数、公建设施标准、公建用气量指标可按式（2-2）计算出商业用户年用气量：

$$Q_a = \sum \frac{NM_i q_i}{H_1} \qquad (2-2)$$

式中：Q_a——年用气量，m^3（标）$/a$；

　　　N——居民人口数，人；

　　　M_i——各类商业用气人数占总人口的分数；

　　　q_i——各类商业人均耗热指标，$kJ/$人·a；

　　　H_1——燃气低热值，kJ/m^3（标）。

3. 工业用户及电站年用气量

工业企业及电站年用气量与生产规模、班制和工艺特点有关，一般只进行粗略计算。方法大致有以下三种：

（1）对于规划的工业园区，可根据工业类别，按单位面积的用气指标计算。

（2）工业企业年用气量可利用各类工业产品的用气定额及其年产量来计算。

（3）对以电、柴油、重油、液化气等作为燃料的企业，如以天然气替代，将使企业燃料成本降低、产品质量提高，则这部分企业的用气量可根据企业的能耗进行折算，见式（2-3）：

$$Q_a = \sum \frac{G_{ai} H_{li} \eta_i}{H_1 \cdot \eta} \qquad (2-3)$$

式中：Q_a——年用气量，m^3（标）$/a$；

　　　G_{ai}——其他燃料的年用量，kg/a；

　　　H_{li}——其他燃料的低热值，kJ/kg；

　　　η_i——其他燃料燃烧设备热效率，$\%$；

　　　H_1——燃气低热值，kJ/m^3（标）；

　　　η——燃气燃烧设备热效率，$\%$。

4. 建筑物采暖年用气量

建筑物采暖年用气量与建筑面积、耗热指标和供暖期长短有关，其计算公式见式（2-4）：

$$Q_a = \frac{F q_f n}{H_1 \eta} \qquad (2-4)$$

式中：Q_a——年用气量，m^3（标）$/a$；

　　　F——使用燃气供暖的建筑面积，m^2；

　　　q_f——民用建筑物的热指标，$kJ/(m^2 \cdot h)$；

　　　H——供暖系统的热效率，$\%$；

　　　H_1——燃气低热值，kJ/m^3（标）；

n——供暖最大负荷利用小时数，h/a。

由于各地供暖计算温度不同，各地区的热指标 q_f 是不同的，可由有关手册查得。

供暖最大负荷利用小时数可按式(2-5)计算：

$$n = n_1 \frac{t_1 - t_2}{t_1 - t_3} \qquad (2-5)$$

式中：n——供暖最大负荷利用小时数，h/a；

n_1——供暖期，h/a；

t_1——供暖期室内计算温度，℃；

t_2——供暖期室外平均温度，℃；

t_3——供暖期室外计算温度，℃。

5. 燃气汽车年用气量

燃气汽车年用气量应根据当地燃气汽车种类、车型和使用量的统计数据分析和计算后确定。

6. 燃气分布式能源站年用气量

燃气分布式能源站年用气量应该根据具体的燃气分布式能源站规模和形式计算后确定。

7. 未预见量

城镇年用气量中还应计入未预见量，它包括管网的燃气漏损量和发展过程中未预见的供气量。一般未预见量按总用量的5%计算。

2.3 用气不均匀性及小时计算流量

2.3.1 不均匀性

城市各类燃气用户的用气量情况是不均匀的，随月、日、时而变化，这是城市用气的一个重要特征。用气不均匀性是确定城镇燃气输配系统燃气调度气总容量、燃气输配管网、储气容积和设备能力的重要因素。

用气不均匀性通常表现为月不均匀性、日不均匀性和小时不均匀性，通常用不均匀系数表示，它与城市性质、地域气候、供气规模、用户结构、流动人口状况及居民生活水平和生活习惯、节假日等密切关系。通常工业用户的用气不均匀程度较居民与商业用气要小，而商业与居民生活用气的不均匀性规律基本相似。

1. 月不均匀系数与月高峰系数

影响居民用户与商业用户用气月不均匀性的主要因素是气候条件。用气量有明显的季节性，一般用气高峰都出现在气温较低的冬季，而气温较高的季节用气量则较少。这是因为冬季的气温与水温都较低，人们需要生活热水，需要采暖，这使得冬季的燃气用量增加。

商业用户的用气月不均匀性与居民用户用气的月不均匀性情况基本相似。工业企业用气的月不均匀性主要取决于生产工艺的性质与气候条件。连续生产的工业企业、工业炉的用气比较均匀，夏季由于气温与水温较高，用气量会比冬季略低，但是如果存在大量燃气空调负荷，夏季也可能是用气高峰。生产领域内的工业企业的用气一般按照均匀考虑。

一年中各月的用气不均匀性用月不均匀系数表示。因为每个月的天数在 28 ~ 31 天变化，月不均匀系数 K_1 应按照下式确定：

$$K_1 = \frac{该月日平均用气量}{全年日平均用气量}$$

一年中日平均用气量最大的月份，即月不均匀系数值最大的月份称为计算月，计算月日平均用气量与全年的日平均用气量的比值称为月高峰系数 K_m。

$$K_m = \frac{计算月日平均用气量}{全年日平均用气量}$$

2. 日不均匀系数与日高峰系数

一个月或一周中，日用气量的波动主要取决于居民生活习惯、工业企业的工作和休息制度以及室外气温变化等。

一周中各日的气温变化没有一定的规律性，根据实测的用气数据，在一周中从星期一至星期五的用气量变化较小，而星期六、星期日的用气量明显增加。节假日居民用户的用气量波动较大，特别是在春节前几天居民的日用气量高达平均日用气量的数倍。

日不均匀系数 K_2 为：

$$K_2 = \frac{该月某日用气量}{该月平均日用气量}$$

计算月中日最大用气量与该月日平均用气量的比称为日高峰系数 K_d。

$$K_d = \frac{计算月日最大用气量}{该月日平均用气量}$$

3. 小时不均匀系数与时高峰系数

居民与商业用户的小时用气不均匀性在各类用户中最为显著，其不均匀性主要与用气户数、居民生活习惯、居民的燃具种类及数量、居民的职业类别有关。用气户数越多，时不均匀系数相对不明显，高峰系数相对较小，反之则大。一般早、中、晚会出现三个用气高峰，而大多数城镇又以晚高峰为最大。

小时不均匀系数 K_3 为：

$$K_3 = \frac{该日某小时用气量}{该日小时平均用气量}$$

计算月最大用气量日小时最大用气量与该日平均小时用气量的比称为时高峰系数 K_h。

$$K_h = \frac{计算月最大用气量日小时最大用气量}{该日平均小时用气量}$$

2.3.2 小时计算流量

燃气输配管网的管径与调压器等设备的通过能力是按照燃气高峰的小时流量确定的。而小时计算流量是由燃气供应的不均匀系数计算而得。因而不均匀系数的确定将直接关系到输配系统的经济性和可靠性，这一系数如果定得太高，将会增加管网的金属用量和建设投资；反之，则会影响用户的正常用气。

燃气的计算流量应按照计算月的高峰日小时最大用气量确定，小时计算流量的确定方法包括：不均匀系数法和同时工作系数法。

1. 不均匀系数法

其计算公式为：

$$Q_h = \frac{1}{n} Q_a \tag{2-6}$$

式中：Q_h——燃气管道的计算流量，m^3/h；

n——最大负荷利用小时数，h/a，相当于假设一年中用气量是均匀的，并等于小时最大用气量，则全年用气量在 n 小时内用完，即 $n = \dfrac{365 \times 24}{K_m K_d K_h}$；

K_m——月高峰系数，即计算月日平均用气量和全年日平均用气量之比，推荐值为 $1.1 \sim 1.3$；

K_d——日高峰系数，即计算月日最大用气量和该月日平均用气量之比，推荐值为 $1.05 \sim 1.2$；

K_h——时高峰系数，即计算月最大用气量日小时最大用气量和该日平均小时用气量之比，推荐值为 $2.2 \sim 3.2$，因此：$K_m K_d K_h = 2.54 \sim 4.99$，当供气户数多时，时高峰系数应取低限值，特别的当居民户数少于 1500 户时，可取值为 $3.3 \sim 4.0$；

Q_a——年用气量，m^3/a。

所以，最大负荷利用小时数 n 的取值为 $3447 \sim 1755$ h/a。

2. 同时工作系数法

庭院与室内燃气支管的计算流量一般按照同时工作系数法计算，其计算公式为：

$$Q_h = k_t \sum k N Q_n \tag{2-7}$$

式中：Q_h——燃气管道的计算流量，m^3/h；

k_t——不同类型用户的同时工作系数；当缺乏资料时，可取1；

k——燃具同时工作系数，居民生活燃具可按表2-5取，商业和工业用具可按加热工艺要求确定；

N——同一类型燃具的数目；

Q_n——燃具的额定流量，m^3/h。

燃具同时工作系数 k 能够反映燃气集中使用的程度，它与用户的生活规律、燃气用具的种类、数量等因素密切相关，各类燃具都分别列有同时工作系数数据表，可查阅设计手册等资料，表2-5为居民生活用燃具的同时工作系数。

表 2-5　居民生活用燃具的同时工作系数

同类型燃具数目 N	燃气双眼灶	燃气双眼灶和快速热水器	同类型燃具数目 N	燃气双眼灶	燃气双眼灶和快速热水器
1	1.00	1.00	40	0.39	0.18
2	1.00	0.56	50	0.38	0.17
3	0.85	0.44	60	0.37	0.176
4	0.75	0.38	70	0.36	0.174
5	0.68	0.35	80	0.35	0.172
6	0.64	0.31	90	0.345	0.171
7	0.60	0.29	100	0.34	0.17
8	0.58	0.27	200	0.31	0.16
9	0.56	0.26	300	0.39	0.15
10	0.54	0.25	400	0.29	0.14
15	0.48	0.22	500	0.28	0.138
20	0.45	0.21	700	0.26	0.134
25	0.43	0.20	1000	0.25	0.13
30	0.40	0.19	2000	0.24	0.12

注：1. 表中"燃气双眼灶"是指一户居民装设一个双眼灶的同时工作系数；每当一户居民装设两个单眼灶时，也可参照本表计算。

2. 表中"燃气双眼灶和快速热水器"是指一户居民装设一个双眼灶和一个快速热水器的同时工作系数。

现以一具体实例分别用两种方法计算其小时计算流量。

例 2-1　对某地区天然气供应系统进行调查研究得到以下数据：天然气的低热值为 38.4 MJ/m³，居民用户均安装双眼灶和快速热水器，其额定流量 $Q_n = 1.86$ m³，统计年用气量指标为 2900 MJ/(a·人)，户均人口数 2.84 人/户，如果取其中一 2000 户的小区，计算其小时计算流量。

方法一：不均匀系数法

解：取最大负荷利用小时数 $n = 1800$ h/a，即推荐值的下限，则有：

$$Q_h = \frac{1}{n}Q_a = (2.84 \times 2000 \times 2900)/(1800 \times 38.4) = 238.3(\text{m}^3/\text{h})$$

方法二：同时工作系数法

解：取同时工作系数 k 为 0.12，$Q_h = k_t\left(\sum kNQ_n\right) = 0.12 \times 2000 \times 1.86 = 446.4(\text{m}^3/\text{h})$

3. 两种计算方法的分析

不均匀系数法的出发点是居民用户的用气目的（炊事或供热水）、用气人数、人均年用气量和用气规律，而没有考虑到每户人口数与户内燃具额定负荷的大小等因素。公式中的年用气量与居民生活习惯、作息、节假日制度，气候条件等诸多因素有关。

　　最大负荷利用小时数随着连在管网上的居民户数和用气工况的变化而变化。户数越多，用气比较均匀，用气高峰值越小；燃气的用途越多样，用气高峰值越小，而最大负荷利用小时数 n 越大。目前我国尚无 n 值的统计数据，表2-6中数据仅供参考。

表2-6　供气量最大利用小时数 n

气化人口数/万人	0.1	0.2	0.3	0.5	1	2	3
$n/(\mathrm{h \cdot a^{-1}})$	1800	2000	2050	2100	2200	2300	2400
气化人口数/万人	4	5	10	30	50	75	≥100
$n/(\mathrm{h \cdot a^{-1}})$	2500	2600	2800	3000	3300	3500	3700

　　由公式(2-6)可知：当年用气量 Q_a 一定时，n 越大则小时计算流量 Q_h 越小。由于我国规范没有推荐较为详尽的最大负荷利用小时数 n 的选取方法，因此，年用气量 Q_a 和最大负荷利用小时数 n 由设计人员凭经验选取，计算中因为因素过多，常常导致小时计算流量与实际流量产生较大偏差。

　　同时工作系数法是考虑一定数量的燃具同时工作的概率和用户燃具的设置情况，显然，这一设计方法并没有考虑使用同一燃具的人数差异，而且，随着人们生活条件的改善，居民户内设置燃具设备的额定负荷 Q_n 通常会大于其所需的实际负荷，这一差异本身就会使计算流量产生误差，同时工作系数 k 亦与居民的生活习惯等诸多因素有关且无法推理导出，应根据实际使用情况进行测定并以数理统计及概率分析确定，而在设计阶段只能由设计人员参考类似条件假定，这也同样会影响计算流量的准确性。

2.4　城镇燃气输配系统供需平衡及理论调峰需求量

　　城镇燃气的需用工况是不均匀的，随月、日、时变化，但一般燃气量的供应是相对均匀的，很难完全按需用工况而变化。为了解决均匀供气与不均匀用气之间的矛盾，保证各类燃气用户有足够流量和压力的燃气，必须采取合适的方法使燃气输配系统供需平衡。

2.4.1　供需平衡方法

　　在调节燃气供需平衡时，应根据我国政策、实际实施的可能性及经济性考虑，通常是由上游供气方解决季节性供需平衡，下游用气城镇解决日供需平衡，现分别叙述如下。

1. 利用储气设备

　　在燃气输配系统中利用储气设备解决供需平衡矛盾是一种常用的方法。因此，燃气储存在燃气输配系统中占有重要的地位。

　　燃气储存方式的确定与气源种类、管网压力级制、储存设备的材质和加工水平等因素有关。

（1）地下储气

地下储气库储气量大，单位储气能力的造价和运行费用低，可用来平衡季节不均匀用气。但不应该用来平衡日不均匀用气及小时不均匀用气，因为急剧增加采气强度，会使储气库的投资和运行费用增加，经济可行性差。

（2）液态储存

天然气的主要成分甲烷在常压下、−162℃时即可液化。将液化天然气储存在绝热良好的低温储罐或冻穴储气库中，在用气高峰时气化后供出。液化天然气气化方便，负荷调节范围广，适于调节各种不均匀用气。采用低温液态储存，通常储存量都很大，否则经济性差。

目前国内外建设的液化天然气厂站有"卫星站"和"调峰全能站"，站内设有储存和再气化装置。"卫星站"构造简单、可拆可装、还可用汽车拖载，可作为中小城镇调峰用气的手段，也可作为设备大修或事故处理过程中保证安全供气的措施。"调峰全能站"的容量比"卫星站"大，可作为天然气管网尚未到达的小城镇的气源。

（3）管道储气

高压燃气管束储气及长输干管末端储气是平衡日不均匀用气和小时不均匀用气的有效方法。高压燃气管束储气是将一组或几组钢管埋在地下，对管内燃气加压，利用燃气的可压缩性进行储气。利用长输干管储气或城镇外环高压管道储气是最经济的一种方法，也是国内外最常用的一种方法。

（4）储气罐储气

储气罐只能用来平衡日不均匀用气及小时不均匀用气。储气罐储气与其他储气方式相比，投资及运营费用都较大。

当以压缩天然气、液化天然气作为城镇主气源时，可不必另外考虑调峰手段，而通过改变开启气化装置数量的方式实现供需平衡。

2. 调节气源的供气能力和设置机动气源

油制气厂、液化石油气混空气站及小型液化天然气气化站，负荷调节范围较大，可以调节季节不均匀性或日用气不均匀性。气化站等气源可用作机动气源。

当天然气井离城市不太远时，可采用调节气井供应量的方法平衡部分用气月不均匀性。

3. 建立调峰液化天然气厂进行季节调峰

在天然气用气低峰季节将天然气液化储存。在用气高峰季节将储存的 LNG 气化供城镇。

4. 利用缓冲用户发挥调度作用

为了调节季节用气不均匀性，可采取利用缓冲用户的方法。夏季用气高峰时，缓冲用户以燃气为燃料，而冬季用气高峰时，这些缓冲用户改用固体或液体燃料，用此方法平衡季节不均匀用气。此外，一些大型工业企业、锅炉房等都可以作为城镇燃气供应的缓冲用户。用调整大型工业企业用户厂休日和作息时间以及计划调配用气的方法，平衡日不均匀用气。

5. 建调峰天然气电厂用于夏季填谷

夏季燃气用气量负荷减少，可将其用于发电，因此可考虑建调峰天然气电厂用于夏季填谷。同时调峰发电厂有利于夏季用电负荷削峰，是对城镇燃气和城镇供电具有双重效用的方案。此外，调峰天然气发电用气量是接替了城镇冬季用气负荷的一部分，使城镇燃气用气量在季度之间比较均衡。

2.4.2 储气容积的确定

城镇燃气输配系统所需储气容积的计算，按气源及输气能否按日用气量供气，区分为两种工况。供气能按日用气量变化时，储气容积按计算月的计算日 24 小时的燃气供需平衡条件进行计算；否则应按计算月的计算日用气量所在平均每周 168 小时的燃气供需平衡条件进行计算。

1. 根据计算月燃气消耗的日（或周）不均衡工况计算储气容积

计算步骤：

（1）按计算月最大日平均小时供气量均匀供气，设每日气源供气量为 100，则每小时平均供气量为 $\frac{100}{24}=4.17$。

（2）计算日（或周）的燃气供应量的累计值。

（3）计算日（或周）的燃气消耗量的累计值。

（4）计算燃气供应量的累计值与燃气消耗量的累计值之差，即为每小时末燃气的储存量。

（5）根据计算出的最高储存量与最低储存量绝对值之和得出所需储气容积。

例 2 - 2 已知某城镇计算月最大日用气量为 $32.5 \times 10^4 \ m^3/d$，气源在一日内连续均匀供气。每小时用气量占日用量的百分比如表 2 - 7 所示。试确定所需储气容积。

表 2 - 7 每小时用气量占日用量的百分比

小时	0~1	1~2	2~3	3~4	4~5	5~6	6~7	7~8
每小时用气量占日用量的百分比/%	2.31	1.81	2.88	2.96	3.22	4.56	5.88	4.65
小时	8~9	9~10	10~11	11~12	12~13	13~14	14~15	15~16
每小时用气量占日用量的百分比/%	4.72	4.70	5.89	5.98	4.42	3.33	3.48	3.95
小时	16~17	17~18	18~19	19~20	20~21	21~22	22~23	23~24
每小时用气量占日用量的百分比/%	4.83	7.48	6.55	4.84	3.92	2.48	2.58	2.58

解：按前述计算步骤，计算燃气供应量累计值、小时耗气量、燃气消耗量累计值及燃气储存量结果列于表 2 - 8。

表 2 - 8　储气容量计算表

小时	供应量累计值/%	用气量/%		储存量/%	小时	供应量累计值/%	用气量/%		储存量/%
		小时耗气量	消耗量累计值				小时耗气量	消耗量累计值	
0 ~ 1	4.17	2.31	2.31	1.86	12 ~ 13	54.17	4.42	53.98	0.19
1 ~ 2	8.34	1.81	4.12	4.22	13 ~ 14	58.34	3.33	57.31	1.03
2 ~ 3	12.50	2.88	7.00	5.50	14 ~ 15	62.5	3.48	60.79	1.71
3 ~ 4	16.67	2.96	9.96	6.71	15 ~ 16	66.67	3.95	64.74	1.93
4 ~ 5	20.84	3.22	13.18	7.66	16 ~ 17	70.84	4.83	69.57	1.27
5 ~ 6	25.00	4.56	17.74	7.26	17 ~ 18	75.00	7.48	77.05	- 2.05
6 ~ 7	29.17	5.88	23.62	5.55	18 ~ 19	79.17	6.55	83.60	4.43
7 ~ 8	33.34	4.65	28.27	5.07	19 ~ 20	83.34	4.84	88.44	- 5.10
8 ~ 9	37.50	4.72	32.99	4.51	20 ~ 21	87.50	3.92	92.36	- 4.86
9 ~ 10	41.67	4.70	37.69	3.98	21 ~ 22	91.67	2.48	94.84	- 3.17
10 ~ 11	45.84	5.89	43.58	2.26	22 ~ 23	95.84	2.58	97.42	- 1.58
11 ~ 12	50.00	5.98	49.56	0.44	23 ~ 24	100.00	2.58	100	0.00

所需储气容积：
$$325000 \times (5.10 + 7.66)\% = 325000 \times 12.76\% = 41470 \text{ m}^3$$

图 2 - 1 绘制了一天中各小时的用气曲线和储气设备中的储气量曲线。由储气罐工作曲线的最高点及最低点得所需储气量占日用气量 12.76%。

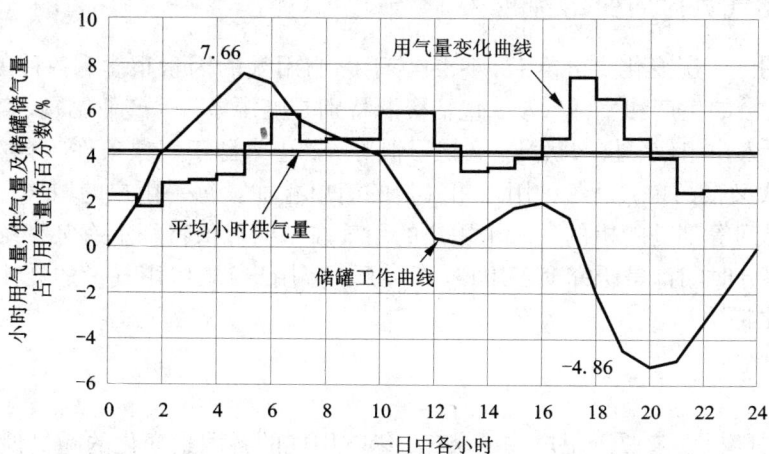

图 2 - 1　用气量变化曲线和储气罐工作曲线

2. 根据工业与民用用气量的比例确定所需储气容积

如果没有实际燃气消耗曲线,所需储气量可按计算月平均日供气量的百分比来确定。由于燃气用量的变化与工业和民用用气量的比例有密切关系,按计算月平均日供气量百分比来确定储气量时要考虑这个因素。

根据不同的工业与民用用气量的比例估算所需储气量可参照表 2-9。

实际工作中,由于城市有机动气源和缓冲用户,建罐条件又常受限制,储气量往往低于表 2-9 所列数值。

表 2-9　工业与民用用气量比例与储气量关系

工业用气占供气量/%	民用气量占供气量/%	储气量占计算平均日供气量/%
50	50	40～50
>60	<40	30～40
<40	>60	50～60

2.5　城镇燃气负荷预测(选修)

燃气用气负荷(简称燃气负荷)预测涉及城镇燃气供气系统的安全性、可靠性和燃气经营企业的经济效益等诸多方面的因素。不论是燃气系统规划,还是优化设计、调度以及运行,首要解决的是对燃气用气负荷进行科学预测以在安全、可靠、经济的条件下满足城市用气要求。正确确定城镇燃气负荷以及对燃气负荷进行适当的预测具有重要意义。

2.5.1　燃气负荷的变化特性

燃气负荷用气工况变化十分复杂,原因在于影响用气的因素很多,各种因素性质不一,来源于经济、社会的生产和生活活动,包括资源特别是能源条件、产业结构、第三产业状况、工业技术水平、人口组成、收入状况、文化习惯等等,也来源于气象条件等自然因素。同时,燃气负荷的形式又很简单,是各种用户用气量的简单叠加。每一用户的用气是随机的,量的大小、出现的时间等都是随机的。一个用户的用气在一些数值特征上有某种统计规律性,而负荷问题,大部分时间都是研究众多用户(多类型,多用户)集体用气量的规律性,因而显现出下列一般变化特性:

1. 随机性

用气工况的随机性来源于用户数量众多,影响用气的各因素变化的随机性。无论是短期还是长期的用气工况都含有这一成分,不过对小时不均匀性和日不均匀性,随机性表现得更为突出。

2.周期性

由于生产和生活具有周期性，故而对燃气的需用也存在周期性。例如按工程上常采用的层次，小时用气量变化以日为周期，日用气量变化以周为周期和月用气量变化常以年为周期。实际数据表明，在短期负荷变化中，用气工况的周期性表现最为明显。

3.趋势性

一个城市、一定区域对燃气的需用除了随机性和周期性变化之外，还往往具有某种变化的趋势。从原因上分析，大的经济或社会发展变化的背景，例如供给与消费的能源品种、结构的变化，可能导致对燃气需求的趋势性变化，特别是用户数量的增减可能是最直接、最主要的因素。

可以认为，燃气负荷由具有以上三个特性的负荷分量叠加组成，即

$$q(t) = f(t) + p(t) + x(t) \qquad (2-8)$$

式中：$f(t)$——燃气负荷的趋势项分量，反映 $q(t)$ 的变化趋势；

$p(t)$——燃气负荷的周期项分量，反映 $q(t)$ 周期性的变化；

$x(t)$——燃气负荷的随机项分量，反映随机因素对 $q(t)$ 的影响。

2.5.2　燃气负荷模型

1.燃气负荷模型分类

用气量数值随时间不断变化的序列是燃气负荷的基础形式。为各种应用目的采用适当的数学模型表达其变化规律是一种已由实践所证实的科学的方式。

可以从多种角度对燃气负荷用气工况模型进行分类。按应用功能可分为描述模型和预测模型。描述模型由负荷的实际数据提炼产生，用来表征用气工况的规律性，用于燃气系统的工程设计、技术科学研究或工程经济分析。这一类模型如傅立叶级数模型、回归模型、多项式拟合模型等。

利用描述模型所包含的关于负荷的规律性，对新的时间范围直接予以运用或在描述模型的基础上加以预测机制则可得到预测模型，例如在多元回归模型中代入对各因素的预测数据得到燃气负荷的预测数据。

采用负荷时序数据所建立的指数平滑模型，自回归模型等是一种动态模型，可以直接发展为预测公式，因而是预测模型。

从数据利用的过程来看，燃气负荷预测是指由过去一段时间及当前的燃气负荷及其相关数据按照变化规律性推测未来的负荷数据。燃气负荷预测是一般预测技术的一种具体应用。

从被解释量与解释量的关系上，预测技术可分为惯性原理、类推原理和相关原理。依照惯性原理的外推预测法例如时序分析法、指数平滑法、灰色理论法等都属于这一类型。类推原理如神经网络模型、弹性系数法等。作为预测用的多元回归模型、多项式模型则是典型的基于相关性原理。但这种分类并非绝对，例如时序分析法也包含相关性原理。

从应用角度，燃气负荷预测模型按功能可分为规划应用和运行、调度应用两类。或者相应于从时间上区分为中、长期预测和短期预测。

2. 燃气负荷模型

（1）负指数函数模型

对于中长期燃气负荷，只可着重考虑其趋势变化，一般反映城镇燃气负荷的增长。对新建或有较大规模扩建的城市，开始年份的增长速度逐年增大，一段时间后增速又逐年减少，用气量趋于一种较稳定的用气量规模。对此可以考虑用形态为 S 形曲线的负指数函数模型（2-9）加以描述：

$$q_{at} = c - ae^{-bt} \qquad (2-9)$$

式中：q_{at}——年负荷；

a，b，c——系数，指数及常数。

t——时间。

式中(2-9)又称为龚帕兹函数。

为确定这种趋势型模型，可以用已建燃气城市历史数据进行曲线拟合，得出函数中的各参数及系数 a 和指数 b。

进行曲线拟合时对式(2-9)进行变量置换，变为线性方程式。用最小二乘法估计模型的参数，用相关指数

$$R^2 = 1 - \frac{\sum\limits_{i=1}^{n} (q_{ai} - \hat{q}_{ai})^2}{\sum (q_{ai} - \bar{q}_{ai})^2}$$

来观察所用曲线形式是否合适。

式(2-9)模型是初始年负荷为 $c-a$，以 c 为渐近线，参数 b 越大，起始增长速度越大。

（2）多项式拟合模型

多项式拟合是适应性很强的处理相关数据的方法，有广泛的用途。例如对于某类燃气量的变化与某类产业产值的变化的关系，有可能用多项式较好的拟合。通过这种模型可以国民经济中某类产业产值的预测值外推某类燃气预测用气量。适合用于燃气负荷中长期预测。多项式拟合式的一般形式是：

$$q_i = a_1 x_i^n + a_2 x_i^{n-1} + \cdots + a_n x_i + a_{n+1} \qquad (2-10)$$

式中：q_i——用气量，是被解释量，是随机变量；

x_i——与用气量有相关关系的量，是确定量；

a_1，a_2，$\cdots$，a_{n+1}——拟合系数；

n——拟合阶次。

为确定多项式系数，可由实际数据样本：

$$q_i，x_i (i=1，2，\cdots，N)$$

得到关于 a_1，a_2，$\cdots$，a_{n+1} 的 N 个线性方程组，并对其用最小二乘法加以确定。应用时需适当确定拟合式的阶次(n)。阶次太低，拟合太粗糙；阶次太高会使数据噪声进入模型。为此，可进行判断，例如采用下列一个指标：

①由估计参数 χ^2 量是否接近其自由度$[N-(n-1)]$：

$$\chi^2(a) = \sum_{i=1}^{N} \left(\frac{q_i - f(a_i, x_i)}{\Delta q_i} \right)^2 = \sum_{i=1}^{N} \left(\frac{q_i - (a_1 x_i^n + a_2 x_i^{n-1} + \cdots + a_n x_i + a_n + a_{n+1})}{\Delta q_i} \right)^2$$

$$(2-11)$$

式中：Δq_i——q_i 对均值的差，可采用假设 $\Delta q_i = \Delta q$；

Δq——实际 q 的标准差，样本 q_i 的标准差与其相等。

采用的阶次合适时，χ^2 量接近其自由度。

②由 χ^2 分布的累计概率 $P(\chi^2 < N - n - 1)$ 判断：

$P(\chi^2 < N - n - 1)$ 可用关于数理统计的软件计算。$1 - P(\chi^2 < N - n - 1)$ 与 0.5 接近，则阶次适当。对燃气负荷问题，一般用三次多项式（即 $n = 3$）已足够。

（3）回归模型

在燃气负荷与影响燃气负荷的各种因素之间存在着某种统计规律，即回归关系。对其应用回归分析方法判别影响燃气负荷的主要因素，建立燃气负荷与主要因素之间的数学表达式，以及利用它来进行预报。即由给出的各因素的预测值，用回归方程得到燃气负荷的间接预测值。对于实际燃气负荷问题，一般可以采用多元线性回归模型解决。

设燃气负荷 q 及其影响因素 $x_j (j = 1, 2, \cdots, m)$ 有 n 次观测值：

$$\{q_i\}_{n \times 1}, \quad \{x_{ij}\}_{n \times m}$$

设有线性关系：

$$q_i = \beta_0 + \beta_1 x_{i1} + \beta_2 x_{i2} + \cdots + \beta_n x_{ij} + \cdots + \beta_m x_{im} + \varepsilon_i \quad (i = 1, 2, \cdots, n) \quad (2-12)$$

式中：$\beta_0, \beta_1, \beta_2, \cdots, \beta_n$——参数；

$\varepsilon_1, \varepsilon_2, \cdots, \varepsilon_n$——$n$ 个相互独立的，且服从同一正态分布 $N(0, \sigma)$ 的随机变量，即 ε 的数学期望 $E(\varepsilon) = 0$；

σ——ε 的标准差。

记

$$\boldsymbol{q} = \begin{bmatrix} q_1 \\ q_2 \\ \vdots \\ q_n \end{bmatrix}, \quad \boldsymbol{X} = \begin{bmatrix} 1 & x_{11} & x_{12} & \cdots & x_{1m} \\ 1 & x_{21} & x_{22} & \cdots & x_{2m} \\ \vdots & \vdots & \vdots & & \vdots \\ 1 & x_{n1} & x_{n2} & \cdots & x_{nm} \end{bmatrix}, \quad \boldsymbol{\beta} = \begin{bmatrix} \beta_1 \\ \beta_2 \\ \vdots \\ \beta_m \end{bmatrix}, \quad \boldsymbol{\varepsilon} = \begin{bmatrix} \varepsilon_1 \\ \varepsilon_2 \\ \vdots \\ \varepsilon_n \end{bmatrix}$$

写出式（2-12）的矩阵形式：

$$\boldsymbol{q} = \boldsymbol{X\beta} + \boldsymbol{\varepsilon}$$

对参数 $\boldsymbol{\beta}$，用最小二乘法进行估计，可得 $\boldsymbol{\beta}$ 的估计值回归系数 b：

$$Ab = \boldsymbol{B}$$

其中 A，B 都是由观测值得出：

$$\boldsymbol{A} = \boldsymbol{X}^{\mathrm{T}} \boldsymbol{X}$$

$$\boldsymbol{B} = \boldsymbol{X}^{\mathrm{T}} \boldsymbol{q}$$

所以

$$b = \boldsymbol{A}^{-1} \boldsymbol{B} = \boldsymbol{A}^{-1} \boldsymbol{X}^{\mathrm{T}} \boldsymbol{q} = (\boldsymbol{X}^{\mathrm{T}} \boldsymbol{X})^{-1} \boldsymbol{X}^{\mathrm{T}} \boldsymbol{q}$$

可以证明 b 是 $\boldsymbol{\beta}$ 的无偏估计，即 b 的数学期望 $E(b) = \boldsymbol{\beta}$，因而由燃气负荷多元回归模型得到的多元回归方程：

$$\hat{q} = b_0 + b_1 x_1 + b_2 x_2 + \cdots + b_m x_m \quad (2-13)$$

在实际应用前,还要对方程(2-13)进行两项检验。

①回归方程显著性检验。

首先要检验 q 与各种因素 x_1, x_2, $\cdots$, x_m 是否有线性关系,为此需进行回归方程的显著性检验。

②回归系数显著性检验。

在对方程作显著性检验后,还需对回归系数作显著性检验。即从方程中剔除次要的变量,重新建立更为简单的多元线性回归方程。因此要对每个变量进行考察。若 x_j 的作用不显著,则必然有 β_j 可以取值为零。方程系数 b_j 是服从正态分布的随机变量 q_1, q_2, $\cdots$, q_n 的线性函数,所以 b_j 也是服从正态分布的随机变量,由 n 次实验数据 y_a, x_a 及回归系数估计值 b 得出统计量,用来判断变量 x_j 对 q 的作用是否作用显著,不显著则可以剔除,否则因该保留。

为按多元线性回归模型得到“最优的”回归方程,可以采用逐步回归分析方法。此外,若为分析燃气负荷,在物理意义上,认为需要采用多元非线性回归模型,则经过简单的变量置换都可以化为多元线性回归模型进行求解。

在实际应用中,可以借助 SPSS, MATLAB 等软件工具,由燃气用气量数据序列,得到其多元回归模型方程(2-13)。

(4)弹性系数

在能源和经济领域,弹性系数方法一直广为运用于预测中。对燃气负荷也可以在非突变的变化趋势条件下用来做预测。

若燃气用气负荷 q 与某种量 x 之间是存在双对数的线性关系:

$$\ln q_i = \beta_0 + \beta_1 \ln x_i + u_i \qquad (2-14)$$

式中: u_i——偏差;

　　 i——某一次测量。

则可采用变量置换,用最小二乘法对参数进行估计得到 β_0, β_1。同时对式(2-14)微分可得:

$$\beta_1 = \frac{\dfrac{\mathrm{d}q}{q}}{\dfrac{\mathrm{d}x}{x}}$$

β_1 燃气用气负荷与某种量两类量的增长率的比值(弹性),称为弹性系数。一般实用中用差分形式,改用符号 e:

$$e = \frac{\Delta q / q}{\Delta x / x} = r_q / r_x \qquad (2-15)$$

式中: e——弹性系数;

　　 q, Δq——燃气用气负荷在某年的总量及随后的增长量;

　　 x, Δx——某种量在某年的总量及随后的增长量;

　　 r_q, r_x——用气负荷及某种量的年增长率。

r_q, r_x 来源于历史数据,从而给出两类量增长的一般性规律及弹性系数 e。用弹性系数法预测:

①由已知 r_x 和 e 可给出对 r_q 的推测:

$$r_q = e r_x \qquad (2-16)$$

②由已知 q 当前值，得到预测值 $(q + \Delta q)$，其中 Δq 按下式计算：

$$\Delta q = r_q q \qquad (2-17)$$

可以看到，为对 q 进行预测，须给出 x 的未来变化 Δx，即对 x 已有预测。它可采用各种分析或预测方法进行。可见弹性系数法是一种类推的、间接的预测方法，可用于燃气负荷中长期预测。例如由燃气负荷相对于能源需求量的弹性系数，给出能源需求量的年增长率，即可预测燃气负荷的年增长量。

(5) 傅立叶模型

城镇短期燃气负荷中逐日的小时燃气用气量具有周期性，接近周期函数，将其用傅立叶级数逼近。在实际应用中级数的有限项的和作为其数学模型，仍称为傅立叶级数模型。式(2-18)是其一般表达式：

$$q_t = q_0 + \sum_{i=1}^{z} \left(A_i \cos \frac{2\pi}{T_i} t + B_i \sin \frac{2\pi}{T_i} t \right) \qquad (2-18)$$

式中：A_i，B_i——第 i 分量的系数；

　　T_i——第 i 分量的周期；

　　q_t——燃气用气负荷；

　　q_0——一个周期内燃气用气负荷的平均值；

　　z——阶数。

按傅立叶级数逼近方法，应该采用被逼近燃气负荷函数与余弦或正弦函数的乘积经由积分得到各周期分量的系数 A_i，B_i。但对于给出的是离散的燃气负荷数据样本 $(q_t, \ t \ \ t = 1, 2, \cdots, N)$，则可采用三种方式来做。其一是将离散的负荷数据样本应用积分的近似公式计算 A_i，B_i 的积分。其二是采用插值法。其三即是现在讲到的最小二乘法，得到三角级数。

用最小二乘法确定各周期分量的系数 A_i，B_i 之前，需要确定分量数即阶数 z。由于一日中的小时用气量接近以 24 h 为周期的变化，因而可以采用较小的阶数，即 $z = 8 \sim 16$，相应保留各分量的周期为：

$$T_i = \frac{24}{1}, \frac{24}{2}, \frac{24}{3}, \cdots, \frac{24}{z} \quad z = 8 \sim 16$$

为确定各系数 A_i 和 $B_i (i = 1, 2, \cdots, z)$，通过建立正规方程组对其做最小二乘估计，由式(2-18)：

$$Q = \sum_{t=1}^{N} \left[q_t - \sum_{i=1}^{z} \left(A_i \cos \frac{2\pi}{T_i} t + B_i \sin \frac{2\pi}{T_i} t \right) \right]^2 \qquad (2-19)$$

将式(2-19)对 A_i 和 B_i 求导并令其为零，得到关于 A_i 和 B_i 正规方程组：

$$\sum_{t=1}^{N} q_t \cos \frac{2\pi}{T_i} t = \sum_{i=1}^{z} \hat{A}_i \alpha_{ij} + \sum_{i=1}^{z} \hat{B}_i \beta_{ij} \quad j = 1, \cdots, z \qquad (2-20)$$

$$\sum_{t=1}^{N} q_t \sin \frac{2\pi}{T_i} t = \sum_{i=1}^{z} \hat{A}_i \beta_{ij} + \sum_{i=1}^{z} \hat{B}_i \zeta_{ij} \quad j = 1, \cdots, z \qquad (2-21)$$

其中

$$\alpha_{ij} = \sum_{t=1}^{N} \cos \frac{2\pi}{T_i} t \cos \frac{2\pi}{T_j} t, \ \beta_{ij} = \sum_{t=1}^{N} \sin \frac{2\pi}{T_i} t \cos \frac{2\pi}{T_j} t, \ \zeta_{ij} = \sum_{t=1}^{N} \sin \frac{2\pi}{T_i} t \sin \frac{2\pi}{T_j} t$$

利用正、余弦函数的正交关系，当 $T_i = N/z_i$，且没有 z_i 为零或 $N/2$ 时（一般 z 远小于 z_{max}）：

$\alpha_{ij} = \zeta_{ij} = 0$，所有 $i \neq j$；$\alpha_{ij} = \zeta_{ij} = N/2$，所有 $i = j$；$\beta_{ij} = 0$，所有 $i = j$。

代入式（2-18）、式（2-19）解出 A_i 和 B_i 在给定周期（$T_i = N/z_i$）时的估计式：

$$\hat{A}_i = \frac{2}{N} \sum_{t=1}^{N} q_t \cos \frac{2\pi}{T_i} t \ (i = 1, 2, \cdots), \quad \hat{B}_i = \frac{2}{N} \sum_{t=1}^{N} q_t \sin \frac{2\pi}{T_i} t \quad (i = 1, 2, \cdots)$$

燃气用气负荷的计算式为：

$$\hat{q}_t = q_0 + \sum_{i=1}^{z} \left(\hat{A}_i \cos \frac{2\pi}{T_i} t + \hat{B}_i \sin \frac{2\pi}{T_i} t \right) \tag{2-22}$$

（6）灰色预测 GM(1, 1) 模型

灰色理论模型的本质内容是基于经过累加生成等预处理过的数列接近指数曲线，因而设想城市燃气负荷是某一微分方程的解的取值。构造这种微分方程并离散化，利用生成的数列反演出微分方程的参数，即所谓参数辨识，从而得出灰微分方程的白化方程，对其解函数求导即得到预测燃气负荷的计算式。

灰色预测 GM(1, 1) 模型的局限性在于，仅能适于原始数据序列较平稳变化且变化速度不是很快的场合，例如用于燃气负荷中长期预测。为扩大灰色预测 GM(1, 1) 模型的应用范围和预测精度，有一些改进方法。

（7）人工神经网络模型

模拟神经系统对信息处理的并行、层次等机制而提出的人工神经网络（Artificial Neural Network，缩写 ANN）模型，可以用来解决很多复杂非线性系统的问题。其中采用反向传播（Back Propagation，缩写为 BP）算法的 ANN 是得到普遍应用的模型之一，可以有效地用于燃气小时负荷及日负荷预测。

（8）时间序列分析预测模型

时间序列预测技术就是指对历史的燃气用气负荷作为时间序列进行分析与处理，通过建立参数模型，得出预测公式。时间序列分析理论是建立在统计规律基础之上的数据分析技术，要求大样本，并具有分布特性，这也是该方法的一种局限。时间序列分析预测模型比较适用于具有随机性特点的平稳变化燃气用气负荷。

（9）指数平滑预测模型

指数平滑预测法是利用时间序列数据进行预测的一种方法。指数平滑法用历史燃气用气负荷数据的加权来预测未来值。历史数据序列中时间越近的数据越有意义，对其加以越大的权重；时间越远，数据权重越小。选定一个权数 θ，$0 < \theta < 1$。

预测起始时间为 t，上一次时间为 $t-1$，上推 j 时间单位是时间为 $t-j$。

指数平滑法预测公式是：

$$\hat{q}_{t+1} = \sum_{j=0}^{\infty} (1 - \theta) \theta^j q_{t-j} \tag{2-23}$$

式中：$\hat{q}_{t+1}$——预测的第 $t+1$ 时间燃气负荷；

$\hat{q}_{t-j}$——已知的第 $t-j$ 时间燃气负荷。

令 $\alpha = 1 - \theta$，则预测公式为：

$$\hat{q}_{t+1} = \sum_{j=0}^{\infty} \alpha (1 - \alpha)^j q_{t-j} \tag{2-24}$$

式中：α——平滑系数。

式(2 - 24)是 0 → ∞ 求和,由于权重按等比级数减小,衰减很快,实际只需要用有限个历史数据。由式(2 - 22)取两项:

$$\hat{q}_{t+1} = \alpha q_t + \alpha(1 - \alpha)q_{t-1},$$

及

$$\hat{q}_t \approx \alpha q_{t-1},$$

$$\hat{q}_{t+1} = \alpha q_t + (1 - \alpha)\hat{q}_t \qquad (2 - 25)$$

式(2 - 23)是实用的指数平滑法预测公式。在 t 时期,只要知道本期实际值和本期预测值就可以预测下一个时间的数值。

例 2 - 3 由指数平滑法由当天 24 h 燃气负荷实际值和预测值预测第二天燃气负荷。分别对 24 h 用公式(2 - 23)进行计算。见表 2 - 10 和图 2 - 2。可见预测效果很好。

表 2 - 10 指数平滑法小时负荷预测

小时	时负荷系数			小时	时负荷系数			小时	时负荷系数		
	预测	实测	差数		预测	实测	差数		预测	实测	差数
6	5.77	5.67	0.10	14	4.19	3.93	0.26	22	2.38	2.81	-0.43
7	4.74	4.60	0.14	15	5.56	4.62	0.94	23	2.14	2.22	-0.08
8	5.12	4.96	0.16	16	7.35	6.96	0.39	0	2.24	2.32	-0.08
9	6.02	5.71	0.31	17	7.05	7.73	-0.68	1	2.02	2.12	-0.10
10	6.97	7.04	-0.07	18	5.11	5.23	-0.12	2	2.18	2.21	-0.03
11	6.04	6.44	-0.40	19	3.91	4.56	-0.65	3	1.96	2.30	-0.34
12	4.18	4.42	-0.24	20	3.09	2.93	0.16	4	2.39	2.47	-0.08
13	3.82	3.59	0.23	21	2.54	2.63	-0.09	5	3.23	3.39	-0.16

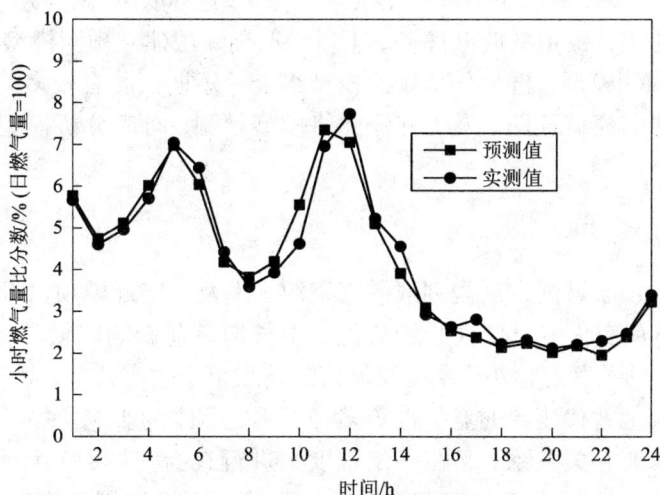

图 2 - 2 指数平滑法小时负荷预测

指数平滑预测法的特点：

①指数平滑法预测法模型简单，计算速度快，应用范围十分广泛。

②指数平滑法预测较适于数据呈水平发展的序列，以及历史数据的影响随时间呈指数下降的数据。对上升的数据序列预测会偏低，对下降的数据序列预测会偏高。对此可以对数据序列进行差分使之平稳化。对有季节变化周期的数据序列则采用季节差分处理。

③平滑常数 α 是关键参数。较大的 α 使权重衰减得快，因而近期数据影响大，模型的灵敏度高；较小的 α，则预测不易受近期随机变动的影响，模型更稳定。一般取 $\alpha = 0.4 \sim 0.5$。

2.5.3　燃气负荷预测

燃气用气负荷预测有若干分类方法，但最有实际意义的分类是按时间段区分中长期预测与短期预测。中长期预测时间段为数年至数十年；短期预测时间段可分为 24 小时，7～30 天或一年。预测时间段的设定，完全是人为的，是按工作的需要截取的。这种时间段的区分有很多的内涵。包括要求预测适用范围及所起作用不同，即预测需达到的目的不同；不同时间段燃气用气负荷的规律性不同，即本身性质不同；因而适合采用的预测方式方法也不同。

1. 短期负荷预测

短期预测主要用于运行调度，包括气源供给计划，储库注采调度，长输管道加压站运行调度，一个城镇或区域系统运行调度，以及工厂、企业设施维修计划。

大量的用气资料表明：小时负荷呈现较强的随机性和每日 24 小时为周期的周期性变化规律；日负荷呈现较强随机性的变化规律；月负荷呈现趋势性、较强的以 12 个月为周期的周期性变化规律。

短期负荷的重要影响因素是日期类型、温度、季节、特殊时期（如节假日、事故抢修）和天气等。雨雪、高温和严寒天气会明显改变负荷曲线的峰谷和形状，春节的负荷与平时有明显的不同。在一天的时间内城镇燃气负荷随时间有明显的波峰波谷，平时用气高峰时间相对固定，主要集中在早中晚；在节假日里，用气规律与平时不同，变化较大。

短期预测要求给出预测值的时间序列，可以采取剔除法建立预测模型或提取法对负荷的三种分量分别建立预测模型，再将分量预测模型组合。短期预测有较多的适用方法，如傅立叶级数模型预测，回归模型预测、人工神经网络模型预测，时序分析模型预测，指数平滑预测等。

2. 中长期负荷预测

中长期预测主要由于燃气发展规划或燃气资源开发及一定规模项目设施建设的需要。在中长期时间段内，负荷变化主要变现为趋势性。中长期负荷影响因素与短期负荷明显不同，与季节、天气等因素的关联度很小，主要受城市经济发展、政府政策、燃气价格、地理位置、能源结构调整中与其他替代能源的竞争性等多种不确定因素的影响。中长期负荷是基于与区域经济社会发展需求有相关关系、又在一定程度上进行人为安排的一种预测。中长期预测，不适宜只采用一种单纯的数据相关或规律性类推方法。可以按用气类型分别采用不同的方法，同时并用定性与定量分析进行目标年预测；再按规划期年度安排预测，采取目标年预测与规划期年度预测相结合形成预测值时间序列。

（1）中长期负荷预测与短期预测的特性比较

①预测时间段区分，反映的是预测目的的差异。中长期预测主要由于燃气发展规划或燃气资源开发及一定规模项目设施建设的需要。进行燃气发展预测，用于适应一个地域的经济社会发展或一个部门的能源需求。短期预测主要用于运行调度，储库注采调度，长输管道加压站运行调度，一个城镇或区域系统运行调度，以及工厂、企业设施维修计划。

②由于预测时间段的不同，在不同时间段中负荷主要变化形态不同。在中长期时间内，负荷变化主要表现为趋势性。一个中长期时间段往往即是一个阶段。本质上它是由经济社会发展的阶段性确定的。更宏观地看，沿每个阶段的发展过程，可能会表现出某种周期性特征。而在短期时间段内，变化形态主要为周期性和随机性。从实际数据可以看到24小时，7天或12个月等负荷变化周期。其周期性只能是一种准周期性。作为受多因素影响、由大量个体形成的总体负荷必然会具有随机性。其随机性不会是平稳的，但可看待为平稳的随机过程。

③负荷的变化形态不同，来源于负荷形成机制的不同。短期负荷是一种客观的需求，有很强的自然与技术属性。而中长期负荷其影响因素与短期负荷明显不同，与季节、天气等自然因素的关联度很小，主要受城市经济发展、政府政策、燃气价格、地理位置、能源结构调整中与其他替代能源的竞争性等多种不确定的经济、技术、社会因素影响。所以，中长期负荷是基于与区域经济社会发展需求有相关关系，又在一定程度上进行认为安排的一种预测，有很大比重的人为成分。这表明，对待负荷预测的方式上也会有所不同。例如对中长期预测，尽量用客观的方式确定目标期预测值，再在相当程度上用人为计划的方式安排年度值。

④由于负荷主要变化形态不同，及负荷主要性质不同，有必要采取不同的负荷预测方法。有鉴于此，中长期预测，不适宜用一种单纯的数据相关或规律性类推方法。可以采取综合的途径。其中一种途径是按用气类型分别用不同的方法对规划目标年用气量进行预测，然后再进行规划期年度安排预测的"两步预测法"。

（2）燃气负荷中长期预测方法

燃气负荷中长期预测可以采用"两步预测法"：第一步，按用气类型分别采用不同的方法，同时并用定性与定量分析进行目标年预测；第二步，再作规划期年度安排预测。采取目标年预测与规划期年度预测相结合形成预测值时间序列。对城镇规划或某些用途不需年度安排预测时，则可只进行第一步。

①目标年预测

居民用气：依据城镇规划，基于规划人口增长作预测。需要注意到居民用气量指标是相对稳定的，但计算中要重点对用气量指标进行分析与调整。它与经济社会发展水平，生活质量的提高可能是正相关，也可能是负相关；与居民收入水平在一定发展阶段后可能就不存在相关关系。对居民用气有居民用气气化率因素，从国家的发展趋势，今后进行的中长期负荷预测居民用气气化率一般应该取100%。

商业用气：生活资料类商业主要服务于居民；生产资料类商业直接服务于工、农业，间接服务于居民。所以，商业用气与经济社会发展有相关性，与国民经济产业结构调整有关。商业用气的预测建议由规划的第三产业（商业）的产值，用商业用气量与商业产值的相关性进行计算。

工业用气：工业用气在城镇燃气系统中比重越来越大。在我国，工业生产是国民经济的主产业,与经济发展总趋势密切相关。预测时,需考虑到科技发展水平、节能减排要求、环保目标以及工业产业结构调整趋势等诸多因素。其中节能要求对各种能耗都要求下降。减排要求会促使能源类型从煤、油转向优质气体燃料。环保目标可能需借助于优质气体的替换,这些因素会增加用气量需求。工业结构从大能源消耗型向高科技含量型调整会产生显著的节能效果,减少用气量。对工业用气量的预测,可有规划的工业的产值,用工业用气量与工业产值的相关性进行计算,

采暖空调用气:与能源价格,设备价格,环保(减排)要求,采暖空调技术进展等多种因素有关。特别是燃气采暖或空调可显著影响用气负荷的月不均匀性。燃气采暖用气会加大用气冬季高峰;燃气空调有助于夏季削平电力负荷。因而对采暖空调用气的预测也与关于城镇能源结构的规划有关。

对采暖用气可由规划的城镇建筑面积、燃气采暖建筑面积比值与建筑采暖面积热指标计算:

$$q_{Ha} = \frac{\beta_H n_H Q_H r_H A_T}{H_L \eta_H} \qquad (2-26)$$

$$\beta_H = \frac{t_1 - t_2}{t_1 - t_3}$$

式中:q_{Ha}——燃气采暖用气量,m^3/a;

    Q_H——建筑采暖面积热指标,$MJ/(m^2 \cdot h)$;

    β_H——平均部分负荷率;

    n_H——建筑采暖时间,h/a;

    A_T——城镇建筑面积,m^2;

    r_H——城镇燃气采暖建筑面积比值;

    H_L——燃气低热值,MJ/m^3;

    η_H——采暖系统热效率。

建筑采暖面积热指标 Q_H 与地区、城镇的气候条件、建筑类型、采暖方式有关,需采用当地资料。可按现行行业标准《城市热力网设计规范》CJJ 34 或当地建筑物耗热量指标确定。

采暖系统效率 $\eta_H = 0.86$。

平均部分负荷率是实际运行功率与系统设计功率的比值,在无确切数据情况下,$\beta_H = 0.3$ 可用于参考。

对空调用气可以由规划的城镇空调建筑面积,空调建筑冷、热负荷指标与建筑空调冷、热负荷平均部分负荷率计算:

$$q_{Aa} = \left(\frac{\beta_{A1} t_{A1} Q_{A1}}{\eta_{A1}} + \frac{\beta_{A2} t_{A2} Q_{A2}}{\eta_{A2}} \right) \frac{r_A A_A}{H_L} \qquad (2-27)$$

式中:q_{Aa}——燃气空调用气量,m^3/a;

    Q_{A1},Q_{A2}——空调建筑冷、热负荷指标,$MJ/(m^2 \cdot h)$;

    β_{A1},β_{A2}——建筑空调冷、热负荷平均部分负荷率;

    t_{A1},t_{A2}——燃气空调系统制冷、采暖运行时间,h/a;

    A_A——城镇空调建筑面积,m^2;

    r_A——城镇燃气空调建筑面积比值;

H_L——燃气低热值，MJ/m^3；

η_{A1}，η_{A2}——燃气空调制冷、采暖系统效率。

建筑热负荷指标可按 $Q_{A2}=Q_H$ 计算。建筑冷负荷指标 Q_{A1} 也与地区、城镇的气候条件、建筑类型(用途，围护结构)等有关，需采用当地资料。

燃气汽车用气：主要取决于城镇环保目的推动，汽车油气燃料价格对比，燃气汽车燃料系统设备价格等产业政策因素、市场因素。因而燃气汽车用气很难按规律预测，更需靠人为安排。由规划预定的燃气汽车数量计算燃气汽车用气量：

$$q_{Va} = \sum_k N_{Vk}L_k f_k 10^{-4} \tag{2-28}$$

式中：q_{Va}——燃气汽车用气量，$10^8\ m^3/a$；

N_{Vk}——第 k 类燃气汽车数量，10^4 辆；

L_k——第 k 类燃气汽车平均年行车里程，$100\ km/a$；

f_k——第 k 类燃气汽车百公里油耗，$m^3/(100\ km\cdot 辆)$；

k——燃气汽车种类。

发电动力用气：我国仍将以煤电为主，大力发展水电、核电和风电。某些情况下，燃气发电可能用于调峰电厂。所以对发电动力用气不能按规律类推进行预测。由规划预定的燃气发电规模，用下式计算用气量：

$$q_{Ea} = \frac{P_E N_E e}{10^4 H_L} \tag{2-29}$$

式中：q_{Ea}——发电动力用气量，$10^8\ m^3/a$；

P_E——电厂发电机组功率，$10^4\ kW$；

N_E——年运行时数，h；

e——耗气指标，$m^3/(kW\cdot h)$。

②年度安排预测

规划期用气量年度变化，形式上即是如何逐年达到规划目标年的规划预测用气量。可以考虑如下三种方式进行全部用气量年度预测或先做分类用气量年度预测再合成全部用气量年度预测。

a. 直线型

直线型用气量预测形式是由已有的起始年用气量与已预测的规划目标年用气量进行年度用气量预测：

$$q_{at} = q_{a0} + (q_{aD} - q_{a0})\frac{t}{T_D} \tag{2-30}$$

式中：q_{at}——第 t 年预测用气量，$10^8\ m^3/a$；

q_{a0}——起始年用气量，$10^8\ m^3/a$；

q_{aD}——规划目标年预测用气量，$10^8\ m^3/a$；

T_D——规划年限(规划目标年年序号)，a；

t——规划年度序号。

b. 负指数函数型

这种类型的用气量变化可用于反映新建或有较大规模扩建的城镇燃气负荷的增长。开始年份的增长速度逐年加大，以后增速逐年减小直到趋于一种较稳定的用气量规模。需要现有历史年份和规划目标年用气量数据进行曲线拟合得出。

c. 单调指数函数型

为便于规划设计工作应用，构造出一种用气量单调增加的指数函数，形成一种开始增速较大、随后增速逐年减小，到规划目标年趋于稳定的用气量预测形式：

$$q_{at} = q_{a0} + q_{aU}[1 - e^{-bt}] \quad (t = 1, 2, \cdots, T_D) \tag{2-31}$$

$$q_{aU} = \frac{q_{aD} - q_{a0}}{\alpha} \quad b = -\frac{1}{T_D}\ln(1 - \alpha)$$

式中：q_{aD}——规划目标年预测用气量，$10^8 \ m^3/a$；

q_{at}——第 t 年预测用气量，$10^8 \ m^3/a$；

T_D——规划目标年年序号，a。

t——规划年度序号；

α——增速变化参数。

这种预测曲线不需要进行拟合计算，应用很直观、方便。只需要代入规划目标年预测用气量 q_{aD}，通过设定一个增速变化参数 α 值，用简单的代数运算得出预测曲线。如图 2-5 所示。

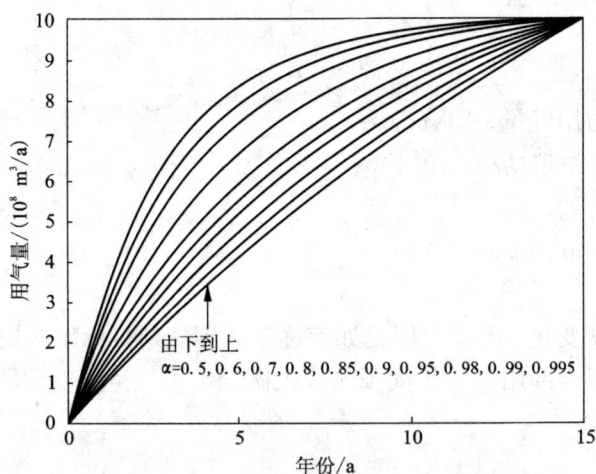

图 2-5   单调指数函数预测曲线

这种类型与第二种类型不同之处还在于：其一，这是一种完全人为安排的年度用气量规划；其二，用气量在规划目标年后很快趋于稳定，而第二种类型则可能预测出较长的用气量达到稳定的过程；其三，近年用气量历史数据和规划年预测用气量结合拟合法。

用近年用气量历史数据和规划年预测用气量结合，拟合出多项式曲线。

$$q_{ai} = a(T_s + i)^3 + b(T_s + i)^2 + c(T_s + i) + d \quad (t = 1, 2, \cdots, T_D) \tag{2-32}$$

式中：T_S——历史拟合数据的最后年序号。

这种方法对一个供气已开始新一轮增长，并制定了（规划目标年用气量）发展目标的城镇可考虑使用。它与第二种类型属于同一种模式。

本章小结

本章主要介绍了燃气负荷的定义和分类，各类用气对象的供气原则、用气量指标和年用气量的计算。用气不均匀性是城市用气的一个重要特征，通常表现为月不均匀性、日不均匀性和小时不均匀性，通常用不均匀系数表示。城市燃气输配管网的管径与调压器等设备的通过能力是按照燃气高峰的小时流量确定的。而小时计算流量是由燃气供应的不均匀系数计算而得，小时计算流量的确定方法包括：不均匀系数法与同时工作系数法。本章还介绍了城镇燃气短期和中长期负荷预测方法，供学生选修。

思考题

1. 什么叫燃气负荷？燃气负荷应如何分类？

2. 各类燃气负荷的供气原则分别是什么？各类燃气负荷的用气量指标分别是什么？各类燃气负荷的年用气量如何计算？

3. 什么叫用气不均匀性？有哪些参数可以表示用气不均匀性？

4. 小时计算流量有哪几种计算方法？

第3章 天然气集输工程系统

3.1 天然气开采与矿井集输系统

3.1.1 天然气气井及井场

1. 气井结构

气井是天然气矿场集输的主要生产设施，主要由井口装置、井身及气嘴三部分组成。

（1）井口装置

井口装置部分主要由套管头、油管头和采气树组成。其作用是悬挂油管、密封油管和套管之间的环形空间，通过油管或环形空间进行采气、压井、洗井、酸化、加缓蚀剂等作业，操纵气井的开关和调节气井的压力和产量。气井井口装置如图 3-1 所示。

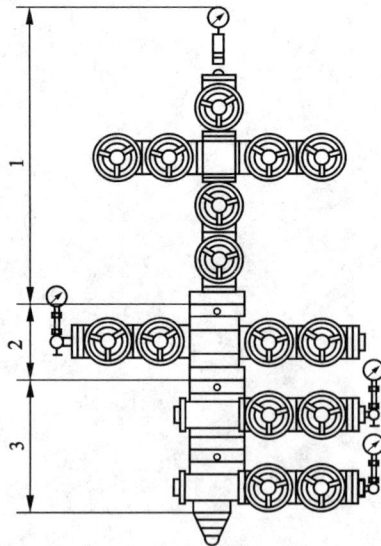

石油与天然气开采

图 3-1　气井井口装置

1—采气树；2—油管头；3—套管头

①套管头

套管下到井里，下部用水泥固定，上部的重力便可支承在套管头上。套管头的主要作用是把井里的套管层相互隔开。

②油管头

油管头是用来悬挂井内的油管和密封油管、套管之间的环形空间。

③采气树

气井油管头以上的部分称为采气树，由闸阀、针型阀、小四通、油管阀门、测压阀门、压力表缓冲器、套管阀门等构成。采气树主要用来进行开井、关井、调节压力、调节气量、循环压井、下压力计测压和测量井口压力等作业。

（2）井身

井身结构是指由直径、深度和作用各不相同，且均注水泥封固环形空间而形成的轴心线重合的一组套管与水泥环的组合。井身结构通常用井身结构图表示，它一般指气井地下部分的结构，如图 3 - 2 所示。

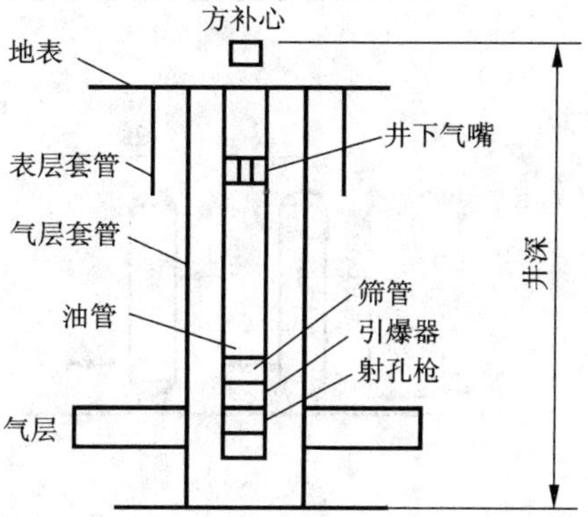

图 3 - 2 气井井身结构示意图

（3）气嘴

气嘴的作用是调整气井的出气量，它分为地面气嘴和井下气嘴两种。

2. 井场工艺流程

（1）节流调压

天然气在管道中流动，通过骤然缩小的孔道，例如孔板或针形阀的孔眼，由于摩擦耗能使气压显著下降，这种现象称为节流。利用节流，可以达到降压或调节流量的目的。针形阀是井场及低温或常温集气站的主要节流手段。通过节流实现降压，有一级节流和多级节流之分，通常是根据井口压力大小和安全生产的需要加以选择。

（2）天然气计量

油田内部湿气的生产计量，不适合选用孔板计量，可选用准确度不低于 $\pm 1.5\%$ 的气体涡轮流量计、旋涡流量计等。

（3）气液分离

初级分离：从井中采出的天然气或多或少都带有一部分液体（凝析油、矿化水）和固体杂质（岩屑、砂粒）。这些液体和固体杂质若带进站场，会堵塞管线和磨损设备。因此，在单井井场和多井集气站都安装有分离器，对气—液、气—固进行初步分离。

多级分离：逐级降低分离器压力，经过两级或两级以上的闪蒸或部分冷凝，将气井所产的流体分离成气、液两相的工艺方法。在多级分离流程中，由于最后一次闪蒸分离是在油罐中发生，因此总是将油罐当作气液分离的最后一级。两级分离仅有一台分离器，三级分离由两台分离器和一个油罐组成。多级分离器的目的，在于使气井所产生的流体在逐级减压时短暂停留，以便获得更稳定的液相产品和较高的液相收率。高压凝析气田的地面分离流程通常采用多级分离，目的就是多回收液烃。

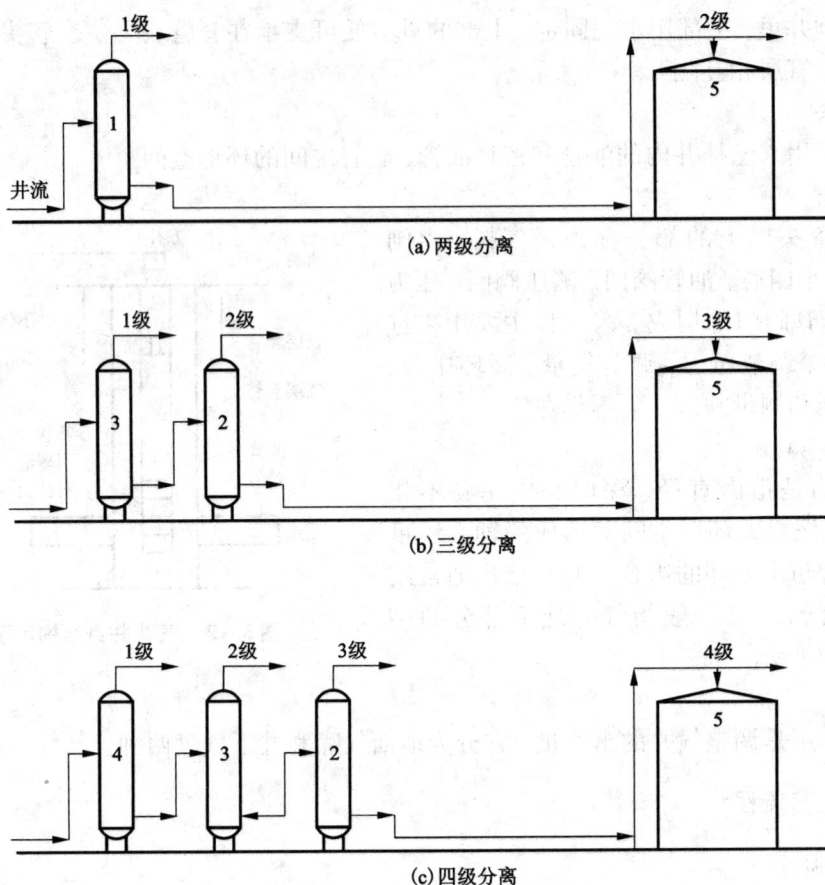

图 3 - 3　多级分离流程图

3.1.2　天然气矿场集输管网结构

天然气的集输包括采集和输送两部分，本节主要介绍矿场集输系统所包括的各个部分，如气田内部集输管网、井场、集气站等单元工艺。

天然气矿场集输系统是天然气集输配系统的子系统，是整个系统的源头部分，它包括井场、集气管网、集气站、天然气处理厂等环节所构成的整个系统。

气田中各气井、集气站、天然气处理厂等之间是通过管网连接的，按其连接的几何方式可以分为：放射状集气管网、树枝状集气管网（即线形集气管网）、环状集气管网以及它们的组合型集气管网。

1. 放射状集气管网

放射状集气管网（图 3 - 4）适用于若干口气井相对集中的一些井组的集气，每组井中选一口井设置集气站，其余各井到集气站的采气管线呈放射状。在井场减压后，输送至集气站，在站上经加热、节流调压、分离、计量，然后输送至天然气处理厂或输气干线起点站。其优点是便于天然气的集中预处理和集中管理，能减少操作人员和节省费用。

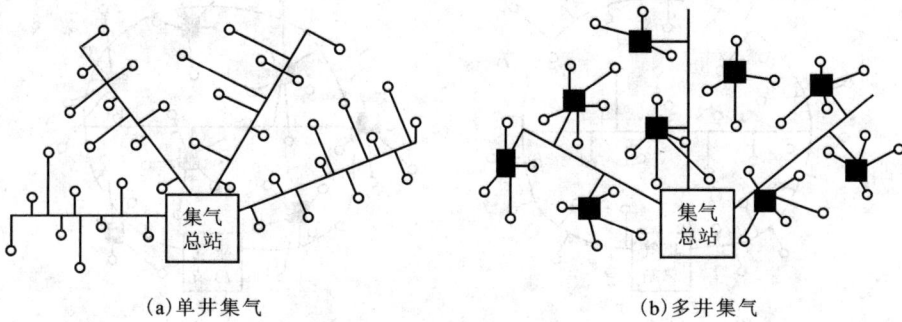

（a）单井集气　　　　　　　　　　　　（b）多井集气

图 3 - 4　放射状集气管网

2.树枝状集气管网

树枝状集气管网(图 3 - 5)呈树枝状，经气田主要产气区的中心建一条贯穿气田的集气干线将位于干线两侧各井的气集入干线，并输至集气总站。该流程适用于条状狭长气田，其特点是适宜于单井集气。

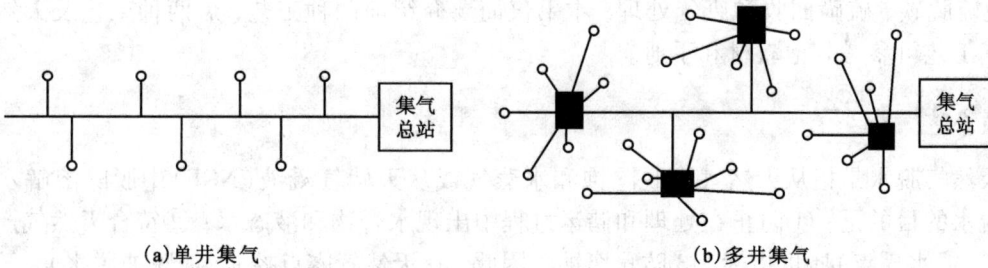

（a）单井集气　　　　　　　　　　　　（b）多井集气

图 3 - 5　树枝状集气管网

（3）环状集气管网

环状集气管网(图 3 - 6)是将集气干线布置成环状，沿干线设置各单井或集气站的进气点，环口处设置集气总站，将天然气送往处理厂或输气干线。其特点是：便于调度气量，环状集气干线局部发生事故也不影响整个集输管网的正常生产。

对于气田面积较大和井数较多的气田，为了管理方便，可以采用上述两种或三种管网流程的组合，即组合型集气管网。比如，在井数较多时，常将气井分成若干组，每一组的气井都在各自的集气站进行必要的初步处理，然后经各自的集气管道与集气干线连接起来，输往天然气处理厂。根据气田的气井分布状况、地貌和天然气处理厂的位置来组合和综合应用上面的三种集输管网结构。

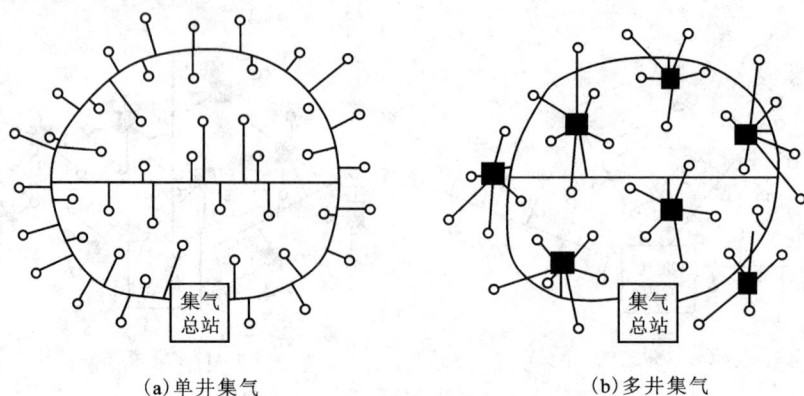

(a)单井集气　　　　　　(b)多井集气

图3-6　环状集气管网

3.2　天然气净化

天然气净化的目的是将天然气中的水、硫和二氧化碳等有害成分的含量降至工业和民用商品天然气所要求的指标，且符合环境法规的要求。它通常包括四类工艺处理，即天然气脱水、脱硫脱碳、硫磺回收和废气处理，本书仅简要介绍前两种工艺，后两种工艺及天然气净化详细工艺可参考其他教材和手册。

3.2.1　脱水

天然气脱水是指从天然气中脱除饱和水蒸气或从天然气凝液（NGL）中脱除溶解水的过程。脱水的目的是：①防止在处理和储运过程中出现水合物和液态水；②符合天然气产品的水含量（或水露点）质量指标；③防止腐蚀。因此，在天然气露点控制（或脱油脱水）、天然气凝液回收、液化天然气及压缩天然气生产等过程中均需进行脱水。此外，采用湿法脱硫脱碳后的净化气也需要脱水。

天然气及其凝液的脱水方法有吸收法、吸附法、低温法、膜分离法、气体汽提法和蒸馏法等。

1. 吸收法脱水

吸收法脱水是根据吸收原理，采用一种亲水液体与天然气逆流接触，从而吸收气体中的水蒸气而达到脱水目的。用来脱水的亲水液体称为脱水吸收剂或液体干燥剂，也简称干燥剂。

脱水前天然气的水露点（以下简称露点）与脱水后干气的露点之差称为露点降，露点降表示天然气的脱水深度。

脱水吸收剂应对天然气中的水蒸气有很强的亲和能力，热稳定性好，不发生化学反应，容易再生，蒸气压低，黏度小，对天然气和液烃的溶解度低，发泡和乳化倾向小，对设备无腐蚀，同时还应价格低廉，资源丰富。常用的脱水吸收剂是甘醇类化合物，尤其是三甘醇，因其露点降大，成本低和运行可靠，在甘醇类化合物中经济性最好，应用广泛。

2.吸附法脱水

吸附是指气体或液体与多孔的固体颗粒表面接触时，气体或液体分子与固体表面分子之间相互作用而停留在固体表面上的现象。被吸附的气体或液体称为吸附质，吸附气体或液体的固体称为吸附剂。当吸附质是水蒸气或水时，此固体吸附剂又称为固体干燥剂，也简称干燥剂。

在天然气凝液回收、天然气液化装置和汽车用压缩天然气(CNG)加气站中，为保证低温或高压系统的气体有较低的水露点，大多采用吸附法脱水。此外，在天然气脱硫过程中有时也采用吸附法脱硫。

根据气体或液体与固体表面之间的作用不同，可将吸附分为物理吸附和化学吸附两类。

(1)物理吸附

物理吸附是由流体中吸附质分子与吸附剂表面之间的范德华力引起的。其特征是吸附质与吸附剂不发生化学反应，吸附速度很快，瞬间即可达到相平衡。物理吸附放出的热量较少，通常与液体气化和蒸气冷凝的相变焓相当。气体在吸附剂表面可形成单层或多层分子吸附，当体系压力降低或温度升高时，被吸附的气体可很容易地从固体表面脱附，而不改变气体原来的性状，故吸附和脱附是可逆过程。工业上利用这种可逆性，通过改变操作条件使吸附质脱附，达到使吸附剂再生并回收或分离吸附质的目的。

吸附法脱水就是采用吸附剂脱除气体混合物中水蒸气或液体中溶解水的工艺过程。通过使吸附剂升温达到再生的方法称为变温吸附(TSA)。通常，采用某加热后的气体通过吸附剂使其升温再生，再生完毕后再用冷气体使吸附剂冷却降温，然后又开始下一个循环。由于加热、冷却时间较长，故 TSA 多用于处理气体混合物中吸附质含量较少或气体流量很小的场合。通过使体系压力降低使吸附剂再生的方法称为变压吸附(PSA)。由于循环快速完成，通常只需几分钟甚至几秒钟，因此处理量很大。

(2)化学吸附

化学吸附是气体或液体中吸附质分子与吸附剂表面的分子起化学反应，生成表面配合物的结果。这种吸附所需的活化能大，故吸附热也大，接近化学反应热，比物理吸附大得多。化学吸附具有选择性，而且吸附速度较慢，需要较长时间才能达到平衡。化学吸附是单分子吸附，而且多是不可逆的，或需要很高温度才能脱附，脱附出来的吸附质分子又往往已发生化学变化，不再具有原来的性状。

固体吸附剂的吸附容量(当吸附质是水蒸气时，又称为湿容量)与被吸附气体(即吸附质)的特性和分压、固体吸附剂的特性、比表面积、空隙率以及吸附温度等有关，故吸附容量(通常用每 100 kg 吸附剂能够吸附多少 kg 吸附质表示)可因吸附质和吸附剂体系不同而有很大差别。所以，尽管某种吸附剂可以吸附多种不同气体，但不同吸附剂对不同气体的吸附容量往往有很大差别，亦即具有选择性吸附作用。因此，可利用吸附过程的这种特点，选择合适的吸附剂，使气体混合物中吸附容量较大的一种或几种组分被选择性地吸附到吸附剂表面上，从而达到与气体混合物中其他组分分离的目的。

(3)常见的吸附剂

天然气脱水的吸附剂应具有下列物理性质：①必须是多微孔性，具有足够大的比表面积

（一般为 500～800 m²/g）；②对天然气中不同组分具有选择性吸附能力；③具有较高的吸附传质速率，可瞬间达到相平衡；④可经济而且简便地进行再生，且保持较高的吸附容量，使用寿命长；⑤颗粒大小均匀，堆积密度大，具有较高的强度和耐磨性；⑥具有良好的化学稳定性、热稳定性，价格便宜并且原料充足等。

常用天然气干燥剂有活性氧化铝、硅胶和分子筛三类，它们的物理性质见表3－1。

表 3－1　干燥剂的物理性质

干燥剂	硅胶 Davison 03	活性氧化铝 Alcoa(F－200)	H、R 型硅胶 Kali－chemie	分子筛 Zeochem
孔径/10⁻¹nm	10～90	15	20～25	3，4，5，8，10
堆积密度/(kg/m³)	720	705～770	640～785	690～750
比热容/[kJ/(kg·K)]	0.821	1.005	1.047	0.963
最低露点/℃	－50	－50～－96	－50～－96	－73～－185
设计吸附容量/%	4～20	11～15	12～15	8～16
再生温度/℃	150～260	175～260	150～230	220～290
吸附热/(kJ·K⁻¹)	2980	2890	2790	4190(最大)

①活性氧化铝

活性氧化铝是一种极性吸附剂，以部分水合与多孔无定形氧化铝为主，并含有少量其他金属氧化物，比表面积可达 250 m²/g。由于活性氧化铝的湿容量大，常用于水含量高的气体脱水。但其呈碱性，可与无机酸发生反应，故不宜用于酸性天然气脱水。此外，因其微孔孔径极不均匀，没有明显的吸附选择性，所以在脱水时还能吸附重烃，且在再生时不易脱除。通常，采用活性氧化铝干燥后的气体露点可达 －70℃。

②硅胶

硅胶是一种晶粒状无定形氧化硅，其比表面积可达 300 m²/g。硅胶为极性吸附剂，它在吸附气体中的水蒸气时，吸附量可达自身质量的 50%，即使在相对湿度为 60% 的空气流中，微孔硅胶的湿容量也可达 24%，故常用于含水量高的气体脱水。

硅胶在吸附水分时放出大量的吸附热，易破裂产生粉尘。此外，其微孔孔径也极不均匀，没有明显的吸附选择性。采用硅胶干燥后气体露点可达 －60℃。

③分子筛

目前常用分子筛系人工合成沸石，是强极性吸附剂，对极性、不饱和化合物和易极化分子，特别是水具有很大的亲和力，故可按气体分子极性、不饱和度、空间结构不同进行分离。

分子筛的热稳定性和化学稳定性高，又具有许多孔径均匀的微孔通道和排列整齐的空腔，其比表面积可达 800～1000 m²/g，且只有直径比其孔径小的分子进入微孔，从而使大小和形状不同的分子分开，起到筛选分子的选择性吸附作用，因而称为分子筛。

3. 低温法脱油脱水

低温法是将天然气冷却至烃露点以下某一低温，得到一部分富含较重烃类的液烃（即天然气凝液或凝析油），并在此低温下使其与气体分离，故也称冷凝分离法。按提供冷量的制冷系统不同，低温法可分为膨胀制冷（包括节流制冷和透平膨胀机制冷）、冷剂制冷和联合制冷法三种。此外，近年来国内外已经将超音速分离器用于天然气脱油脱水，取得了很好的效果。

除回收天然气凝液时采用低温法外，目前也多用于含有重烃的天然气同时脱油（即脱液烃或脱凝液）脱水，使其水、烃露点符合商品天然气质量指标或管道输送的要求。为防止天然气在冷却过程中由于析出冷凝水而形成水合物，一种方法是在冷却前采用吸附法脱水，另一种方法是加入水合物抑制剂。前者用于冷却温度很低的天然气凝液回收过程；后者用于冷却温度不是很低的天然气脱油脱水过程，即天然气在冷却过程中析出的冷凝水和抑制剂水溶液混合后随液烃一起在低温分离器中脱除（即脱油脱水），因而同时控制了气体的水、烃露点。

3.2.2 脱酸

有的天然气中含有硫化氢（H_2S）、二氧化碳（CO_2）、硫化羰（COS）、硫醇（RSH）和二硫化物（RSSR）等酸性组分。通常，将酸性组分含量超过商品气质量指标或管输要求的天然气称为酸性天然气或含硫天然气。天然气中含有酸性组分时，不仅在开采、处理和储运过程中会造成设备和管道腐蚀，而且用作燃料时会污染环境，危害用户健康；用作化工原料时会引起催化剂中毒，影响产品收率和质量。此外，天然气中 CO_2 含量过高还会降低其发热量。因此，当天然气中酸性组分含量超过商品气质量指标或管输要求时，必须采用合适的方法将其脱除至规定值以内。脱除的这些酸性组分混合物称为酸气，其主要成分是 H_2S，CO_2，并含有少量烃类。从酸性天然气中脱除酸性组分的工艺过程统称为脱硫脱碳或脱酸气。如果此过程主要是脱除 H_2S 和有机硫化物则称为脱硫；如果主要是脱除 CO_2 则称为脱碳。原料气经湿法脱硫脱碳后，还需脱水（有时还需脱油）和脱除其他有害杂质（例如脱汞）。脱硫脱碳、脱水后符合有关质量指标或要求的天然气称为净化气，脱水前的天然气称为湿净化气。脱除的酸气一般还应回收其中的硫元素，即硫磺回收。当硫磺回收后的尾气不符合大气污染物排放标准时，还应对尾气进行处理。

当采用深冷分离的方法从天然气中回收天然气凝液（NGL）或生产液化天然气（LNG）时，由于对气体中的 CO_2 含量要求很低，这时就应采用深度脱碳的方法。

天然气脱硫脱碳方法很多，这些方法一般可分为化学溶剂法、物理溶剂法、化学 - 物理溶剂法、直接转化法和其他类型方法等。

1. 化学溶剂法

化学溶剂法是采用碱性溶液与天然气中的酸性组分（主要是 H_2S、CO_2）反应生成某种化合物，故也称为化学吸收法。吸收了酸性组分的碱性溶液（通常称为富液）在再生时又可使该化合物将酸性组分分解或释放出来。这类方法中最具代表性的是采用有机胺的醇胺（烷醇胺）法以及有时也采用的无机碱法，例如活化热碳酸钾法。

目前，醇胺法是最常用的天然气脱硫脱碳方法。属于此法的有一乙醇胺（MEA）法、二乙醇胺（DEA）法、二甘醇胺（DGA）法、二异丙醇胺（DIPA）法、甲基二乙醇胺（MDEA）法，以及空间位阻胺、混合醇胺、配方醇胺溶液（配方溶液）法等。醇胺溶液主要由烷醇胺与水组成。

2.物理溶剂法

此法是利用某些溶剂对气体中 H_2S，CO_2 等与烃类溶解度的巨大差别而将酸性组分脱除，故称物理吸收法。物理溶剂法一般在高压和较低温度下进行，适用于酸性组分分压高的天然气脱硫脱碳。此外，此法还具有可大量脱除酸性组分、溶剂不易变质、比热容小、腐蚀性小以及可脱除有机硫(COS，CS_2 和 RSH)等优点。由于物理溶剂对天然气中的重烃有较大的溶解度，故不宜用于重烃含量高的天然气，且多数方法因受再生程度的限制，净化度(即原料气中酸性组分的脱除程度)不如化学溶剂法。当净化度要求很高时，需采用汽提法等再生措施。目前，常用的物理溶剂法有多乙二醇二甲醚法(selexol 法)、碳酸丙烯酯法(fluor 法)、冷甲醇法(rectisol 法)等。

物理吸收法的溶剂通常靠多级闪蒸进行再生，不需要蒸汽和其他热源，还可同时使气体脱水。

3.化学 – 物理溶剂法

这类方法采用的溶液是醇胺、物理溶剂和水的混合物，兼有化学溶剂法和物理溶剂法的特点，故又称混合溶液法或联合吸收法。目前，典型的化学 – 物理吸收法为砜胺(sulfinol)法，包括 DIPA – 环丁砜法(sulfinol – D 法，砜胺Ⅱ法)、MDEA – 环丁砜法(Sulfinol – M 法，砜胺Ⅲ法)等。

4.直接转化法

这类方法以氧化 – 还原反应为基础，故又称氧化 – 还原法或湿式氧化法。它借助于溶液中的氧载体将碱性溶液吸收的 H_2S 氧化为元素硫，然后采用空气使溶液再生，从而使脱硫和硫回收合为一体。此法目前虽在天然气工业中应用不多，但在焦炉气、水煤气、合成气等气体脱硫及尾气处理方面却广为应用。由于溶剂的硫容量(即单位质量或体积溶剂能够吸收的硫的质量)较低，故适用于原料气压力较低及处理量不大的场合。属于此法的主要有钒法(ADA – NaVO 法、栲胶 – NaVO 法等)、铁法(Lo – Cat 法、Sulferox 法、EDTA 络合铁法、FD 及铁碱法等)等方法。

5.其他类型方法

除上述方法外，目前还可采用分子筛法、膜分离法、低温分离法及生物化学法等脱除 H_2S 和有机硫。

3.3 天然气输气系统构成及场站

3.3.1 输气管道工程系统构成

天然气长输管道系统的总流程见图 3 – 7。它的构成一般包括输气干管、首站、压气站、中间气体分输站、干线截断阀室、中间气体接收站、清管站、障碍(江河、铁路、水利工程等)的穿跨越。

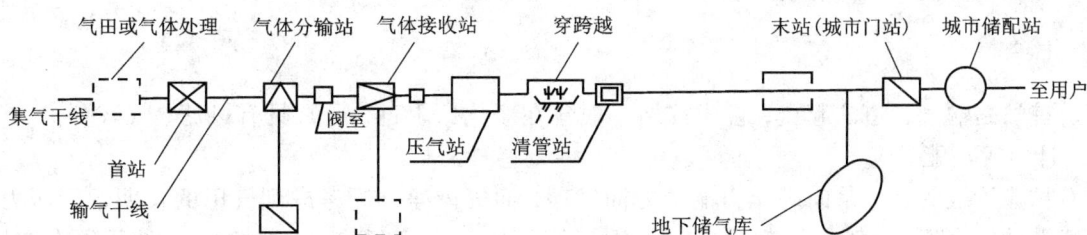

图 3 - 7 输气管道系统构成图

与管道输送系统同步建设的另外两个组成部分是通信系统和仪表自动化系统。输气干线首站主要是对进入干线的气体质量进行检测控制并计量,同时具有分离、调压和清管球发送功能。

输气管道中间分输(或进气)站的功能是给沿线城镇供气(或接收其他支线与气源来气)。

压气站是为提高输气压力而设的中间接力站,它由动力设备和辅助系统组成。

清管站通常和其他站场合建,清管的目的是定期清除管道中的杂物,如水、机械杂质和铁锈等。由于一次清管作业时间和清管的运行速度的限制,两清管收发筒之间距离不能太长,一般为 100 ~ 150 km,因此在没有与其他站合建的可能时,需建立单独为清管而设的站场。清管站除有清管球收发功能外,还设有分离器及排污装置。

输气管道末站可以和城市门站合建,除具有一般站场的分离、调压和计量功能外,还要给各类用户配气。为防止大用户用气的过度波动而影响整个系统的稳定,有时装有限流装置。

为了调峰的需要,输气干线有时也与地下储库和储配站连接,构成输气干管系统的一部分。与地下储库的连接通常都需建压缩机站,用气低谷时把干线气压入地下构造,高峰时抽取库内气体压入干线,经过地下储存的天然气受地下环境的污染,必须重新进行净化处理后方能进入压缩机。

干线截断阀室是为了及时进行事故抢修、检修而设置的。根据线路所在地区类别设置截断阀室间隔,一级地区每 32 km、二级地区每 24 km、三级地区每 16 km、四级地区每 8 km 需设置一座截断阀室。

输气管道的通信系统通常又作为自控系统的数据传输通道,它是输气管道系统进行日常管理、生产调查、事故抢修等必不可少的,是安全、可靠和平稳供气的保证。

通信系统分有线(架空明线、电缆、光纤)和无线(微波、卫星)两大类。

3.3.2 输气站工艺流程

按在天然气长输管线上的位置划分,长输管线的站场有首站、末站、中间站三类。如果按其功能,中间站又可分为压气站、分输站、接收站、清管站四种。

各类站的工艺流程要求如下:

①各类站的工艺流程必须满足其输气工艺要求,并有旁通、安全泄放、越站输送等功能。

②各类站的位置应符合线路总走向,并与周围建(构)筑物保持应有的安全距离。

③站址应选择地质稳定、无不良工程地质情况、水电供应交通方便的地方。

④应尽量使不同功能的站场合并建设,以方便管理,节约投资。

1.首站

首站是输气管道的起点,管线首站一般建在净化厂附近,通常具有过滤、气液分离、调压、计量等功能。

长输管线的趋势是向高压力输送方向发展,而气体净化厂考虑到气田的长期运行压力,一般设计压力不会太高,大都为4~6 MPa,当管输压力高于进气压力时,首站还须有增压功能。

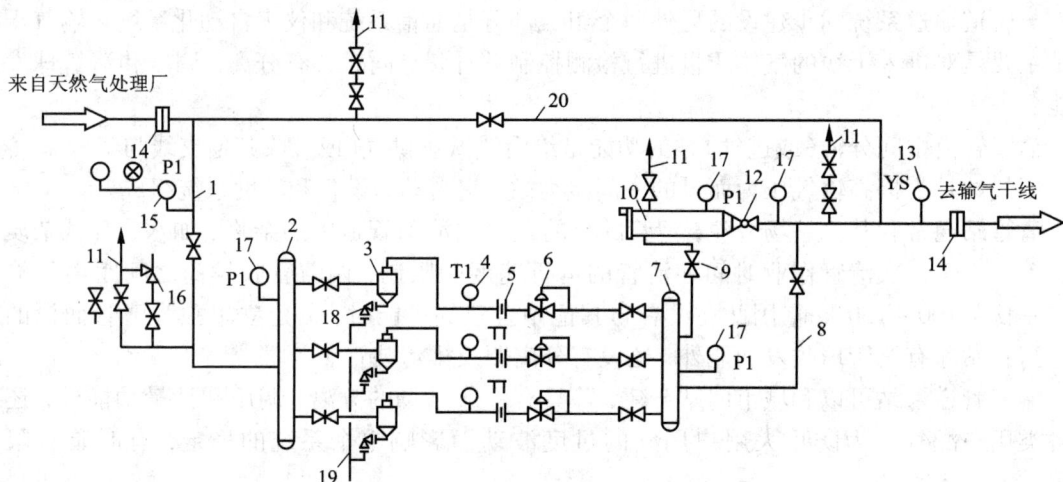

图3-8　输气干线首站流程(无压缩机)

1—进气管;2,7—汇气管;3—多管除尘器;4—温度计;5—孔板计量装置;6—调压器;8—正常外输气管线;9—清管用旁通阀;10—清管球发送装置;11—放空管;12—球阀;13—清管球通过指示器;14—绝缘法兰;15—电接点压力表(带声光信号);16—安全阀;17—压力表;18—笼式节流阀;19—除尘器排污管;20—越站旁通

压缩机首站正常流程:越站旁通关闭,清管旁通及球阀关闭,进气管、汇气管两边阀门、出站阀打开。进站气体经计量及调压阀后去干线。

当进行清管作业时,先检查送发球筒上所有阀门是否关闭严密,检查筒上压力表是否有压,再打开小放空管阀;一切检查确认筒内无压、无气体后打开快开盲板,把清管器推进筒内,并使其停留在球阀口上,然后关闭快开盲板,按好锁扣,关闭放空管阀,关闭站出口阀,慢慢打开清管用旁通阀9和球阀12,当清管指示器发出通过信号后;确认清管器已进入干线时,关闭和发送筒连接的阀门,打开出站阀,转入正常的清管与运行,跟踪清管器运行情况并报告下一站做好接收准备。

图3-9所示为一种增加了变频电机驱动的压缩机组的首站流程,实际流程要比无压缩机的复杂得多,图上只是把主要管线表示出来,实际还有很多辅助系统和管路阀门没有表示出来,如冷却系统、润滑油、密封油系统等。

压缩过程流程:先打开压缩机进气口小阀(未画)进行清吹,清吹完毕后再关闭出口小阀(未画);打开循环阀,启动变频电机,慢慢加载,使气体循环增压,当达到额定压力时再开

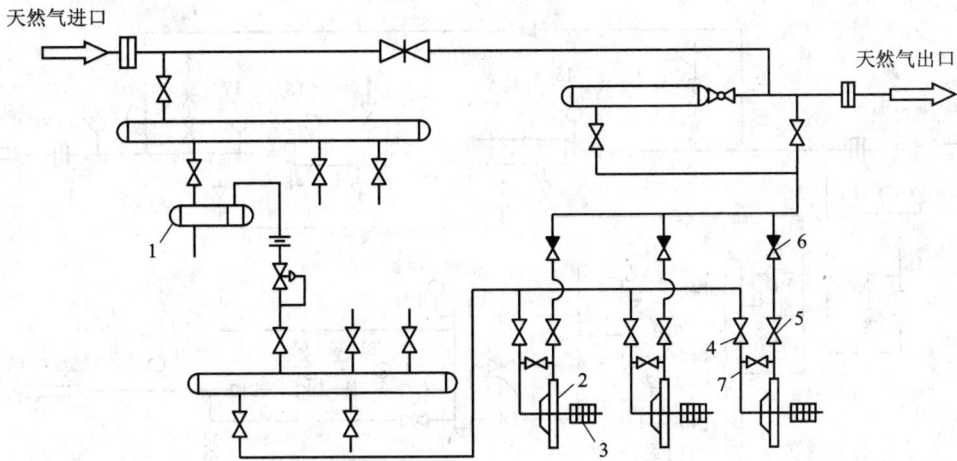

图 3 – 9　输气干线首站流程（有压缩机）

1—过滤器；2—离心式压缩机；3—变频电机；4—压缩机进口阀；5—压缩机出口阀；6—止回阀；7—循环阀

启压缩机进出口阀，关闭循环阀，增压后的气体经总管进入干线，压缩机投入正常运行。在某台机组需停机时，先打开循环阀慢慢卸载，最后完全关闭进出口阀，停机后关闭循环阀，打开放空阀放空。

2. 分输站

分输站是为了把气体分流到支线或用户而设置的；接收站是为了在管线中途接收气源来气而设置的。虽然它们的作用刚好相反，但其功能和设备却都是类似的，都具有调压、计量、气体除尘、清管器收发等功能。图 3 – 10 所示为典型的分输站流程示意图。

正常运行流程：天然气通过进气总管进入汇气管 6、多管除尘器 7、汇气管 8，大部分气体返回干线，另一部分经过计量调压后去用户。

清管器接收作业流程：清管器从上游站发出后，本站就要做好接收作业的准备，根据清管器的运行跟踪情况对本站发出接收指令，首先打开球阀 5 和清管器旁通管阀，关闭进气总管阀，当清管器通过，指示器发出通过信号，并确认清管器已进入收球筒后，打开进气总阀，恢复正常运行；同时关闭球阀 5 和清管器旁通管阀，打开放空阀 4。确定筒内无压后，打开快开盲板，取出清管器，并排除筒中污物。发送作业与前面首站相同。对没有收发装置的分输站，干线气体可不进站，分输站可由预留支线阀室接出，这样站内分离器规模可减小，占地也相应节约。

3. 压气站

压气站的主要功能是给气体加压以提高管道的输送能力。有的压气站和地下储气库相连，在用气低峰时把管道气压进地下库而在高峰时抽取库中气体增加输气量。

压气站除增压外，还有调压、计量、清管、气体除尘等功能。此外，当压缩后的气体温度超过规定的温度时，还必须设气体冷却装置。

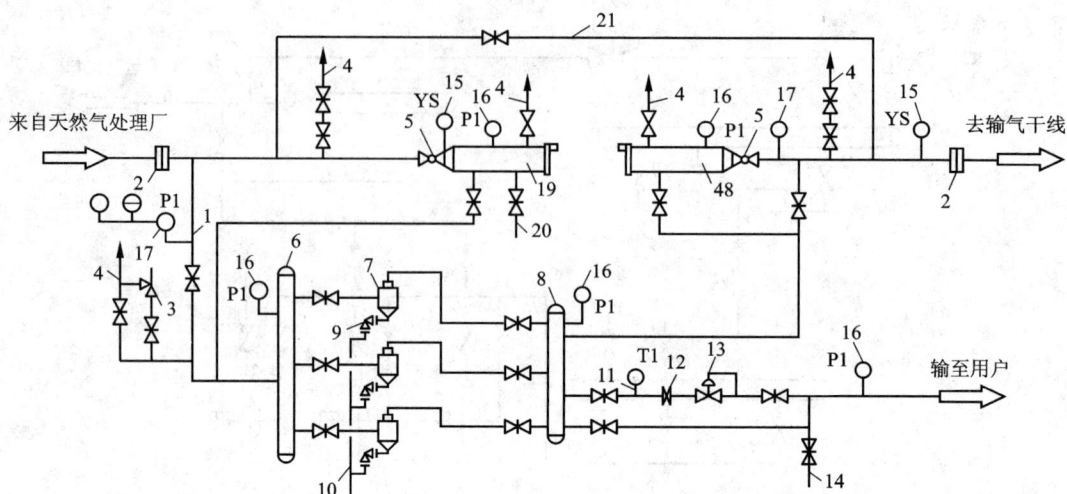

图 3 - 10　输气干线中间分输站流程

1—进气管；2—绝缘法兰；3—安全阀；4—放空管；5—球阀；6，8—汇气管；7—多管除尘器；9—笼式节流器；10—除尘排污器；11—温度计；12—锐孔板计量装置；13—调压阀；14—用户支线放空管；15—清管器通过指示器；16—压力表；17—电接点压力表（带声光信号）；18—清管球发送装置；19—清管球接收装置；20—排污管；21—越站旁通

由于增压站有动力设备，它要比其他站场复杂很多，主要由主气路系统和辅助系统构成。主气路系统包括：除尘净化装置、压缩机组、循环阀组、截断阀组、调压计量装置、气体冷却装置以及连接这些设备和装置的管道。辅助系统包括：密封油泵系统、润滑油系统、燃料气系统、启动气系统（燃气轮机）以及仪表控制系统。

压气站的流程是根据压比和所选的压缩机来决定的。往复式压缩机适用于小流量高压比的场合，如气田后期增压，而长输管道压气站通常要求大流量、低压比，适用离心式压缩机。往复式压缩机站场都是几台机组并联流程。离心式压缩机可并联、串联，可并联后再串联或串联后再并联，根据压比需要可有多种变化。

离心式压缩机单级压比一般为 1.2 ~ 1.25，而输气管道压气站的压比一般为 1.2 ~ 1.5，故大多数压气站采用两级离心式压缩机并联运行。图 3 - 11 所示为燃气轮机 - 离心式压缩机站内流程示意图。

天然气增压过程如下：

上游干线来气进入多管式旋风除尘器进行一级分离，再进入过滤器进行二级分离，然后启动压缩机加压。加压前先吹扫压缩机，吹扫干净后打开进口小阀（进口阀有两个，一大一小，图上只画出一个，吹扫阀也未表示在图上），关闭出口阀，启动时开启小循环阀进行小循环加载，达额定压力后打开进出口阀投入正常运行，当机组运行时，为防止卸载过快而产生飞车，需通过站内循环管路慢慢卸载，在循环管路上有减压阀，气体通过节流减压后回到除尘分离区。

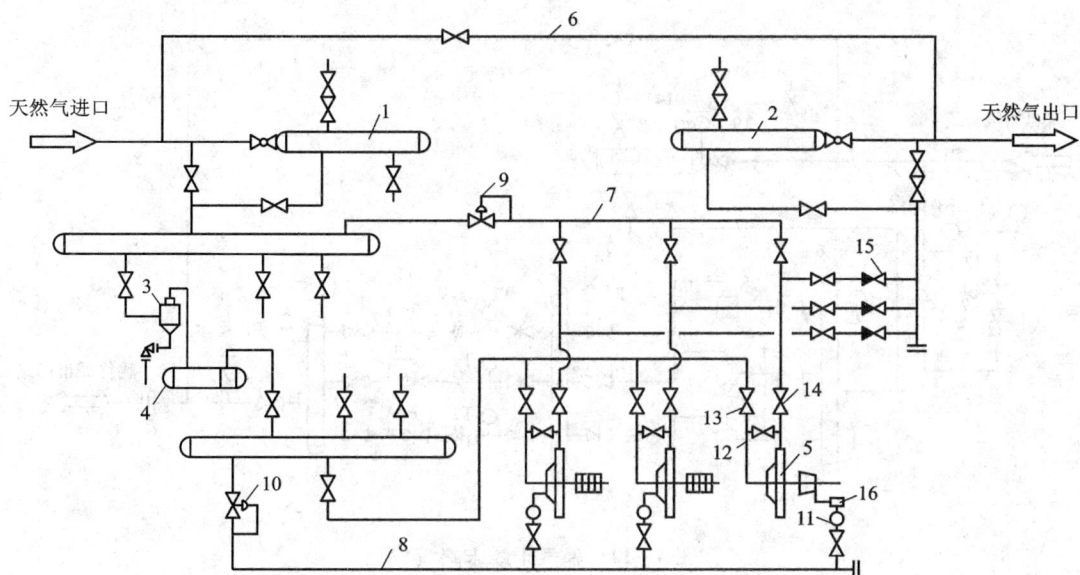

图 3 - 11　燃气轮机 - 离心式压缩机站流程示意

1—清管球接受筒；2—清管器发送筒；3—多管除尘器；4—过滤器；5—燃气轮机压缩机组；6—越站旁通；
7—站内循环管；8—燃料气管线；9—减压阀；10—调压器；11—流量计；12—小回路循环阀；13—机组进
口阀；14—机组出口阀；15—止回阀；16—燃烧室

4. 末站

末站是建在长输管道终点的分输站，通常建在城市外围，也有与城市门站合建的。末站功能主要是气体除尘净化、清管球接收、调压计量等，同时它可以向大型工业用户直接供气，也可与城市地下储气库连接起调峰作用。末站流程与中间分输站类似，只是没有清管球放发装置。图 3 - 12 所示为典型末站流程。

3.4　输气工艺设计

输气工艺设计必须在掌握大量有关资料的基础上进行，这些资料包括：

①气源情况，即气源的地理位置、气量、气质、天然气组分、压力以及近、远期发展规划；还应了解气源周围地区资源情况和沿线经过地区有无进气可能，以及气源分年度开发方案。

②沿线自然条件包括沿线地形地貌、交通条件、水电供应条件、气象资料、工程地质、水文地质资料及沿线工农业发展现状和城镇发展规划。

③用户情况和要求，包括供气的主要对象、用途、用气波动规律；用户对气质、气压及储气调峰的措施和要求；城市用气发展规划，有无其他补充气源；城市管网压力等级；储配站设置等。

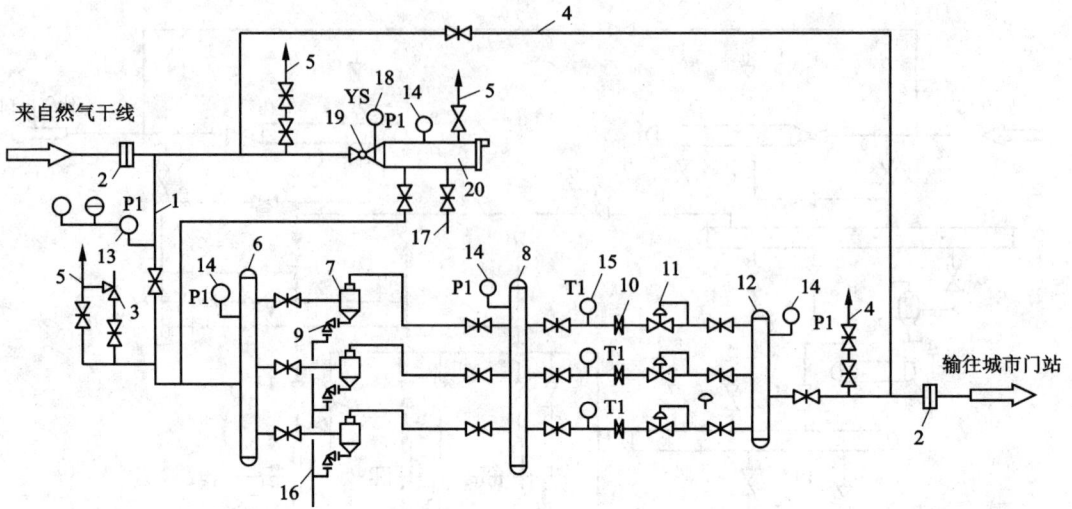

图 3 – 12   输气干线末端流程

1—进气管；2—绝缘法兰；3—安全阀；4—越站旁通管；5—放空管；6，8，12—汇气管；7—多管除尘器；9—笼式节流器；10—锐孔板计量装置；11—调压阀；13—电接点压力表（带声光信号）；14—压力表；15—温度计；16—多管除尘排污；17—排污管；18—清管器通过指示器；19—球阀；20—清管器接收装置

当输送不符合管输气质量标准的气体时，应在工艺设计中采取相应的措施加以保护；但供给城镇作城市燃料气源的天然气，必须满足相应标准规范的要求。

由于气源和用户的负荷变化、气温变化以及管线系统的维修、事故、清管等因素，不可能始终是满负荷运行，因此确定管道的输送能力时，应留有 9% ~ 10% 的裕量。当用户有特殊要求时，应按用户要求设计。

当供气城市还有补充气源时，干线末站的气体参数和站的设置应互相协调一致，以便发挥各自最大效能和优势。

输气管的工艺设计除满足正常输气的工艺要求外，还应考虑各种变工况运行的可能情况及快速有效的事故处理对策，以便把事故的损失和影响降到最低限度。

输气管道的工艺设计是根据任务要求和气源条件进行多方案比较的过程，首先明确是否需要增压。在增压输送的情况下，管径、压比、输气压力等之间存在某种函数关系，选取最佳参数进行计算和比较，根据以往经验和国外情况，输距在 500 km 内，气源压力在 4.0 MPa 以上时，可不考虑增压。

输气工艺设计通常包括以下内容：

①确定输气干线总流程和各站分流程。

②合理选择各站的进出口参数。

③确定各种站场的数量和站间距。

④确定输气管的管径和壁厚。

⑤在有压气站时还要确定最高输气压力和站压比。在确定输送压力时应充分利用气源的地层能量。

3.4.1　输气管道选线及布置

1. 选线的原则

①线路走向应根据工程建设目的和气源、市场分布，结合沿线城镇、交通、水利、矿产资源和环境敏感区的现状与规划，以及沿途地区的地形、地质、水文、气象、地震等自然条件，通过综合分析和多方案技术经济比较，确定线路总体走向。

②线路宜避开环境敏感区，当路线受限需要通过环境敏感区时，应征得主管部门同意并采取保护措施。

③大中型穿（跨）越工程和压气站位置的选择，应符合线路总体定向。局部线路定向应根据大中型穿（跨）越工程和压气站的位置进行调整。

④线路应避开军事禁区、机场、铁路及汽车客运站、海（河）港码头等区域。

⑤除为管道工程专门修建的隧道、桥梁外，不应在铁路或公路的隧道内及桥梁上敷设输气管道。输气管道从铁路或公路桥下交叉通过时，不应改变桥梁下的水文条件。

⑥与公路并行的管道路线宜在公路用地界 3 m 以外，与铁路并行的管道路线宜在铁路用地界 3 m 以外，如地形受限或其他条件限制随局部地段不满足要求时，应征得道路管理部门的同意。

⑦线路宜避开城乡规划区，当受条件限制，需要在城乡规划区通过时，应征得城乡规划主管部门的同意，并采取安全保护措施。

⑧石方地段的管线路线爆破挖沟时，应避免对公众及周围设施的安全造成影响。

⑨线路宜避开高压直流换流站接地极、变电站等强干扰区域。

⑩埋地管道与建（构）筑物的间距应满足施工和运行管理需求，且管道中心线与建（构）筑物的最小距离不应小于 5 m。

⑪输气管道应避开滑坡、崩塌、塌陷、泥石流、洪水严重侵蚀等地质灾害地段，宜避开矿山采空区及全新世活动断层。当受到条件限制必须通过上述区域时，应选每危害程度较小的位置通过，并采取相应的防护措施。

2. 等级划分及设计系数确定

输气管线通过的地区，应按沿线居民户数和（或）建筑物的密集程度，划分为四个地区等级，并应依据地区等级做出相应的管道设计。地区等级划分应符合下列规定，

①管线中心线两侧各 200 m 范围内，任意划分成长度为 2 km 并能包括最大聚居户数的若干地段，按划定地段内的户数应划分为四个等级。在乡村人口聚集的村庄、大院及住宅楼，应以每一独立户作为一个供人居住的建筑物计算。地区等级应按下列原则划分。

a. 一级一类地区。不经常有人活动及无永久性人员居住的区段。

b. 一级二类地区。户数在 15 户或以下的区段。

c. 二级地区。户数在 15 户以上 100 户以下的区段。

d. 三级地区。户数在 100 户或以上的区段，包括市郊居住区、商业区、工业区、规划发展区以及不够四级地区条件的人口稠密区。

e. 四级地区。四层及四层以上楼房（不计地下室层数）普遍集中、交通频繁、地下设施多

的区段。

②当划分地区等级边界线时,边界线距最近一幢建筑物外边缘不应小于200 m。

③在一、二级地区内的学校、医院以及其他公共场所等人群聚集的地方,应按三级地区选取设计系数。

④当一个地区的发展规划足以改变该地区的现有等级时,应按发展规划划分地区等级。

3.4.2　长输管道储气能力计算

长距离输气管道的末端(从最后一座压缩机站到城市门站),在设计时要根据通常日用气量的波动情况赋予一定的储存能力,借以进行负荷调节,没有中间压缩机站的输气管道,全线都可以进行储存。当管道的终点压力在一定范围内波动时,管内气体的平均压力也相应有一个最高和最低值,如果适当地选择储气管段的起、终点压力波动范围和管段容积,即可使管段具有需要的储气能力。

输入储气管段的气量是一个稳定值,但它的输出气量则受日负荷规律的分配而波动。储存和消耗过程均属不稳定流动,但一般仍按稳定流动近似计算,计算结果偏小10% ~ 15%,但可以大大简化计算方式。

具有储气能力的末端管道应满足以下条件:

①在储存和消耗过程中,管段一直能容纳稳定的输气量。

②有足够的储存容积。

③管段的最高工作压力 $p_{1\,max}$ 不高于输入压力 p_{in}。

④管段的机械强度应承受 $p_{1\,max}$ 和 $p_{2\,max}$ 所决定的沿线压力和平均压力。

1.管段储气能力的计算

管段的储气能力由下式计算:

$$V^T = \frac{VT_b}{P_b T}\left(\frac{p_{m,\,max}}{Z_1} - \frac{p_{m,\,min}}{Z_2}\right) \quad (3-1)$$

式中:V^T——管道的储气能力,m³;

　　　V——管道的容积,m³;

　　　T_b——基准状况(293 K, 101.325 kPa)的温度;

　　　P_b——基准状况(293 K, 101.325 kPa)的压力;

　　　$p_{m,\,max}$——管段的最高平均压力;

　　　$p_{m,\,min}$——管段的最低平均压力;

　　　Z_1——对应 $p_{m,\,max}$ 的气体压缩系数;

　　　Z_2——对应 $p_{m,\,min}$ 的气体压缩系数。

储存终了和消耗终了的管道平均压力计算式:

$$p_{m,\,max} = \frac{2}{3}\left(p_{1,\,max} + \frac{p_{2,\,max}^2}{p_{1,\,max} + p_{2,\,max}}\right) \quad (3-2a)$$

$$p_{m,\,min} = \frac{2}{3}\left(p_{1,\,min} + \frac{p_{2,\,min}^2}{p_{1,\,min} + p_{2,\,min}}\right) \quad (3-2b)$$

始端的最高工作压力 $p_{1,\,max}$ 应当既是管道强度允许,又是最末端压缩机可以实际达到的压力,无压缩机站的管道则应是管道起点可以提供的压力。

为了建立管道输入流量及始、末段压力和平均压力之间的关系,可按上述第一条件首先确定末端压力参数与输入流量的关系,使

$$Q = A \sqrt{p_1^2 - p_2^2} \tag{3-3}$$

式中:

$$A = CD^{2.5} / \sqrt{T\Delta\lambda LZ}$$

则应有:

$$Q/A = \sqrt{p_{1,\,\max}^2 - p_{2,\,\max}^2} = \sqrt{p_{1,\,\min}^2 - p_{2,\,\min}^2} \tag{3-4}$$

$$\varepsilon = \frac{p_1}{p_2}$$

为了建立平均压力与流量的关系,引入一个参数(叫作压比),把始、末端压力分别表示为:

$$p_1 = \sqrt{p_2^2 + \frac{Q^2}{A^2}} = \frac{Q\varepsilon}{A\sqrt{\varepsilon^2 - 1}} \tag{3-5}$$

$$p_2 = \sqrt{p_1^2 + \frac{Q^2}{A^2}} = \frac{Q}{A\sqrt{\varepsilon^2 - 1}} \tag{3-6}$$

则平均压力

$$p_{\mathrm{m}} = \frac{2}{3} p_2 \left(\frac{\varepsilon^2 + \varepsilon + 1}{\varepsilon + 1} \right) \tag{3-7}$$

将 p_2 代入 p_{m} 式整理可得到反映末端平均压力与输气量和压比的关系式:

$$\frac{3p_{\mathrm{m}}A}{2Q} = \frac{\varepsilon^2 + \varepsilon + 1}{(\varepsilon^2 + 1)\sqrt{\varepsilon^2 - 1}} \tag{3-8}$$

$3p_{\mathrm{m}}A/2Q$ 与 ε 的关系如图 3-13。

如果具体确定了管段开始端最高工作压力 $p_{1,\,\max}$ 可按照给定的流量算出相应的终端最高工作压力 $p_{2,\,\max}$ 和 ε,然后算出 $p_{\mathrm{m},\,\max}$。同时,又根据确定了的管段终端最低允许工作压力 $p_{2,\,\min}$,计算管道起点的最低工作压力 $p_{1,\,\min}$,将 $p_{\mathrm{m},\,\max}$ 和 $p_{\mathrm{m},\,\min}$ 代入式(3-1),即可求得管道的储气压力。

2. 管道末端参数的核算方法

核算管道末端参数的目的在于使设计所确定的管径、压力能满足储气能力的要求,其核算步骤如下:

①按末端管段允许的最高和最低压力和管径,根据前述方法计算储气能力,计算结果能满足储气要求,则末段管道参数按原设

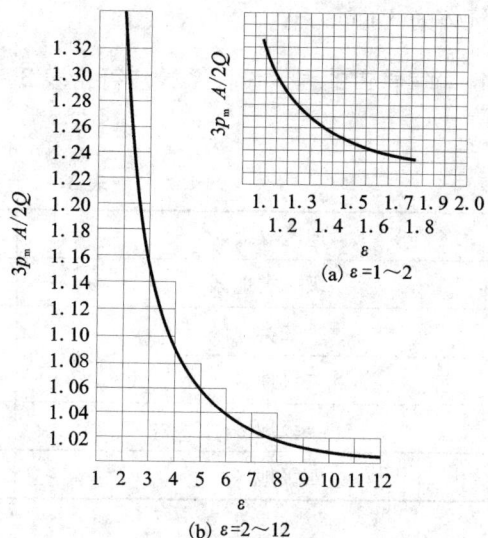

图 3-13　压比曲线

计不变。

②假如计算结果不能满足要求，可用两个办法解决，在管道强度和压气站工况允许的情况下，可提高出站压力，以增大最高平均压力；也可以增大末端管径，以增强几何容积，两者需进行经济比较。

一般都不采用降低终点压力的办法来提高储气能力。因为终点压力是城市管网所要求的，本来就定得较低，调节幅度非常有限；另外，末端压力的降低，对储气量的影响不如提高起点压力的影响大。

3.4.3　长输管道强度计算

长输管线强度计算的目的是根据输气管道工作条件的要求，对某一直径的管线决定必需的管理厚度，或在生产中对已有的管线确定允许的工作压力，充分利用管线金属的强度达到安全合理的输气要求。

已知管道设计压力，求管道管壁厚，可利用下式：

$$\delta = \frac{PD}{2\sigma_s F \varphi k_t} + c \tag{3-9}$$

式中：δ——管壁厚度，mm；

　　　P——管道设计压力，Pa；

　　　D——管道外径，mm；

　　　σ_s——管道最低屈服强度，Pa；

　　　F——设计系数；

　　　φ——管道的纵向焊缝系数：无缝钢管为 1.00，直缝卷制电焊钢管为 0.90，螺旋焊缝电焊为 0.80，双面焊为 1.00；

　　　k_t——管道强度的温度减弱系数，当气体温度在 121℃ 以下时为 1.0。

　　　c——腐蚀裕量，对于净化气为 0 mm，微腐蚀气体为 1 mm，中等腐蚀气体为 2 mm，强腐蚀气体为 3 mm。

1. 输气管道的强度设计系数应符合表 3-2 的规定。

表 3-2　强度设计系数

地区等级	强度设计系数 F
一级一类地区	0.8
一级二类地区	0.72
二级地区	0.6
三级地区	0.5
四级地区	0.4

2. 穿越道路的管段以及输气站和阀室内管道的强度设计系数，应符合表 3 - 3 的规定。

表 3 - 3　道路的管段以及输气站和阀室内管道的强度设计系数

管段或管道	地区等级				
	一		二	三	四
	一类	二类			
	强度设计系数				
有套管穿越 三、四级公路的管道	0.72	0.72	0.6	0.5	0.4
无套管穿越 三、四级公路的管道	0.6	0.6	0.5	0.5	0.4
穿越一、二级公路， 高速公路，铁路的管道	0.6	0.6	0.6	0.5	0.4
输气站管道及 截断阀室内管道	0.5	0.5	0.5	0.5	0.4

3.4.4　输气管的水力计算

输气管水力计算的目的在于研究流量与压力之间的关系。下面介绍由《输气管道工程设计规范》（GB 50251—2015）中推荐的天然气长输管线水力计算公式及其他常用计算公式。

1. 水平输气管的流量基本公式

当输气管道纵断面的相对高差 $\Delta h \leqslant 200$ m 且不考虑高差影响时，应按下式计算：

$$Q = C_0 \sqrt{\frac{(p_Q^2 - p_Z^2) D^5}{\lambda Z \Delta T L}} \tag{3-10}$$

式中：Q——输气管在工程标准状况下的体积流量；

p_Q——输气管计算段的起点压力；

p_Z——输气管计算段的终点压力；

D——输气管内径；

λ——水力摩阻系数；

Z——天然气在管输条件（平均压力和平均温度）下的压缩因子；

Δ——天然气的相对密度；

T——输气温度，$T = 273 + t_{pj}$；

t_{pj}——位输气管的平均温度；

L——输气管计算段的长度。

上述公式中的常数 C_0 的数值随各参数所用的单位而定，如果公式中所有的参数均采用法定单位，$T_0 = 293$ K，$p_0 = 101325$ Pa，$R_a = 287.1$ kJ·$(kg^{-1}·K^{-1})^{-1}$，则有：

$$C_0 = \frac{\pi}{4} \frac{293}{1.01325 \times 10^5} \sqrt{287.1} = 0.03848 \, (\text{m}^2 \cdot \text{s} \cdot \text{K}^{1/2} \cdot \text{kg}^{-1})$$

采用其他单位时的 C_0 值见表 3 - 4。

表 3 - 4　不同单位时的 C_0 值

参数的单位				单位的系统	C_0
压力 p	长度 L	管径 D	流量 Q		
Pa/($\text{N} \cdot \text{m}^{-2}$)	m	m	m^3/s	法定单位	0.03848
kgf/m^2	m	m	m^3/s	公斤·米·秒	0.337
kgf/cm^2	km	cm	m^3/d	混合	103.10
kgf/cm^2	km	mm	$\times 10^4 \, \text{m}^3/\text{d}$	混合	0.326×10^{-4}
$10^5 \, \text{Pa}$	km	mm	$\times 10^4 \, \text{m}^3/\text{d}$	法定单位	0.322×10^{-4}
MPa	km	m	$\times 10^4 \, \text{m}^3/\text{d}$	推荐	104.9876

2. 地形起伏区输气管的流量基本公式

当考虑输气管道纵断面的相对高差影响时,应按公式(3 - 11)计算:

$$Q = C_0 \sqrt{\frac{p_Q^2 - p_Z^2 (1 + as_Z) D^5}{\lambda Z \Delta T L \left[1 + \dfrac{a}{2L} \displaystyle\sum_{i=1}^{z} (s_i + s_{i-1}) l_i \right]}} \qquad (3 - 11)$$

式中: as_Z 是输气管的终点和起点的高差(此处设 $s_Q = 0$,则 $\Delta s = s_Z$)对输气管输气能力的影响,终点比起点的位置越高(相对高程 s_Z 越大),则输气能力越低,反之亦然。

$\dfrac{a}{2L} \displaystyle\sum_{i=1}^{z} (s_i + s_{i-1}) l_i$ 是考虑线路中间各点相对高程对输气能力的影响,也就是线路纵断面特征对输气能力的影响。因为 $\dfrac{1}{2} \displaystyle\sum_{i=1}^{z} (s_i + s_{i-1}) l_i = F$ 是线路纵断面线与从起点开始所画的水平线之间所包含面积的代数和(图 3 - 14),纵断面线高于水平线的地方,面积取正值,低于水平线的地方,面积取负值。当其他条件相同时,面积的代数和 F 比较小的输气管,有较大的输气能

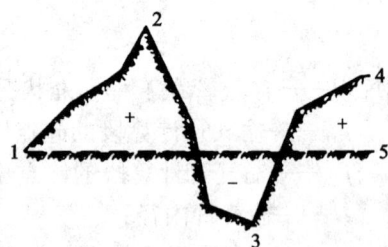

图 3 - 14　线路纵断面特征示意图

力。输气管 1—2—3—4 的输气能力小于长度一样、管径相同的输气管 1—5,这不仅是由于 $s_4 > s_5$,而且是由于 $F_{1,5} = 0$,而 $F_{1—2—3—4} > 0$ 的缘故。

　　从上面的讨论可以知道,像输油管一样,不但起终点高差对输送能力存在影响,而且沿线地形起伏对输送能力也存在影响,这是输油管所没有的。这种影响是由于输气管起点的气体密度大于终点的气体密度,整条管线气体密度逐渐降低造成的。

　　气体管流的摩擦阻力系数(简称摩阻系数)在本质上与液体是没有区别的。它的值与流动状态、管内壁的粗糙度、连接方法、安装质量及气体的性质有关,各国提出的计算摩阻系

数 λ 的公式有很多，它们或者是雷诺数的函数 $\lambda = \lambda(Re)$，或者是管壁粗糙度的函数 $\lambda = \lambda\left(\dfrac{Re}{D}\right)$，或者同时是两者的函数 $\lambda = \lambda\left(Re, \dfrac{Re}{D}\right)$。

（1）雷诺数 Re

$$Re = \frac{\rho \omega D}{\mu} = \frac{4Q\rho}{\pi D \mu} = \frac{4Q_0 \rho_0 \rho}{\pi D \mu \rho}$$

由于 $\rho_0 = \Delta \rho_a$，故：

$$Re = \frac{4\Delta \rho_a Q}{\pi D \mu} \tag{3-12}$$

式中：ρ_a——空气的密度，在工程标准状况下取 $\rho_a = 1.206 \ \text{kg/m}^3$；

$\quad\ \ Q$——工程标准状况下的输气管流量，m^3/s；

$\quad\ \ \mu$——气体的动力黏度，$\text{N} \cdot \text{s/m}^2$。

输气管的雷诺数高达 $10^6 \sim 10^7$，一般都在阻力平方区，部分负荷时在混合摩擦区，城市及居民区的配气管道多在水力光滑区。用下面两个临界雷诺数可判定输气管在什么区工作。

$$Re_1 = \frac{59.7}{\left(\dfrac{2K_e}{D}\right)^{\frac{8}{7}}}$$

$$Re_2 = \frac{11}{\left(\dfrac{2K_e}{D}\right)^{1.5}}$$

输气管的 $Re > Re_2$ 为阻力平方区；$Re_1 < Re < Re_2$ 为混合摩擦区；$Re < Re_1$ 为水力光滑区。

（2）管壁粗糙度

输气管的管壁粗糙度一般比输油管小，对于新管，一般美国取当量粗糙度 $K_e = 0.02$ mm，俄罗斯平均取 0.03 mm，我国通常取 0.05 mm。美国气体协会测定了输气管在各种状况下的绝对粗糙度，其平均值如表 3-5 所示。

表 3-5　表面状态绝对粗糙度

表面状态	绝对粗糙度/mm
新钢管	0.013 ~ 0.091
室外暴露 6 个月	0.025 ~ 0.032
室外暴露 12 个月	0.038
清管器清扫	0.08 ~ 0.013
喷砂	0.005 ~ 0.008
内壁涂层	0.005 ~ 0.008

管道的当量粗糙度考虑了管道形状损失的影响，一般比绝对粗糙度多 2% ~ 11%。

从表 2-5 的数据可以看出，输气管加上了内壁涂层，不但减少了内腐蚀，更重要的是使粗糙度下降了很多,在同样条件下使输气管输气量增加了 $5\% \sim 8\%$,有的甚至达 10% 。内壁涂层的费用一般只占钢管费用的 $2\% \sim 3\%$,只要输气量能提高 1% ,就能很快地收回其投资。

(3)水力摩阻系数

①层流区。在层流区 $(Re < 2000)$,摩阻系数 λ 仅与雷诺数有关,可用下式计算:

$$\lambda = \frac{64}{Re} \tag{3-13}$$

②临界区(又称过临界过渡区)。当 $2000 < Re < 4000$ 时,称为临界区,该区的摩阻系数采用扎依琴柯公式计算:

$$\lambda = 0.025 \sqrt[3]{Re} \tag{3-14}$$

③紊流区。紊流区包括水力光滑区、过渡区(又称混合摩擦区)和阻力平方区。由于紊流区中的流动状态比较复杂,所以摩阻系数 λ 的计算公式也很多。下面介绍一些适用于紊流3个区的综合公式。

a. 柯列勃洛克公式:

$$\frac{1}{\sqrt{\lambda}} = -2\lg\left(\frac{K_e}{3.7D} + \frac{2.51}{Re\sqrt{\lambda}}\right) \tag{3-15}$$

b. 阿里特苏里公式:

$$\lambda = 0.11\left(\frac{K_e}{D} + \frac{68}{Re}\right)^{0.25} \tag{3-16}$$

c. 苏联使用的公式:

$$\lambda = 0.067\left(\frac{2K_e}{D} + \frac{158}{Re}\right)^{0.2} \tag{3-17}$$

由式(3-17)可知,在紊流光滑区, $158/Re \gg 2Re/D$,可得出:

$$\lambda = 0.067\left(\frac{158}{Re}\right)^{0.2} = 0.184Re^{-0.2} \tag{3-18}$$

在阻力平方区, $158/Re \ll 2Re/D$,可得:

$$\lambda = 0.067\left(\frac{2K_e}{D}\right)^{0.2} \tag{3-19}$$

用于计算干线输气管时,考虑到局部阻力(如阀门、弯管等)的影响,可将摩阻系数的值加大 5% 。

(4)输气干线常用的摩阻系数

输气干线几乎都是在阻力平方区工作,所以各国又提出了一些干线输气管摩阻系数的专用公式。

①威莫斯公式:

$$\lambda = \frac{0.009407}{\sqrt[3]{D}} \tag{3-20}$$

威莫斯公式是1912年从生产实践中归纳出来的。当时处于输气发展初期,输气量小,净化程度低,制管技术差,管内壁很不光滑,一般取 $K_e = 0.0508$ mm ,并认为是常数。很显然,这已不符合现代情况。按该式计算干线水气管的流量比实际小 10% 左右。由于该式 λ 为 D 的函数,所以在阻力平方区是合理的。该式在管径比较小,输气量不是很大,而净化较差的集气管或干线上仍有足够的准确性。

②潘汉德尔公式。

A 式：

$$\lambda = \frac{4}{(6.872Re^{0.07305})^2} = 0.084Re^{-0.1461} \qquad (3-21)$$

B 式：

$$\lambda = \frac{4}{(16.49Re^{0.01961})^2} = 0.084Re^{-0.0392} \qquad (3-22)$$

若动力黏度取 $\mu = 1.09 \times 10^9 \ N \cdot s/m^2$，则有：

A 式：

$$\lambda = 0.01498 \left(\frac{D}{Q\Delta}\right)^{0.1461} \qquad (3-23)$$

B 式：

$$\lambda = 0.009236 \left(\frac{D}{Q\Delta}\right)^{0.0302} \qquad (3-24)$$

潘汉德尔公式认为 λ 是 Re 的函数，从理论上讲，都是在水力光滑区。实践证明，潘汉德尔 A 式主要用于雷诺数不算很大的水力光滑区，B 式则可用于雷诺数很大的阻力平方区，B 式也是目前美国应用最广的公式。

③苏联使用的公式。

苏联计算输气干线所使用的摩阻系数公式是式(3-19)，一般取 $K_e = 0.03 \ mm$（新管的平均值），即：

$$\lambda = 0.009588D^{-0.2} \qquad (3-25)$$

(5)常用的输气管流量公式

①威莫斯公式：

$$Q = C_W D^{\frac{8}{3}} \left(\frac{p_Q^2 - p_Z^2}{Z\Delta TL}\right)^{0.5} \qquad (3-26)$$

②潘汉德尔 B 式：

$$Q = C_P ED^{2.53} \left(\frac{p_Q^2 - p_Z^2}{Z\Delta_T^{0.961}L}\right)^{0.51} \qquad (3-27)$$

③苏联公式：

$$Q = C_S a\varphi ED^{2.6} \left(\frac{p_Q^2 - p_Z^2}{Z\Delta TL}\right)^{0.5} \qquad (3-28)$$

式中：φ 为管道接口的垫环修正系数。无垫环时，$\varphi = 1$；垫环间距为 12 m 时，$\varphi = 0.975$；垫环间距为 6 m 时，$\varphi = 0.95$。a 为修正系数。当流态处于阻力平方区时，$a = 1$；如果偏离阻力平方区，a 可依下式计算：

$$a = \left(1 + 2.92\frac{D^2}{Q}\right)^{-0.1} \qquad (3-29)$$

式中：Q——输气量，单位为 $10^6 \ m^3/d$。

E——输气管实际输气效率系数，表示输气管输气能力的变化，计算公式如下：

$$E = \frac{Q_S}{Q_L} = \sqrt{\frac{\lambda_L}{\lambda_S}} \tag{3-30}$$

式中：Q_L——摩阻系数计算所得的理论输气能力。

　　　　λ_S——根据实际输气能力确定的摩阻系数。

　　　　λ_L——根据理论公式计算所得的摩阻系数。

上述公式中，C_W，C_P，C_S 的值随公式中各参数单位不同而不同，如表 3-6 所示。

表 3-6　系数 C_W，C_P，C_S 的值

参数的单位					单位的系统	系数		
压力 p	长度 L	管径 D	高程 s	流量 Q		C_W	C_P	C_S
Pa(N/m²)	m	m	m	m³/s	我国法定单位	0.3967	0.39314	0.3930
kgf/m²	m	m	m	m³/s	kg·m·s	3.89	4.0355	3.854
kgf/cm²	km	cm	m	m³/d	混合	493.41	1077.48	664.36
kgf/cm²	km	mm	m	10⁶ m³/d	混合	1.063×10^{-6}	3.18×10^{-6}	1.669×10^{-6}
10⁵ Pa	km	mm	m	10⁶ m³/d	我国法定单位	1.084×10^{-6}	3.244×10^{-6}	1.702×10^{-6}
MPa	km	m	m	10⁶ m³/d	推荐	1083.86	1321.48	1073.75

　　输气管的输气能力和水力摩阻系数是随时间而变化的。如果是不含硫化氢的干气气体中固体颗粒对管壁的磨光作用会使投产后的输气管的粗糙度和水力摩阻系数逐渐减小，输气能力增大。相反，若气体中含有水汽，特别是有硫化氢的存在，将会引起管壁内的腐蚀，使水力摩阻系数逐步增大。当凝析的液体积聚于管道的低点，或出现水合物时，水力阻力急剧增大。因此每一条管线定期确定它的 E 值，就可判断它的污染程度。当 E 值较小时，必须采取措施，如清扫管线等，以回复管道的输气能力。

　　设计时在计算公式中加上 E 值，是为了保证输气管投产一段时间后仍然能达到设计能力。设计时，美国一般取 $E = 0.9 \sim 0.95$。

本章小结

　　本章比较系统地叙述了天然气集输工程的技术。包括天然气的矿场集输系统的构造、采集和预处理技术，场井的工艺流程。天然气净化技术，天然气管道输送技术。介绍矿场集输系统所包括的各个部分及天然气净化的目的。

　　天然气长输管道系统的构成一般包括输气干管、首站、中间气体分输站、干线截断阀室、中间气体接收站、清管站、障碍(江河、铁路、水利工程等)的穿跨越。同时还包括通信系统和仪表自动化系统。输气站按在天然气长输管线上的位置划分为首站、末站、中间站三类，按其功能，中间站又可分为压气站、分输站、接收站、清管站四种。

思考题

1. 天然气气井主要由哪些部分组成?
2. 分别简述一下井场、输气站工艺流程。
3. 天然气为什么要净化? 脱水、脱酸有哪几种方法?
4. 天然气长输管道如何选线? 长输管道的输气能力、储气能力和强度如何计算?

第4章　燃气输配管网系统

4.1　燃气输配系统构成及分类

4.1.1　燃气管道分类

燃气管道可以根据其用途、敷设方式和设计压力分类。

1. 根据用途分类

（1）长距离输气管线

长距离输气管道是指天然气产地、储气库、使用地之间的用于输送商品天然气的管道，其末端通常连接城市或大型工业企业，作为该供区的气源。

（2）城镇燃气管道

城镇燃气管道是指城市或乡镇范围内的用于公用事业或民用的燃气管道，包括城镇燃气分配管道、引入管和室内燃气管道。

①分配管道在供气地区将燃气分配给工业企业、公共建筑、居民、汽车加气站等各类用户。分配管道包括街区的和庭院的分配管道。

②用户引入管将燃气从分配管道引到用户室内管道引入口处的总阀门。

③室内燃气管道通过用户管道引入口的总阀门将燃气引向室内，并分配到每个燃气用具。

（3）工业燃气管道

工业燃气管道是指企业、事业单位所属的用于输送燃气的工艺管道。如工厂内部的燃气管道，加气站内部的燃气管道等。通常包括工厂引入管、厂区燃气分配管道、车间燃气管道和炉前燃气管道等。

2. 根据敷设方式分类

燃气管道按照敷设方式分类，可以分为地下燃气管道和架空燃气管道；地下燃气管道又可以分为埋地燃气管道和地沟敷设燃气管道。城镇燃气管道一般采用地下敷设，在通过障碍物或在站场、工厂区为了维修管理方便时，可采用架空敷设。

3. 根据设计压力分类

燃气管道的气密性与其他管道相比，有特别严格的要求，漏气可能导致火灾、爆炸、中毒或其他事故。燃气管道中的压力越高，管道接头脱开或管道本身出现裂缝的可能性和危险性也就越大。当管道内燃气的压力不同时，对管道材质、安装质量、检验标准和运行管理的要求也不同。

我国城镇燃气管道根据设计压力分为：

①低压燃气管道，$P < 0.01$ MPa。

②中压 B 燃气管道，0.01 MPa $\leqslant P \leqslant 0.2$ MPa。

③中压 A 燃气管道，0.2 MPa $< P \leqslant 0.4$ MPa。

④次高压 B 燃气管道，0.4 MPa $< P \leqslant 0.8$ MPa。

⑤次高压 A 燃气管道，0.8 MPa $< P \leqslant 1.6$ MPa。

⑥高压 B 燃气管道，1.6 MPa $< P \leqslant 2.5$ MPa。

⑦高压 A 燃气管道，2.5 MPa $< P \leqslant 4.0$ MPa。

居民用户和小型公共建筑用户一般直接由低压管道供气。当低压管道运行压力总是不会使得燃具灶前压力超过允许的最高压力时，燃具可以和低压管道系统直接相连，否则应与用户调压器相连。

中压 B 和中压 A 管道必须通过区域调压站或用户专用调压站才能给城市分配管网中的低压和中压管道供气，或给工厂企业、大型公共建筑用户以及锅炉房供气。

一般由城市高压 B 级或以上的燃气管道构成大城市输配管网系统的外环网。高压 B 级及以上燃气管道也是给大城市供气的主动脉。高压燃气必须通过调压站才能送入中压管道、高压储气罐以及工艺需要高压燃气的大型工厂企业。

城市燃气管网系统中各级压力的干管，特别是中压以上压力较高的管道，应连成环网，初建时也可以是半环形或枝状管道，但应逐步构成环网。

城市、工厂区和居民点可由长距离输气管线供气，个别距离城市燃气管道较远的大型用户，经论证确系经济合理和安全可靠时，可自设调压站与长输管线连接。

随着科学技术的发展，有可能改进管道和燃气专用设备的质量，提高施工管理的质量和运行管理的水平，在新建的城市燃气管网系统和改建旧有的系统时，燃气管道可采用较高的压力，这样能降低管网的总造价或提高管道的输气能力。

4.1.2 城镇燃气输配系统构成

现代化的城镇燃气输配系统是复杂的综合设施，通常由下列部分构成：

①低压、中压以及高压等不同压力等级的燃气管网。

②城市燃气分配站或压气站、各种类型的调压站或调压装置。

③储气系统及装置。

④信息系统和监控与调度中心。

⑤维护管理中心。

输配系统应保证不间断地、可靠地给用户供气，在运行管理方面应是安全的，在维修检测方面应是简便的。还应考虑在检修或发生故障时，可关断某些部分管段而不致影响全系统的运行。

在一个输配系统中，宜采用标准化和系列化的站室、构筑物和设备。采用的系统方案应具有最大的经济效益，并能分阶段地建造和投入运行。

4.1.3　燃气管道压力级制的选择

城市输配系统的主要部分是燃气管网，根据所采用的管网压力级制不同可分为：

①一级系统。仅用低压管网来分配和供给燃气，一般只适用于小城镇的供气。如供气范围较大时，则输送单位体积燃气的管材将急剧增加。

②两级系统。由低压和中压 B 或低压和中压 A 两级管道组成，适用于中小型城市。

③三级系统。包括低压、中压和高压的三级管网，一般适用于中大型城市。

④多级系统。由低压、中压 B、中压 A 和高压 B，甚至高压 A 的管网组成，适用于大型和特大型城市。城区主分配管道一般由中压 A 或中压 B 组成。

4.1.4　城市燃气管道的布线原则

城市里的燃气管道一般均采用地下敷设。所谓城市燃气管道的布线，是指城市管网系统在原则上选定之后，决定各管段的具体位置。

1.布线依据

地下燃气管道宜沿城市道路、人行便道敷设，或敷设在绿化地带内。在决定城市中不同压力燃气管道的布线问题时，必须考虑到下列基本情况：

①管道的设计压力。

②街道及其他地下管道的密集程度与布置情况。

③街道交通量和路面结构情况，以及运输干线的分布情况。

④所输送燃气的含湿量，必要的管道坡度，街道地形变化情况。

⑤与该管道相连接的用户数量及用气情况，该管道是主要管道还是次要管道。

⑥线路上所遇到的障碍物情况。

⑦土壤性质、腐蚀性强度和冰冻线深度。

⑧该管道中断维修对交通和人民生活的影响。

⑨在布线时，要决定燃气管道沿城市街道的平面与纵断面位置。

由于输配系统各级管网的输气压力不同，其设施和防火安全的要求也不同，而且各自的功能也有所区别，故应按各自的特点进行布置。

2.高、中压管网的平面布置

高、中压管网的主要功能是输气，并通过调压站向低压管网各环网配气。因此，高压管和中压管的平面布置有相同点，也有不同点。一般按以下原则布置：

①高压管道宜布置在城市边缘或市内有足够安全距离的地带，并应成环网，以提高供气的可靠性。

②中压管道应布置在城市用气区便于与低压环网连接的规划道路上，但应尽量避免沿车辆来往频繁或闹市区的交通线敷设，否则对管道施工和管理维修造成困难。

③中压管道应布置成环网，以提高其输气和配气的安全可靠性。

④高、中压管道的布置。应考虑调压站的布点位置和对大型用户直接供气的可能性，应使管道通过这些地区时尽量靠近各调压站和这类用户，以缩短连接支管的长度。

⑤从气源点连接高压或中压管道的连接管段可考虑采用双线敷设。

⑥由高、中压管道直接供气的大型用户，其用户支管末端应考虑设置专用调压站的位置。

⑦高、中压管道应尽量避免穿越铁路等大型障碍物，以减少工程量和投资。

⑧高、中压管道是城市输配系统的输气和配气主要干线，必须综合考虑近期建设与长期规划的关系，以延长已经敷设的管道的有效使用年限，尽量减少建成后改线、增大管径或增设双线的工程量。

⑨当高、中压管网初期建设的实际条件只允许布置半环形，甚至为枝状管网时，应根据发展规划使之与规划环网有机联系，防止以后出现不合理的管网布局。

3. 低压管网的平面布置

根据中低压调压装置供气范围可以分为：

①区域调压。区域调压可供应城区和片区或独立住宅小区。

②楼栋调压。楼栋调压则供应单栋楼栋或若干相邻的楼栋。

低压管网的主要功能是直接向各类用户配气。据此特点，低压管网的布置一般应考虑下列各点：

①低压管道的输气压力低，沿程压力降的允许值也较低，故低压管网的每环边长一般宜控制在 300 ~ 600 m，或控制在一个独立的住宅小区范围内。

②低压管道直接与用户相连，而用户数量随着城市建设发展而逐步增加，故低压管道除以环状管网为主体布置外，也允许存在枝状管道。

③有条件时低压管道宜尽可能布置在街区内兼作庭院管道，以节省投资。

④低压管道可以沿街道的一侧敷设，也可以双侧敷设。低压管道通常采用双侧敷设以避免频繁横穿道路。

⑤低压管道应按规划道路布线，并应与道路轴线或建筑物的前沿相平行，尽可能避免在高级路面下敷设。

为了保证在施工和检修时互不影响，也为了避免由于漏出的燃气影响相邻管道的正常运行，甚至逸入建筑物内，地下燃气管道与建筑物、构筑物以及其他各种管道之间应保持必要的水平净距，其值应符合相关规范的要求。

4. 管道的纵断面布置

在决定纵断面布置时，要考虑下列各点：

①地下燃气管道埋设深度，宜在土壤冰冻线以下。管顶覆土厚度还应满足下列要求：埋设在车行道下时，不得小于 0.8 m。埋设在非车行道下时，不得小于 0.6 m。

②输送湿燃气的管道，不论是干管还是支管，其坡度一般不小于 0.003。布线时，最好能使管道的坡度和地形相适应。在管道的最低点应设排水器。

③燃气管道不得在地下穿过房屋或其他建筑物，不得平行敷设在有轨电车轨道之下，也

不得与其他地下设施上下并置。

④在一般情况下，燃气管道不得穿过其他管道本身，如因特殊情况要穿过其他大断面管道(污水干管、雨水干管、热力管沟等)，需征得有关方面同意，同时燃气管道必须安装在钢套管内。

⑤燃气管道与其他各种构筑物以及管道相交时，应按规范规定保持一定的最小垂直净距。

如受地形限制，燃气管道按有关规范要求以及埋设深度的规定布线有困难，而又无法解决时，要与有关部门协商，采取行之有效的防护措施，为了保证输送的湿燃气中的冷凝物不致冻结，管道也不致遭受机械损伤，可适当降低标准。

通常采用的防护措施是增加管道壁厚或设置套管。套管2(图4-1)是比燃气管道稍大的钢管，直径一般比燃气管道大100 mm，其伸出长度，即从套管端至与之交叉的构筑物或管道的外壁不小于1 m。也可采用非金属管道作套管。套管两端有密封填料，在重

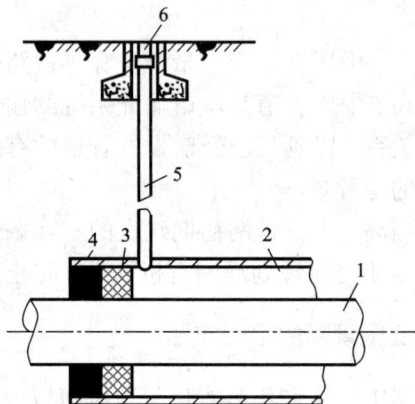

图4-1　敷设在管道内的燃气管道
1—燃气管道；2—套管；3—油麻填料
4—沥青密封层；5—检漏管；6—防护罩

要套管的端部可装设检漏管。检漏管上端伸入防护罩内，由管口取气样检查套管中的燃气含量，以判明有无漏气及漏气的程度。穿越铁路、电车轨道、公路、峡谷、沼泽以及河流的燃气管道，可采用钢管保护。

4.2　建筑燃气供应系统

4.2.1　居民建筑和商业建筑燃气供应系统

建筑燃气供应系统主要是供应居民用户和商业用户。商业用户主要分两类：第一类用户是指餐饮燃气用户，如宾馆、饭店、饮食店、招待所、机关、学校、幼儿园以及工矿企业职工食堂等；第二类用户是指使用燃气锅炉或燃气直燃型吸收式冷(温)水机组的用户。

建筑燃气供应系统的构成，随城市燃气系统的供气方式不同而有所变化，一般由用户引入管、立管、水平干管、用户支管、燃气计量表、用具连接管和燃气用具所组成。这样的系统构成是因为用气建筑直接连接在城市的低压管道上。最近，在一些城市也有采用中压或5~10 kPa低压进户表前调压的系统。

图4-2所示为用户引入管的一种做法。

1. 燃气用户引入管

燃气用户引入管亦称进户管，一般从家庭厨房、阳台等便于修理的非居住房间处引入，不应从卧室、浴室、易燃或易爆品仓库、有腐蚀介质的房间、配电间、变电室、电缆沟、烟道和进风道等处引入。

进户方式有地下引入和地上引入两种。

（1）地下引入

引入管自室外埋地燃气管接出，穿过建筑物基础及建筑物底层地坪，直接引入室内，在室内立管上设三通管作为清扫口。地下引入管线短，简单易行，多用于北方气候寒冷地区及管径大于 100 mm 的引入管。

（2）地上引入

引入管自埋地管或用户箱式调压器接出，沿建筑物外墙，在一定高度穿过外墙引入室内，多用于气候温和的南方。根据引入高度的不同，又分矮立管和高立管两种。在寒冷地区，室外立管需采取保温措施。

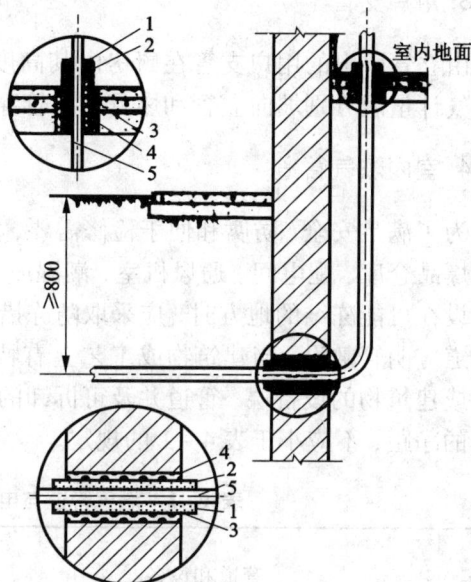

图 4 - 2　用户引入管

1—沥青密封层；2—套管；3—油麻填料；
4—水泥砂浆；5—燃气管道

高层建筑及沉降可能较大的建筑物的燃气进户管需采取沉降补偿措施，并放大横向引入管的坡度，如图 4 - 3 所示为一种引入管沉降补偿的做法，可供参考。

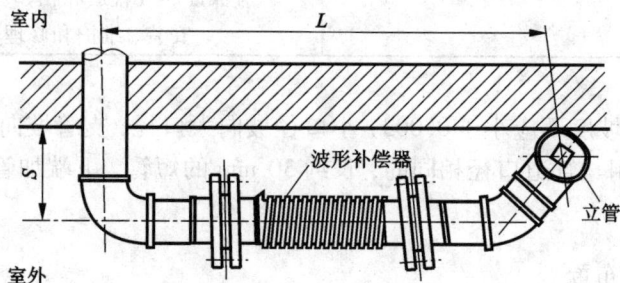

图 4 - 3　燃气引入管沉降补偿装置图

2. 燃气立管

燃气立管一般应敷设在厨房、阳台内或外墙上。当由地下引入室内时，立管在第一层处应设阀门。地上引入时，应在室外管道上设阀门。立管的下端应装丝堵，其直径一般不小于 25 mm。立管通过各层楼板处应设套管。套管离地面至少 50 mm，套管与燃气管道之间的间隙应用沥青和油麻填塞。

3. 用户支管

由立管引出的用户支管在厨房内其高度一般不低于 1.7 m。敷设坡度不小于 0.002，并由燃气计量表分别坡向立管和燃具。支管穿过墙壁时也应安装在套管内。

4. 室内燃气管道

为了满足安全、防腐和便于检修需要，室内燃气管道不得敷设在卧室、浴室、地下室、易燃易爆品仓库、配电间、通风机室、潮湿或有腐蚀性介质的房间内。当输送湿燃气的室内管道敷设在可能冻结的地方时，应采取防冻措施。燃气立管不得敷设在卧室和浴厕内。室内燃气管道应明管敷设，当建筑物或工艺上有特殊要求时，可敷设于带有盖板和通风孔的管槽、管沟或建筑物的设备层、管道井及可拆卸的吊平板顶等处。燃气管道与电气设备及相邻管道之间的净距，不应小于表 4 – 1 的规定。

表 4 – 1　燃气管道与电气设备及相邻管道之间的净距

序号	管道和设备	与燃气管道的净距/cm	
		平行敷设	交叉敷设
1	明装的绝缘电线或电缆	25	10
2	暗装的或装在套管内的绝缘电线	5（从所装的槽或管子的边缘算起）	1
3	电压小于 1000 V 的裸露电线的导电部分	100	100
4	配电盘或配电箱	30	不允许
5	电插座、电源开关	15	不允许
6	相邻管道	应保证燃气管道和相邻管道的安装、维护和修理	2

室内燃气管道的坡度不应小于 0.003，小口径坡向大口径，支管坡向干管，必要时设集水管集水（集水管可采用与管道口径相同的，长约 30 mm 的短管，下端加管塞），管道不得坡向燃气表。

5. 燃气计量表的布置

关于燃气计量表的布置要注意以下几点：

①管道供应燃气的用户应单独设置计量表，其规格和数量应根据用气要求。当表前燃气压力超过燃气表承受压力时，表前应设置调压器。

②燃气表宜设置在通风良好的非燃结构上，并满足便于施工、维修、调试、抄表和安全使用的要求。

③挂装于同一侧墙面的家用燃气表之间的净距应不小于 100 mm。挂装于两直角墙面的两表内侧离墙距离之和应不小于 700 mm。燃气表不得装在灶的上方，燃气表与灶应错开设置，与烟囱的水平净距应不小于 1.0 m。

4.2.2　高层建筑燃气供应系统

高层建筑供应燃气存在许多技术问题，尤其是供气安全性显得特别突出，供气不安全因素主要有：

①高层建筑燃气立管较高，燃气因高程差所产生的附加压力对燃烧效果影响较大。

②燃气立管较长，自重较大，容易引起管道应力突变，使管道扭曲，沉降断裂，致使燃气泄漏发生事故。

③遇到地震自然灾害时，对燃气管道的破坏危害极大。

④高层建筑由于建筑高度较高，受风荷载时产生水平位移对燃气立管会有影响。

为了在高层建筑中安全地供燃气，应采取以下 5 种措施。

1. 消除附加压头的影响

燃气的密度与空气不同，例如天然气比空气轻，当有高程差时会产生附加压力。燃气用具的额定压力允许有一定的波动幅度，多层建筑由于高度不太高，附加压力的影响不大。然而高层建筑附加压头较大，用户灶前压力可能会超出允许的范围，燃气应用器具可能会发生不稳定燃烧现象。低压民用燃气具允许的压力为 $0.75P_n \sim 1.5P_n$（P_n 为额定压力）。

消除附加压力的措施可采取以下几种方法：

①通过管道水力计算来选择适当的燃气立管管径或在燃气立管上增加节流阀来增加燃气管道的阻力。

②实行分区调压，即将高层建筑分成几个高度区间，每个区间实施单独调压，使得每个区域的用户灶前压力均在允许的压力范围内。

③根据水力计算当燃气立管在某一高度的压力达到 $1.5P_n$ 时，在此高度的立管上设置低 – 低压调压器，使得下游用户灶前压力均在允许的压力范围内。

④在立管的用户支管上设置低 – 低压调压器，将低 – 低压调压器的出口压力调整到燃气具所需要的压力。

2. 高层建筑内燃气立管自重的影响

高层建筑由于高度较高，当顶层需要供应燃气时，建筑内燃气立管就很长，其自重也就很大，燃气立管上就会产生压缩应力。燃气管道在安装时往往环境温度与管道工作温度不同，而管道工作温度又可能是变化的，这样又会产生热应力，这两种应力在高层建筑燃气立管的设计和安装中不能忽视。为解决高层建筑内燃气立管的重量和因热膨胀而产生的推力，必须在燃气立管的底部设置承重支承，由这些支承来均摊燃气立管的自重和推力，并在燃气立管的适当高度(一般选在中部)设置固定支承。在两个固定支承之间必须设置伸缩补偿器，以补偿两个固定支承之间的热膨胀量。

3. 受地震及风荷载产生的水平位移的影响

高层建筑在地震时是很容易遭到破坏的，高层建筑的燃气立管受到固定支承和穿越楼板套管的限制也会随之摆动而产生弯曲应力，造成燃气立管弯曲变形，因此燃气立管的弯曲应力在高层建筑中不容忽视。室内燃气管道的抗震措施如下：

①对于高层建筑受到地震时，其顶层到水平位移最大，震害也最大，因此室内燃气管道选择的管材越轻对抗震越有利，同时管材应具备抗震性能。

②在燃气立管的适当位置（一般在建筑的上部）安装感震器，当感震器受到地震的震动时，能将信号传送到消防控制中心的集中监视器，以便由控制中心采取紧急措施，切断燃气供应。

4.受风荷载时室内燃气管道的安全措施

高层建筑容易受到风荷载的影响，尤其是地处沿海地区，夏季受热带风暴和台风的频繁影响。由于风荷载来自各个方向，因此，高层建筑受风荷载影响时，建筑物也会向各个方向摆动，高层建筑的燃气立管也将随之摆动而产生水平位移和弯曲应力。可采取在燃气管道立管上安装补偿器或在燃气立管的水平支管上设置波纹补偿器的措施。

5.高层建筑内自动报警和自动切断系统

高层建筑应设置自动报警和自动切断系统，以便一旦发生燃气管道受到损坏，造成燃气泄漏、火灾、爆炸事故能及时自动报警和自动切断气源，把危险降到最小限度。

4.3　工业企业燃气供应系统

4.3.1　工业企业燃气管网系统的构成

连接于城市管网的工业企业燃气输配系统，通常由工厂引入管和厂区燃气管道、车间燃气管道、工厂总调压站或车间调压装置、计量装置、安全控制装置和炉前燃气管道等构成。炉前燃气管道与燃烧设备和安全控制装置的关系极为密切，因而常把它们视为一个整体。

燃气由城市分配管网通过引入管引入工厂，引入管上设总阀门。总阀门应设在厂界外易于接近和便于察看的地方，与建筑红线或建筑物外墙的距离不应小于 2 m。

每个工业企业通常只有一个引入口，厂区采用枝状管道。对不允许停气的工厂企业，可以采用几个引入口的环状管网。有些工厂供气系统的引入口设总调压站，如有用气计量装置，则与调压站设在一起，经降压和稳压后由调压站送入厂区燃气管道。

工业企业用户一般由城市中压或高压管网供气，用气量小且用气压力为低压的用户也可以由低压管网供气。大型企业可敷设专用管线与城市燃气分配站或长输管线连接。常用的系统有：一级管网系统和两级管网系统。

1.一级管网系统

一级管网系统如图 4-4 和图 4-5 所示，前者直接与城市低压燃气管网相连。这种系统只适合于小型工业企业用户，因为低压管网的供气量甚小，而且较大用户的用气工况变化会影响连在同一管网上的居民用户的用气工况。后者是与城市中压或高压燃气管网相连的工业企业的一级管网系统。适用于大型的工业用户。工厂引入口设有总调压站，调压站出口的压力由用气设备燃烧器所需的压力和厂区及车间管道的压力降确定，可以是低压，也可以是中压。这样的系统中，所有的厂区管道和车间燃气管道压力级制相同。总调压站内通常设有全厂用气计量装置，如需分别计量各车间和各燃烧设备的用气量，则应在车间分设燃气计量装置。该系统的特点是个别车间的燃烧设备或窑炉停止生产或调节负荷时，可能会影响全厂各车间燃烧器前的压力。

在车间分布较紧凑，用气设备类型相同，管道较短，同时燃烧器前燃气压力稳定性要求不严时，采用这种系统比较合适。

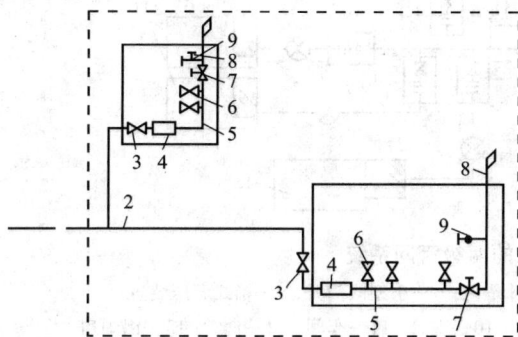

图 4-4　工业企业低压一级管网系统

1—工厂引入管总阀门及补偿器；2—厂区燃气管道；3—车间引入管总阀门；4—燃气计量装置；5—车间燃气管道；6—燃烧设备前的总阀门；7—放散管阀门；8—放散管；9—吹扫取样短管

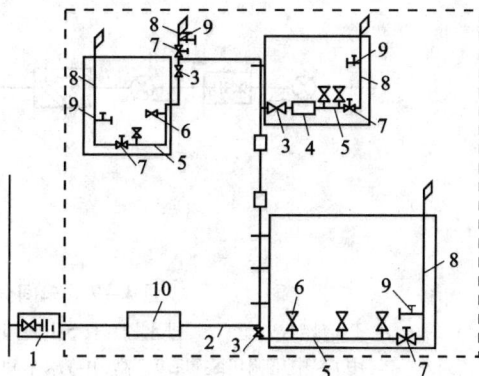

图 4-5　工业企业高(中)压一级管网系统

1—工厂引入管总阀门及补偿器；2—厂区燃气管道；3—车间引入管总阀门；4—燃气计量装置；5—车间燃气管道；6—燃烧设备前的总阀门；7—放散管阀门；8—放散管；9—吹扫取样短管；10—总调压站和计量室

2. 两级管网系统

工业企业的两级管网系统如图 4-6 和图 4-7 所示。前者通过工厂总调压站与城市中压或高压燃气管道相连，调压站将燃气压力降到部分车间所需的中压，这样的车间直接与厂区燃气管道相连。部分车间的燃烧器需用低压燃气，所以需单独设置车间调压装置。总用气计

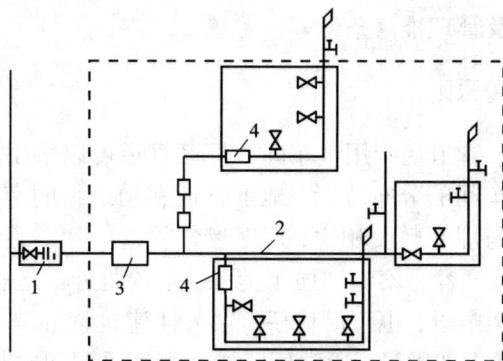

图 4-6　工业企业两级管网系统

1—工厂引入管总阀及补偿器；2—厂区燃气管道；3—总调压站和计量室；4—低压调压器

量装置设在总调压站内。后者的厂区管道直接与城市中压 A 管道相连。引入各车间的燃气管道分别通过本车间的调压装置，将压力调到该车间的燃烧器所需的数值。用气量在全厂和各车间分别计量，不设总调压站，当进入厂区的燃气含湿量较高时，应设排水器。

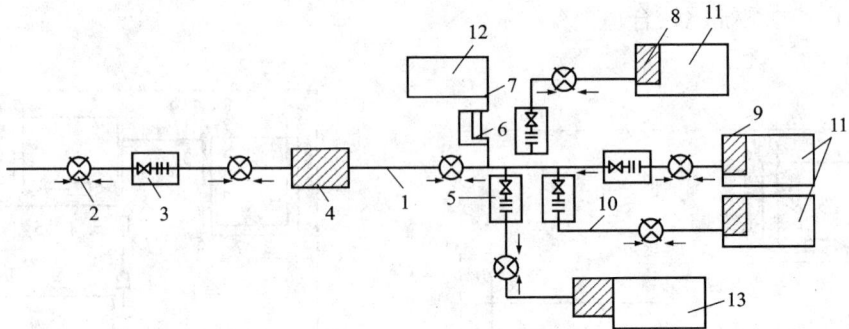

图 4 – 7   车间分别调压的两级管网系统

1—厂区燃气管道；2—排水器；3、5—阀门井；4—计量室；6—小型阀门井；7—箱式调压装置；
8—高(中)–中压调压装置；9—高(中)压车间调压装置；10—支管；11—车间；12—食堂；13—锅炉房

这种系统与图 4 – 5 所示的系统之主要区别在于供给各车间的燃气由车间自设的调压装置来调压，并使压力保持稳定。厂区管道的流量变化对车间燃气管道的压力变化在一定范围内没有影响。

4.3.2 工业企业燃气系统的选择与布线

1. 系统的选择应考虑的主要因素

①连接引入管处的城市燃气分配管网的燃气压力。
②各用气车间燃烧器前所需的额定压力。
③用气车间在厂区分布的位置。
④车间的用气量及用气规模。
⑤与其他管道的关系及管理维修条件。

2. 厂区燃气管道的布线原则

燃气从引入管通过厂区管道送到用气车间。厂区管道可以采用地下敷设，也可以采用架空敷设。敷设方式取决于车间的分布位置、地下管道和构筑物的密集程度、拟敷设架空管道的构筑物的特点等因素。与埋地敷设相比，厂区燃气管道的架空敷设优点较多，例如没有埋地敷设管道的腐蚀问题、漏气容易察觉和便于消除、危险性小、运行管理和检查维修比较方便等。架空管道可采用支架敷设，也可沿栈桥、永久性建筑物的墙或屋顶敷设。在不影响交通的情况下，还可沿地面低支架敷设，通常厂区燃气管道采用架空敷设。

由于大气温度的变化，通常在管道上每隔一段距离，设一固定支架以固定管道，在相邻两固定支架之间，设置一个补偿器。

厂区燃气管道的末端应设放散管。通常吹扫厂区管道时不允许使用车间的放散管，以避免粉尘和悬浮物积聚在车间管道的某些部位，但对某些小型工业企业而言，由于厂区管道较短，吹扫也可以利用车间的放散管进行放散。厂区架空燃气管道应尽可能地简单而明显，以便于施工安装、操作管理和日常维修。厂区管道一般采用钢管。架空管道不允许穿越爆炸危险品生产车间、爆炸品和可燃材料仓库、配电间和变电所、通风间、易使管道腐蚀的房间、通风道或烟道等场所。架空敷设的管道应避免受到外界损伤，如接触有强烈腐蚀作用的酸、碱等化学药品，受到冲击或机械作用等。

4.3.3　车间燃气管网系统

1. 车间燃气管网系统的布线原则

进入车间的燃气管上应设车间总阀门。阀门一般设在室内，对重要车间还应在室外另设阀门。阀门应设在便于检查和维修的地点，在必要时能迅速关断车间燃气管道。

车间燃气管道应架设在不低于 2.0 m 的高度，并应不妨碍起重设备的运行。燃气管道不应敷设在可能被火焰和热烟气熏烤或易受酸、碱等化学药品侵蚀的地方。车间燃气管道一般敷设在房架上，或沿厂房的柱子和墙敷设。在无法架设的情况下，也可敷设在有良好通风条件的管沟内。车间输送湿燃气的管道应坡向厂区燃气管道，坡度不小于 0.003。高、中压的车间燃气管道一般采用焊接，也可采用法兰连接。螺纹连接通常只适用于直径较小的低压管道。敷设燃气管道的车间高度，一般不应小于 2.5 m。

2. 车间燃气管网系统

车间燃气管网系统有枝状和环状两种。一般采用枝状。环网只用于特别重要的车间。

(1)枝状管网系统参见图 4-4。在车间引入口设总阀门 3，各车间分设用气计量装置 4，在用气设备的分支管上应设阀门，车间燃气管道的末端连接放散管 8，并有阀门 7 以及带阀门和丝堵的短管 9，作为吹扫时取气样之用。各用气设备的燃气管道总阀门与燃烧器阀门之间，应设放散管和阀门。

(2)环状管网系统如图 4-8 所示。车间引入管上设有阀门 1 和压力表 2，通向用气设备

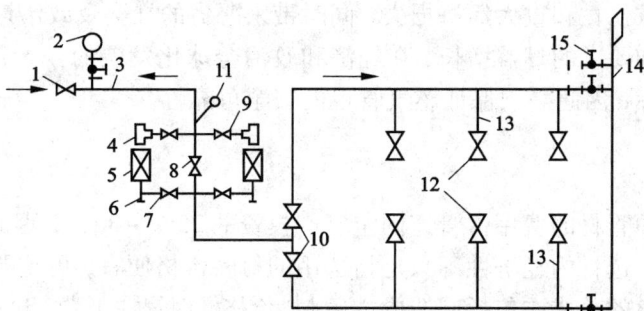

图 4-8　设有燃气计量装置的车间环网系统

1—车间入口的阀门；2—压力表；3—车间燃气管道；4—过滤器；5—燃气计量表；7—计量表后的阀门；8—旁通阀；9—计量表前的阀门；10—车间燃气分支管上的阀门；11—温度计；12—用气设备前的总阀门；13—支管；14—放散管；15—取样管

的各分支管上设阀门 12，车间燃气管道的末端设放散管 14，并设阀门。

4.4　燃气管道材料及其连接

在燃气管道的设计和制造过程中，合理地选择材料是十分重要的，一旦管道选材不当发生事故将会造成重大的经济损失和社会影响。燃气管道选材的一般原则就是要保证钢管的选用符合管线设计、使用要求，保证钢管满足服役条件(力学的、环境的因素)要求，满足施工的要求，最大限度地保证钢管的适用性、安全性和经济性，即从材料的使用性能、工艺性能、安全性和经济性 4 个方面考虑。

1. 使用性能原则

使用性能是材料在管道工作过程中所应具备的性能(包括力学性能、物理性能和化学性能)，它是选材的最主要依据。使用性能是在分析燃气管道的工作条件(输送介质条件、运行压力、环境温度、铺设方式等)和失效形式的基础上提出来的。

2. 工艺性能原则

材料的工艺性能表示材料加工的难易程度。燃气管道是由所选材料通过一定的加工工艺制造出来的，因此在满足使用性能选材的同时，必须兼顾材料的工艺性能。工艺性能的好坏，直接影响燃气管道的质量、生产效率和成本。当工艺性能与使用性能相矛盾时，有时正是从工艺性能考虑，使得某些使用性能合格的材料不得不被放弃，从而使工艺性能成为选择材料的主导因素。

材料所要求的工艺性能与管道生产的加工工艺路线有密切关系。钢管的生产主要包括压力加工和焊接两种加工工艺，管道的安装也只包括弯管和施工组焊。因此，燃气管道选材时对材料工艺性能的要求主要是具有良好的压力加工性、可焊性与较小的冷裂纹敏感系数。

3. 安全性原则

燃气管道发生事故，容易引起火灾及爆炸、中毒等后果，特别是在人口稠密地区，此类事故往往会造成严重伤亡和重大经济损失，同时带来恶劣的社会及政治影响。随着社会舆论及公共安全的重视和要求的日益增长，在经济和政治全球化发展的今天，无事故运行已成为管道行业追求的目标，因此必须保证燃气管道的安全可靠性。

4. 经济性原则

管道建设项目中管材的费用占管道固定资产投资的 25% ~ 30%，因此经济性也是选材必须考虑的重要因素。选材的经济性不只是指选用的材料价格便宜，更重要的是要使生产管道的总成本降低。管道的总成本包括制造成本(材料价格、钢管加工费、试验研究费等)和附加成本(管道的寿命，即更换管道和停产损失及维修费)。在满足使用性能要求的前提下，尽量选用便宜的材料，把总成本降到最低。但有时选用性能好的材料，虽然价格较贵，但由于管道自重减轻，使用寿命延长，维修费用减少，反而是经济的。因此，根据经济性原则选材就是在保证满足设计、使用要求和安全的前提下，具有合理的工程建设成本，选择确定保证安全和经济的最佳方案。

此外,无论是室内天然气管道还是分配管道,都要承受一定的压力。天然气泄漏将会导致爆炸、火灾、人身伤亡,造成重大经济损失。因此,对室内天然气管材的基本要求是:有足够的机械强度(抗拉强度、延伸率),连接性好,具有不透气性。要满足管材的基本要求,应从以下 5 个方面进行选材。

(1)材料的强度性能

管道材料的强度性能从抗拉强度极限、屈服极限、延伸率 3 个参数进行分析。这 3 个参数因材质的不同而有较大的变化,钢管的抗拉强度极限一般为 335 ~ 565 MPa,屈服极限一般为 205 ~ 480 MPa,钢的延伸率越大,屈服极限越低,塑性越好,越易焊接加工。PE 管的抗拉强度极限一般为 32 MPa 左右,屈服极限一般为 22 MPa。

(2)材料的断裂韧性

管道断裂可分为韧性断裂和脆性断裂两种。过大拉应力和裂纹缺陷是韧性断裂的主要原因,低温、应力和裂纹缺陷 3 种条件共同作用是脆性断裂的主要原因。为了防止管道在工作条件下断裂,在制管和施工过程中应注意消除管道裂纹缺陷和减小外应力。PE 管的柔性使得它容易弯曲,工程上可通过改变管道走向的方式绕过障碍物,在许多场合,管道的柔性能够减少管件用量并降低安装费用。PE 管的拉伸弹性模量一般为 850 ~ 1000 MPa。

(3)材料的可靠连接性能

要求管材在一定的连接(焊接、螺纹连接等)工艺方法、工艺参数和结构形式的条件下,能够获得可靠的连接性能。PE 管道系统之间采用电热熔方式连接,接头的强度高于管道本身强度。

(4)材料的抗腐蚀性能

城市用天然气一般是经过净化的天然气,可以不考虑管道的内壁腐蚀。室内天然气管道长期裸露于大气中,要考虑管材外壁的抗腐蚀能力。PE 管道可耐多种化学介质的腐蚀,土壤中存在的化学物质不会对管道造成任何降解作用。聚乙烯是电的绝缘体,因此不会发生腐烂、生锈或电化学腐蚀现象;此外它也不会促进藻类、细菌或真菌生长。

(5)材料的温差适应性

在恶劣环境条件下,如低温(0 ~ -20℃)、高温(40 ~ 70℃)时,管材不发生低温脆裂和高温变形。PE 管的温度使用范围一般为 -40 ~ 70℃。

4.4.1 室外燃气管道选材

1. 钢管

管道是由钢管焊接而成的,钢管是长输管道的主要材料。燃气输送钢管是板(带)经过深加工(压力加工、焊接、热处理、机加工、表面处理、无损检测等)而形成的较特殊的冶金产品,实质上应该属于机械产品的范畴。油气输送钢管按制管形式的分类方法有以下 6 种。

①按有无焊缝分为无缝钢管和焊接钢管。

②按有无填充金属分为埋弧焊钢管、电阻焊或高频感应焊管。

③按焊缝形状分为直缝焊管和螺旋缝焊管。

④按成型方式分为成型的直缝埋弧焊管 UOE、RBE、JCOE、REB、CFE、PFE、HME,排

辊高频感应焊管、电阻焊管、三辊成型螺旋缝焊管。

⑤按焊边热输入方式分为熔接焊钢管和接触焊钢管。接触焊钢管包括电阻加热焊管、电阻焊管、高频感应激光焊管和埋弧焊钢管。

⑥按扩径情况分为扩径、不扩径和管端扩径钢管。

油气输送管主要使用的有无缝钢管、直缝高频电阻焊管(简写为 ERW)、直缝埋弧焊管(简写为 LSAW)、螺旋缝埋弧焊管(简写为 SSAW)4 种。其中无缝钢管和焊接钢管是最主要的分类方式。下面将简要介绍无缝钢管和焊接钢管的类型及在输送中的应用。

(1)无缝钢管

无缝钢管按制造方法分为热轧管和冷拔(轧)管。冷拔(轧)管的最大公称直径为 200 mm,热轧管最大公称直径为 600 mm。在管道工程中,管径超过 57 mm 时常选用热轧管,管径小于 57 mm 时常用冷拔(轧)管。用于输送的无缝钢管主要有以下品种:

①GB/T 8163《输送流体用无缝钢管》主要用于工程及大型设备上输送流体管道。代表材质(牌号)为 10、20、Q295、Q345、Q390、Q420、Q460 等。

②GB 3087《低中压锅炉用无缝钢管》主要用于工业锅炉及生活锅炉输送低中压流体的管道。代表材质有 10、20 号钢等。

③GB 5310《高压锅炉用无缝钢管》主要用于电站及核电站锅炉上耐高温、高压的输送流体集箱及管道。代表材质为 20G、12Cr1MoVG、15CrMoVG 等。

④GB 6479《高压化肥设备用无缝钢管》主要用于化肥设备上输送高温、高压的输送流体集箱及管道。代表材质为 20G、12CrMo、12Cr2Mo 等。

⑤GB 9948《石油裂化用无缝钢管》主要用于石油冶炼厂的锅炉、热交换器及其输送流体管道。代表材质为 20、12CrMo、1Cr5Mo、1Cr19Ni11Nb 等。

⑥GB/T 14976《流体输送用不锈钢无缝钢管》主要用于输送腐蚀性介质的管道。代表材质为 0Cr13、0Cr18Ni9、1Cr18Ni9Ti、0Cr17Ni12Mo2、0Cr18Ni12Mo2Ti、1Cr17、0Cr26Ni5Mo2 等。

⑦API Spec 5CT《套管和油管规范》由美国石油学会编制并发布,在世界各地通用。套管:由地表面伸进钻井内,作为井壁衬的管子,其管子之间通过接箍连接;主要材质为 J55、N88、P110 等钢级以及抗硫化氢腐蚀的 C90、T95 等钢级;其低钢级(J55、N80)可为焊接钢管。油管:由地表面插入套管内直至油层的管子,其管子之间通过接箍或整体连接;其作用是将抽油机从油层抽出的石油输送到地面;主要材质为 J55、N80、P10 以及抗硫化氢腐蚀的 C90、T95 等钢级;其低钢级(J55、N80)可为焊接钢管。

⑧API SPEC 5L《管线管规范》由美国石油学会编制并发布,在世界各地通用。

(2)焊接钢管

焊接钢管采用的胚料是钢板或带钢,因其焊接工艺不同而分为炉焊管、电焊(电阻焊)管和自动电弧焊管和异形(方、扁等)焊管。焊管因其材质和用途不同而分为如下品种:

①GB/T 3091《低压流体输送用镀锌焊接钢管》主要用于输送水、煤气、空气、油和取暖热水或蒸汽等一般较低压力流体和其他用途管。其代表材质为 Q215A、Q215B、Q235A、Q235B、Q295A、Q295B、Q45A、Q345B 级钢等。

②GB/T 3091《低压流体输送用焊接钢管》主要用于输送水、煤气、空气、油和取暖热水或蒸汽等一般较低压力流体和其他用途管。其代表材质为 Q195,Q215A,Q235A,Q345A 级钢等。

③GB/T 14291《矿山流体输送焊接钢管》主要用于矿山压风、排水、轴放瓦斯用直缝焊接钢管。其代表材质为 Q235A、B 级钢。

④GB/T 14980《低压流体输送用大直径电焊钢管》主要用于输送水、污水、煤气、空气、采暖蒸汽等低压流体和其他用途。其代表材质为 Q235A 级钢。

⑤GB/T 12771—2008《流体输送用不锈钢焊接钢管》主要用于输送低压腐蚀性介质。其代表材质为 06Cr13、06Cr19Ni10、022Cr19Ni10、022Cr18Ti、06Cr18Ni11Nb、022Cr17Ni12Mo2 等。

在我国，与钢管有关的标准，除国家标准(GB)外，还有石油天然气行业标准[SY、SY/T]和冶金部标准[YB、YB/T]。附表给出了部分常用的管材标号、规格尺寸、制造方法或交货状态及应用范围等。

2. 聚乙烯管

塑料管是以合成树脂为主要成分的高分子材料制作管道。塑料管有许多优异的性能，例如质量轻、耐腐蚀等；塑料管已广泛使用于城镇燃气、给水排水、电信通信等市政工程管线系统中。塑料管道的种类较多，工程常采用的有聚乙烯(PE)、聚丙烯(PP)、硬聚氯乙烯(U—PVC)、丙烯腈—丁二烯—苯乙烯共聚物(ABS)等。聚乙烯塑料管已广泛用于城镇燃气埋地管道中。

PE 管具有耐腐蚀、质轻、流体流动阻力小、使用寿命长、施工简单、费用低、可盘卷、抗拉强度大等一系列优点。燃气常用 PE 管材及管件可根据材料的长期静液压强度分为 PE80 和 PE100 两类。燃气聚乙烯管道必须采用埋地敷设的方式。PE80 可以是中密度聚乙烯(MDPE)，也可以是高密度聚乙烯(HDPE)，PE100 必定是高密度聚乙烯(HDPE)。PE100 管道相比 PE80 管道具有以下性能特点：①更加优良的耐压性能；②更薄的管壁；③更加经济。因此，PE100 有代替 PE80 的趋势。

PE 管道输送天然气、液化石油气和人工煤气时，其设计压力不应大于管道最大允许工作压力，最大允许工作压力应符合表 4-2。

表 4-2　PE 管道最大允许工作压力

城镇燃气种类		PE80		PE100	
		SDR 11	SDR 17	SDR 11	SDR 17
天然气		0.5	0.3	0.7	0.4
液化石油气	混空气	0.4	0.2	0.5	0.3
	气态	0.2	0.1	0.3	0.2
人工煤气	干气	0.4	0.2	0.5	0.3
	其他	0.2	0.1	0.3	0.2

注：SDR 是指 PE 管道的公称直径与公称壁厚的比值。

由于 PE 管的刚性不如金属管，所以埋地施工时必须夯实沟槽底，基础要垫沙，才能保证管道坡度的要求和防止被坚硬物体损坏。

3. 铸铁管

铸铁管根据其材质又可分为普通铸铁管、高级铸铁管和球墨铸铁管。铸铁管的优点是耐腐蚀，缺点是强度、韧性和塑性均不如钢管。因而铸铁管常用于低压人工煤气管道、给排水管道中。普通铸铁管的材质为普通灰铸铁，又称为灰口铸铁管，其抗拉强度通常不小于140 MPa。高级铸铁管又称可锻铸铁管，高级铸铁管对铸铁化学成分提出了严格要求，进一步采取脱硫和脱磷措施，铸造方法也有改进，使其韧性得到提升，抗拉强度可到250 MPa。球墨铸铁管是在原材料经严格选择的铁水中，添加镁、钙等碱土金属或稀土金属，使铸铁中的石墨组织呈球状。这种管材经热处理后，抗拉强度提升到380～450 MPa，冲击韧性也大大提高。

4. 铜管

铜具有良好的导电性、导热性、低温力学性能，易于热压和冷加工，铜的线性膨胀系数较大，可焊性较差。铜管常用来制作热交换设备、制冷设备冷媒以及对介质清洁度要求较高的管道。

5. 钢骨架复合管

钢骨架复合管是以钢丝网或钢板孔网为骨架，以高度聚乙烯或聚丙烯为基料，经挤出成型的钢骨架增强塑料复合管。它综合了钢管和塑料管的性能，具有双面防腐、内壁光滑不结垢、耐磨、耐压、抗压及拉伸强度高、绝热性能好等特点。尤其是管子连接采用电熔套筒方式，能够形成牢固不渗漏的接头，现场操作非常方便。

采用由超高分子量聚乙烯内管、高抗拉强度钢丝和辐射交联聚乙烯热缩胶带复合加工制成的超高分子量聚乙烯钢骨架复合管的各项性能指标符合 SY/T 6662—2006 行业标准要求，因此指出了其作为不停输封堵旁通管道的可行性。钢骨架复合管保温性能较好，同时该管材内壁光滑，其粗糙度为 0.03 mm，而钢管为 0.2 mm，是钢管的 3/20；钢骨架复合管虽然价格偏高，但使用寿命是钢管的 2～3 倍，从长远来看经济效益还是很可观。钢骨架塑料管从使用情况上看，防腐效果优良，但存在老化及不耐高压的现象。其使用压力低，仅为 3～20 MPa；使用温度低，仅为 65.5℃，因此其使用范围受到限制。

4.4.2 室内燃气管道选材

室内燃气管道宜选用钢管，也可选用铜管、不锈钢管、铝塑复合管和连接用软管。但在实际工作中还有工程选用衬塑(PE)铝合金管等多种管材。

1. 钢管

无缝钢管具有承受压力高、安全可靠的优点；镀锌钢管就是在钢管的外表层采用热浸镀锌法镀一层锌的钢管，属直缝焊接钢管。镀锌钢管应用非常广泛，在天然气管道工程中，多用于低压支管、室内明管等。镀锌钢管可采用焊接、螺纹连接、法兰连接等多种连接方式。室内燃气管道选用钢管时应符合下列规定：

①低压燃气管道应选用热镀锌钢管（热浸镀锌），其质量应符合现行国家标准《低压流体

输送用焊接钢管》GB/T 3091 的规定。

②中压和次高压燃气管道宜选用无缝钢管，其质量应符合现行国家标准《输送流体用无缝钢管》GB/T 8163 的规定。

钢管的壁厚应符合下列规定：

①选用符合 GB/T 3091 标准的焊接钢管时，低压宜采用普通管，中压应采用加厚管。

②选用无缝钢管时，其壁厚不得小于 3 mm，用于引入管时不得小于 3.5 mm。

③在避雷保护范围以外的屋面上的燃气管道和高层建筑沿外墙架设的燃气管道，采用焊接钢管或无缝钢管时其壁厚均不得小于 4 mm。

钢管螺纹连接时应符合下列规定：

①室内低压燃气管道(地下室、半地下室等部位除外)，室内压力小于或等于 0.2 MPa 的燃气管道屋面管道和沿外墙架设的管道，可采用螺纹连接。

②管件选择应符合下列要求：

管道公称压力≤10 kPa 时，可选用可锈铸铁螺纹管件。

管道公称压力≤0.2 kPa 时，应选用钢或铜合件螺纹管件。

③管道公称压力≤0.2 kPa 时，应采用《55°密封螺纹第 2 部分：圆锥内螺纹与圆锥外螺纹》GB/T 7036.2 规定的螺纹连接。

④密封填料选择宜采用聚四氟乙烯生料带、尼龙密封绳等性能良好的填料。

钢管的焊接或法兰连接，中低压燃气管道宜采用焊接或法兰连接(阀门、仪表处除外)，并应符合有关规定。

2. 铜管

铜管是由铜锭经挤压机将铜锭脱壳挤压成毛坯管，再缩管拉伸、剥皮、退火、酸洗、精拉成型。铜管具有耐腐蚀、美观、重量轻等优点，但价格昂贵。铜管适用于无腐蚀性流体的输送。

室内燃气管道选用铜管时应符合下列规定：

①铜管的质量应符合现行国家标准《无缝铜水管和铜气管》GB/T 18033 的规定。

②铜管道应采用熔点大于 538℃ 的硬钎焊连接(铜、磷、银钎料)，钎焊合金所含的磷应大于 0.05%。铜管接头和焊接工艺可按现行国家标准《铜管接头》GB/T 11618 的规定执行。铜管道不得采用对焊、螺纹或软钎焊连接。

③埋入建筑物地下、地板和墙中的铜管应是覆塑铜管或带有专用涂层的铜管。覆塑铜管或带有专用涂层的铜管的质量应符合有关标准的规定。

④燃气中硫化氢含量小于或等于 7 mg/m³ 时，中低压燃气管道可采用现行国家标准《无缝铜水管和铜气管》GB/T 18033 中表 3 - 1 规定的 A 型管或 B 型管。

⑤燃气中硫化氢含量大于 7 mg/m³ 而小于或等于 20 mg/m³ 时，应选用带耐腐蚀内衬的铜管；无耐腐蚀内衬的铜管只允许在室内地上的低压燃气管道中采用；铜管类型可按本条第 4 款的规定执行。

⑥铜管必须有防外部损坏的保护措施。

3. 薄壁不锈钢管

薄壁不锈钢管是利用不锈钢热轧钢板（带）或热轧纵剪钢带经碾压、卷制、焊接而成。

薄壁不锈钢管具有耐腐蚀、外表美观、重量轻等优点，适用于中、低压流体的输送。

室内天然气管道可选用薄壁不锈钢管，但使用薄壁不锈钢管应符合以下3个条件：

①薄壁不锈钢管（DN15 mm 及以上）的壁厚不得小于0.6 mm，其质量应符合现行国家标准《流体输送用不锈钢焊接钢管》（GB/T 12771）的规定。

②薄壁不锈钢管的连接方式，应采用承插氩弧焊式管件连接或卡套式管件机械连接，并宜优先选用承插氩弧焊式管件连接。承插氩弧焊式管件和卡套式管件应符合有关标准的规定。

③薄壁不锈钢管必须有防外部损坏的保护措施。

上述3条规定了薄壁不锈钢管的管材标准、最小壁厚、允许使用的连接方式。需要说明的是薄壁不锈钢管的连接还有卡压式、双卡压式、环压式以及一些新型连接方式。采用承插氩弧焊式管件属无泄漏接头连接，与机械连接相比具有明显优点。

4.不锈钢波纹管

不锈钢波纹管是利用不锈钢管坯（管材），经波纹挤压、固熔回火处理而成。室内天然气管道可选用不锈钢波纹管，但使用不锈钢波纹管应符合以下3个条件：

①不锈钢波纹管的壁厚不得小于0.2 mm，其质量应符合现行国家标准《燃气用不锈钢波纹软管》（CJ/T 197）的规定。

②不锈钢波纹管应采用卡套式管件机械连接，卡套式管件应符合有关标准的规定。

③不锈钢波纹管必须有防外部损坏的保护措施。

上述3条规定了不锈钢波纹管的管材标准、最小壁厚、允许使用的连接方式，并且说明不锈钢波纹管是一种软管。由于不锈钢波纹管是一种软管，那么作为软管的使用又有专门的规定，其中有以下3条要求：

①一般用于室内燃气管道与燃具之间的连接不锈钢波纹管适用于燃具、燃气表与燃气管道连接，或燃具内使用的软管以及可埋式软管。

②软管最高允许工作压力不应小于管道设计压力的4倍。

③软管与家用燃具连接时，其长度不应超过2 m，并不得有接口。软管与移动式工业燃具连接时，其长度不应超过30 m，接口不应超过2个。可见，不锈钢波纹管不宜用于室外燃气管道，仅适用于室内软管连接。

5.铝塑复合管

铝塑复合管是用铝管作为嵌入金属层，通过热熔黏合剂与内外层聚乙烯塑料复合而成的管道。铝管又分为对接焊和搭接焊两种。铝塑复合管具有质轻、单根长度长（可达100 m/根）、价格低廉、施工作业方便等优点，被广泛用于低压天然气输送。

室内燃气管道可选用铝塑复合管，应符合以下条件：

铝塑复合管安装时必须对铝塑复合管材进行防机械损伤、防紫外线（UV）伤害及防热保护，并应符合下列规定：环境温度不应高于60℃；工作压力应小于10 kPa；在户内的计量装置（燃气表）后安装。

6. 衬塑(PE)/衬不锈钢铝合金管

衬塑(PE)/衬不锈钢铝合金管是近几年出现的一种新型管材,属结构复合管材。衬塑(PE)铝合金管是采用聚乙烯管材为内层,外层为铝合金管,经拉拔加工成型。衬不锈钢铝合金管是内层为不锈钢管,外层为铝合金管,经拉拔加工成型。这两种管材可以在室内燃气管道工程中使用。但是,这两种管材均有工作温度限制,衬塑(PE)铝合金管工作温度为 $-20 \sim 40℃$,衬不锈钢铝合金管工作温度为 $-20 \sim 70℃$。若夏季室外温度高于 $40℃$,则不适宜在室外安装衬塑(PE)铝合金管;若夏季室外温度高于 $70℃$,则不适宜在室外安装衬不锈钢铝合金管;若冬季室外温度低于 $-20℃$,则两种管材均不适宜在室外安装。

4.4.3　管道连接

1. 钢管的连接

钢管的连接钢管可以用螺纹、焊接和法兰进行连接。室外输配管道以焊接连接为主。设备与管道的连接常用法兰连接。

室内镀锌钢管管径较小、压力较低,一般用螺纹连接,而无缝钢管则以焊接为主。

室内管道广泛采用三通、弯头、变径接头、活接头、补心和丝堵等螺纹连接管件,施工安装十分简便。为了防止漏气,管螺纹连接时,螺纹之间必须缠绕适量的填料。常用的填料有铅油加麻丝和聚四氟乙烯。对于输送天然气的管道,必须采用聚四氟乙烯作密封填料。

焊接是钢管连接的主要形式,可采用的方法很多,有气焊、手工电弧焊、手工氩弧焊、埋弧自动焊、埋弧半自动焊、接触焊和气压焊等。

大口径钢管一般采用电焊,电焊焊缝强度高,比较经济。管径小于 80 mm、壁厚小于 4 mm 的管道可用气焊焊接。焊接时,要求管道端面与轴线垂直,偏斜值最大不能超过 1.5 mm。对焊管道时,必须在管端按管壁厚度做成适当的坡口形式。

燃气管道及其附属设备之间的连接,也常用法兰连接。当公称压力为 0.25 ~ 2.5 MPa、介质温度不超过 $300℃$ 时,一般采用平焊钢法兰。为了保证法兰连接的气密性,法兰密封面应垂直于管道中心线,成对法兰螺栓紧固时,不允许使用斜垫片或双层垫片,并避免螺栓拧得过紧而承受过大的不均匀应力。垫片的材质,可根据输送介质的性质来选择。当输送焦炉气时,用石棉橡胶垫片;输送液化石油气或天然气时,则用耐油橡胶垫片,以防止介质浸蚀垫片破坏管道的气密性。

2. 铸铁管的连接

低压燃气铸铁管道的连接,广泛采用机械接口的形式。

聚乙烯管道的连接通常采用热熔连接或电熔连接。De90 以下管道常采用电熔连接,De110 及以上管道采用热熔连接。

塑料管与金属管通常使用钢塑接头连接。

4.5　燃气管道附属设备

为了保证管网的安全运行，并考虑到检修、管道改扩建的需要，在管道的适当地点应设置必要的附属设备。这些设备主要包括阀门、补偿器、排水器、放散管等。

4.5.1　阀门

阀门是用于启闭管道通路或调节管道介质流量的设备。因此要求阀体的机械强度高，转动部件灵活，密封部件严密耐用，对输送介质的抗腐性强，同时零部件的通用性好。

燃气阀门必须进行定期检查和维修，以便掌握其腐蚀、堵塞、润滑、气密性等情况以及部件的损坏程度，避免不应有的事故发生。阀门的设置达到足以维持系统正常运行即可，尽量减少其设置数量，以减少漏气点和额外的投资。

各类阀门的结构

阀门的种类很多，燃气管道上常用的有闸阀、旋塞、截止阀、球阀和蝶阀等。

（1）闸阀

通过闸阀的流体是沿直线通过阀门的，所以阻力损失小，闸板升降所引起的振动也很小，但当燃气中存在杂质或异物并积存在阀座上时，关闭会受到阻碍，使阀门不能完全关闭。

闸阀有单闸板闸阀与双闸板闸阀之分，由于闸板形状不同，又有平行闸板与楔形闸板之分。此外还有阀杆随闸板升降和不升降两种，分别称为明杆阀门和暗杆阀门。明杆阀门可以从阀杆的高度判断阀门的启闭状态，多用于站房内。

（2）旋塞

旋塞是一种动作灵活的阀门，阀杆转90°即可达到启闭的要求。杂质沉积造成的影响比闸阀小，所以广泛用于燃气管道上。常用的旋塞有两种：一种是利用阀芯尾部螺母的作用，使阀芯与阀体紧密接触，不致漏气，这种旋塞只允许用于低压管道上，称无填料旋塞；另一种称为填料旋塞，利用填料以堵塞旋塞阀体与阀芯之间的间隙而避免漏气，这种旋塞体积较大，但较安全可靠。

（3）截止阀

截止阀依靠阀瓣的升降以达到开闭和节流的目的。这类阀门使用方便，安全可靠，但阻力较大。

（4）球阀

球阀体积小，完全开启时的流通断面与管径相等。这种阀门动作灵活，阻力损失小。球阀是城镇燃气输配管道上使用最多的一类阀门。

（5）蝶阀

蝶阀的关闭件阀瓣绕阀体内固定轴旋转，一般作管道及设备的开启或关闭用，有的也可以作节流用。

由于结构上的原因，闸阀、蝶阀只允许安装在水平管道上，而其他几类阀门则不受这一限制。但如果是有驱动装置的截止阀或球阀，则也必须安装在水平管段上。

4.5.2　补偿器

补偿器用于消除因管段热胀冷缩对管道所产生的应力的设备,常用于架空管道和需要进行蒸气吹扫的管道上。此外,补偿器安装在阀门的下侧(按气流方向),利用其伸缩性能,方便阀门的拆卸和检修。在埋地燃气管道上,多用钢制波形补偿器,其补偿量约为 10 mm。为防止其中存水锈蚀,由套管的注入孔灌入石油沥青,安装时注入孔应在下方。补偿器的安装长度,应是螺杆不受力时的补偿器的实际长度,否则不但不能发挥其补偿作用,反使管道或管件受到不应有的应力。

另外,还使用一种橡胶—卡普隆补偿器。它是带法兰的螺旋皱纹软管,软管是用卡普隆布作夹层的胶管,外层则用粗卡普隆绳加强。其补偿能力在拉伸时为 150 mm,压缩时为 100 mm。这种补偿器的优点是纵横方向均可变形,多用于通过山区、坑道和多地震区的中、低压燃气管道上。

4.5.3　放散管

放散管是一种专门用来排放管道内部的空气或燃气的装置。在管道投入运行时利用放散管排出管内的空气,在管道或设备检修时,可利用放散管排放管内的燃气,防止在管道内形成爆炸性的混合气体。放散管设在阀门井中时,在环网中阀门的前后都应安装放散管,而在单向供气的管道上则安装在阀门之前。

4.5.4　阀门井

为保证管网的安全与操作方便,地下燃气管道上的阀门一般都设置在阀门井中。阀门井应坚固耐久,有良好的防水性能,并保证检修时有必要的空间。考虑到人员的安全,井筒不宜过深。

对于直埋设置的专用阀门,不设阀门井。

4.6　钢质燃气管道腐蚀与防护

4.6.1　钢质管道腐蚀原因

腐蚀是金属在周围介质的化学、电化学作用下引起的一种破坏。金属腐蚀按其性质可分为化学腐蚀和电化学腐蚀。

1. 化学腐蚀

金属管道与非电解质直接发生纯化学作用而遭受破坏,称为化学腐蚀。化学腐蚀的特点是反应过程中没有电流产生。单纯的化学腐蚀的过程是非常少见的。化学腐蚀有以下两种:

①气体腐蚀金属管道在干燥气体中,表面上没有湿气冷凝的腐蚀。

②非电解质溶液中的腐蚀金属管道在不导电的非电解质溶液中的腐蚀。

2. 电化学腐蚀

金属管道与电解质因发生电化学反应而产生的破坏，称为电化学腐蚀。电化学腐蚀是最普遍和常见的腐蚀，金属在各种化学介质、大气、海水和土壤中的腐蚀均是电化学腐蚀。任何一种按电化学机理进行的腐蚀反应至少包含有一个阳极反应和一个阴极反应，并与流过金属内部的电子流和介质中定向迁移的离子联系在一起。阳极反应是金属原子从金属转移到介质中并放出电子的过程.即氧化过程。阴极反应是介质中的氧化剂夺取电子发生还原反应的还原过程。例如，碳钢在酸中腐蚀时，在阳极区 Fe 被氧化为 Fe^{2+}，所放出的电子自阳极（Fe）流至钢表面的阴极区（如 Fe_3C），与 H^+ 作用而还原成氢气，即：

阳极反应：$Fe \longrightarrow Fe^{2+} + 2e$

阴极反应：$2H^+ + 2e \longrightarrow H_2 \uparrow$

总反应：$Fe + 2H^+ \longrightarrow Fe^{2+} + H_2 \uparrow$

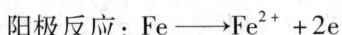

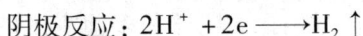

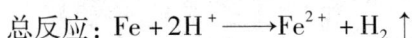

电化学腐蚀的特点是：

①介质为离子导电的电解质。

②金属/电解质界面的反应过程为电荷转移而引起的电化学过程，必需包括离子和电子的转移。

③界面上的电化学反应过程包括两个相互独立的氧化过程和还原过程；金属/电解质界面伴随电荷转移的反应称为电极反应。

④电化学腐蚀过程伴随电子的流动，即电流的产生。

4.6.2　管道防腐层

管道防腐层保护是金属腐蚀防护最基本和最常用的方法。

管道防腐层的最基本作用是在被保护物体表面形成惰性隔离层，将金属与环境隔离，遏制环境中的 H_2O、O_2、H_2S、Cl、H^+ 和 OH^- 等腐蚀介质与金属的接触，从而阻止或减缓腐蚀反应的发生。某些添加活泼金属的防腐层（如镀锌层）还具有牺牲阳极保护的功能。

对于架空钢管，防止外壁腐蚀的方法，通常是在钢管的外壁涂上油漆涂层，涂层通常由底漆和若干层面漆构成。

对于埋地钢质管道，其绝缘层应满足以下要求：

①与钢管的黏结性好，保持连续完整。

②电绝缘性能好，有足够的耐压强度和电阻率。

③具有良好的防水性和化学稳定性。

④能抗生物腐蚀，有足够的机械强度、韧性及塑性。

⑤材料来源充足，价格低廉，便于机械化施工。

目前国内外埋地管道所采用的防腐绝缘层种类很多，有沥青绝缘层、聚乙烯包扎带、塑料薄膜涂层、酚醛泡沫树脂塑料绝缘层等。

聚乙烯防腐层在强度、弹性、受撞击、黏结力，化学稳定性、防水性和电绝缘性等方面均优于沥青绝缘层，是目前主要采用的一种防腐层。聚乙烯与钢管结合力弱，因此不能单独作为防腐层，通常与粘胶剂共同构成"2PE"防腐层。

4.6.3　埋地钢质管道阴极保护

1. 阴极保护原理

对被保护金属施加负电流，通过阴极极化使其电极电位负移至金属氧化还原平衡电位，从而抑阻金属腐蚀的保护方法称为阴极保护。阴极保护是一种防止金属腐蚀的电化学保护方法，在阴极保护系统所构成的电池中，氧化反应集中发生在阳极上，从而抑阻了作为阴极的被保护金属上的腐蚀。

阴极保护方法有牺牲阳极阴极保护和强制电流阴极保护两种做法。牺牲阳极阴极保护因其对邻近的金属构筑物干扰很小，而成为城镇埋地钢质燃气管道的主要保护方法。强制电流阴极保护则适用于规模较大的输气管道及郊区的城镇燃气管道。

2. 牺牲阳极阴极保护法

在牺牲阳极阴极保护系统中，牺牲阳极金属和被保护金属在电偶序中的位置相距较远。它们之间的电位差越大决定了牺牲阳极金属能够提供更多的保护电流量，被保护金属可达到相对更负的保护电位。

如图 4-19 所示为牺牲阳极阴极保护系统的构成图。由牺牲阳极和被保护金属通过电缆组成了一个完整的电流回路。在此回路中，牺牲阳极向被保护金属输出电流，并可在此回路中测量牺牲阳极的有效输出电流，这是一个电化学电偶电池，其中电位相对更负的牺牲阳极发生阳极极化遭受加速腐蚀，自身通过阳极溶解反应产生的金属离子进入介质环境，释放出的电子则通过电缆传输到被保护金属表面。而电位相对较正的被保护金属则同时发生了阴极极化，使金属电位负移至某保护电位，抑阻了被保护金属表面的阳极过程，使金属受到了防腐蚀保护。与此同时，被保护金属表面的阴极过程却受到了加速，加速了的阴极还原反应消耗了由于牺牲阳极溶解而输送过来的电子，实现了电池阳极过程和阴极过程之间的电荷平衡，使阴极保护过程得以持续不断地进行下去。

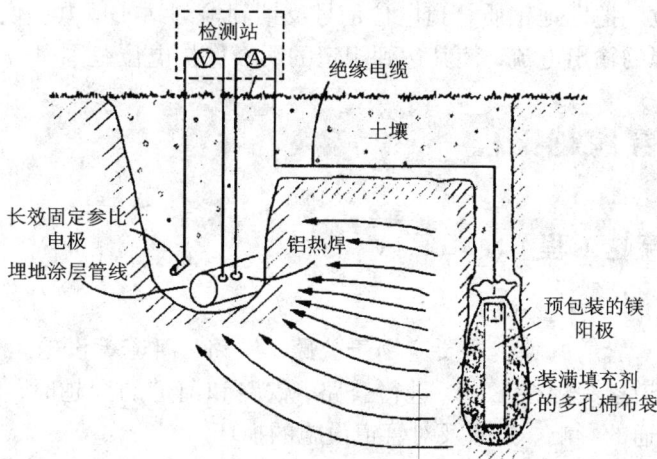

图 4-19　牺牲阳极阴极保护系统构成图

2.强制电流阴极保护系统

强制电流阴极保护是利用外部电源对被保护埋地钢质管道施加一定的负电流，使埋地钢质管道的电极电位通过阴极极化达到规定的保护电位范围，从而抑阻腐蚀获得保护的方法。由此决定了强制电流阴极保护系统的三个主要组成部分：直流电源、辅助阳极、被保护埋地钢质管道(阴极)。此外还有参比电极、检测站、阳极屏、电缆和绝缘装置等。如图 4-20 所示为对于土壤应用的埋地钢质管道强制电流阴极保护系统的构成图。

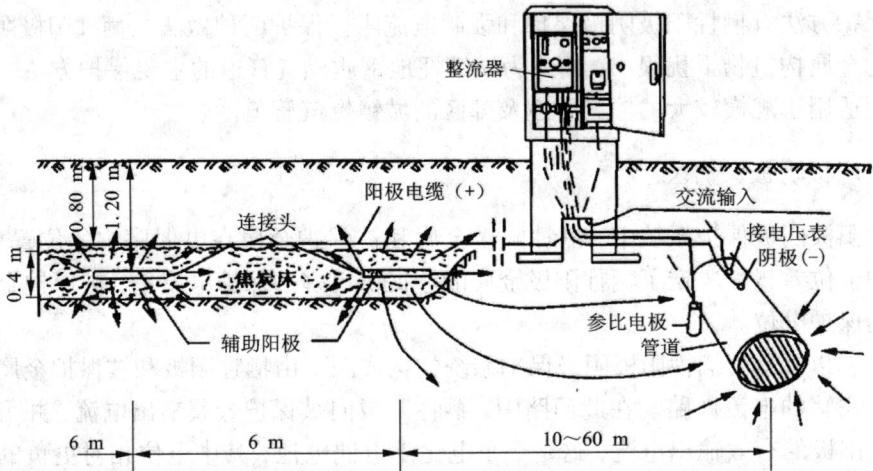

图 4-20　埋地管道的强制电流阴极保护系统构成图

直流电源通过辅助阳极(阳极床)和被保护埋地钢质管道及环境介质构成了一个完整的电流回路。直流电源正极连接辅助阳极，负极连接被保护埋地钢质管道。该电流回路的功能就是向被保护埋地钢质管道提供阴极保护电流。

参比电极和被保护埋地钢质管道构成了一个电位回路。其功能就是监测和控制埋地钢质管道的阴极保护电位。把埋地钢质管道电位信号反馈到检测站或恒电位仪，就可以人工地或自动地调整直流电源的输出电流，使其达到规定的阴极保护电位范围。

4.7　燃气管道穿跨越工程

4.7.1　管道穿越工程

管道的穿越主要应用于公路、铁路、河道等设施。管道的穿越应早于管道接头焊接工作。进行公路、铁路和河道的穿越时，应尽量避免对正常交通的影响、中断及对管道设施的损坏。

燃气管道穿越工程

1.铁路及公路的穿越

（1）无套管穿越

穿越管应尽可能取直，在整个穿越段内应有均匀的土壤支承垫层。尽量使其与周围土壤之间的空隙最小。穿越位置应尽可能避免在潮湿或岩石地带及需要深挖处穿越。管线与其邻近构筑物或设施之间的垂直和水平净距，必须满足管线和构筑物或设施维护的要求。穿越的最小覆盖层厚度是指从管顶至路基的距离，其穿越方式见图 4-21。

无套管穿越下的输送管将承受由输送压力而产生的内部荷载及由土层压力（静荷载）和火车或公路交通（活荷载）产生的外部荷载。由季节变化引起的温度波动可能会导致出现其他荷载：由端部效应而产生的纵向张力；与管线操作状况有关的波动；与专用设备有关的异常表面荷载，以及由各种原因引起地层的变形，如土壤收缩和膨胀、冻胀、局部动摇、附

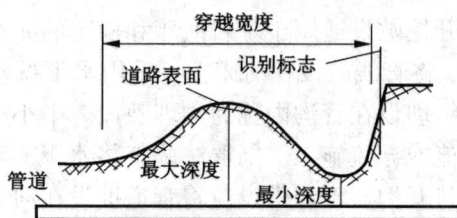

图 4-21　无套管陆路穿越安装示意图

近区域爆破及由邻近挖掘引起的管道基础损坏，还包括由于温度变化而产生的管子应力。

（2）有套管穿越

套管的材料主要有钢管和钢筋混凝土管，钢管作套管应有涂层。套管的内径应足够大，以便安装输送管，为维持阴极保护提供适当的绝缘以及防止外部荷载从套管传递到输送管上。套管的公称直径至少应比输送管公称直径大二级。套管内应无堵塞物，尽可能取直，并在穿越的整个长度内应有相同的垫层。采用钻孔安装套管，其钻孔孔径过盈量应尽量小，以减少套管与周围土壤之间的空隙。钢质套管应完全连接，以确保穿越段输送管从头至尾得到连续的保护。在安装套管的地方，应尽可能避免在潮湿或岩石地带和需要深挖处穿越。管线与其周围构筑物或设施之间的垂直和水平净距必须满足管线和构筑物或设施维护的要求。安装在套管中的输送管应设计适当的支承、绝缘体或其他方法使其与套管不接触，并使其安装后无外部荷载传递到输送管上。

套管的两端应进行端部密封，以减少水和周围土壤颗粒的侵入。套管的两端应用柔性材料密封，以防通过套管形成水道。

套管上不要求安装通气管。如使用通气管，应安装 1 或 2 根通气管，通气管应焊接到套管上，并应在路界线或栅栏处伸出地面（见图 4-22）。在将套管通气管焊在套管上之前，必须先在套管上开孔，其孔径应不小于通气管直径的二分之一。通气管顶部应安装

图 4-22　有套管陆路穿越示意图

适当的防雨帽。为便于用"套管填充物"填充套管，可安装两根通气管，将套管低端的通气管安装在套管底部，套管高端的通气管安装在套管顶部。

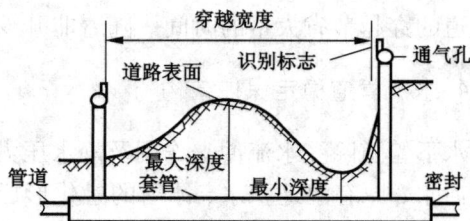

2. 河流的穿越

所谓河流穿越就是利用一系列特殊的穿越设备，使管道从河床下方穿越。穿越点的选择应考虑管线走向以及不同的穿越方法对施工场地的要求。穿越点宜选择在河道顺直，河岸基本对称，河床稳定，水流平缓，河底平坦，两岸具有宽阔漫滩，河床地质构成单一的地方。不宜选择含有大量有机物的淤泥地区和船舶抛锚区。在选定穿越位置后，要根据水文地质和工程地质情况来决定穿越方式、管身结构、稳管措施、管材选用、管道防腐措施、穿越施工方法等，提出两岸河堤保护措施并绘制穿越段平面图和穿越纵断面图。

开挖敷设适用于基岩河床和稳定的卵石河床。管道采用厚壁管，或石笼等方法加重管线稳定，将管线敷设在河床上。采用水下挖沟设备和机具，在水下河床上挖出一条水下管沟，将管线埋设在管沟内称为沟埋敷设。中小型河流或冬季水流量很小的水下穿越也可采用围堰法断流或导流施工。围堰法施工将水下工程变为陆上施工，可采用人工开沟或单斗挖沟机、推土机开沟。沟埋敷设应将管道埋设在河床稳定层中。沟槽开挖宽度和放坡系数由土质、水深、水流速度和回淤量确定。

河流中的管沟必须保持直线，沟底要平坦，管线下沟前必须进行水下管沟测量，确定管沟达到设计深度。管线下沟后可采用人工回填和自然回淤回填。前者是在当地就地取材，选用一定密度的物质，如卵石、块石等填入管沟；后一种方法是在河流有泥沙回淤并且管线在自然回淤过程中仍具有一定容重的情况下，采用河流自然回淤法来达到管沟回填的目的。

开挖敷设的缺点是管道直接受水力冲刷，常因河床冲刷变化后引起管线断裂，在浅滩处石笼稳管影响通航，常年水流的泥沙腐蚀也可能造成管线的断裂。所以，开挖敷设只适用于水流很低，河床稳定，不通航的中、小河流的小口径管线或临时管线。

3. 非开挖穿越

一般河流穿越的方式采用的是河道的表面开挖，但随着对环境保护的不断重视以及穿越技术水平的提高，定向钻穿越技术的应用已经十分普遍。这种方法的优点是不会破坏河堤及其沿线的生态环境，所以不会因挖沟产生大量的河淤泥及对河床的破坏，对水中生命体影响很小。由于施工占地大大减少，所以只需在两岸放置专用穿越机械。大大减少整个工程量，为管道的穿越节省大量的时间。随着非开挖技术进步，现阶段已可实现数公里长的非开挖。

4. 水下管道稳定保护结构

水下管道除受水流冲击作用及静水压力以外，还同时受到一个向上的附加浮力。浮力可能是河水、原有湿地积水、冰雪的融化形成的水、洪水、地下水或地下水位的升高而产生的对管道的作用力。为了克服浮力对管道产生的影响，必须采取一定措施来保证管道的稳定性。浮力控制可以采用回填法、机械锚固法和加重块法等方法将管道稳定在特定的位置。

4.7.2　管道跨越工程

在管道建设中常常遇到河流、沼泽、湖泊、山谷、冲沟等自然障碍物或人工构筑物，为了越过这自然的和人为的各种障碍，可以采用管道跨越的工程方式。管道跨越的跨度由几十米至上千米不等，这些跨越结构中既有跨越小型河流的Ⅱ形式、梁式、管拱、吊架式、托架式、桁架式，也有跨越大型河流的悬索式、悬缆式、斜拉索式等。

燃气管道跨越工程，按照其所跨越的不同地质、地貌、跨度可分为小型跨越、中型跨越和大型跨越类型：

小型跨越：总跨度不超过 100 m，主跨不超过 50 m。

中型跨越：总跨度一般在 100～300 m，主跨 50～150 m。

大型跨越：总跨度超过 300 m，主跨超过 150 m。

燃气管道跨越工程

所采用的跨越结构也是多种多样的，常见的跨越结构可分为以下几种：

（1）Ⅱ 形管道跨越

Ⅱ 形管道跨越是一种适用于小型河流的跨越，形式简单，不需要支架，它充分利用了管道自身的支承能力，外形类似管道 Ⅱ 形温度补偿器，实属于折线拱结构，管道架设除了使用两个弯头以外，其余都是直线管组装，结构简单，施工方便，造价低（见图 4－23），这种结构用于小跨度沟堑或小河的跨越十分广泛。

（2）轻型托架式管道跨越

轻型托架式管道跨越，也称为下撑式组合管梁，它利用管道作为托架的上弦、下弦拉杆，一般是采用型钢或高强度钢索组成，其腹杆采用钢管制成三角撑，形状为正三角形或倒三角形，一般大都采用正三角形，在风速较大地区，采用倒三角形则有较好的刚度（见图 4－24），使用高强度钢索并施加了预拉力以减小管道弯曲应力及挠度。

图 4－23　Ⅱ 形管道跨越

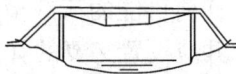

图 4－24　轻型托架式管道跨越

（3）桁架式管桥

桁架式管桥是利用管道作为桁架结构的构件，用两片或两片以上的平面桁架组成三角形或矩形空腹梁结构，结构刚度大，有良好的稳定性，见图 4－25。

（4）梁式跨越

跨越中小型河流，当其常年水位较浅，河床地质情况较好时，允许在河流中设置基础，可考虑采用单跨或多跨连续梁结构（图 4－26），跨度可根据河床地质情况及管道自身强度布置，必要时可采用托架或桁架结构等加强措施。

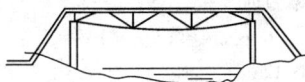

图 4－25　桁架式管桥图

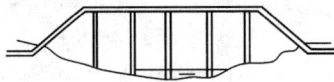

图 4－26　梁式跨越

（5）管拱式跨越

管拱式跨越是利用将管道制成近似抛物线形状，使管拱的弯曲应力降低，从而增加管道的跨度，在实际工程中，为了施工方便，通常将管道制成圆弧折线拱或抛物线折线拱。采用单管拱时，为增加跨度，可在支座处加侧向支承，以加强侧向稳定性，见图 4－27。也可将多

管组装成组合拱,形成桁架式管拱,其跨越能力可达到 100 m 以上(图 4 - 28)。

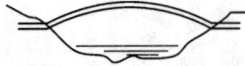

图 4 - 27　单管拱跨越

图 4 - 28　多管拱跨越

(6)吊架式跨越

吊架式主要特点是使输气管道成一多跨连续梁管道,并且能利用吊索来调整各跨的受力状况,主要用于跨度较小,河床较浅,河床工程地质状况较好的河流,见图 4 - 29。

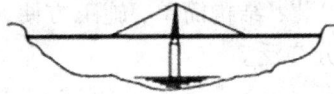

图 4 - 29　吊架式跨越

(7)随桥敷设跨越

当燃气管道随桥梁敷设或采用管桥跨越河流时,必须采取安全防护措施。跨越,可采用桁架式、拱式、悬索式及栈桥式,最好采用单跨结构。架空敷设时,管道支架应采用不燃材料制成,并在任何可能的荷载情况下,能保证管道稳定和不受破坏。燃气管道应作较高级别的防腐保护,并应设置必要的补偿和减振措施。燃气管道悬索式跨越河流如图 4 - 30 所示。

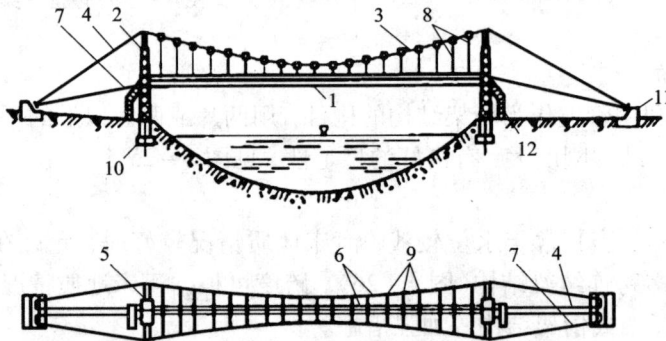

图 4 - 30　燃气管道的悬索式跨越河流

1—燃气管道;2—桥柱;3—钢索;4—牵索;5—平面桁架;6—抗风索;7—抗风牵索;8—吊杆;9—抗风连杆;10—桥支座;11—地锚基础;12—工作梯

输气压力不大于 0.4 MPa 的燃气管道,在得到有关部门同意时,也可利用已建的道路桥梁,敷设于桥梁上的燃气管道,应采用加厚的无缝钢管和焊接钢管,尽量减少焊缝,并对焊缝进行 100% 无损探伤。燃气管道与随桥敷设的其他管道之间的间距,应符合支架敷管的相关规定。燃气管道沿桥敷设如图 4 - 31 所示。

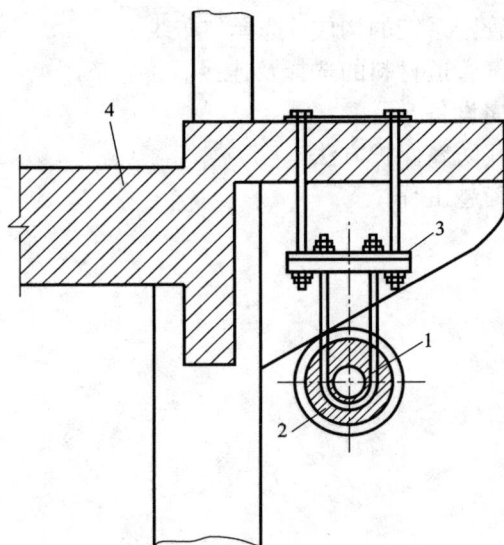

图 4 − 31 燃气管道沿桥敷设

1—燃气管道；2—隔热层；3—吊卡；4—钢筋混凝土桥面

本章小结

本章介绍了燃气输配管网系统。现代化的城镇燃气输配系统是复杂的综合设施，通常由燃气管网、城市燃气分配站或压气站、各种类型的调压站或调压装置、储气系统、信息系统、维护中心等部分构成。

其中燃气管道可以根据其用途、敷设方式和设计压力分类。介绍了建筑燃气供应系统的构成。超高层建筑中安全地供燃气，应采取相关安全措施；工业企业燃气供应系统连接于城市管网的工业企业燃气输配系统。在燃气管道的设计和制造过程中，合理地选择材料是十分重要的，选择时应从材料的使用性能、工艺性能、安全性和经济性 4 个方面考虑。在管道连接方面根据不同管材和压力应选择合适的连接方式。在使用金属燃气管道时应该注意腐蚀与防护。金属腐蚀按其性质可分为化学腐蚀和电化学腐蚀。对于埋地的钢质管道可以采用阴极保护，阴极保护方法有牺牲阳极阴极保护和强制电流阴极保护两种做法。当燃气管道有穿越工程时，如穿越公路、铁路，河流，非开挖穿越，水下管道稳定保护结构，应尽量避免对正常交通的影响、中断及对管道设施的损坏。

思考题

1. 燃气管道有哪些分类方法？城镇燃气输配系统由哪几部分构成？
2. 燃气管网根据所采用的管网压力级制不同可分为哪几类？
3. 城市燃气管道应如何布线？
4. 建筑燃气供应系统由哪几部分构成？高层建筑燃气供应管道应该采取哪些措施来保证

安全地供气？

    5. 简述工业企业燃气管网系统的构成、选择与布线。

    6. 简述不同条件下燃气管道材料的选择及连接。

    7. 燃气管道有哪些附属设备？

    8. 钢制燃气管道有哪些防腐保护方法？

    9. 简述燃气管道的穿跨越工程。

第5章 燃气管网水力计算与分析

5.1 管道内燃气流动基本方程

5.1.1 管道内燃气流动的特点

1. 燃气流动状态参数

对于流动气体而言，其状态参数包括压力、密度、温度、流速等。燃气为实际气体，在其工作环境中的流动极其复杂，影响因素很多。为了便于基础理论学习，可作出以下假设：燃气流动过程中摩擦产生的热量被周围环境(土壤或大气)吸收，燃气流动为等温流动。因而燃气管网考虑的流动状态参数便可简化为压力、密度和流速三个参数。

2. 稳定流动与不稳定流动

管道中任一点的气体流动状态参数不随时间变化的流动过程称为稳定流动；与之相对，气体的流动状态参数不但随管道长度变化，而且随时间发生变化的流动称作不稳定流动。

用上述定义分析管网中燃气的流动，由于用户用气量、气源供应量等都随时间变化，显然其具有不稳定流动的特点。因此，在长输管线的设计中，由于其输气量波动大，采用不稳定流模型计算。但是应当注意，在城市管网的工程设计中，为了简化模型，我们一般将其视作稳定流动来计算，选取高峰参数作为计算参数。

3. 流体的可压缩性

当燃气在管道内流动时，随着管道内沿程压力的下降，燃气的密度也在减小，显然燃气是可压缩流体。但是当燃气低压管道内流动时，由于压力的变化相对较小，密度的变化便可忽略不计，此时为简化计算模型，将燃气视为不可压缩流体。

5.1.2 管道流动类型

1. 雷诺数

雷诺数用来描述气体流动状态的无量纲数，是气体流动的惯性力与内摩擦力之比。由气体密度 ρ、气体动力黏度 μ、气体流速 ω 和管道内径 D 来决定。

$$Re = \frac{D\omega\rho}{\mu} \tag{5-1}$$

2. 层流（$Re < 2100$）

流体在管内的层流流动出现在理想光滑管内且雷诺数很小（小于 2100）时，可认为流体分层相互滑动，内流层比外流层的流速快。流动的摩擦阻力取决于流速梯度和流体的黏性。

3. 部分紊流（$Re = 2100 \sim 3500$）

当流体在管道内流量超过一定限度，流线中部将发展成涡流，层流状态被破坏。紧挨管壁有一层流层，即边界层。在此流动状态下，流动的摩擦阻力是由于层流层黏性效应并依赖于雷诺数。

4. 完全紊流（$Re > 3500$）

当流体的流量进一步增大，涡流向外扩展，层流层朝管壁方向缩小，当层流层小到使管壁粗糙度能影响中部的紊流流动时，称为完全紊流。此时，流动的摩擦阻力取决于管壁的粗糙度；随着流量继续增大，阻力将与雷诺数无关而仅依赖于管道特征。

5.1.3　不稳定流动方程

1. 计算参数选择及计算方法确定

由前述可知，燃气管网考虑的流动状态参数可简化为压力 p、密度 ρ 和流速 w 三个参数，它们均沿管长随时间变化，是距离 x 和时间 τ 的函数，即：

$$p = p(x, \tau)$$
$$\rho = \rho(x, \tau)$$
$$w = w(x, \tau)$$

接下来将使用运动方程、连续性方程和状态方程来求得 p、ρ 和 w 三个参数。

2. 连续性方程

在计算管内燃气流动时，可将管内的流体划分为许多相同的微小体积（或称为元体积），对于每个微小体积 $F\mathrm{d}x$ 可应用质量守恒定律，推导得到连续性方程。

微元体 $F\mathrm{d}x$ 内燃气质量随时间的增量为：

$$\left[\frac{\partial(\rho F)}{\partial \tau}\mathrm{d}x \right]\mathrm{d}\tau = -\frac{\partial(\rho)}{\partial \tau}F\mathrm{d}x\mathrm{d}\tau \tag{5-2}$$

在 $\mathrm{d}\tau$ 时间内通过断面 x 流入的质量流量为：

$$\rho w F \mathrm{d}\tau$$

从断面 $(x + \mathrm{d}x)$ 流出的质量流量为：

$$\left[\rho w F + \frac{\partial(\rho w F)}{\partial x}\mathrm{d}x \right]\mathrm{d}\tau$$

微元体内燃气质量随时间的增量为 $\mathrm{d}\tau$ 时间内流入、流出量之差：

$$\rho wF\mathrm{d}\tau - \left[\rho wF + \frac{\partial(\rho wF)}{\partial x}\mathrm{d}x\right]\mathrm{d}\tau = -\frac{\partial(\rho w)}{\partial x}F\mathrm{d}x\mathrm{d}\tau \qquad (5-3)$$

联立式(5－2)与式(5－3)，可得连续性方程：

$$\frac{\partial\rho}{\partial\tau} + \frac{\partial(\rho w)}{\partial x} = 0 \qquad (5-4)$$

3.运动方程

运动方程是基于牛顿第二定律推导得到的，对于元体积的流体，微元体动量的改变量等于作用于该微元体上所有力的冲量之和。

$$\mathrm{d}I = \sum N\mathrm{d}\tau \qquad (5-5)$$

式中：I——微小体积燃气动量的向量，kg·m/s；

　　$N_i\mathrm{d}\tau$——作用力冲量的向量，kg·m/s；

　　τ——时间，s。

如图5－1，式(5－5)对在断面不变的管道中流动的燃气微元体 $F\mathrm{d}x$ 是适用的。我们可以近似地认为，在每个断面上压力、密度和流速是常数。当需要更精确地计算动量时，则应考虑速度场的不均匀系数，该系数主要与流体的流动工况有关。

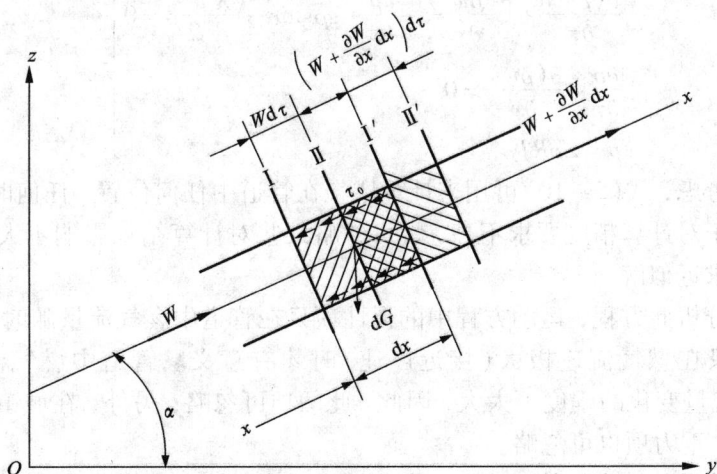

图 5－1　管道内作用在流体上的冲量图

则燃气微小体积 $F\mathrm{d}x$ 的总的动量改变量等于：

$$\frac{\partial(\rho w)}{\partial\tau}F\mathrm{d}x\mathrm{d}\tau + \frac{\partial(\rho w^2)}{\partial x}F\mathrm{d}x\mathrm{d}\tau \qquad (5-6)$$

式中：第一项为惯性项，反映了流体的不稳定性，并具有定点的动量变化特征。第二项为对流项，反映了沿轨迹运动的燃气微小体积 $F\mathrm{d}x$，从一组参数值 p、ρ 和 w 改变为另一组参数值时所得到的动量的改变量。

作用于燃气微小体积 $F\mathrm{d}x$ 上所有力的总冲量等于：

$$-\frac{\partial P}{\partial x}Fdxd\tau - g\rho\sin\alpha Fdxd\tau - \frac{\lambda}{d}\frac{w^2}{2}\rho Fdxd\tau \qquad (5-7)$$

式中：第一项为压力项，第二项为重力项，第三项为摩擦力项。

总动量改变量与所有力作用下的总冲量公式的详细推导可参考《流体力学》，本门课程不再作过多赘述。

根据动量守恒定律，燃气微小体积 Fdx 的总的动量改变量等于作用于燃气微小体积 Fdx 上所有力的总冲量，化简可得运动方程：

$$\frac{\partial(\rho w)}{\partial \tau} + \frac{\partial(\rho w^2)}{\partial x} = -\frac{\partial P}{\partial x} - g\rho\sin\alpha - \frac{\lambda}{d}\frac{w^2}{2}\rho \qquad (5-8)$$

4. 气体状态方程

考虑高压燃气的气体压缩性，需要采用实际气体的气体状态方程：

$$P = Z\rho RT \qquad (5-9)$$

5. 方程组的简化

联立连续性方程(5-4)、运动方程(5-8)和状态方程(5-9)组成方程组，可以求得在燃气管道中任一断面 x 和任一时间 τ 的气流参数 p、ρ 和 w。方程组如下：

$$\left.\begin{array}{l} \dfrac{\partial(\rho w)}{\partial \tau} + \dfrac{\partial(\rho w^2)}{\partial x} + \dfrac{\partial p}{\partial x} + g\rho\sin\alpha + \dfrac{\lambda}{d}\dfrac{w^2}{2}\rho = 0 \\[3mm] \dfrac{\partial \rho}{\partial \tau} + \dfrac{\partial(\rho w)}{\partial x} = 0 \\[3mm] p = Z\rho RT \end{array}\right\} \qquad (5-10)$$

若从理论上考虑，式(5-10)可用来计算燃气在管道中任何位置、任何时刻的运动参数。然而在工程中由于对计算精度要求不高，常可忽略某些对计算结果影响不大的项，然后用线性化方法简化后求近似解。

从工程观点分析此方程，运动方程中的惯性项只在管道中燃气流量随时间变化极大时才有意义，对流项只在燃气流速极大（接近声速）时才有意义。管道中燃气流速通常不大于 20～40 m/s，且流量变化的程度不太大，因此，此两项可忽略；另外，在城镇燃气管网中，由于管道落差不大，重力项也可忽略。

在进行燃气管道的水力计算时，应注意管道内压力越高，则燃气密度越大，重力项的值也越大。在低压燃气管道内，计算压力降很小，可近似忽略。当燃气和空气密度相差较大时，附加压头有时是较大的，在计算高层建筑室内燃气立管时必须考虑。

特别的，当计算燃气门站中的燃气管道时，一般参考设备选择燃气管道，并使其流速不大于 20～40 m/s，通过此方法选用出的燃气管道口径一般远大于设备口径。

根据上述讨论可知，进行城镇燃气输配管网计算时一般均可采用简化后的运动方程：

$$-\frac{\partial p}{\partial x} = \frac{\lambda}{d}\frac{w^2}{2}\rho$$

经过运算，连续性方程(5-6)可改写为：

$$\frac{\partial(\rho w)}{\partial x} = -\frac{\partial(\rho)}{\partial \tau} = -\frac{\partial(\rho)}{\partial p}\frac{\partial p}{\partial \tau} = -\frac{\partial p}{\partial \tau}\frac{1}{C^2}$$

式中：$\frac{\partial \rho}{\partial p} = \frac{1}{C^2}$；

　　C——声速，m/s。

因此，在进行燃气输配管网不稳定流工况的计算时，可采用简化后的方程组：

$$-\frac{\partial p}{\partial x} = \frac{\lambda}{d} \frac{w^2}{2} \rho$$

$$-\frac{\partial p}{\partial \tau} = C^2 \frac{\partial(\rho w)}{\partial x} \qquad (5-11)$$

$$p = Z\rho RT$$

上述方程组在进行线性化处理后，加上起始条件和边界条件，可采用有限元法或差分法对方程组进行线性化处理：对每根管段有两个线性方程，加上节点平衡方程，联合求解线性方程组，得到每根管段单元的压力和流量，求得管道内燃气运动参数与坐标 x 和时间 τ 的关系 $p(x, \tau)$、$\rho(x, \tau)$ 及 $w(x, \tau)$。

5.1.4　稳定流动方程

5.13 节所述的不稳定流动方程适用于单位时间内输气量波动大的高压长输管线。而对于城市燃气管网来说，设计时燃气流动的不稳定性可不予考虑，实际计算中的计算流量，按计算月高峰小时流量考虑，燃气流动按稳定流考虑。

在稳定流计算中，某一时间段内，管内燃气流动可以视为稳定流，即参数不随时间而变化，即：

$$\frac{\partial p}{\partial \tau} = 0$$

$$\frac{\partial \rho}{\partial \tau} = 0$$

$$\frac{\partial w}{\partial \tau} = 0$$

用上述条件对式(5-11)进行简化后，得到稳定流动基本方程组：

$$-\frac{dp}{dx} = \frac{\lambda v^2}{d^2} \rho$$

$$\rho w = 常数 \qquad (5-12)$$

$$p = Z\rho RT$$

下面对方程组进行化简求解。

1. 连续性方程——质量守恒定律

对连续性方程使用质量守恒定律，即微元体的流入和流出燃气质量相等。

即：

$$\rho_1 w_1 F = \rho_2 w_2 F$$

$$\rho w = C$$

对高压管道，燃气为可压缩流体，密度是个变量，因此，燃气流动的速度也是变量。对低压管道，燃气为不可压缩流体，密度是常数，燃气流速也是常数。

2.方程组的求解

在直径不变的某一管段中,由连续性方程得:

$$M = \rho w F = \rho_0 w_0 F = \rho_0 Q_0 \qquad (5-13)$$

式中：M——质量流量；

Q_0——标准状况下的体积流量。

对式(5-13)进行变化得:

$$\rho w = \frac{\rho_0 Q_0}{F}$$

$$w = \frac{\rho_0 Q_0}{\rho F}$$

由此可得

$$\rho w^2 = \frac{Q_0^2 \rho_0^2}{F^2 \rho} \qquad (5-14)$$

由状态方程可得

$$\frac{\rho_0}{\rho} = \frac{p_0 T Z}{p T_0 Z_0} \qquad (5-15)$$

将式(5-14)与式(5-15)代入方程组(5-12)的第一式中可得:

$$-p\mathrm{d}p = \frac{16}{2\pi^2}\lambda \frac{Q_0^2}{\mathrm{d}^5}\rho_0 p_0 \frac{T}{T_0}\frac{Z}{Z_0}\mathrm{d}x$$

对上式进行积分得:

$$-\int_{P_1}^{P_2} p\mathrm{d}p = \frac{16}{2\pi^2}\lambda \frac{Q_0^2}{\mathrm{d}^5}\rho_0 p_0 \frac{T}{T_0}\frac{Z}{Z_0}\int_0^L \mathrm{d}x \qquad (5-16)$$

式中: L 为管段长度, 考虑 λ、T 和 Z 均为常数, 计算后得到等温流动时高压和低压燃气管道计算的通用基本公式:

$$p_1^2 - p_2^2 = 1.62\lambda \frac{Q_0^2}{\mathrm{d}^5}\rho_0 p_0 \frac{T}{T_0}\frac{Z}{Z_0}L \qquad (5-17)$$

式中：p_1——管道起点燃气的绝对压力, Pa;

p_2——管道终点燃气的绝对压力, Pa;

p_0——标准大气压, $p_0 = 101325$ Pa;

λ——燃气管道的水力摩阻系数;

d——燃气管道的内径, m;

Q_0——折算到标准状态时燃气管道的计算流量, m^3(标)/s;

ρ_0——标准状况下燃气管道的密度, $\mathrm{kg/m}^3$(标);

T——燃气的绝对温度, K;

T_0——标准状态绝对温度, $T_0 = 273.15\mathrm{K}$;

Z——压缩因子;

Z_0——标准状态下燃气的压缩因子;

L——燃气管道的计算长度, m。

用于计算低压燃气管道时式(5-17)可予以简化:

$$p_1^2 - p_2^2 = (p_1 - p_2)(p_1 + p_2) = \Delta p \cdot 2p_m$$

式中: p_m, 管道始端和末端压力的算术平均值, 即:

$$p_m = \frac{p_1 + p_2}{2}$$

低压管道内的燃气, 因为压力接近于大气压, 为不可压缩流体, 可认为 $p_m = p_0$, 根据上述结论简化式(5-17)得到低压燃气管道常用基本计算公式:

$$\Delta p = p_1 - p_2 = \frac{1.62}{2}\lambda \frac{Q_0^2}{d^5} \cdot \rho_0 \cdot \frac{p_0}{p_m} \cdot \frac{T}{T_0} \cdot \frac{Z}{Z_0}L$$

$$= 0.81\lambda \frac{Q_0^2}{d^5} \cdot \rho_0 \cdot \frac{T}{T_0}\frac{Z}{Z_0}L \qquad (5-18)$$

式中各参数单位同式(5-17)。

考虑城市燃气管道的压力一般都在 1.6 MPa 以下, 此时 $Z \approx Z_0 = 1$, 则上述公式可以进一步简化, 并采用习惯的常用单位。

简化后的高、中压燃气管道基本计算公式为:

$$\frac{p_1^2 - p_2^2}{L} = 1.27 \times 10^{10}\lambda \frac{Q_0^2}{d^5}\rho_0 \frac{T}{T_0} \qquad (5-19)$$

式中: p_1——管道起点燃气的绝对压力, kPa;

　　p_2——管道终点燃气的绝对压力, kPa;

　　L——燃气管道的计算长度, km;

　　Q_0——折算到标准状态时燃气管道的计算流量, m³(标)/h;

　　d——燃气管道的内径, mm;

其他各参数单位同式(5-17)。

简化后的高、中压燃气管道基本计算公式为:

$$\frac{\Delta P}{L} = 6.26 \times 10^7\lambda \frac{Q_0^2}{d^5}\rho_0 \frac{T}{T_0} \qquad (5-20)$$

式中: ΔP——管道的压力损失, Pa;

　　L——燃气管道的计算长度, m;

　　Q_0——折算到标准状态时燃气管道的计算流量, m³(标)/h;

　　d——燃气管道的内径, mm;

其他各参数单位同式(5-17)。

5.1.5　燃气管道的摩擦阻力系数

摩擦阻力系数 λ 是反映管内燃气流动摩擦阻力的一个无因次系数, 其数值与燃气在管道内的流动状况、燃气性质、管道材质及连接方法、安装质量有关, 它是雷诺数和相对粗糙度的函数:

$$\lambda = f\left(Re, \frac{\Delta}{d}\right)$$

特殊的, 当流动状态处于层流和部分紊流时, λ 仅与雷诺数有关。

1. 管壁粗糙度

由于制管及焊接及安装过程中的种种因素，管内壁难免是凹凸不平的，一般用绝对当量粗糙度和相对当量粗糙度来描述管壁的粗糙度，绝对当量粗糙度是指管内壁凸起高度的统计平均值，相对当量粗糙度是绝对当量粗糙度与管道的半径之比。

2. 层流区

在层流区($Re \leqslant 2100$)，可采用下列公式：

$$\lambda = \frac{64}{Re} \qquad (5-21)$$

式中：Re——雷诺数，$Re = \dfrac{dw}{\nu}$；

　　d——管道内径，m；

　　w——燃气流动断面的平均流速，m/s；

　　ν——运动黏度，m^2/s。

3. 部分紊流区

在部分紊流区($2100 < Re \leqslant 3500$)，可采用下列公式：

$$\lambda = 0.03 + \frac{Re - 2100}{65Re - 10^5} \qquad (5-22)$$

4. 紊流区

当 $Re > 3500$ 时处于紊流区。在紊流区，摩擦阻力系数的确定是影响计算精度的主要因素，它是一个经验数据，通过很多实验而得出，由于实验条件不同，气体在管道内流动状态不同及管道内壁光滑程度的差异，各国科学家得出不同的结果，在计算中很难确定。普遍采用的是柯列勃洛克公式和阿里特苏里公式，柯列勃洛克公式是至今世界各国广泛采用的一个经典公式。

$$\frac{1}{\sqrt{\lambda}} = -2\lg\left(\frac{\Delta}{3.7d} + \frac{2.51}{Re\sqrt{\lambda}}\right) \qquad (5-23)$$

此公式等号两边均有 λ，是个隐函数公式，需应用计算机，采用迭代法求解。

阿里特苏里公式是另一个通用的公式，它是显函数公式，比较容易求解。

$$\lambda = 0.11\left(\frac{\Delta}{d} + \frac{68}{Re}\right)^{0.25} \qquad (5-24)$$

阿里特苏里公式和柯列勃洛克公式的偏差值在5%以内，在工程上允许的误差范围以内。

5.2　城市燃气管道水力计算基本公式

多数情况下，在城市燃气管网水力计算时，计算流量按高峰小时流量考虑，燃气流动按稳定流考虑。对于稳定流动的燃气管道，在已知管段流量的情况下，设定管径，求解管段压力降和节点压力可利用下列方程组：

$$-\frac{\mathrm{d}p}{\mathrm{d}x}=\frac{\lambda}{d}\frac{v^2}{2}\rho$$

$$\rho v = 常数$$

$$p = ZRT\rho$$

根据稳定流质量连续方程，将计算状态转化为标准状态，上式经过变形可以得到以下式：

$$-p\mathrm{d}p=\frac{16}{2\pi^2}\lambda\frac{q_0^2}{d^5}\rho_0 p_0\frac{T}{T_0}\frac{Z}{Z_0}\mathrm{d}x$$

在从 P_1 和 P_2 和 $X_1=0$ 和 $X_2=L$（即管段长度为 L）的范围内，考虑 λ、T、Z 均为常数，积分后得：

$$P_1^2-P_2^2=1.62\lambda\frac{q_0^2}{d^5}\rho_0 p_0\frac{T}{T_0}\frac{Z}{Z_0}L \tag{5-25}$$

式中：P_1——管道起点燃气的绝对压力，Pa；

P_2——管道终点燃气的绝对压力，Pa；

λ——摩擦阻力系数；

d——燃气管道的管径，m；

q_0——折算到标准状态时燃气管道的计算流量，$\mathrm{m^3/s}$；

T——燃气绝对温度，K；

T_0——标准状态绝对温度（273.15 K）；

Z——压缩因子；

Z_0——标准状态下的压缩因子；

ρ_0——标准状态时燃气管道的密度，$\mathrm{kg/m^3}$；

L——燃气管道的计算长度，m。

式（5-25）是燃气在等温流动时高压和低压燃气管道计算的基本公式。

对于低压燃气管道，可以简化为

$$P_1^2-P_2^2=(P_1-P_2)(P_1+P_2)=\Delta P\cdot 2P_\mathrm{m}$$

由于低压燃气管道压力小于 0.01 MPa，$P_\mathrm{m}\approx p_0$，$Z=Z_0$，则有

$$\Delta P=0.81\lambda\frac{q_0^2}{d^5}\rho_0\frac{T}{T_0}L \tag{5-26}$$

式中：ΔP——燃气管道摩擦阻力损失，Pa。

对低压燃气管道采用人工计算时可用式（5-26），对天然气最大误差不超过 3.15%，人工燃气最大误差不超过 1.65%；当采用计算机进行水力计算时应采用式（5-25），以克服简化误差。

5.2.1　燃气管道摩擦阻力计算公式

气体管流的摩擦阻力系数在本质上与液体没有区别。它的数值与其流动状态、管道内壁的粗糙度、连接方式、安装质量以及气体的性质有关。国际上提出的计算摩擦阻力系数 λ 值的公式很多，或者是雷诺数的函数 $\lambda=f(Re)$，或者是管壁粗糙度的函数 $\lambda=f(\Delta/d)$，或者同时是两者的函数 $\lambda=f(Re,\Delta/d)$。这些公式大多数是综合普朗特理论和尼古拉兹实验结果推

出的,具有一定的适用范围,不同的公式其计算结果往往相差很大。

下面仅介绍我国目前广泛采用摩擦阻力系数 λ 值的燃气管道摩擦阻力计算公式。

1. 低压燃气管道摩擦阻力损失计算公式

(1)层流状态($Re < 2100$)

$$\lambda = \frac{64}{Re}$$

$$\frac{\Delta P}{L} = 1.13 \times 10^{10} \frac{q_0}{d^4} \upsilon \rho_0 \frac{T}{T_0} \qquad (5-27)$$

(2)临界状态($Re = 2100 \sim 3500$)

$$\lambda = 0.03 + \frac{Re - 2100}{65Re - 10^5}$$

$$\frac{\Delta P}{L} = 1.9 \times 10^6 (1 + \frac{11.8q_0 - 7 \times 10^4 d\upsilon}{23q_0 - 10^5 d\upsilon}) \frac{q_0^2}{d^5} \rho_0 \frac{T}{T_0} \qquad (5-28)$$

(3)紊流状态($Re > 3500$)

①钢管

$$\lambda = 0.11(\frac{\Delta}{d} + \frac{68}{Re})^{0.25}$$

$$\frac{\Delta P}{L} = 6.9 \times 10^6 (\frac{\Delta}{d} + 5158 \frac{d\upsilon}{q_0})^{0.25} \frac{q_0^2}{d^5} \rho_0 \frac{T}{T_0} \qquad (5-29)$$

②铸铁管

$$\lambda = 0.102(\frac{1}{d} + 192.2 \frac{d\upsilon}{q_0})^{0.284}$$

$$\frac{\Delta P}{L} = 6.4 \times 10^6 (\frac{1}{d} + 5158 \frac{d\upsilon}{q_0})^{0.248} \frac{q_0^2}{d^5} \rho_0 \frac{T}{T_0} \qquad (5-30)$$

③塑料管

燃气在聚乙烯管道中的运动状态绝大多数为紊流过渡区,少数在水力光滑区,极少数在阻力平方区,人工计算采用式(5-29),采用计算机编程应按阻力分区计算。

$$\lambda = 0.11(\frac{\Delta}{d} + \frac{68}{Re})^{0.25}$$

$$\frac{\Delta P}{L} = 6.9 \times 10^6 (\frac{\Delta}{d} + 5158 \frac{d\upsilon}{q_0})^{0.25} \frac{q_0^2}{d^5} \rho_0 \frac{T}{T_0}$$

式中: υ ——燃气运动黏度,m^2/s;

Δ ——燃气管壁内表面的当量绝对粗糙度,mm;钢管一般取 $\Delta = 0.1 \sim 0.2$ mm,聚乙烯管一般取 $\Delta = 0.01$ mm;

λ ——摩擦阻力系数;

q_0 ——折算到标准状态时燃气管道的计算流量,m^3(标)/h;

ρ_0 ——燃气密度,kg/m^3(标);

Re ——雷诺数;

ΔP ——管道的摩擦阻力损失,Pa;

d——燃气管道的内径，mm；

L——燃气管道的计算长度，m；

T——燃气绝对温度，K；

T_0——标准状态绝对温度(273.15 K)。

2. 高压和中压燃气管道摩擦阻力损失计算公式

（1）钢管

$$\lambda = 0.11\left(\frac{\Delta}{d} + \frac{68}{Re}\right)^{0.25}$$

$$\frac{P_1^2 - P_2^2}{L} = 1.4 \times 10^9 \left(\frac{\Delta}{d} + 192.2\frac{\mathrm{d}v}{q_0}\right)^{0.25} \frac{q_0^2}{d^5}\rho_0\frac{T}{T_0} \qquad (5-31)$$

（2）铸铁管

$$\lambda = 0.102\left(\frac{1}{d} + 5158\frac{\mathrm{d}v}{q_0}\right)^{0.284}$$

$$\frac{P_1^2 - P_2^2}{L} = 1.3 \times 10^9 \left(\frac{1}{d} + 5158\frac{\mathrm{d}v}{q_0}\right)^{0.284} \frac{q_0^2}{d^5}\rho_0\frac{T}{T_0} \qquad (5-32)$$

式中：P_1——管道起点燃气的绝对压力，kPa；

P_2——管道终点燃气的绝对压力，kPa；

λ——摩擦阻力系数；

d——燃气管道的管径，mm；

L——燃气管道的计算长度，km；

q_0——折算到标准状态时燃气管道的计算流量，m^3/h；

Δ——管壁内表面的当量绝对粗糙度，mm；

v——燃气运动黏度，m^2/s。

3. 聚乙烯管

聚乙烯燃气管道输送不同种类燃气的最大允许工作压力应符合我国行业标准《聚乙烯燃气管道工程技术规范》(CJJ 63)，采用式(5-27)计算燃气管道摩擦阻力损失。

5.2.2　计算示例

例 5-1　已知燃气 $\rho_0 = 0.7$ kg/m^3（标），运动黏度 $v = 25 \times 10^{-6}$ m^2/s，有 D219×7 中压燃气钢管，长 200 m，起点压力 $p_1 = 150$ kPa，输送燃气流量 $q_0 = 2000$ N/m^3/h，求 0℃时该管段末端压力 p_2。

按式(5-17)计算：

$$\frac{P_1^2 - P_2^2}{L} = 1.4 \times 10^9 \left(\frac{\Delta}{d} + 192.2\frac{\mathrm{d}v}{q_0}\right)^{0.25} \frac{q_0^2}{d^5}\rho_0\frac{T}{T_0}$$

$$\frac{150^2 - P_2^2}{0.2} = 1.4 \times 10^9 \left(\frac{0.17}{205} + 192.2\frac{205 \times 25 \times 10^{-6}}{2000}\right)^{0.25} \times \frac{2000^2}{205^5} \times 0.7 \times \frac{273.15}{273.15}$$

得管段末端压力 $P_2 = 148.7$ kPa

例 5 - 2 已知燃气密度 $\rho_0 = 0.5$ kg/m³（标），运动黏度 $\upsilon = 25 \times 10^{-6}$ m²/s，15℃燃气流经 $L = 100$ m 长的低压燃气钢管，当流量 $q_0 = 10$ N/m³/h，管段压力降为 4 Pa，求该管段管径。

若先假定流动状态为层流，则根据式（5 - 27）计算

$$\frac{\Delta P}{L} = 1.13 \times 10^{10} \frac{q_0}{d^4} \upsilon \rho_0 \frac{T}{T_0}$$

$$\frac{4}{100} = 1.13 \times 10^{10} \frac{10}{d^4} \times 25 \times 10^{-6} \times 0.5 \times \frac{288.15}{273.15}$$

解得 $d = 78.16$ mm，取标准管径 80 mm。

然后计算雷诺数

$$Re = \frac{dw}{\upsilon} = \frac{0.08 \times 10}{25 \times 10^{-6} \times 0.08^2 \times 3600 \times \frac{\pi}{4}} = 1768$$

因 $Re < 2100$，可判断管内燃气流动为层流状态，与原假定一致，上述计算有效。

5.2.3 燃气管道局部阻力损失和附加压头

1.局部阻力损失

当燃气流经三通、弯头、变径管、阀门等管道附件时，由于几何边界的急剧转变，燃气流线的变化，必然产生额外的压力损失，称之为局部阻力损失。在进行城市管网的水力计算时管网的局部阻力损失一般不逐项计算，可按燃气管道摩擦损失的 5% ~ 10% 进行估算。对于庭院管道和室内管道及厂、站区域的燃气管道，由于管路附件较多，局部阻力损失所占比例较大，常需逐一计算。

局部阻力损失，可用下式求得

$$\Delta P = \sum \zeta \frac{v^2}{2} \rho \qquad (5 - 35)$$

式中：ΔP——局部阻力的压力损失，Pa；

$\sum \zeta$——计算管段中局部阻力系数的总和；

ρ——燃气密度，kg/m³；

v——管段中燃气流速，m/s；

局部阻力系数通常由实验测得，燃气管路中一些常用管件的局部阻力系数可参考表 5 - 1。

局部阻力损失也可用当量长度来计算，各种管件折成相同管径管段的当量长度 L_2 可按下式确定：

$$\Delta P = \sum \zeta \frac{v^2}{2} \rho = \lambda \frac{L_2}{d} \cdot \frac{v^2}{2} \rho$$

$$L_2 = \sum \zeta \frac{d}{\lambda} \qquad (5 - 36)$$

对于 $\zeta = 1$ 时各不同直径管段的当量长度可按下法求得：根据管段内径、燃气流速及运动黏度求出 Re，判别流态后采用不同的摩阻系数 λ 的计算公式，求出 λ 值，而后求得：

$$L_2 = \frac{d}{\lambda} \qquad (5 - 37)$$

表 5 - 1　局部阻力系数表

局部阻力名称	ζ	局部阻力名称	ζ					
			$d = 15$	$d = 20$	$d = 25$	$d = 32$	$d = 40$	$d \geqslant 50$
管径相差一级的骤缩变径管	0.35①	旋塞	4	2	2	2	2	2
三通直流	1.0②	截止阀	11	7	6	6	6	5
三通分流	1.5②							
四通直流	2.0②		$d = 50$		$d = 175$		d	
四通分流	2.5②	闸板阀						
90° 光滑弯头	0.3		0.5 ~ 100		0.25 ~ 200		$\geqslant 0.15$	

注：① 对于管径较小的管段。② 对于燃气流量较小的管段。③ d 的单位为 mm。

管段的计算长度 L 可由下式求得：

$$L = L_1 + L_2 = L_1 + \sum \zeta L_2 \tag{5 - 38}$$

式中：L_1—— 管段的实际长度，m；

L_2—— 当 $\zeta = 1$ 时管段的当量长度，m。

2. 附加压头

由于燃气与空气的密度不同，当管段始末端存在标高差值时，在燃气管道中产生附加压头，其值由下式确定：

$$\Delta P = g(\rho_a - \rho_g)\Delta H \tag{5 - 39}$$

式中：ΔP——附加压头，Pa；

g——重力加速度，m/s²；

ρ_a——空气的密度，kg/m³；

ρ_g——燃气的密度，kg/m³；

ΔH——管端终端和始端的标高差值，m。

计算室内燃气管道及地面标高变化相当大的室外或厂区的低压燃气管道，应考虑附加压头。

5.3　燃气分配管网水力计算

5.3.1　燃气分配管段计算流量的确定

在燃气分配管道中，从管段始端输入的流量为 Q_N；沿程输出的流量成为途泄流量 Q_1；流经管段，由始端送至末端，始终恒定不变的流量称为转输流量 Q_2。

按照所具有的途泄流量和转输流量不同，燃气分配管道可分为以下几类：

①管段沿途不输出燃气，用户连接在管段的末端，这种管段的燃气流量是个常数，如图 5 - 2(a)所示，所以其计算流量就等于转输流量。

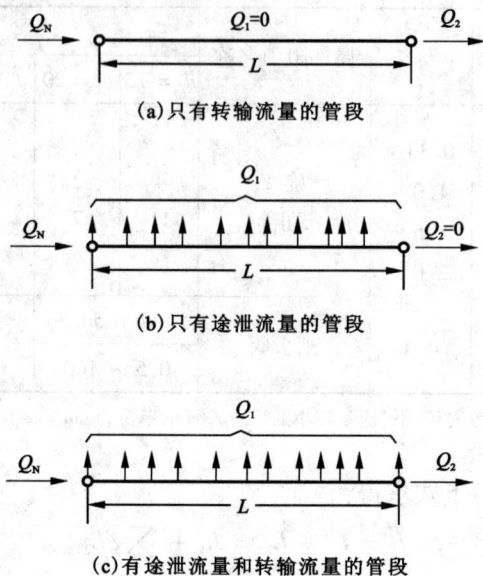

（a）只有转输流量的管段

（b）只有途泄流量的管段

（c）有途泄流量和转输流量的管段

图 5-2　燃气管段的计算流量

②如分配管网的管段与大量居民用户、小型公共建筑用户相连。这种管段的主要特征是：由管段始端进入的燃气在途中全部供给各个用户，如图 5-2(b) 所示，这种管段只有途泄流量。

③最常见的分配管段的供气情况。如图 5-2(c) 所示，该管段上既有转输流量，又有途泄流量。

一般燃气分配管段的负荷变化如图 5-3 所示。

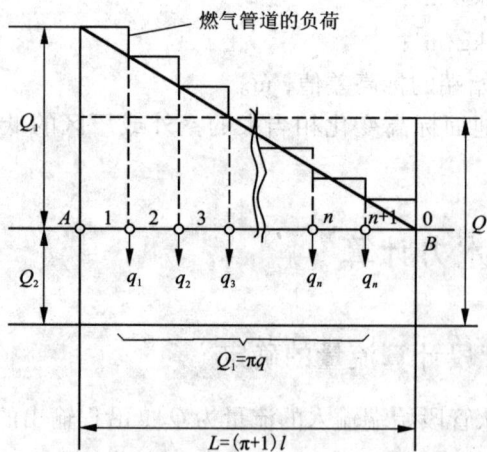

图 5-3　燃气分配管段的负荷变化示意图

图中，AB 管段起点 A 处的管内流量为转输流量 Q_2 与途泄流量 Q_1 之和，而管段终点 B

处的管内流量仅为 Q_2，因此管段内的流量逐渐减小，在管段中间所有断面上的流量是不同的，流量在 $Q_1 + Q_2$ 及 Q_2 两极限之间。假定沿管线长度向用户均匀配气，每个分支管的途泄流量 q 均相等，即沿线流量为直线变化。

为了进行变负荷管段的水力计算，可以找出一个假想不变的流量 Q，使它产生的管段压力降与实际压力降相等。这个不变流量 Q 称为变负荷管段的计算流量，可按下式求得：

$$Q = \alpha Q_1 + Q_2 \tag{5-40}$$

式中：Q——计算流量，m^3（标）/h；

$\quad Q_1$——途泄流量，m^3（标）/h；

$\quad Q_2$——转输流量，m^3（标）/h；

$\quad \alpha$——流量折算系数。

α 是与途泄流量和转输流量之比及沿途支管有关的系数，对于燃气分配管道而言，一管段上的分支管数一般不小于 $5 \sim 10$ 个，此时系数 α 为 $0.5 \sim 0.6$，实际计算中均可采用平均值 $\alpha = 0.55$。

故燃气分配管道的计算流量公式为：

$$Q = 0.55Q_1 + Q_2 \tag{5-41}$$

5.3.2　途泄流量的计算

途泄流量只包括大量的居民用户和小型公共建筑用户。如果用气负荷较大的用户也连在该管段上，则应看作集中负荷来进行计算。

在设计低压分配管网时，连接在低压管道上各用户用气负荷的原始资料通常很难详尽和确切，当时只能知道区域总的用气负荷。在确定管段的计算流量时，既要尽可能精确地反映实际情况，而确定的方法又不应太复杂。

计算途泄流量时，假定在供气区域内居民用户和小型公共建筑用户是均匀分布的，而其数值主要取决于居民的人口密度。

以图 5-4 所示区域燃气管网为例，各管段的途泄流量可用以下步骤求得：

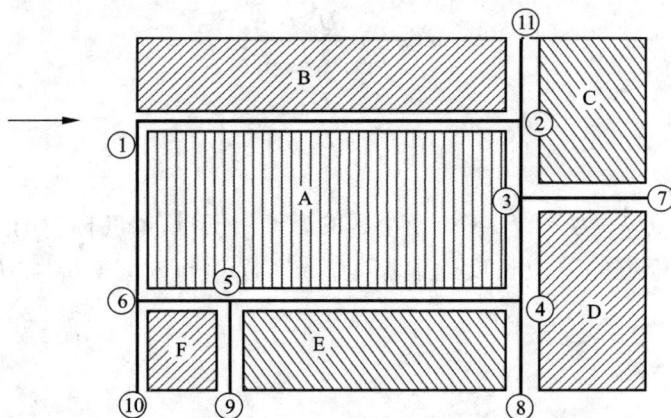

图 5-4　某区域燃气管网途泄流量计算示意图

1.将供气范围划分为若干小区

根据该区域内道路、建筑物布局及居民人口密度等划分为 A、B、C、D、E、F 小区，并布置配气管道①－②、②－③等。

2.分别计算各小区的燃气用量

分别计算各小区居民用气量、小型公共建筑及小型工业企业用气量，其中居民用气量＝居民人口数×每人每小时的用气量 $e[m^3(标)/(人·h)]$，e 值与生活水平、用气规律、用气设备类型、有无集中采暖和供热水等因素有关。

3.计算各管段单位长度途泄流量

在城镇燃气管网计算中可以认为，途泄流量在供气的范围内，按不同的居民人口密度划分成小区；分别计算各小区的燃气用量，求各小区的单位长度途泄流量 q，小区单位长度途泄流量＝小区的燃气用量/小区内管道的总长度；求各条管段的途泄流量，管段的途泄流量＝小区单位长度途泄流量×管段长度。如该管段向两侧小区均需供气，则管段的途泄流量应是两边小区单位长度途泄流量之和乘以管长。

在城市配气管网计算中可以认为，途泄流量是沿管段均匀输出的，管段单位长度的途泄流量为：

$$q = \frac{Q_1}{L} \tag{5-42}$$

式中：q——单位长度的途泄流量，$m^3(标)/(m·h)$；

$\quad\quad Q_1$——途泄流量，$m^3(标)/h$；

$\quad\quad L$——管段长度，m。

图 5-4 中 A，B，C，…各小区管道的单位长度途泄流量为：

$$q_A = \frac{Q_A}{L_{1-2} + L_{2-3} + L_{3-4} + L_{4-5} + L_{5-6}};$$

$$q_B = \frac{Q_B}{L_{1-2} + L_{2-11}};$$

$$q_C = \frac{Q_C}{L_{2-11} + L_{2-3} + L_{3-7}}$$

其余依此类推。

式中，Q_A，Q_B，Q_C…为 A，B，C…个小区的燃气用气量，$m^3(标)/h$；q_A，q_B，q_C…为 A，B，C…各小区有关管道的单位长度途泄流量，$m^3(标)(m·h)$；L_{1-2}，L_{2-3}…为各管段长度，m。

4.管段的途泄流量

管段的途泄流量等于单位长度途泄流量乘以该管段长度。若管段是两个小区的公共管道，需同时向两侧供气时，其途泄流量应为两侧的单位长度途泄流量之和乘以管长，图 5-4 中各管段的途泄流量为：

$$Q_1^{1-2} = (q_A + q_B) L_{1-2};$$
$$Q_1^{2-3} = (q_A + q_C) L_{2-3};$$
$$Q_1^{4-8} = (q_D + q_E) L_{4-8};$$
$$Q_1^{1-6} = q_A L_{1-6}$$

其余依此类推。

5.3.3 转输流量的计算

从管道终点流出的流量称为输转流量。确定输转流量时，首先要确定管网的零点，然后从零点开始，与气流相反方向推算到供气点。若节点的集中负荷由两侧管段供气，则输转流量以各分担一半左右为宜。

例：如图 5 – 5 所示，已知各条管道的途泄流量 $[\mathrm{m}^3(\text{标})/\mathrm{h}]$：$Q_1^{2-3} = 60$，$Q_1^{3-4} = 80$，$Q_1^{5-4} = 130$，$Q_1^{2-5} = 110$，节点 4 有一集中负荷 $q = 100$，求各条管道的输转流量 Q_2。

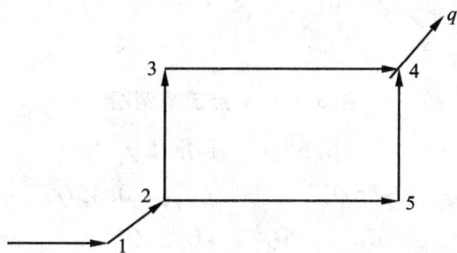

图 5 – 5 输气管道示意图

从图 5 – 5 中可看出节点 4 为管网的零点，因此，从节点 4 反推到供气点 1，节点 4 的集中负荷由两侧管段供气，则输转流量以各分担一半左右为宜，且根据输转流量的定义，则各条管道的输转流量 $[\mathrm{m}^3(\text{标})/\mathrm{h}]$：

$$Q_2^{3-4} = \frac{q}{2} = 50; \quad Q_2^{5-4} = \frac{q}{2} = 50;$$
$$Q_2^{2-3} = Q_1^{3-4} + Q_2^{3-4} = 80 + 50 = 130;$$
$$Q_2^{2-5} = Q_1^{5-4} + Q_2^{5-4} = 130 + 50 = 180;$$
$$Q_2^{1-2} = Q_1^{2-3} + Q_2^{2-3} + Q_1^{2-5} + Q_2^{2-5} = 60 + 130 + 110 + 180 = 480$$

5.3.4 节点流量

在燃气管网计算时，特别是在用电子计算机进行燃气环状管网水力计算时，常把途泄流量转化成节点流量来表示。为此，假设沿管线不再有流量流出，即管段中的流量不再沿管线变化，它产生的管段压力降与实际压力降相等。与管道途泄流量 Q_1 相当的计算流量 $Q = \alpha Q_1$，可由管道终端节点流量 αQ_1 和始端节点流量 $(1 - \alpha) Q_1$ 来代替。

（1）当 α 取 0.55 时，管道始端 i、终端 j 的节点流量分别为：

$$q_i = 0.45 Q_1^{i-j} \tag{5-43}$$
$$q_j = 0.55 Q_1^{i-j} \tag{5-44}$$

式中：Q_1^{i-j}——从 i 节点到 j 节点的途泄流量，$\mathrm{m}^3(\text{标})/(\mathrm{m \cdot h})$；

q_i——i 节点的节点流量，m^3（标）/h；

q_j——j 节点的节点流量，m^3（标）/h。

对于连接多根管道的节点，其节点流量等于燃气流入节点（管道终端）的所有管段的途泄流量的 0.55 倍，与流出节点（管道始端）的所有管段的途泄流量的 0.45 倍之和，再加上相应的集中流量。如图 5 - 6 中各节点的流量为：

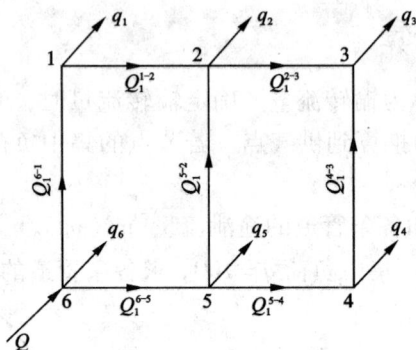

图 5 - 6   节点流量例图

$$q_1 = 0.55Q_1^{6-1} + 0.45Q_1^{1-2};$$
$$q_2 = 0.55Q_1^{1-2} + 0.55Q_1^{5-2} + 0.45Q_1^{2-3};$$
$$q_3 = 0.55Q_1^{2-3} + 0.55Q_1^{4-3};$$
$$q_4 = 0.55Q_1^{5-4} + 0.45Q_1^{4-3};$$
$$q_5 = 0.55Q_1^{6-5} + 0.45Q_1^{5-2} + 0.45Q_1^{5-4};$$
$$q_6 = 0.45Q_1^{6-5} + 0.45Q_1^{6-1}$$

管网各节点流量的总和应与管网区域的总计算流量相等：

$$Q = q_1 + q_2 + q_3 + q_4 + q_5 + q_6$$

（2）当 α 取 0.5 时，管道始端 i，终端 j 的节点流量均为：

$$q_i = q_j = 0.5Q_1^{i-j} \tag{5 - 45}$$

则管网各节点的节点流量等于该节点所连接的各管道的途泄流量之和的一半。

（3）管段上所接的大型用户为集中流量，计算时，在大型用户处应设节点进行计算。

5.4   燃气管网水力分析计算机应用

随着燃气输配管网规模的日益扩大以及运行参数的提高，依靠传统人工估算方法分析管燃气网水力工况已日趋困难。借助于电子计算机技术的发展及其强大的运算能力，用简洁的数学语言把管网的构成表示为计算机能识别的信息后，可形成水力计算所需的方程组，而后对方程组求解便能得到燃气管网运行的水力结果。燃气管网水力工况的模拟计算第一步需要建立管网的水力计算模型，而燃气管网水力平差计算的方法有很多种，目前普遍采用的水力工况分析方法是有限元节点法、牛顿节点法、牛顿环路法和 Cross 环路法。不论采用何种方法，都是通过联立求解管段压降方程、连续性方程以及能量方程，求解得到各节点未知的流量和压力。其中有限元节点法应用最为广泛，本书主要介绍有限元节点法。

5.4.1 节点法数学模型

1. 燃气管网计算图论基础

用计算机进行燃气管网水力计算，首先需要把管网的信息输入到计算机中去，这就必须用数学的语言描述管网的结构，这一任务可借助图论来完成。图论是数学的一个分支，图论的基本原理是使用点以及两点之间的连线组成图形，用图形来表示事物及事物之间的关系。在对燃气管网进行水力计算时，将实际的燃气管网用图论的形式表达出来，用点表示管段之间的连接，以线表示管段，整个燃气管网的基本组成结构为节点、管线和回路。

以图论的方式，可以将管网参数以矩阵的形式轻松表示出来，由于矩阵的运用，有利于进行数据的处理，也有利于运用计算机来实现复杂的水力计算过程，从而减少工作量，提高计算精度。

（1）连接矩阵

连接矩阵，是各节点和管段的关联矩阵，若管网的节点数为 n，管段数为 m，则支管与节点的关系用全连接矩阵 $A = [a_{ij}]_{n \times m}$ 来表示，矩阵的行数等于节点的个数 n，矩阵的列数等于管段的数量 m，整个矩阵是由数值为 $+1$、-1 和 0 三个元素组成的 $n \times m$ 阶矩阵。

节点 i 和管段 j 在矩阵中对应的 i 行 j 列元素 a_{ij} 定义为：

$$a_{ij} = \begin{cases} 0, & \text{节点 } i \text{ 不在管段 } j \text{ 上} \\ 1, & \text{节点 } i \text{ 在管段 } j \text{ 末端} \\ -1, & \text{节点 } i \text{ 在管段 } j \text{ 始端} \end{cases}$$

通过观察，可以发现在全连接矩阵中，每一列都有一个 1 和一个 -1，其余的数值均为 0。反映在管网中的意思是，每一根管段都有且只有一个起点和一个终点。因此，矩阵中总有一行的数值是可以根据其他各行的数值推算出来。所以，可以将参考节点所在行去掉，从而得到连接矩阵 A。

（2）回路矩阵

回路矩阵表示的是各支管和假设环路的关联矩阵，表示管段和环路之间的关系，表达形式与连接矩阵类似。回路矩阵 $\boldsymbol{B} = [b_{ij}]_{k \times m}$ 以行来代表独立回路数，用列来代表管段数，是一个 $k \times m$ 阶矩阵。环路 i 和管段 j 在矩阵 $\boldsymbol{B}$ 中对应元素 b_{ij} 的值定义为：

$$b_{ij} = \begin{cases} 0, & \text{管段 } i \text{ 不在回路 } j \text{ 上} \\ 1, & \text{管段 } i \text{ 在 } j \text{ 回路上，与回路方向相同} \\ -1, & \text{支管 } i \text{ 在 } j \text{ 回路上，与回路方向相反} \end{cases}$$

矩阵 A 和矩阵 B 具有一个实用的关系，即两个矩阵行向量的内积总是等于零，反应在数学上为矩阵 A 与矩阵 B 存在正交性，可以用公式表示如下：

$$\boldsymbol{A} \cdot \boldsymbol{B}^{\mathrm{T}} = 0 \ \text{及} \ \boldsymbol{B} \cdot \boldsymbol{A}^{\mathrm{T}} = 0$$

2. 模型基本方程

（1）管段压降方程

管网水力计算的公式可以归纳为：

$$P = SQ^n \tag{5-46}$$

式中：P——管段压降矩阵，b 维列向量，b 为管段数；

　　　S——管段阻抗矩阵，$b \times b$ 维矩阵。

管段的阻抗 S 是一个与管网的物理特性、管段的流体种类以及流体流动状态有关系的量。指数 n 表明了管段流量和管段压力降之间是非线性关系的，指数 n 的范围通常为 $1 < n \leqslant 2$。将式(5 - 46)表示成线性的 $P = S|Q|^{n-1}Q$，并且令 $S' = S|Q|^{n-1}$，则可以将式(5 - 46)线性化为：

$$P = S'Q \tag{5-47}$$

根据我国《城镇燃气设计规范》(GB 50028)，对于低压管道：

$$P = P_1 - P_2 = 0.81\lambda \frac{Q^2}{d^5}\rho \frac{T}{T_0}\frac{Z}{Z_0}L \tag{5-48}$$

对于中、高压管道：

$$P = P_1^2 - P_2^2 = 1.27 \times 10^{10}\lambda \frac{Q^2}{d^5}\rho \frac{T}{T_0}\frac{Z}{Z_0}L \tag{5-49}$$

式中：P_1——燃气管道起点压力(绝对压力)，低压，Pa，高中压 kPa；

　　　P_2——燃气管道终点压力(绝对压力)，低压，Pa，高中压 kPa；

　　　L——燃气管道计算长度，低压，m，高中压，km；

　　　λ——燃气管道摩擦阻力系数；

　　　Z——燃气真实压缩因子；

　　　Z_0——标准状态下的压缩因子；

　　　T——燃气绝对温度，K；

　　　T_0——标准状态绝对温度，273.15K。

局部阻力损失取沿程阻力损失的 5% ~ 10% 进行估算。当需要考虑燃气管道纵断面的相对高差影响且为高压时，使用 GB 50251《输气管道工程设计规范》推荐的公式计算：

$$Q = 1051\left\{\frac{\left[P_1^2 - P_1^2(1 + \alpha\Delta h)\right]d^5}{\lambda Z\delta TL\left[1 + \frac{\alpha}{2L}\sum_{i=1}^{n}(h_i + h_{i-1})L_i\right]}\right\}^{0.5} \tag{5-50}$$

式中：α——系数，$\alpha = 2g\delta/ZR_aT$；

　　　g——重力加速度，9.81 m^3/h；

　　　R_a——空气的气体常数，287.1 $m^2/(s^2 \cdot K)$；

　　　Δh——管段起点与终点高差，m；

　　　n——管道沿线的分管段数，相对高差小于等于 200 m 作为一个计算管段；

　　　h_{i-1}——各计算分管段起点标高，m；

　　　h_i——各计算分管段终点标高，m；

　　　L_i——各计算分管段长度，km。

其余参数意义与式(5 - 49)相同，只是 Q 单位为 m^3/h，P_1^2、P_2^2 单位为 MPa，d 单位为 cm，δ 为燃气相对密度。

(2)节点流量方程

当管网的布置及结构确定时，对于管网上的任意一个节点来说，根据质量守恒定律(或克希霍夫第一定律)，流入或流出这个节点的节点流量和管段流量的代数和为零。如果用 Q

表示由管段流量所组成的列向量,用 q 表示由节点流量所组成的列向量,规定从管网流出的节点流量 q 为正,流出的节点流量 q 为负,且管段内与规定的流向相同的管段流量 Q 为正,与规定流向相反的管段流量 Q 为负。用 A 表示关联矩阵,那么则有:

$$AQ = q \qquad (5-51)$$

式中: A——关联矩阵, $a \times b$ 阶矩阵, a 为节点数, b 为管段数;

　　Q——管段流量, b 维列向量;

　　q——节点流量, a 维列向量。

(3)环能量方程

根据能量守恒原理(或克希霍夫第二定律),管网中任意一回路的各个管段压降的代数和为零,用 B 表示管网回路矩阵,用 P 表示各个管段的压力降,则可以用矩阵的形式表示为

$$BP = 0 \qquad (5-52)$$

式中: B——回路矩阵, $c \times b$ 阶矩阵, c 为管网回路个数;

　　P——管段压降矩阵, b 维列向量, b 为管段数。

用 p 表示节点压降组成的列向量,即节点相对于压力基准点的压力差或压力平方差(低压管网为压力差,高中压管网为压力平方差)组成的列向量,则管段压降与节点压降之间的关系用矩阵形式表示为:

$$A^{\mathrm{T}}p = P \qquad (5-53)$$

式中: A^{T}—— A 的转置矩阵;

　　p——节点压降矩阵, a 维列向量。

将式(5-53)左、右两边均乘矩阵 B ,又因 A 矩阵与 B 矩阵存在正交性,故

$$BA^{\mathrm{T}}p = BP = 0 \qquad (5-54)$$

可见式(5-52)与式(5-53)等价,在计算中,用(5-53)式来替代式(5-52)做计算。

5.4.2　节点法数学模型的数值解法

有限元节点法是以节点连续性方程为基础,通过管段压降方程来把管段流量用管段两端的节点压力降来表示,将能量方程转化为以节点压力为变量的方程组,然后求解方程组得各个节点的节点压力,最后求得需要的流量和压力。

令 $G = 1/S'$,代入式(5-47)则有 $Q = PG$,再依次代入式(5-51)和式(5-53),可得

$$AGA^{\mathrm{T}}p = q \qquad (5-55)$$

令

$$Y = AGA^{\mathrm{T}} \qquad (5-56)$$

则有

$$Yp = q \qquad (5-57)$$

其中 G 矩阵可以根据式(5-47)、式(5-48)、式(5-49)得到

低压管网

$$G = \frac{d^5}{0.81\lambda Q\rho L} \frac{T_0}{T} \frac{Z_0}{Z} \qquad (5-58)$$

中高压管网

$$G = \frac{d^5}{1.27 \times 10^{10} \lambda Q \rho L} \frac{T_0}{T} \frac{Z_0}{Z} \tag{5-59}$$

这样，只要根据管网结构写出 A 矩阵，初设管段流量 Q_0，求得各管段的流速、雷诺数和摩擦阻力系数，计算出 G 矩阵，再依次代入式(5-56)计算 Y 矩阵，代入式(5-57)计算 p，代入式(5-53)和 $Q = PG$ 就可以计算得到各个管段的压力降和管段流量 Q_1。然后检查计算精度，若不满足要求，则将计算出的管段流量 Q_1 代替管段流量 Q_0 为新的管段流量，重新计算新的 G 矩阵，再这样循环计算，直到最终的管段流量 Q_n 满足精度要求为止。

系数矩阵 Y 称为导纳矩阵，它是一个对称矩阵，对角线元素 Y_{ii} 是与节点 i 有关的管段导纳之和，非对角线元素 Y_{ij} 为连接 i 节点和 j 节点的管段导纳，它是一个负值，若 i 节点和 j 节点之间没有管段连接，则为零。

（1）方程组有唯一解的条件

对于一个有 n 个节点的管网模型，有 n 个节点方程，假设节点流量和压力中，有 k 个未知参数，在建模的过程中，有以下三种情况：

①未知数的个数少于节点数，$k < n$，则求解方程式中的已知数太多，这种模型为超确定模型(over-determined model)。

②未知数的个数等于节点数，$k = n$，这种情况下，有可能是：除了压力基准点以外，各个节点流量已知，而压力未知，这时方程组变为关于节点压力的封闭的方程组；或已知部分节点的节点压力和其他节点的节点流量，这时方程组也封闭。

③未知数的个数大于节点数，$k > n$，这种情况下，大于的数值 $k-n$ 如果小于等于已知的管道流量个数，才能根据方程组和已知的管段流量，消除多余的节点未知压力，保证方程组有唯一解。

在燃气管网的模拟中，通常是未知数的个数 k 等于节点数 n。例如燃气管网中单气源的情况，除气源供气压力已知外，各个用户节点流量已知，压力未知；又如多气源的情况，气源供气压力已知，用户的节点流量已知，而气源的供气流量和用户节点压力未知。

（2）多气源的节点解法扩展

如果管网中只有一个气源点给管网供气，则只需选取气源点作为压力基准点，根据用户的节点流量或管段流量，可以求得各个节点的节点压力以及管段压降。但是实际情况下，大部分城市燃气管网并非只有一个气源点，并且各个气源点的供气压力或供气流量并不相同，这时需要对节点解法的计算过程做特殊处理。

假设某管网除基准点外节点总数为 n，已知压力的气源个数为 n_p，这 n_p 个节点相对于基准点的压力降已知，因此这 n_p 个节点的压降方程可以不参加计算，只要求解 $k = n - n_p$ 个方程即可。在进行节点编号时，将压力基准点的编号排在其他所有节点之后，即压力基准点编号最大，其他 n_p 个气源点的编号依次从 $(k+1)$ 排列到 n，使得已知压力的气源点的编号紧靠压力基准点，其余的 k 个节点的编号从 1 到 k，这样在编程的过程中会比较方便。导纳矩阵 Y 为 n 阶方阵，将 Y 矩阵按照 k 行、n_p 行、k 列、n_p 列分成 4 个部分，同时列向量 p 和 q 也按 k 行、n_p 行分成上下两个部分，那么节点线性方程组式(5-57)可以写成下列形式：

$$\begin{matrix} k\,\text{行} \left\{ \\ \\ n_p\,\text{行} \left\{ \end{matrix} \begin{bmatrix} Y_{11} & \cdots & Y_{12} \\ \vdots & & \vdots \\ Y_{21} & \cdots & Y_{21} \end{bmatrix} \begin{bmatrix} p_1 \\ \vdots \\ p_2 \end{bmatrix} = \begin{bmatrix} q_1 \\ \vdots \\ q_2 \end{bmatrix} \tag{5-60}$$

按矩阵分块法则,有:

$$Y_{11}p_1 + Y_{12}p_2 = q_1 \qquad (5-61)$$

$$Y_{21}p_1 + Y_{22}p_2 = q_2 \qquad (5-62)$$

以上式子中,下画横线的表示要计算的未知量,其余为已知参数。根据式(5-61)可以计算出由多个气源点影响下的未知的节点压力。

$$p_1 = Y_{11}^{-1}(q_1 - Y_{12}p_2) \qquad (5-63)$$

另外,如果气源给定的是流量,而不是给定供气压力,只需要将除去基准点以外的给定流量的气源点当作一般节点,流量以负值输入即可。再或者是一部分气源给定压力,另一部分气源给定流量,则与全部气源给定压力的求解过程相同,只是将给定流量的气源当作节点流量以负值输入。

(3)其他情况的节点解法扩展

对于上述的多气源的节点解法,任何一个燃气管网必须给定所有节点的一个参数,要么是节点流量(或管段流量),要么是节点压力,方程组才可能是闭合的。但在实际情况中,可能会遇到其他情况,例如有些节点的流量和压力均未知,而有些节点的流量和压力均已知,这种情况则需要对计算过程做特殊处理,但是特殊处理的前提条件是管网的已知参数(已知的节点压力或流量)个数之和必须和节点数相等,这样方程组才是闭合的。

假定管网共有 n 个节点,其中 n_1 个节点的节点流量和压力均未知;n_2 个节点的压力已知,节点流量未知;n_3 个节点的压力未知,节点流量已知;n_4 个节点的节点流量和节点压力均已知。将各类节点按已知和未知参数的情况分类,同一类的编号编在一起,则有表5-2。

表5-2 根据节点的已知参数类型将 Y 矩阵分块

节点编号	节点压力	节点流量
1 到 n_1	p_1 未知	q_1 未知
(n_1+1) 到 (n_1+n_2)	p_2 已知	q_2 未知
(n_1+n_2+1) 到 $(n_1+n_2+n_3)$	p_3 未知	q_3 已知
(n_1+n_2+1) 到 $(n_1+n_2+n_3)$	p_4 已知	q_4 已知

对 Y 矩阵进行分块处理,将 Y 矩阵按照 n_1,n_2,n_3,n_4 行,n_1,n_2,n_3,n_4 列分成16个部分,同时把列向量 p 和 q 也按 n_1,n_2,n_3,n_4 行分成4个部分,那么节点线性方程组(5-57)式可以写成下列形式:

$$\begin{bmatrix} Y_{11} & Y_{12} & Y_{13} & Y_{14} \\ Y_{21} & Y_{22} & Y_{23} & Y_{24} \\ Y_{31} & Y_{32} & Y_{33} & Y_{34} \\ Y_{41} & Y_{42} & Y_{43} & Y_{44} \end{bmatrix} \begin{bmatrix} p_1 \\ p_2 \\ p_3 \\ p_4 \end{bmatrix} = \begin{bmatrix} q_1 \\ q_2 \\ q_3 \\ q_4 \end{bmatrix} \qquad (5-64)$$

由分块矩阵的乘法展开:

$$Y_{11}p_1 + Y_{12}p_2 + Y_{13}p_3 + Y_{14}p_4 = q_1 \qquad (5-65)$$

$$Y_{21}p_1 + Y_{22}p_2 + Y_{23}p_3 + Y_{24}p_4 = q_2 \qquad (5-66)$$

$$Y_{31}p_1 + Y_{32}p_2 + Y_{33}p_3 + Y_{34}p_4 = q_3 \qquad (5-67)$$

$$Y_{41}p_1 + Y_{42}p_2 + Y_{43}p_3 + Y_{44}p_4 = q_4 \qquad (5-68)$$

方程组中,有 4 个未知列向量,有 4 个方程,方程组可以求解。由式(5-67)和式(5-68)可以求出未知的节点压力 p_1 和 p_3,再由式(5-65)和式(5-66)求出未知的节点流量 q_1 和 q_2,然后再按前述的求解管段流量的方法求出各管段的管段流量 Q 和管段压降 P,这样反复迭代计算,直到满足精度要求为止。

前面所论述的多气源的情况,实际上就是这种节点解法扩展的一种特殊情况,即 $n_1 = 0$ 和 $n_4 = 0$。虽然是特例,但对于工程实际来说,多气源的情况用得较多。

5.4.3　节点法平差步骤

对于既成管网,节点法水力平差步骤如下:

①将管网绘制成图,对各个节点进行编号。②整理原始数据。③设置"零点"位置,确定管内气流方向。④计算节点流量。⑤初设管段流量。⑥求管段阻抗,从而求导纳矩阵 Y。⑦通过公式 $Yp = q$ 求解节点压降列向量 p。⑧通过公式 $A^T p = \Delta P$ 求得管段压降列向量 ΔP。⑨通过公式 $Q = S'^{-1}\Delta P$ 求得管段流量向量 Q。⑩检查结果是否满足精度要求,如果不满足,则修正流量 Q 重新进行计算,直到满足精度要求为止。

具体的管网水力计算程序框图如图 5-6 所示。

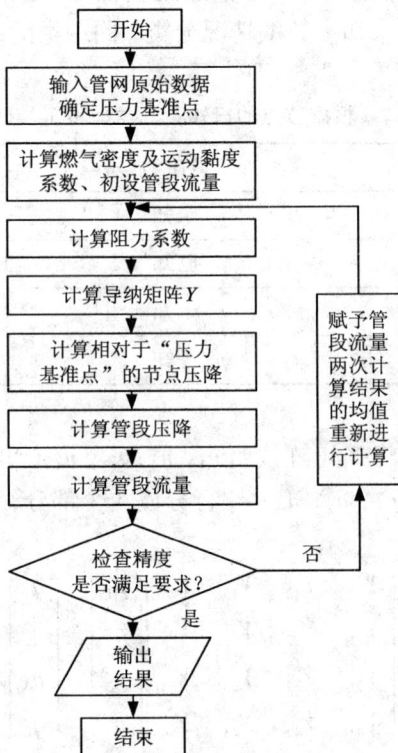

图 5-6　管网水力计算程序框图

5.4.4 案例分析

图 5-7 为简易环状中压燃气管网，图上注有各管段和节点的编号。该管网只有单一天然气气源点，供气压力已知为 360 kPa，该气源从节点 10 引入管网后向各用户供应燃气。天然气气源参数和管网结构参数分别见表 5-3 和表 5-4。

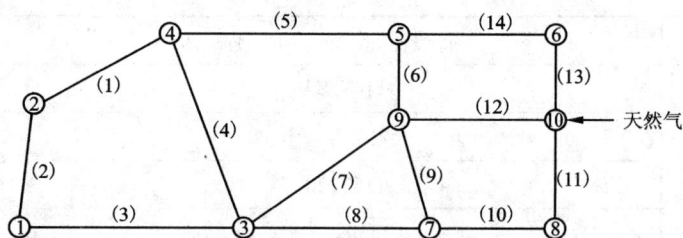

图 5-7 中压燃气管网水力模型拓扑结构

表 5-3 天然气气源组成百分比/%

CH$_4$	C$_2$H$_6$	C$_3$H$_8$	C$_5$	N$_2$	CO$_2$	He
97.52	0.48	0.06	0.01	0.89	0.98	0.06

表 5-4 管网结构参数及节点流量

编号	起止点	管长/m	管径/mm	节点流量/(m³·h⁻¹)	节点压力/kPa
1	4-2	650	100	1250	
2	1-2	550	100	1050	
3	3-1	700	100	1600	
4	3-4	900	125	800	
5	5-4	800	125	950	
6	9-5	300	125	1700	
7	9-3	700	125	800	
8	7-3	650	125	1100	
9	9-7	400	125	1200	
10	8-7	450	147	—	360
11	10-8	350	147		
12	10-9	500	147		
13	10-6	300	147		
14	6-5	500	147		

联系前述内容和本案例分析的中压管网,初设燃气流向和管段流量,建立管网水力工况的数学模型,应用有限元节点法联立求解管段压降方程、节点流量方程和环能量方程,直至水力结果符合工程要求的精度为止。则可得到管网内各节点的压力和管段内燃气体积流量,详见表5-5。

表5-5 水力分析计算结果

编号	管段流量/(m³·h⁻¹)	节点压力/kPa
1	1147.80	318
2	97.80	318
3	1152.20	336
4	430.70	335
5	1517.10	345
6	470.56	351
7	1565.07	346
8	1617.83	351
9	230.51	346
10	2187.32	
11	3287.32	
12	3466.14	
13	3696.54	
14	1996.54	

5.5 燃气管道水力等效计算

在管网设计或定常流动水力计算时,对于并联、串联或计算管径的管段往往通过水力等效计算获得与其水力工况等效的一个管段或标准管径管段,以简化设计或工况分析的运算。对局部阻力也常化为当量长度的摩擦阻力进行。

5.5.1 并联管段

并联管段如图5-8所示,图中始、末点为 A, B 的三根并联管段分别以 D, L, q 表示内径、管长与流量,其水力等效管段的参数以下标0表示。

根据水力计算公式,流量 q 可写成下式:

$$q = B\sqrt{\frac{(p_1^2 - p_2^2)D^5}{L}} \tag{5-69}$$

式中:B 代表燃气及流动参数的常数。

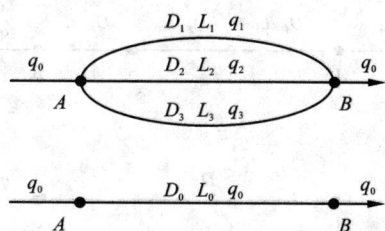

图 5-8　并联管段与等效管段示意图

$$B = C_0 \sqrt{\frac{1}{\lambda Z \Delta_* T}} \tag{5-70}$$

式中：C_0——常系数；

λ——水力摩阻系数；

Z——天然气在管输条件(平均压力与平均温度)下的压缩因子；

Δ_*——天然气的相对密度；

T——输气温度，$T = 273 + t_{av}$，t_{av} 为输气管的平均温度。

对于 n 根并联管段，按式(5-69)可得：

$$q_1 = B \sqrt{\frac{(p_A^2 - P_B^2) D_1^5}{L_1}}$$

$$q_2 = B \sqrt{\frac{(p_A^2 - P_B^2) D_2^5}{L_2}}$$

$$\cdots$$

$$q_n = B \sqrt{\frac{(p_A^2 - P_B^2) D_n^5}{L_n}} \tag{5-71}$$

对于水力等效管段，按式(5-69)可得：

$$q_0 = B \sqrt{\frac{(p_A^2 - P_B^2) D_0^5}{L_0}}$$

$$q_0 = q_1 + q_2 + \cdots + q_n$$

$$\sqrt{\frac{D_0^5}{L_0}} = \sqrt{\frac{D_1^5}{L_1}} + \sqrt{\frac{D_2^5}{L_2}} + \cdots + \sqrt{\frac{D_n^5}{L_n}} \tag{5-72}$$

由上式(5-72)可根据并联管段的内径与管长以及等效管段的管长，求得等效管段的内径。

5.5.2　串联管段

串联管段如图 5-9 所示，图中总长度为 AB 的三根串联管段分别以 D，L 表示内径与管长，流量为 q，其水力等效管段的参数以下标 0 表示。

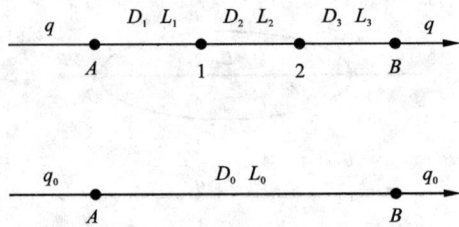

图 5 – 9   串联管段与等效管段示意图

对于 n 根串联管段，可得：

$$p_A^2 - p_1^2 = \frac{q^2 L_1}{B^2 D_1^5}$$

$$p_1^2 - p_2^2 = \frac{q^2 L_2}{B^2 D_2^5}$$

$$\cdots \tag{5-73}$$

$$p_{n-1}^2 - p_B^2 = \frac{q^2 L_n}{B^2 D_n^5}$$

$$p_A^2 - p_B^2 = \sum_{i=1}^{n} \frac{q^2 L_i}{B^2 D_i^5} \tag{5-74}$$

又因

$$p_A^2 - p_B^2 = \frac{q^2 L_0}{B^2 D_0^5} \tag{5-75}$$

可得：

$$\frac{L_0}{D_0^5} = \frac{L_0}{D_1^5} + \frac{L_0}{D_2^5} + \cdots + \frac{L_0}{D_n^5} \tag{5-76}$$

$$L_0 = L_1 + L_2 + \cdots + L_n \tag{5-77}$$

由公式(5 – 76)、式(5 – 76)可知，串联管段等效管段的管长为串联各管段管长之和，根据串联管段的内径与管长，即可以求得等效管段的内径。

5.5.3   管段替代

按管段中压降不变的原则，用标准内径的管段替代计算管径的管段。如图 5 – 10 所示，计算内径为 D_0 的管段，换算为等效的标准内径 D_1 与 D_2 的管段，其中 $D_2 < D_0 < D_1$，即 D_0 介于两个相邻的标准内径 D_1 与 D_2 之间，且换算后的管段总长度不变。

对于计算管径管段，按式(5 – 75)可得：

$$p_A^2 - p_B^2 = \frac{q^2 L_0}{B^2 D_0^5}$$

对于图 5 – 10 的标准管径管段，按式(5 – 75)可得：

$$p_A^2 - p_C^2 = \frac{q^2 L_1}{B^2 D_1^5}$$

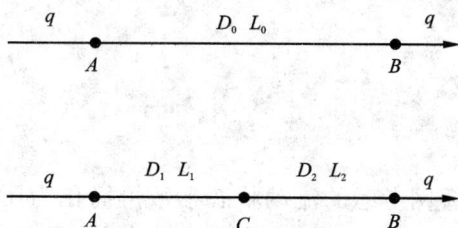

图 5 – 10　计算管段管径与等效标准管径管段示意图

$$p_C^2 - p_B^2 = \frac{q^2 L_2}{B^2 D_2^5}$$

上式等号两侧相加可得：

$$p_A^2 - p_B^2 = \frac{q^2}{B^2}\left(\frac{L_1}{D_1^5} + \frac{L_2}{D_2^5}\right)$$

所以

$$\frac{L_0}{D_0^5} = \frac{L_1}{D_1^5} + \frac{L_2}{D_2^5}$$

又

$$L_0 = L_1 + L_2$$

上两式联立方程，解得：

$$L_1 = \frac{\dfrac{1}{D_0^5} - \dfrac{1}{D_2^5}}{\dfrac{1}{D_1^5} - \dfrac{1}{D_2^5}} \tag{5 – 78}$$

$$L_2 = \frac{\dfrac{1}{D_0^5} - \dfrac{1}{D_1^5}}{\dfrac{1}{D_2^5} - \dfrac{1}{D_1^5}} \tag{5 – 79}$$

由 L_1 与 L_2 即可确定标准管径 D_1 与 D_2 分界点 C 的位置。

5.5.4　管道局部阻力系数的当量长度

管道中燃气流动的局部阻力系数引起的压降，可以用增加的当量管道长度具有的摩阻力产生的压降代替，所谓当量长度，其含义为当量长度产生的摩擦阻力损失等于实际的局部阻力损失。因此可将管段的局部阻力系数通过管段的当量长度形式表示。

$$L_e = \sum \zeta \frac{d}{\lambda} \tag{5 – 80}$$

式中：L_e——考虑局部阻力损失的当量长度，m；

$\sum$——计算管段的局部阻力系数之和，局部阻力系数见表 5 – 1。

Z——值对于变径管对应于管径较小管段，对于三通和四通对应于流量较小管段。

λ——水力摩阻系数。

这种替代关系可用于管道系统计算工作，也可反过来，用于管道系统试验装置设计等实际工作。

本章小结

在一定的假设下，燃气管网考虑的流动状态参数可简化为压力、密度和流速三个参数，并可以根据气体流动状态参数是否随时间变化将流动分为稳定流动与不稳定流动，每种流动都具有对应的方程和方程组。

摩擦阻力系数 λ 是反映管内燃气流动摩擦阻力的一个无因次系数，其数值与燃气在管道内的流动状况、燃气性质、管道材质及连接方法、安装质量有关，它是雷诺数和相对粗糙度的函数。低压燃气管道和高中压燃气管道摩擦阻力损失有不同的计算公式。水平输气管和地形起伏区的输气管道的流量基本公式也不同。随着计算机应用技术日益进步，现在燃气管网的水力计算也可以用计算软件进行，而且也产生了许多的水力等效计算来简化原来复杂的水力计算。

思考题

1. 若加设燃气流动为等温流动，燃气管网考虑的流动状态参数便可简化为哪三个参数？
2. 稳定流动和不稳定流动有什么区别？
3. 根据雷诺数的不同，气体流动可分为哪三种状态？
4. 稳定流动和不稳定流动的方程组都包括哪些方程？可以做怎样的简化？
5. 燃气管道的摩擦阻力如何计算？局部阻力损失和附加压头如何计算？
6. 水平输气管和地形起伏区输气管的流量计算有何不同？
7. 燃气分配管道的计算流量如何确定？途泄流量、转输流量和节点流量各应如何计算？
8. 燃气管道的水力计算有哪几种等效方法用来简化？

第6章 燃气管网供气可靠性

燃气输配管网是由大量管道、阀门、调压装置以及各种附属设施构成的系统。为保证安全供气，管网系统一般建成环状，以便在管网个别部位发生故障后需从系统隔离时，管网仍具有一定的供气能力。管网在建成后经过强度试验和气密性试验合格后投入运行。管网初期通常具有很好的完整性，可按设计规定的供气量工作。随着运行时间的推移，管网部件本身及施工的某些缺陷会逐渐暴露出来，或因其他原因发生故障，需将故障部件从系统中隔离开来，此时管网的供气能力会受到一定程度的影响。在损坏部件被修复、故障被排除后，管网又恢复到完整的状态。

所谓可靠性就是指产品在规定条件下和规定时间内完成规定功能的能力。燃气系统的可靠性是指供气系统能连续可靠地工作、经济合理地完成预定功能。此处"预定功能"是指在正常工作时，能保证用户的气量、气压；在事故情况下，气量、气压不能低于规定的限度，包括允许降低气压和减少气量的延续时间。保证燃气系统可靠性是供气系统设计的主要任务之一。

6.1 燃气管网失效的特点

一般情况下，运行中的管网失效主要有早期失效、偶然失效和损耗老化失效三个阶段，形成所谓的"浴盆曲线"，见图6-1。

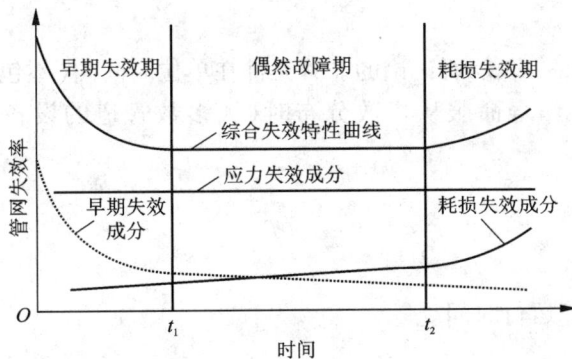

图6-1 燃气管网失效成分结构

　　早期失效期一般是管网投入运行后的两年内，即图 6 - 1 中 t_1 时刻以前的时间段。这个时期内，早期失效成分随时间增加而迅速减少，但起主导作用；应力失效成分基本保持不变；耗损失效成分随时间增加而缓慢增加；管网失效率较高且随时间增加而迅速下降。这期间首先暴露的是管网内在质量隐患，包括管材质量、设计和施工质量等问题。管理者缺乏对管网特征的了解，管理数据不足，发生各种事故的可能性比较大。

　　偶然故障期即图 6 - 1 中 t_1 至 t_2 的时间段，一般持续 15 ~ 20 年。这个时期内，早期失效成分随时间增加而缓慢减少；应力失效成分基本保持不变且起主导作用；耗损失效成分随时间增加而缓慢增加；管网失效率较低，近似为一个常数。这期间的故障主要是由一些偶然因素引发的，如操作失误、第三方破坏等，且不能通过定期更换故障件来预防或消除偶然故障。

　　耗损失效期的管网故障主要源于设备或管道等产品内部的物理或化学变化所引起的磨损、疲劳、腐蚀、老化和耗损等，即图 6 - 1 中 t_2 至管网停止运行时刻之间的时间段。这个时期内，早期失效成分随时间增加而缓慢减少；应力失效成分基本保持不变；耗损失效成分随时间增加而迅速增加且起主导作用，管网失效率随时间增加而迅速增加。这期间，可以通过对部件的更换和维修来达到减少事故的目的。

6.2　燃气管网机械可靠性

　　城市燃气管网系统由若干个单元(包括管道、阀门等)组成，系统可靠性由每个单元可靠性决定。本节首先介绍城市配气管网各个组成单元的可靠性，也就是单元零件的可靠性，然后对城市管网系统进行网络可靠性分析。

6.2.1　非管元件可靠性特征量

　　常用于计算非管元件(如阀门)的可靠性特征量有如下几种：

1. 平均无故障运行时间(MTBF) T_f

表示所讨论的非管元件平均每次经检验后或新投入使用后无故障连续运行的时间。

2. 故障率 λ

　　又称失效率或事故率，表示所讨论的非管元件在单位时间内(不包括检修时间)发生的故障的次数。当设备的工作寿命服从指数分布时(大多数管道的设备和设施能满足这一条件)，则：

$$\lambda = \frac{1}{T_f} \tag{6-1}$$

式中：λ——故障率；
　　　T_f——平均无故障运行时间。

3. 可靠度 $R(t)$

　　又称无故障概率，它表示非管元件在规定条件下和规定时间内使用时保持无故障状态的概率。这一特征量值越大，表示元件完成规定功能的能力越强，即元件越可靠。$R(t)$ 是元件

使用时间 t 的连续函数，它具有以下性质：

（1）当元件刚投入运行或某次修复后重新开始使用时，$R(t)=1$。

（2）可靠度 $R(t)$ 是时刻 t 的单值递减函数，不同的时刻 t 对应不同的可靠度。

（3）当 $t\to\infty$ 时，$R(t)\to0$ 对于元件使用过程中（$0<t<\infty$），总有 $0<R(t)<l$。对于大多数元件有：

$$R(t)=\exp(-\lambda t) \tag{6-2}$$

（4）平均故障修复时间（$MTTR$）T_t；

表示元件平均每次连续检修用的时间；

以上各特征量中由平均无故障运行时间 T_f 可计算出故障率 λ，进而计算出元件可靠度 $R(t)$。

6.2.2　管道可靠性特征量

管道的可靠性评价特征量主要是管道事故率 λ_p，它是指每年每千公里管线上发生事故的平均次数，可用下式计算：

$$\lambda_p=\frac{\sum_{i=1}^{\tau}n_i}{\sum_{i=1}^{\tau}l_i}\times10^3 \tag{6-3}$$

其中：n_i——为第 i 年所统计的运行中的管道发生的事故次数；

l_i——为第 i 年所统计的运行中的管道长度，km；

λ_p——管道事故率，$1/(1000\ km\cdot a)$；

τ——事故统计分析时间，a（年）；

管道的其余可靠性特征量与非管设备相同。

6.2.3　管道系统的可靠性评价特征量

城市配气管道系统有管道、阀门、调压装置等，这些设备之间有多种连接形式，系统的可靠性不但与这些单体设备的可靠度有关，而且与它们之间的连接形式有关，通常这些单元之间的连接形式有串联、并联以及混联方式。

对串联连接系统，其中任何一个单元失效，则系统失效。如果各个单体设备之间的可靠度相互独立，也就是相互之间没有相关性，则系统可靠度等于各单元可靠度的乘积，即：

$$R_s=\prod_{i=1}^{n}R_i \tag{6-4}$$

对并联连接系统，所有单元失效，系统才失效。系统的可靠度按下式计算：

$$R_s=1-\prod_{i=1}^{n}(1-R_i) \tag{6-5}$$

式中：R_s—— 系统的可靠度；

R_i—— 各单元的可靠度；

n—— 系统中单元的数量。

对混联系统,总可以将其分为串联和并联的各种组合,从而可以求解。因此系统的可靠性特征量有:平均无故障运行时间 $MTBF$、平均维修时间 $MTTR$、故障率 λ、可靠度 $R(t)$、可用度 A 及故障状态下输量的损失 ΔQ。

(1)可用度 A:是指管道系统在某个特定的时刻完成其规定功能的概度,它是评价管道系统可用性的定量指标,其计算公式如下:

$$A = \frac{MTBF}{MTBF + MTTR} \qquad (6-6)$$

(2)输量损失 ΔQ:当管道系统中某个单元处于非运行状态时,系统的输送能力常会减少,这就涉及对故障状态下管道系统输送能力(即事故后果)的评估问题,此时可以用输量损失 ΔQ 这个值作为评价指标,故障状态下管道系统输量损失的计算公式如下:

$$\Delta Q = (1 - A)Q \qquad (6-7)$$

式中:Q——运行状态下管道的输量,$10^4 \ \text{m}^3/\text{a}$。

6.3　燃气管网水力可靠性

燃气管网水力可靠性是指燃气管网给用户(或下游接气点)稳定、连续提供规定压力和流量的燃气的能力。管网中单元部件故障可能引起系统功能质量的下降,导致用户压力较低,或流量达不到要求,甚至完全中断用气。燃气用户使用的压力通常都低于管网运行压力,且允许在一定范围内波动。管网向用户供应的燃气时的交接点压力通常高于其额定压力,因此在管网某个部件发生故障时,供气能力下降,压力降低时,未必不能正常供气。因此,定义如下供气节点的工作状态:满足要求、部分满足要求和供气中断。

若 $P \geqslant P^{\text{sev}}$(满足要求)

$$Q^{\text{avl}} = Q^{\text{req}} \qquad (6-8)$$

若 $P < P^{\text{min}}$(供气中断)

$$Q^{\text{avl}} = 0 \qquad (6-9)$$

若 $0 < Q \leqslant Q^{\text{req}}$(部分满足)

$$P^{\text{min}} \leqslant P < P^{\text{sev}} \qquad (6-10)$$

式中:P^{req}——节点要求压力;

　　　Q^{req}——节点要求流量;

　　　P^{sev}——规定压力;

　　　P^{min}——最小要求压力;

　　　Q^{avl}——可用流量;

　　　P——实际压力。

为计算配气系统的水力可靠性,采用以下三种可靠性特征量:节点可靠度、体积可靠度和网络可靠度。

节点可靠度 R_n:在分析期间,某节点所有状态下总可用气量与要求气量之比,其表达式为:

$$R_{nj} = \frac{\sum\limits_{s} V_{\text{js}}^{\text{avl}}}{\sum\limits_{s} V_{\text{js}}^{\text{req}}} = \frac{\sum\limits_{s} Q_{\text{js}}^{\text{avl}} t_{\text{js}}}{\sum\limits_{s} Q_{\text{js}}^{\text{req}} t_{\text{js}}} \qquad (6-11)$$

式中：t_s——状态持续时间；

V^{avl}——可用气量；

V^{req}——要求气量，j 为节点下标。

体积可靠度 R_v：分析期间所有需求点、所有状态下总可用气量与要求气量之比，其表达式为：

$$R_v = \frac{\sum\limits_s \sum\limits_j V_{js}^{avl}}{\sum\limits_s \sum\limits_j V_{js}^{req}} = \frac{\sum\limits_s \sum\limits_j Q_{js}^{avl} t_{js}}{\sum\limits_s \sum\limits_j Q_{js}^{req} t_{js}} \qquad (6-12)$$

这两个特征量可决定单个节点和整个网络总气量可靠性，但考虑的是累加效应，所以即使两个网络以上特征量相同，具体的功能情况仍有可能不同。

网络可靠度 R_{nw}：对多种因素影响的系统特征量，可以用各因素的加权特征量评价，比如采用节点可靠度的加权平均值表示网络可靠度，但是这种方法不能突出某一节点可靠度对系统整体可靠性的影响，为此，采用节点的几何平均值，并称之为节点因素 F_n：

$$F_n = \left[\prod_{j=1}^J R_{nj} \right]^{1/J} \qquad (6-13)$$

式中：J——总需求节点数。

节点可靠度及节点因素考虑的只是节点处可用气量在总量上的满足需要的程度，无法说明某一供气工况的具体情况以及这种情况对用户用气的影响，另外，不同的时间段，由于故障率等的不同及该时间段需求情况的差异，导致节点及系统的可靠性不同，为此，一般情况下，允许城市供气量下降不大于正常供气的 30%，在个别区域供气量下降可达 30% ~ 50%，而在管网的最不利区域允许下降至正常水平的 25%。可见，若某一故障越严重，持续时间越长，则对系统可靠性影响就越大。将衡量这种严重程度的特征量定为 a_{js}，其值确定为：

$$a_{js} = \begin{cases} 1, & \dfrac{Q^{avl}}{Q^{req}} \geq m \\ 0, & \dfrac{Q^{avl}}{Q^{req}} < m \end{cases} \qquad (6-14)$$

式中：$\dfrac{Q^{avl}}{Q^{req}}$——特定状态下某节点处流量比；

m——某可接受值。

定义一新的量 F_t：

$$F_t = \frac{\sum\limits_s \sum\limits_j a_{js} t_{js}}{JT} \qquad (6-15)$$

式中：T——分析时间。称之为时间因素，结合时间因素与节点因素，定义网络可靠度为：

$$R_{nw} = R_v F_t F_n \qquad (6-16)$$

在分析中综合考虑此三种特征量，对用户来说，其接气节点可靠度可能比网络可靠度更重要；对供气公司来说，网络可靠度是衡量其管网是否合理的一个较好的特征量。

通过一个简单的低压管网来说明可靠性特征量的计算，假设节点 1 为气源点，节点 2，3，4，5，6 为用户节点，设正常工况下服务压力为 2600 Pa，最低压力为 2000 Pa，气源点的输送压力为 3000 Pa，用户需求见表 6 - 1，管网结构见表 6 - 2。

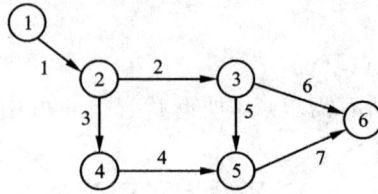

图 6-2　管网示意图

表 6-1　用户需求气量表(m³/h)

节点	22时—02时	02时—06时	06时—10时	10时—14时	14时—18时	18时—22时
2	25	30	50	60	40	35
3	15	20	25	30	30	20
4	10	20	30	40	30	25
5	10	15	20	25	20	15
6	5	10	15	20	15	10
总量	65	95	140	140	135	105

表 6-2　管网结构信息

管段号	起点号	终点号	长度/m	直径/m
1	1	2	200	0.4
2	2	3	1000	0.35
3	2	4	1100	0.3
4	4	5	800	0.3
5	3	5	800	0.15
6	3	6	1000	0.3
7	5	6	350	0.2

　　根据节点流量法,首先求出输气压力为 3000 Pa 条件下各个节点的实际压力,从而计算出各个节点的实际燃气量,根据各个点的实际燃气量和实际压力以及各个状态下的持续时间计算出各个节点的节点可靠度和整体的体积可靠度。

　　首先求出正常工况下各个节点的压力,得出各个节点的压力情况,如表 6-3 所示。

表 6-3 正常工况下各个节点的压力(Pa)

节点	22 时—02 时	02 时—06 时	06 时—10 时	10 时—14 时	14 时—18 时	18 时—22 时
2	2964.75	2893.5	2923.44	2880.37	2928.81	2956.93
3	2911.77	2962.08	2824.89	2722.24	2814.91	2897.83
4	2895.27	2959.48	2784.83	2648.95	2781.71	2872.15
5	2891.37	2956.88	2779.34	2641.61	2774.71	2870.08
6	2895.2	2957.88	2787.82	2656.52	2780.91	2877.36

取持续时间为 1 天,求出各个节点的服务流量,从而得出各个节点的可靠度。由于各个节点每个时间段的压力均大于服务压力,因此正常工况下其可靠度为 100%。

假设服务压力和最小压力不发生变化,并假设管段 3 发生故障不能通过燃气,则可计算得出各个节点的压力,如表 6-4 所示。

表 6-4 事故工况下各个节点的压力(Pa)

节点	22 时—02 时	02 时—06 时	06 时—10 时	10 时—14 时	14 时—18 时	18 时—22 时
2	2964.75	2893.5	2923.44	2880.37	2928.81	2956.93
3	2803.86	2922.57	2614.99	2376.77	2585.14	2770.34
4	2547.43	2842.52	2081.91	1466.75	2052.06	2435.32
5	2573.77	2849.1	2141.17	1572.09	2111.32	2476.47
6	2705.61	2892.56	2409.2	2024.12	2379.35	2650.3

同正常工况一样可以求出事故工况下各个节点实际得到的流量。如表 6-5 所示。

表 6-5 事故工况下各个节点的实际流量(m³/h)

节点	22 时—02 时	02 时—06 时	06 时—10 时	10 时—14 时	14 时—18 时	18 时—22 时
2	25	30	50	60	40	35
3	15	20	25	23.77	29.63	20
4	9.55	20	11.08	0	8.84	21.29
5	9.55	15	9.7	0	8.61	13.37
6	5	10	12.39	4	11.93	10
总量	64.1	95	108.17	87.77	99.01	99.66

根据得到的数据进行可靠性计算，结果如表6-6所示。

表6-6 可靠性特征量结果表

节点可靠度					体积可靠度	时间因素	节点因素	网络可靠度
节点2	节点3	节点4	节点5	节点6				
1	0.953	0.457	0.536	0.711	0.774	0.767	0.698	0.414

对表6-5和表6-6进行对比，可以看出在事故工况下某些节点在某些时间段内是无法输送燃气的，且输送的燃气量太小(低于正常工况的70%)。

本章小结

为保证安全供气，管网系统一般建成环状，以便在管网个别部位发生故障后需从系统隔离时，管网仍具有一定的供气能力。燃气系统的可靠性是指供气系统能连续可靠地工作、经济合理地保证完成预定功能。保证燃气系统可靠性是供气系统设计的主要任务之一。燃气管道在使用过程中要同时满足它的机械可靠性和水力可靠性。实际运行中的燃气输配管网具有一些具体特征，管网失效主要有早期失效、偶然失效和损耗老化失效三个阶段。对城市管网系统进行经典网络可靠性分析需要通过计算不同的可靠性特征量。

思考题

1. 可靠性的含义是什么？燃气系统的可靠性指什么？
2. 实际运行中的燃气输配管网具有哪些具体特征？燃气管道失效有哪些特点？
3. 非管元件、管道有哪些可靠性特征量？
4. 什么叫燃气管网的水力可靠性？

第7章 燃气调压与加压

7.1 燃气压力调节过程

调压装置是城市燃气输配系统的重要组成部分,设于各级配气管网或某些专门用户之前,其主要设备是调压器,任务是保持燃气压力稳定。

1.调压原理

燃气供应系统利用调压器控制其压力工况,调压器的作用是将燃气调至不同要求的压力。调压器安装位置为气源厂、分配站、储气站、输配管网和用户处。

调压器的功能是:

(1)将上游压力减低到一个稳定的下游压力;

(2)当调压器发生故障时应能够限制下游压力在安全范围内。

燃气供应系统中使用调压器将气体压力降低并稳定在一个能够使气体得到安全、经济和高效利用的适当水平上。其工作原理如图7-1所示。

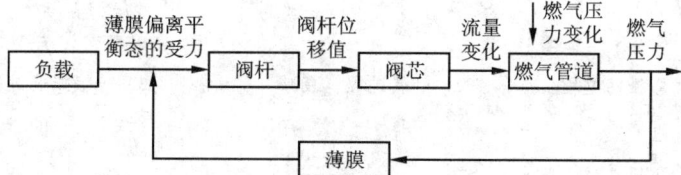

图7-1 调压器的工作原理

2.压力调节系统

燃气压力调节系统按期调压特点主要有定值调节系统、随动调节系统、程序调节系统。其中,定值调节系统中调压器出口压力为定值,随动调节系统中调压器出口压力随负荷变化调节,而程序调节系统中调压器出口则按月调节。图7-2为压力调节系统示意图,燃气压力自动调节系统总是带有负反馈的闭环系统。

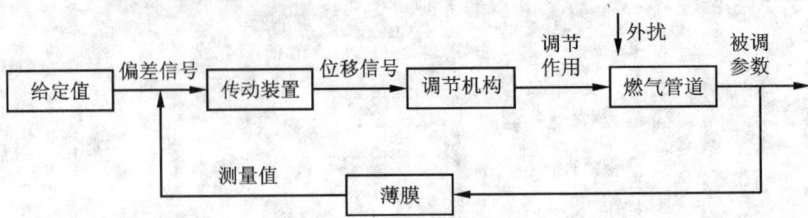

图 7-2　带有负反馈的闭环压力调节系统

3. 压力自动调节系统的过渡过程

当燃气调压器的进口压力和气量不变时(无干扰)，整个系统保持一种相对静止的平衡状态，称为静态；当用气量或者进口压力改变时，会破坏这种平衡状态，此时被调参数发生变化，自调系统自动地移动调节机构并改变调节参数(燃气流量)来克服干扰恢复平衡。从干扰的发生，经过调节，直到系统重新建立平衡；在这一段时间中整个系统各个环节的参数都处于变动之中，所以这种状态称为动态。在燃气供应系统中，用气量及压力几乎每时每刻都在变化，所以了解压力自调系统的动态特性是很重要的。

当压力自动调节系统处于动态阶段时，被调参数不断变化，它随时间变化的过程称为自调系统的过渡过程；也就是系统从一个平衡状态过渡到另一个平衡状态的过程。系统动态特性可以用突然干扰(阶跃变化)作用下过渡过程曲线来描述，如图 7-3 所示。

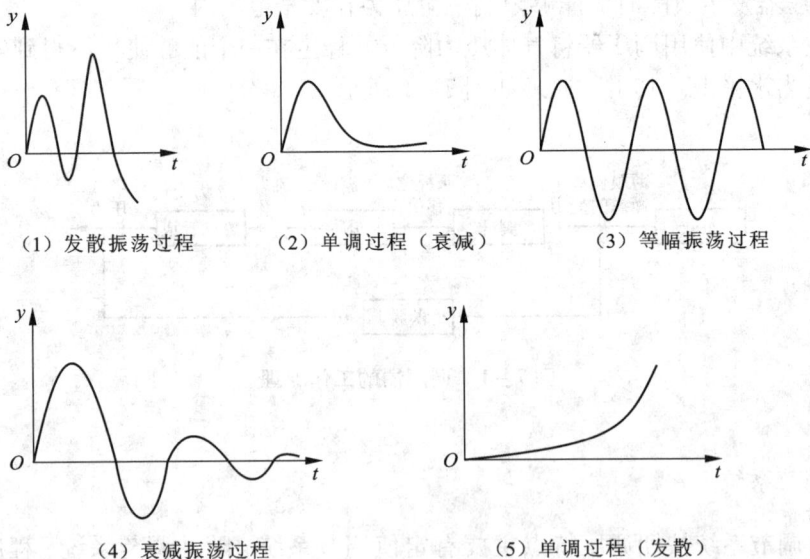

(1) 发散振荡过程　　(2) 单调过程(衰减)　　(3) 等幅振荡过程

(4) 衰减振荡过程　　　　　(5) 单调过程(发散)

图 7-3　过渡过程的几种基本形式

图 7-4 是干扰作用影响下的衰减振荡过渡过程质量指标指示图。用过渡过程衡量系统质量时，习惯上不用曲线形式而用以下几个指标表示：

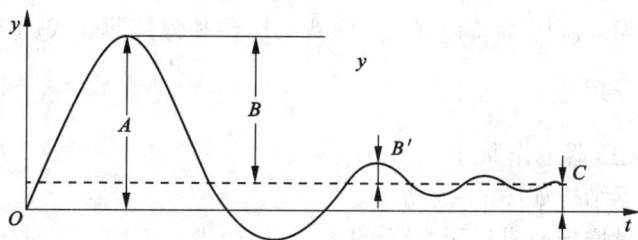

图 7 - 4　干扰作用影响下的衰减振荡过渡过程质量指标示意图

（1）衰减比

衰减比是表示衰减过程响应曲线衰减程度的指标，数值等于前后两个峰值的比，在上图中是 $B:B'$，习惯上表示为 n，一般 $n = 4 \sim 10$ 比较合适。

（2）余差

余差就是过渡过程终了时的残余偏差，在图 7 - 4 中以 C 表示，其值可以为正，也可以为负，它的大小视工艺要求而定。在燃气压力调节系统中，余差 C 和给定值的比值通常是 $5\% \sim 15\%$，余差是表示静态特性的指标。

（3）最大偏差

最大偏差是被调参数指示值和给定值的最大差值。衰减振荡过渡过程中的最大偏差发生在第一个波峰出现的时刻，图 7 - 4 中以 A 表示。最大偏差值表示系统偏离给定值的程度，若偏离越大，偏离的时间越长，系统离开给定值就越远，也就越不利。有时也用超调量来表示被调参数偏离的程度。图中超调量用 B 表示，从图 7 - 4 中可以看出 $B = A - C$。

（4）过渡时间

从干扰发生起至被调参数又建立新的平衡状态，这一段时间叫作过渡时间。严格意义上来讲，被调参数完全达到新的稳定状态需要无限长的时间。实际上，在可以测量的区域内，在新的稳定值上下规定的一个小的范围，当指示值进入这一范围而不再越出时，就认为被调参数已经达到稳定值。因此，过渡时间就是从干扰开始作用直至被调参数进入稳定范围之内所经历的时间。过渡时间短，表示过渡过程进行得顺利。过渡时即使干扰频频出现，系统也能适应。过渡时间长，几个叠加的干扰影响，可能会使系统不符合要求。

（5）振荡周期与频率

过渡过程从一个波峰到第二个波峰之间的时间叫作周期，或者叫作工作周期；其倒数成为振荡频率，在衰减比相同的条件下，周期与过渡时间成正比，一般希望周期短一些。

7.2　燃气调压器工作原理及性能

1. 调压器的分类

调压器的功能是当入口气体压力和流过的气体流量发生变化时，保持出口压力的稳定。根据燃气调压器敏感元件和传动装置的不同分为：直接式作用式燃气调压器和间接作用式燃气调压器。根据调压对象不同有区域调压器、专用调压器、用户调压器。根据所调节的压力高低分高中压调压器、高低压调压器、中低压调压器等。根据受压结构不同分浮筒式调压器和薄膜式调压器。薄膜式调压器又有重块薄膜式调压器和弹簧薄膜式调压器之分。

2. 调压器的工作原理

(1)直接式燃气调压器工作原理

直接式燃气调压器结构如图7-5所示。

当出口后的用气量增加或进口压力降低时,出口压力就下降,这时作用在薄膜下侧的力小于膜上弹簧(或重块)的力,薄膜下降,阀瓣也随着阀杆下移,使阀门开大,燃气流量增加,出口压力恢复到原来给定的数值。反之,当出口后的用气量减少或进口压力升高时,阀门关小,流量降低,仍使出口压力得到恢复。

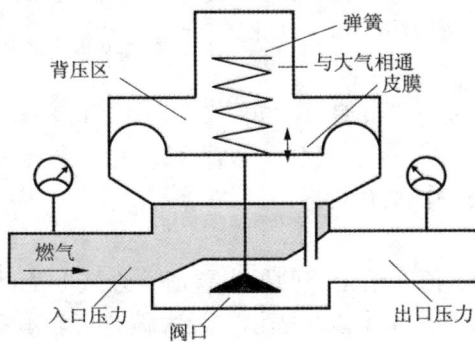

调压器工作原理

图7-5 直接式燃气调压器

(2)间接式燃气调压器工作原理

间接式燃气调压器结构如图7-6所示。

当出口压力 p_2 低于给定值时,指挥器的薄膜就下降,使指挥器阀门开启,经节流后压力为 p_3 的燃气补充到主调压器的膜下空间。由于 p_3 大于 p_2,使主调压器阀门开大,流量增加,p_2 恢复到给定值。反之,当 p_2 超过给定值时,指挥器薄膜上升,使阀门关闭。同时,由于作

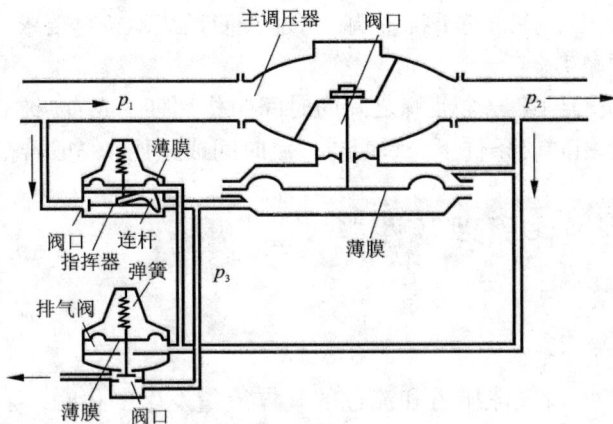

图7-6 间接式燃气调压器

用在排气阀薄膜下侧的力使排气阀开启,一部分压力为 p_3 的燃气排入大气,使主调压器薄膜下侧的力减小,又由于 p_2 偏大,故使主调压器的阀门关小, p_2 也即恢复到给定值。

7.3　燃气调压装置

1. 燃气调压装置的分类和选址

燃气调压装置按使用性质、调压作用和建筑形式,可以分为各种不同的类型,如表 7 - 1。

表 7 - 1　燃气调压装置的分类

分类方法	类型		
按使用性质分	区域调压装置	箱式调压装置	专用调压装置
按调压作用分	高中压调压装置	高低压调压装置	中低压调压装置
按建筑形式分	地上调压装置	地下调压装置	

区域调压站通常是布置在地上特设的房屋里。在不产生冻结、保证设备正常运行的前提下,调压器及附属设备(仪表除外)也可以设置在露天(应设围墙)或专门制作的调压柜内。

当受到地上条件限制,且燃气管道进口压力不大于 0.4 MPa 时,调压装置可设置在地下构筑物内。目前一些大城市在繁华地段设置了可以在地面上对调压站内设备进行检修的地下调压装置。但气态液化石油气的调压装置不得设在地下构筑物中。因为液化石油气的密度比空气大,如有漏气不易排出。

地上调压站的设置应尽可能避开城镇的繁华街道。可设在居民区的街区内或广场、公园等地。调压站应力求布置在负荷中心或接近大用户处。调压站的作用半径,应根据经济比较确定。

2. 燃气调压装置

燃气调压装置一般由几个功能模块组合而成,如调压器实现调压功能;过滤器实现清洁过滤功能;阀门可实现燃气流量调节、压力调节、开关等功能;安全阀可实现对燃气管路的保护。这些模块通过焊接和法兰连接的方式组装在一起实现燃气调压装置的功能。

(1)阀门

为了检修调压器、过滤器以及停用调压器时切断气源,在调压站的进出口处必须装设阀门。另外,在距调压站 10 m 以外的总进出口管道上也应设置阀门。正常运行时,此阀门处于常开状态。当调压站发生事故时,不必接近调压站即可关闭阀门切断气源,以防事故蔓延。在调压站大修时,也应关闭此阀门,切断气源。

(2)过滤器

燃气中含有的各种杂质积存在调压器和安全阀内,会妨碍阀芯和阀座的配合,影响调压器和安全阀的正常运行,因此,必须在调压器入口处安装过滤器。调压站常用鬃毛或玻璃丝做填料的过滤器。燃气带进过滤器的固体颗粒撞到挡板上,并积聚在过滤器的下部,定期由清扫孔排出，在燃气中残余的小颗粒固体和尘屑阻留在滤芯上。过滤材料装在两金属网格之间，清洗时应先卸开上盖，并将滤芯取出采。过滤界前后应安装压差计，根据测得的压力降可以判断过滤器的堵塞情况。在正常工作情况下，燃气通过过滤器的压力损失不得超过 10 kPa，压力损失过大时应拆下清洗。

（3）安全阀

由于调压器薄膜破裂、关闭不严或调节失灵时，会使调压器失去自动调节及降压作用，引起出口压力突然上升，导致系统超压，危及安全，因此，调压站必须设置安全阀。

调压室的出口压力由安全切断阀和安全放散阀进行控制。安全切断阀控制压力的上限和下限，安全放散阀只控制压力的上限。放散阀的放散压力应比切断阀的关闭压力低。当调压器正常工作时，仅在应当关断时关闭不严（由于阀门上积存杂质、磨损等因素），燃气才放散到大气中去。此时，经由关闭不严的阀门流过的燃气量大于用气量，出口压力就会增大。为了避免出口压力过高，就必须将多余的燃气排入大气。

3.调压装置的设置

调压装置的设置要求：
①调压箱的进口压力不能大于 0.4 MPa；
②调压装置尽量设置在地上单独的建筑物内；
③如果燃气的相对密度不大于 1，调压装置可设于地下或半地下的建筑物内；
④可露天但应设围墙，还应考虑温度情况。

7.4   燃气的压缩

压缩机就是生产气体压力能的机器，它在国民经济各个部门中已成为必不可少的关键设备，如在化工生产中，为了保证某些合成工艺在高压条件下进行，一般要通过压缩机把气体预先加压到所需的压力；在石油、化工生产中，为了输送原料气，常用压缩机增加。在天然气长输管道系统，天然气经常被压缩以提高输气量，储气装置经常通过压缩提高储存压力，从而提高储气量；压缩空气被广泛应用在仪表自动化控制系统，化学药剂气功泵以及各种气动设备、气动工具中作为动力。

7.4.1   压缩机分类及工作原理

1.压缩机分类

天然气压缩机按着能量传递与转换的方式不同，常用的压缩机可分为两大类：一类是容积式压缩机，一类是速度式压缩机。

（1）容积式压缩机的分类

容积式压缩机的工作原理是依靠气缸的工作容积周期性变化来压缩气体，以达到提高气体压力的目的。按其运动特点不同，又可分为以下两种：

①往复式压缩机

往复式压缩机即为活塞式压缩机，它是依靠气缸内活塞的往复运动来压缩气体的，根据所需压力的高低，可做成单级和多级的。目前，需要高压的场合，多采用这种压缩机。

②回转式压缩机

回转式压缩机是依靠机内转子回转时产生容积变化而实现对气体的压缩的。这类压缩机根据结构形式的不同，又可分为滑片式和螺杆式两种。

（2）速度式压缩机的分类

速度式压缩机依靠动能的变化来提高气体压力。主要有两种形式：透平式和喷射式。透平式又有离心式和轴流式两种。

2.压缩机工作原理

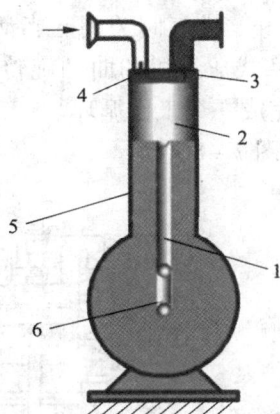

（1）往复式压缩机的工作原理

往复式压缩机主要由传动机构、工作部件及机体组成。此外还有润滑、冷却、调节等辅助系统（图 7-7）。

压缩机工作原理

图 7-7 往复式压缩机

1—连杆；2—活塞；3—排气阀；4—进气阀；5—汽缸；6—曲柄

传动机构：是曲柄连杆机构，由电机带动曲轴旋转，连杆大头装在曲轴的曲柄销上，其小头与十字头相连。因此，曲柄通过连杆带动十字头在滑道内做往复运动，再由十字头带动活塞组件（包括活塞及活塞杆等）在气缸内做往复运动。

工作部件：包括气缸、气阀组件、活塞组件及填料组件。气缸的内表面与活塞工作端面所形成的空间是实现气体压缩的工作腔。气阀装在气缸上，控制气体作单向流动，即吸气阀只从进气管向工作腔吸气，排气阀只能从工作腔向排气管排气。气阀的启闭动作主要由缸内外压力差及气阀弹簧控制。活塞在气缸内做往复运动时，工作腔的容积作周期性变化，它与吸排气阀的启闭动作相配合，实现有膨胀、吸气、压缩、排气四个过程的工作循环，从而不断吸入低压气体、排出压缩后的高压气体。

往复式压缩机的优点：

①适用压力范围广。这种机器依靠工作容积变化的原理工作，因而不论其流量大小，都能达到很高的工作压力。目前工业上超高压压缩机的工作压力已可达 350 MPa。

②热力效率较高，功率消耗较其他形式压缩机低。

③对介质及排气量的适应性强。可用于较大的排气量范围，且排气量受排气压力变化的

影响较小。另外当介质密度改变时,压缩机的容积排量和排气压力的变化也较小。

往复式压缩机的缺点:

①气体带油污。若对气体量要求较高时,压缩后气体的净化任务繁重。

②因受往复运动惯性力的限制,转速不能过高,故所能达到的最大排量较小。

③由于气体压缩过程间断进行,排气不连续,气体压力有波动,故在排出口一般设有稳压装置。

④结构复杂,易损件较多,维修工作量大,一般需要有备机。

当活塞式压缩机的曲轴旋转时,通过连杆的传动,活塞便做往复运动,由气缸内壁、气缸盖和活塞顶面所构成的工作容积则会发生周期性变化。活塞式压缩机的活塞从气缸盖处开始运动时,气缸内的工作容积逐渐增大,这时,气体即沿着进气管,推开进气阀而进入气缸,直到工作容积变到最大时为止,进气阀关闭;活塞式压缩机的活塞反向运动时,气缸内工作容积缩小,气体压力升高,当气缸内压力达到并略高于排气压力时,排气阀打开,气体排出气缸,直到活塞运动到极限位置为止,排气阀关闭。当活塞式压缩机的活塞再次反向运动时,上述过程重复出现。总之,活塞式压缩机的曲轴旋转一周,活塞往复一次,气缸内相继实现进气、压缩、排气的过程,即完成一个工作循环。

往复式活塞压缩机基本构成如图7-8所示。

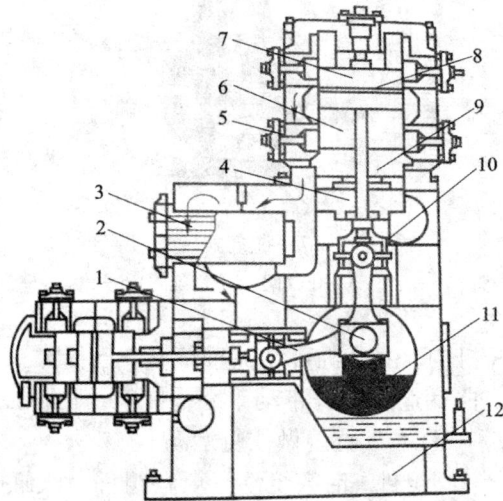

图7-8　L形角式活塞压缩机

1—连杆;2—曲轴;3—中间冷却器;4—活塞杆;5—气阀;6—汽缸;
7—活塞;8—活塞环;9—填料;10—十字头;11—平衡重;12—机身

(2)回转式压缩机的工作原理

滑片式压缩机内转子偏心装在机壳内,转子上开有若干径向滑槽,槽内装有滑片,当转子转动时,滑片与壳内壁间所形成的腔体不断缩小,从而使气体受到压缩。螺杆式压缩机(图7-9):壳内置有两个转子,一个阴螺杆,一个阳螺轩。工作时依靠螺杆表面的凹槽与机壳内壁间所形成的容积不断变化,从而实现对气体的吸入、压缩和排出。这种压缩机常用于动力源或制冷场合。

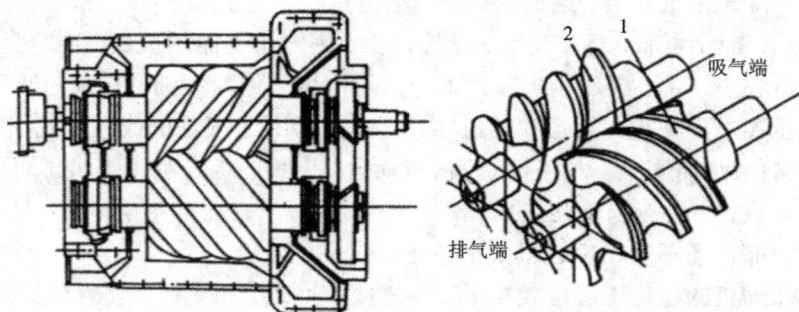

图 7 - 9　螺杆式压缩机

1—阴螺杆；2—阳螺杆

（3）离心式压缩机的工作原理

离心式压缩机的构造（图 7 - 10）和工作原理与离心式鼓风机极为相似。但它的工作原理与活塞式压缩机有根本的区别，它不是利用气缸容积减小的方式来提高气体的压力，而是依靠动能的变化来提高气体压力。离心式压缩机具有带叶片的工作轮，当工作轮转动时，叶片就带动气体运动或者使气体得到动能，然后使部分动能转化为压力能从而提高气体的压力。

离心式压缩机叶轮对气体做功使气体的压力和速度升高，完成气体的运输，气体沿径向流过叶轮的压缩机。主要由转子和定子两部分组成：转子包括叶轮和轴，叶轮上有叶片、平衡盘和一部分轴封；定子的主体是气缸，还有扩压器、弯道、回流器、进气管、排气管等装置。

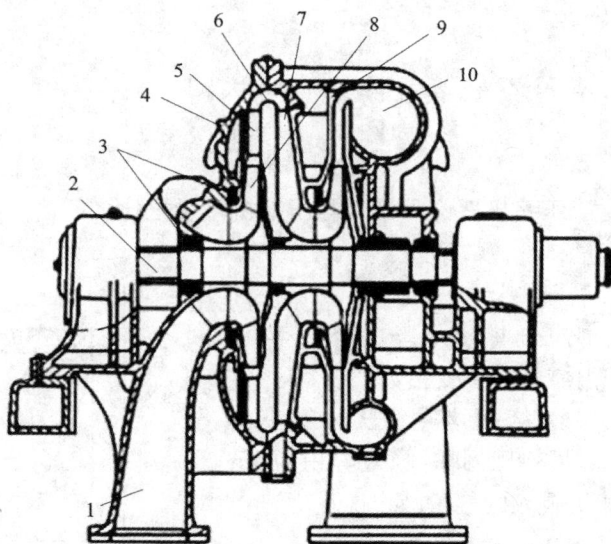

图 7 - 10　离心压缩机结构图

1—进气室；2—主轴；3—密封；4—机壳；5—扩压器；
6—弯道；7—回流器；8—叶轮；9—隔板；10—蜗室

离心式压缩机之所以能获得这样广泛的应用,主要因为有以下一些优点:

①离心式压缩机的气量大,结构简单紧凑,重量轻,机组尺寸小,占地面积小。

②运转平衡,操作可靠,运转率高,摩擦件少,因之备件需用量少,维护费用及人员少。

③在化工流程中,离心式压缩机对化工介质可以做到绝对无油的压缩过程。

④离心式压缩机为一种回转运动的机器,它适宜于工业汽轮机或燃气轮机直接拖动。一般大型化工厂常用副产蒸汽驱动工业汽轮机作动力,为热能综合利用提供了可能。离心式压缩机存在一些缺点,主要有以下几点:

①离心式压缩机还不适用于气量太小及压比过高的场合。

②离心式压缩机的稳定工况区较窄,其气量调节虽较方便,但经济性较差。

③离心式压缩机效率一般比活塞式压缩机低。

7.4.2　压缩机变工况调节

1.往复式压缩机的变工况调节

(1)变工况对压缩机工况的影响

①吸气压力变化

环境压力或者工艺过程中操作条件的改变均会引起吸气压力的改变,导致燃气压缩机工况改变。

a.单级压缩机

$$\varepsilon = \frac{p_2}{p_1} \tag{7-1}$$

式中:ε——压缩机压比;

p_2——排气压力;

p_1——吸气压力。

由式(7-1)可知,若p_2不变,p_1下降,则ε增大。

$$\lambda_V = \frac{V_s}{V_h} = 1 - \alpha(\varepsilon^{\frac{1}{m}} - 1) \tag{7-2}$$

式中:λ_V——容积系数,压缩机理论吸气量与压缩机排量之比;

V_s——理论吸气量;

V_h——压缩机排量;

α——余隙容积比,$\alpha = V_c/V_h$,V_c为余隙容积;

m——余隙容积内燃气的多变指数。

由式(7-2)可知,ε增大,必然导致λ_V减小,如图7-11所示。V_c为余隙容积,此时吸入容积为V_s,吸入容积减小后,压缩机吸入的气量减小。

b.多级压缩机

多级压缩时压比增大,则一级排气量减小,级数越多压力比变化越小,对排气量影响也越小。

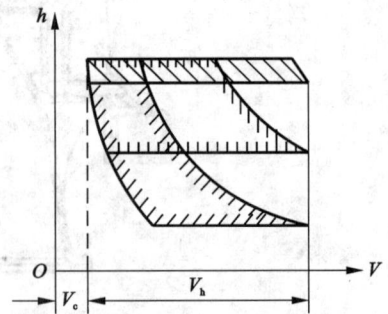

图7-11　不同吸气压力的指示图

②排气压力改变

如吸气压力恒定，而排气压力增大，则压缩比升高，容积系数减小，排气量减小，功率增加。

③被压缩介质改变

介质更换或混合气成分改变时，绝热指数直接影响膨胀或压缩时的过程指数，从而影响排气量、功率和温度。燃气密度则影响燃气输配过程中的阻力损失、功耗。导热系数影响压缩机的排气量。

（2）排气量调节

压缩机选择是根据最大需要气量来选配的。压缩机调节往往是指当需气量减小时通过调节时压缩机在低于额定气量工况下运行。

调节依据：

$$Q = \lambda V_h n = \lambda_V \lambda_P \lambda_T \lambda_L V_h n \tag{7-3}$$

式中：λ_P——压力系数；

　　　λ_T——预热系数；

　　　λ_L——泄漏系数；

　　　n——压缩级数。

调节形式：

连续调节是排气量连续改变。间歇调节只有排气或不排气两种方式。分级调节是在如 100%，75%，50%，$\cdots$，0 等档次之间调节。

调节形式要求结构简单、工作可靠、经济性好。

①改变转速和间隙停车：采用可变速驱动机使得直流电机、汽轮机、柴油机等连续改变转速；使用不变速驱动机利用异步电机，可用运行、暂停间隙停车省功，但这种方式启停频繁，使得工作条件变坏、电网波动，一般用于微型压缩机；改变转速、改造压缩机，不改变压缩机原有结构的情况下，一定范围内增加转速，排气量会有所增加，但功率的增加速度大大超过气量增加速度，因此不够经济。

②切断进气调节

利用减荷装置来调节，如图 7-12 所示。当罐中压力超过规定值时，调节阀动作，气体进入减荷阀活塞下部小气缸，推动蝶形阀，关闭通道，无气排出，如图 7-13 所示。罐中压力下降到一定值时调节阀关闭，动作相反进行。

③旁路调节

旁路调节是把排出管与吸入管连通，引回一级吸入口或本级吸入口。

其中自由连通是旁路阀全开，排出气体全部回流进气管，不向外输出气体。这种方法一般用于大型压缩机启动时，其功耗主要用于克服气阀及管路损失。而节流连通是旁路阀部分开启，部分气体回流，可以连续调节。一般用于短期、或调节幅度不大的场合。

旁路调节可实现连续调节，简单方便，但浪费能量，作为空载起动的手段，可调节各级压比。

④顶开吸气阀调节

该方法是强制顶开吸气阀，使吸入气缸内的气体未经压缩而全部或部分返回吸入管道。主要有完全顶开吸气阀、部分行程顶开吸气阀两种形式。本方法简单方便，但阀片寿命会降低。

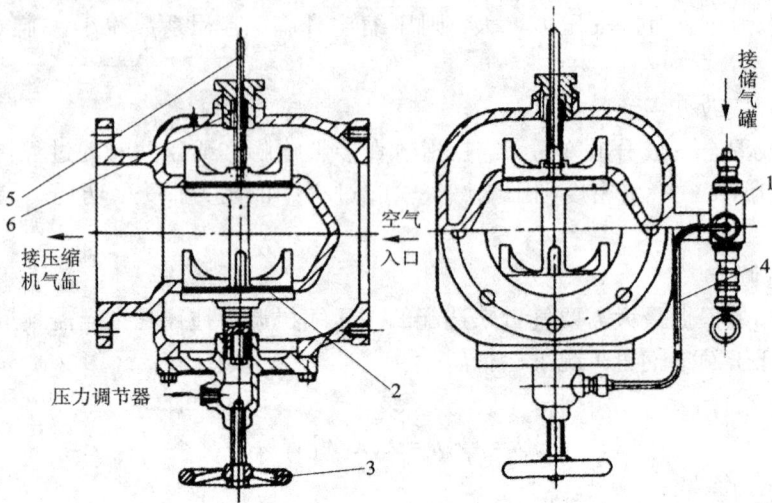

图 7 - 12 减荷阀

1—压力调节器；2—蝶形阀；3—手轮；4—连接管；5—导管；6—弹簧

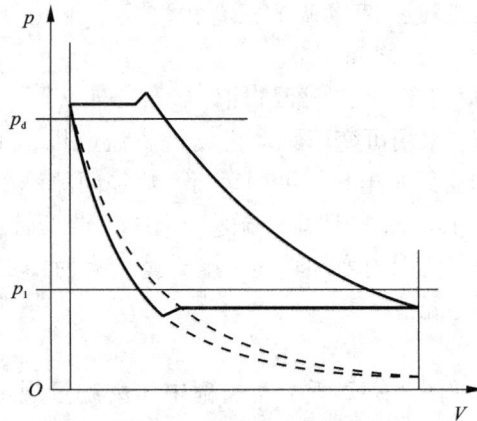

图 7 - 13 切断进气调节的指示图

实线——全排气量循环；虚线——切断进气循环

⑤连通补充余隙容积调节

该方法是利用余隙容积比的变化改变余隙系数来改变排气量。主要有固定补充容系余隙结构和变容积结构两类。固定补充容系余隙结构是一个阀连一个容积，变容积结构是小活塞位置不一样则余隙容积比不同，这样调节出燃气排量则不同。

此种方法较经济，不影响阀片寿命，但结构笨重，常用于大型工艺压缩机上。

2.离心式压缩机的变工况调节

用气负荷的不均衡性带来的输气管道输气量随时间变化、气源供气参数变化、输气温度引起的压气站工况变化、输气管道系统自身运行情况的变化(如某气压站停运)等会引起压缩机的运行工况发生变化,因此需要根据工况来调节离心式压缩机的工况,主要调节方法如下。

(1)入口节流调节

该方法是在进口管路安装调节阀,此法是改变压缩机特性,关小入口阀后,吸入压力降低,压缩机的质量流量和排气压力也随之降低。如图 7-14 所示,性能曲线 1、3、5 分别对应进气阀全开、开度 2 和开度为 4 时的特性变化特点。

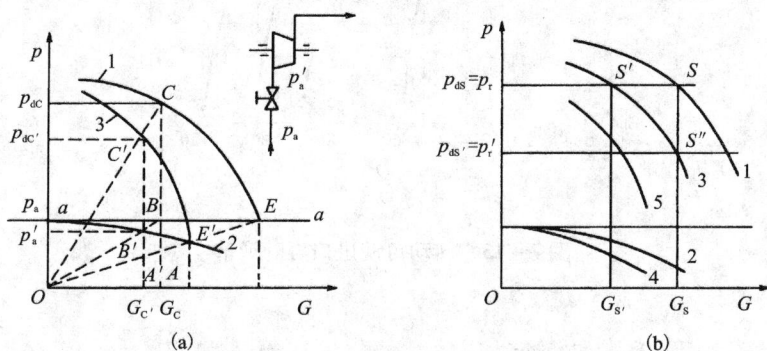

图 7-14　进气节流调节

此方法简单,经济性较好,并具有一定的调节范围,目前转速固定的离心式压缩机经常采用此法。

(2)转动可调进口导叶调节

本方法是在叶轮入口设置可调节的进口导向叶片,使进口速度三角形改变,改变压缩机工况,如图 7-15 所示。

转动进口导叶调节方法,调节范围较宽,经济性也好,但结构比较复杂。

(3)转动扩压器叶片调节

适应变化的流量可使冲角减小,稳定工况区扩大。转动叶片扩压器的调节方法,能使压缩机性能曲线平移,对减小喘振流量,扩大稳定工况范围很有效,经济性也好,但结构比较复杂。适用于压力稳定、流量变化大的变工况。目前这种方法单独使用较少,常和其他调节方法联合使用。

(4)循环管线调节

利用离心式压气站上装设的站内循环管线(原本是为机组启停时使用的)在管道气量减小时,可使部分气体在站内循环,这是离心式压缩机经常使用的临时调节方法,因为它非常简单易行,在自动化程度非常高的压气站还可以根据确定的参数自动打开循环阀,也是一种机组的保护措施,可防止喘振的发生。

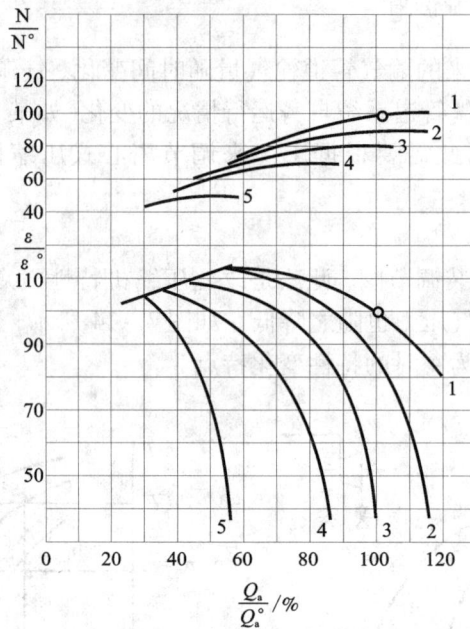

图 7 – 15 转动可调进口导叶调节

本章小结

讲述了燃气输配系统的压力调节原理、方法以及相关的调压装置，分析了燃气压缩机的工作原理、各类燃气压缩机的特点以及变工况调节方法。

思考题

1. 详述燃气输配系统压力调节系统及原理。
2. 压力自动调节系统的过渡过程有哪些形式？
3. 干扰作用影响下衰减振荡过程质量指标有哪些？
4. 概述往复式燃气压缩机的工作原理、特点以及变工况调节方法。
5. 概述离心式燃气压缩机的工作原理、特点以及变工况调节方法。

第 8 章 燃气计量

8.1 燃气计量概述

城市燃气是一种较为昂贵的测量流体，其流量的准确计量关系到燃气企业和千家万户的经济利益，因此，必须保证计量的准确性，这就需要保证流量测量结果的准确性，需要合理适当的选型与设计计量仪表，正确无误地安装和调试仪表，及时维护和保养，进行有效监督与检查。同时，应大力提倡新技术的普及和推广，如使用新型先进的计量仪表、智能化技术和远程监控设施等技术手段，提高计量的准确性和可靠性。

1. 气体流量计测量方法

通过各种流量测量原理，产生了很多形式的流量计量仪表，气体流量测量经常用到的流量仪表有以下几种。

（1）差压式流量计

差压式流量计是根据安装于管道中流量检测件产生的差压、已知的流体条件和检测件与管道的几何尺寸来推算流量的仪表。差压式流量计由一次装置（检测件）和二次装置（差压转换和流量显示仪器）组成。通常以检测件形式对差压式流量计进行分类，如孔板流量计、文丘里流量计、均速管流量计等。

差压式流量计的检测件按其作用原理可分为节流式、水力阻力式、离心式、动压头式、动压增益式及射流式几大类。检测件又可按其标准化程度分为两大类：标准型和非标准型。所谓标准检测件，是指只要按照标准文件设计、制造、安装和使用，无须经实流校准即可确定其流量值和估算测量误差的检测件。非标准检测件是成熟程度较差的，尚未列入国标标准中的检测件。

（2）容积式流量计

容积式流量计利用机械测量元件把流体连续不断地分割成单个已知的体积部分，根据测量室逐次重复地充满和排放该体积部分流体的次数来测量流体体积总量，是一种总量表。容积式流量计按其测量元件分类，可分为椭圆齿轮流量计、腰轮流量计、螺杆式（双转子）流量计、旋转活塞流量计、湿式流量计、膜式燃气表等。

（3）速度式流量计

此类流量计的输出与流速成正比，利用被测流体流过管道时的速度对传感器施加影响，流量计传感器（如叶轮、涡轮、旋涡发生体、超声波换能器）能够感受到流速的变化。通过各种方式来对传感器的信号进行测量，就可以得到流体的流速，进而得到准确的流量信号。采取这种检测原理的流量仪表主要有涡轮流量计、涡街流量计、旋进旋涡流量计、超声波流量计等。

（4）其他类型

除上述三类之外，还有质量、浮子、热式等类型的流量计。

2. 流量仪表的测量特性

流量仪表具有一般传感器相似的测量特性，流量仪表的测量特性有静态特性和动态特性，本书仅介绍流量计的静态特性。

表征静态特性的参数有特性曲线、仪表系数、公称通径（仪表口径）、流量范围（量程、范围度）、线性度（准确度、基本误差）、重复性、稳定性、压力（温度）等级或范围、压力损失等。

（1）静态特性曲线

静态特性曲线是表明流量仪表输出信号与流量变化的关系曲线，输出信号有仪表脉冲信号或体积流量信号，图 8-1 所示为一种典型的涡轮流量计静态特性曲线。图 8-2 是膜式燃气表典型的基本误差与流量关系特性曲线。

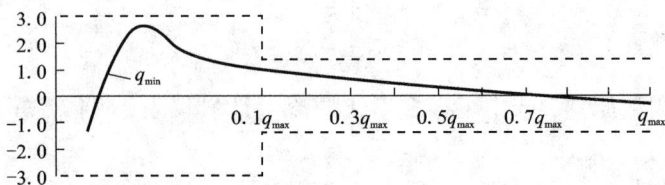

图 8-1　涡轮流量计仪表系数与流量关系特性曲线

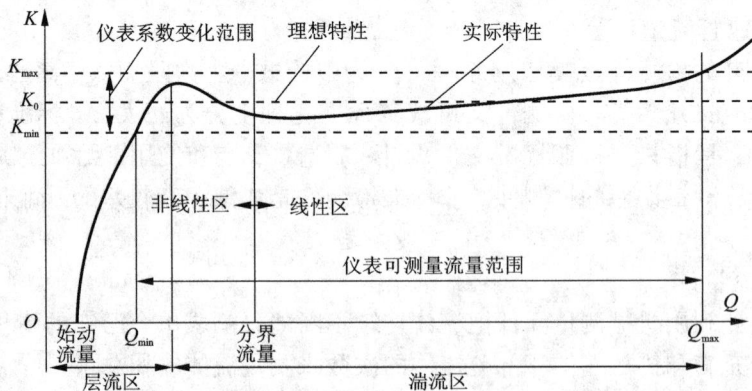

图 8-2　膜式燃气表基本误差与流量关系特性曲线

（2）仪表系数

仪表系数 K 定义为单位体积流体流经流量计时，流量计发出的脉冲数，其计算式为：

$$K = \frac{N}{V} \tag{8-1}$$

式中：K——仪表系数，m^{-3}；

N——脉冲数，单位为 1；

V——流体体积，m^3。

（3）公称通径（仪表口径）

仪表可通过流体的内径，对于流量计，多数需要描述仪表的公称通径或口径，通常用 DN 表示。对于同口径的仪表，又分为多种流量范围，其流速分为高速、常速、低速。有些仪表不使用公称通径，而是使用额定流量来表述仪表规格，如 G16，G40 等。

（4）流量范围

流量范围是由最大流量和最小流量所限定的范围，在该范围内，仪表在正常使用条件下其示值误差不超过最大允许误差。范围或量程比，二者意思相同，均表示最大流量与最小流量的比值，一般表达成某个数与 1 之比，例如 3：1，10：1。量程是测量范围上限值和下限值的代数差的模。

（5）线性度

对于输出脉冲信号的流量计，线性度表示为其在整个流量范围内的实际流量特性曲线与规定直线（拟合）之间的一致性。流量计校准曲线与拟合直线间的最大偏差与满量程输出的百分比，称为线性度（又称为非线性误差），该值越小，表明线性特性越好。

对于仪表系数 K 表示的特性曲线，可用仪表系数 K 在整个流量范围内的偏差表示。如图 8-2 所示。其计算式为：

$$\delta = \pm \frac{K_{max} - K_{min}}{K_{max} + K_{min}} \times 100\% \tag{8-2}$$

式中：δ——流量计线性度；

K_{max}——各测量点中仪表系数最大值；

K_{min}——各测量点中仪表系数最小值。

（6）准确度

测量仪器的准确度：指测量仪器给出接近于真值的响应的能力。准确度只是一个定性概念而无定量表达。测量误差的绝对值大，其准确度低，但准确度不等于误差。对于测量仪器的准确度，则还有级别或等别的表述。

准确度等级：是指符合一定的计量要求，使误差保持在规定极限以内的测量仪器的等别、级别。

（7）基本误差

基本误差又称固有误差，是指在参考条件下确定的测量仪器本身所具有的误差，固有误差的大小直接反映了该测量仪器的准确度，是测量仪器划分准确度等级的重要依据。

测量仪器的最大允许误差：固有误差的极限值。

测量仪器的示值误差：测量仪器示值与对应输入量的真值之差。可以用绝对误差和相对误差表示。

基本误差和准确度都是表征流量仪表接近测量真值的能力。仪表的准确度越高，其示值越接近真值。准确度越高则其误差越小。

（8）重复性

重复性是指重复条件对同一被测量进行多次连续测量所得结果之间的一致程度。重复条件是：相同测量方法、观测者、测量仪器、使用条件及在短期内的重复。准确度和重复性是两个不同的概念。准确度是指测量值与真值的偏差，而重复性只表明测量值的分散程度。重复性可以用测量结果的分散性定量地表示，表示测量结果分散性的量，最常用的是试验标准偏差，用贝赛尔公式计算。

（9）稳定性

稳定性是指测量仪器保持其计量特性随时间恒定的能力。通常稳定性是对时间而言的。当考虑其他参数的稳定性是应予明确说明。流量计在零输入时，输出的变化称为零点漂移。

稳定性通常可以用以下两种方式：用计量特性变化某个规定的量所需经过的时间，或用计量特性经规定的时间所发生的变化量来进行定量表示。

稳定性是重要的计量性能之一，示值的稳定是保证量值准确的基础。测量仪器产生不稳定的因素很多，主要原因是元器件的老化、零部件的磨损及使用、储存、维护工作不仔细等。测量仪器进行的周期检定或校准，就是对其稳定性的一种考核。稳定性也是科学合理地确定检定周期的重要依据之一。

（10）压力（温度）等级或范围

每一种仪器都有其温度使用范围和压力使用范围，在使用中不能超过温度和压力范围，如：膜式燃气表，压力上限为 $p_{max}=50$ kPa，温度范围为 $-20\sim50℃$；涡轮流量计，压力等级为 $1.6\sim10$ MPa，介质温度范围为 $-20\sim80℃$。

流量计的压力等级与压力传感器的实际压力不同，通常所说的压力等级为壳体及法兰的设计压力等级，而实际的压力传感器压力上限与实际使用的选择有关，当在城市中压管网使用时，其压力传感器上限通常选用 0.4 MPa，在高压门站可能需要使用的压力传感器上限通常选用 6.0 MPa。

（11）压力损失

流体流过仪表产生不可恢复的压力将成为压力损失。流量计的压力损失是仪表选型的一项重要指标，如图 8－3，为膜式燃气表的压力损失曲线。

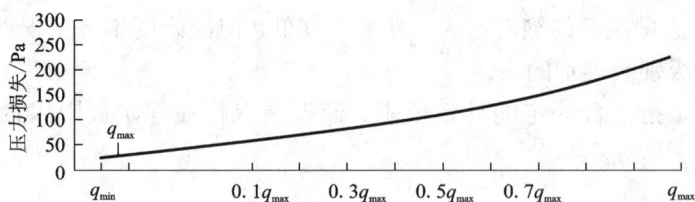

图 8－3　膜式燃气表压力损失曲线

8.2 常用燃气计量仪表

膜式表工作原理

1.膜式燃气表

膜式燃气表是城市燃气计量仪表中使用最为普遍的一种仪表,是一种传统的容积式流量计和纯机械式仪表。计量的源动力是由被测气体进入隔膜的一侧腔内所产生的前后压差,推动隔膜向另一侧移动而产生推动力,当隔膜移到另一侧的极限位置时,力矩不再产生能让隔膜返回的力,必须靠第二个隔膜相继产生同样的力来带动前一个隔膜作返回移动;当改变第一个隔膜的出气口作为进气口时,这个隔膜的另一侧又有了气体的推动力而继续做往返运动,并能改变第二个隔膜的移动方向。隔膜所牵动的立轴做往复的摆动运动,通过其摆杆、连杆去牵动一个共用的曲柄轴,当曲柄轴接收到的扭矩相差一定的周期时,就能做到连续转动,并由它带动滑阀来改变进出气口的方向和带动计数装置,达到连续自动计量的目的。膜式燃气表结构示意图如图 8 - 4。

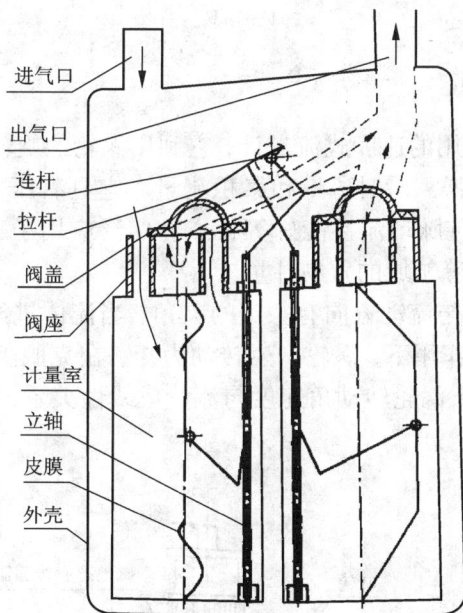

进气口
出气口
连杆
拉杆
阀盖
阀座
计量室
立轴
皮膜
外壳

图 8 - 4 膜式燃气表结构示意图

2.腰轮流量计

腰轮流量计也称为罗茨流量计,是燃气行业应用较为广泛的一种容积式流量计,准确度相对其他仪器较高。利用机械测量元件(计量室)把流体连续不断地分割成单个已知的体积,根据计量室逐次、重复地充满和排放该体积部分流体的次数来测量流体体积总量。其优点主要有:准确度高;流量计前后不需要直管段;量程范围较宽;温度、压力自动补偿的一体化智能型腰轮流量计具有自动体积转换、压缩因子修正、标态总量显示输出的功能,使流体标态体积计量更加科学准确。腰轮流量计存在的一些缺点有：机械结构较复杂，大口径仪表体积庞大笨重；一般只适用于中小口径场合；对流体洁净度要求较高，适用于洁净单相流体，测量含有颗粒脏污物的流体必须安装过滤器；仪表在测量过程中会给流体带来脉动，大口径仪表会产生较大噪声，甚至使管道产生振动。腰轮流量计工作原理如图 8-5 所示。

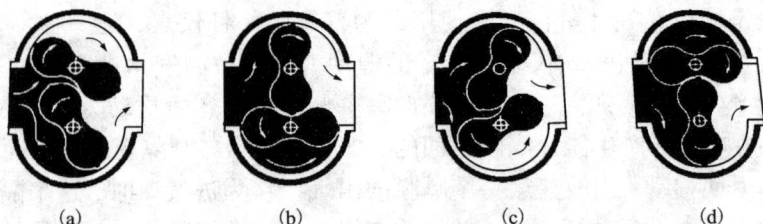

图 8-5　腰轮流量计工作原理示意图

假设回转体积量为 V_0，流体流过时，腰轮的转数为 n，则在 n 次动作的时间内流过流量计的流体体积 V 为：

$$V = nV_0 \tag{8-3}$$

3. 涡轮流量计

涡轮流量计是一种最常用的速度式流量计，它利用涡轮的旋转角速度与流体流速成正比的性质测量平均流速，从而得到瞬时流量和累积流量。它具有压力损失小、准确度高、反应快、流量量程比宽、抗震与抗脉动流性能好等特点。广泛应用于工业锅炉、燃气调压站、输配气管网、城市天然气门站等领域的贸易计量。

涡轮流量计的涡轮叶片与流动方向有一定的夹角，当流体进入流量计时，先经过机芯的前导流体并加速，在流体的作用下，涡轮产生转动力矩，在克服阻力矩和摩擦力矩后开始转动。达到平衡时，转速稳定，涡轮转动角速度与流量成线性关系。如图 8-6 所示是涡轮流量计的典型结构示意图。

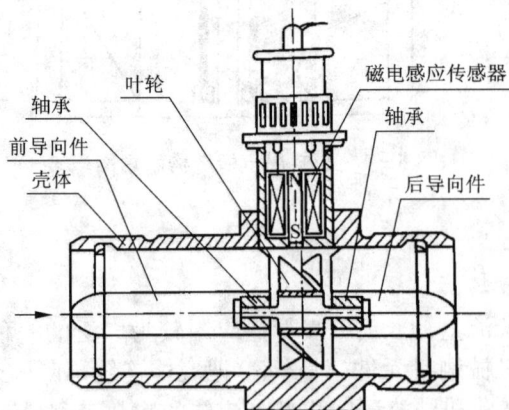

图 8-6　涡轮流量计的典型结构示意图

4. 超声流量计

超声流量计是利用超声在流体中传播时会受到流体运动的影响而研制的一种流量计。

超声流量计的测量原理主要有传播时间法、多普勒法、波束偏移法、相关法和噪声法。声波在流体中传播将受到流体流动的影响，顺流方向声波传播速度会增大，逆流方向则减小，对同一传播距离就有不同的传播时间。利用传播速度之差与被测流体流速之间的关系得到流体的流速，称为传播时间法。又按测量具体参数不同，分为时差法、相位差法和频差法。

超声流量计的优点主要有：①准确度高($0.3\%\sim0.5\%$)，重复性好；②量程比宽($1:40\sim1:200$)，流速范围宽($0.2\sim300$ m/s)；③可测量双向流，可精确确定脉动流；④无压损，对压力的很大变化不敏感；⑤对沉积物不敏感，无可动部件，免维修；⑥不存在磨损，无示值漂移现象；⑦可带压更换传感器，且更换后无须重新标定；⑧具有自诊断功能；⑨对上下游直管段要求较短(相对差压式流量计)。

超声流量计的缺点主要有：①超声流量计安装在一些阀门附近(尤其在阀门下游时)，若气流速度很高，阀门两端有较大的压降，一些阀门会产生大量的超声噪声，超声信号可能被超声噪声所淹没而无法分辨，影响超声流量计正常工作；②由于CO_2会使超声波衰减，因此不适用于CO_2浓度过高(超过20%)的气体混合物；③不适合多相流的流量测量；④气体中的某种成分对超声流量计或超声探头有腐蚀伤害作用，如果它的浓度过高，则超声流量计不适用；⑤不适合使用在高温(100℃以上)、大口径管道中气体压力极低(≤0.1 MPa)和流速也极低(≤0.5 mm)的条件下。

5. 孔板流量计

孔板流量计是基于流体流动的节流原理，利用流体流经节流装置时产生的压力差来实现流量测量的。

当气体流经管道中的节流孔板时，气体的流速将在节流孔板处形成流体的局部收缩，从而使流速增加，静压力降低，动能增加，静压能降低，于是在节流孔板上、下游便产生压力差；流量越大，压力差越大，流量减小，压差也将减小，这种现象就称为流体的节流现象。

节流元件前后的压差信号 Δp 与流量 q_v 有一定的关系，即流量 q_v 与压差信号 Δp 的开平方成正比关系，所以通过测量流体流经节流孔板后产生的压差信号 Δp，就可以间接地测出对应的流量 q_v，这就是差压式流量计的测量原理。

孔板流量计的优点有：①标准节流件是通用的，并得到了国际标准组织的认可，无须实流校准，即可投用；②结构易于复制，简单、牢固、性能稳定可靠、价格低廉；③应用范围广，包括全部单相流体(液、气、蒸汽)、部分混相流，一般生产过程的管径、工作状态(温度、压力)皆可以测量；④检测件和差压显示仪表可分开不同厂家生产，便于专业化规模生产。

孔板流量计的缺点有：①测量的重复性、精确度居中；②范围度窄，由于流量系数与雷诺数有关，一般范围度仅 $3:1\sim4:1$；③有较长的直管段长度要求，一般要求为管道内径的 $10\sim50$ 倍不等；④压力损失大；⑤孔板以内孔锐角线来保证精度，因此传感器对腐蚀、磨损、结垢、脏污敏感，长期使用精度难以保证，需每年拆下强检一次。

6. 其他类型流量计

（1）涡街流量计

涡街流量计是基于卡门涡街原理的一种流量计。涡街流量计的特点是量程范围较宽，准确度高，压力损失小，在测量工况体积流量时几乎不受流体密度压力、温度、黏度等参数的影响，仪表无可动机械部件，因此可靠性高，维护量小，仪表常数能长期稳定，由于它具有其他流量计不可兼得的优点，广泛应用于石油、化工、热力等行业，适用于各种气体、蒸汽及液体介质流量的测量，是孔板流量计最理想的替代产品。

（2）旋进旋涡流量计

旋进旋涡流量计与涡街流量计同属于流体振动型流量计，但在计量特性上与涡街流量计有一些差别。主要是压力损失更大，为涡街流量计的 4～5 倍，抗来流干扰能力强，所需直管段长度比涡街流量计短得多。仪表特点是：无机械可动部件，稳定可靠，寿命长，长期运行无须特殊维护；采用双检测技术可有效地提高检测信号强度，并抑制由管线振动引起的干扰；仪表不需要直管段；压力损失较大；仪表抗振性能差。

（3）质量流量计

流量测量有三种表示方式：体积流量计量、质量流量计量和能量流量计量，能量流量计量目前在大多数领域很少采用，比体积流量计量更为理想的是质量流量计量。质量流量与流体的物理性质（如温度、压力、雷诺数、黏度和密度无关）。

燃气计量中常用的质量流量计主要有两种：热式质量流量计和科氏质量流量计。热式质量流量计流量范围宽，适宜测量中小流量，准确度适中，一般为 1.0%～1.5%；科氏质量流量计可测的流体范围广，适宜测量中高压天然气，测量准确度高，可达 0.15%～0.3%，对流体的流速分布不敏感，故无须上下留直管长度要求，可同时读出流体的密度，适用于双向流动的流体。科式质量流量计的缺点是价格高，不适合测量低压气体，对安装现场振动敏感，口径不能做得太大，最大管径为 400 mm。

（4）浮子流量计

浮子流量计在气体流量计量中应用较为普遍，其工作原理是利用浮子在垂直放置的锥形管中的升降测量流量，浮子的位置高低与流量的大小有关，在测量过程中，浮子前后的压差始终保持不变，通过改变流通面积来改变流量，又叫变面积式流量计，也叫转子流量计。浮子流量计具有结构简单、性能可靠、读数直观、压力损失小、厚度近似线性、测量范围宽、维修方便、价格低廉等优点，广泛应用于液体、气体流量测量。

气体流量计工作原理

8.3　燃气流量计选型

城市燃气的流量计具有其特殊性，气质变化复杂、流量范围宽、压力范围大、仪表选择性广。燃气计量表选用是否适当，对准确计量起到决定性作用，是提高计量准确性的第一步，因此仪表的选型与设计显得尤为重要。

1. 燃气流量计量的特点及其对仪表的要求

燃气流量计量系统具有的主要特点和基本要求如下：

（1）防爆性能：城市燃气属于易燃易爆流体，在危险区域内使用的任何计量仪表必须符合防爆要求。

（2）工况多样性：城市燃气的输气门站、储配站、加气站及采暖、餐饮、洗浴等终端用户都需要计量，其流量和压力差异很大。多气源城市的燃气组分也差异较大，甚至存在固、液态杂质。

（3）仪表准确性：燃气计量属昂贵能源计量，而且流量值越大，涉及的贸易结算金额越大。计量仪表的价格与准确度有关，准确度越高，价格也越高，一般情况下应根据实际需要，选择合适的仪表准确度。

（4）计量系统的多输出量特性：计量系统一般由流量计和进行不同参数测量的变送器（如温度、压力变送器）、流量计算机及确定各输出参数的转换装置等部分组成。根据系统的组成和需要，输出量可以是标准体积流量、质量流量和能量流量，其计量单位分别为 m^3（标）/h，kg/h，MJ/h。

（5）燃气组分多变性：由燃气组分变化引起的标准状态密度变化及压缩因子变化，都将影响测量的准确度，因此在大流量的计量系统中，应进行全组分分析或进行在线实时组分分析。

（6）压缩因子的影响：天然气压缩因子是因天然气特性偏离理想气态方程而导入的修正系数。超压缩因子不仅受流体温度、压力影响，而且随天然气组分变化而变化，因此应实时计算数值。

2. 仪表选用应考虑的因素

（1）仪表计量性能：流量和总量、准确度、非线性、重复性、流量范围、压力损失、输出信号、响应时间、温度压力修正等。

（2）燃气流体特性：温度、压力、密度、黏度、压缩系数、多相流、脏污流、脉动流和非定常流。

（3）现场安装要求：压力范围、管道布置方向、上下游直管段、管径、维护空间、管道震动、防护性配件、防攻击破坏。

（4）环境条件：环境温度、湿度、光照、淋雨、电磁场干扰、防爆及其他安全性。

（5）经济性：安装费用、运行费用、检定费用、维护费用、备件备品费用、技术服务因素、仪表性价比。

3. 常用流量仪表的选用情况参考

目前，在城市燃气流量计量领域，常用的流量仪品种有差压式流量计、速度式流量计及容积式流量计，质量流量计主要应用于 CNG 加气机上，工商业用户很少使用。具体情况见表 8 - 1。

计量仪表设计之前应该核准用户燃气设施情况，计算额定用气量，使其落在所选仪表的额定流量点附近或最大流量的 60% ~ 80% 范围内，避免仪表与实际不匹配。必须保证计量仪表有足够的空间,方便抄表、拆装、维修、安装防盗装置,计量仪表应安装在避风、避雨、干燥、防暴晒、震动少、无强磁场干扰、温度变化不剧烈的地方。

表8-1　常用的流量仪表比较

仪表性能	差压式流量计	气体腰轮流量计	气体涡轮流量计	旋进旋涡流量计	气体超声波流量计	膜式燃气表
计算公式	$Q_0 = K\sqrt{\Delta P/\rho}$ ΔP 为压差; ρ 为流体密度; K 为仪表常数	$Q_0 = n \cdot K \cdot V_0$ n 为转数; V_0 为计量腔体积; K 为仪表常数	$Q_0 = f/K$ f 为仪表频率; K 为仪表常数	$Q_0 = f/K$ f 为仪表频率; K 为仪表常数	$Q_0 = (V_m/K) \cdot (\pi D^2/4)$ V_m 为线平均流速; K 为流速分布系数; D 为管径	$Q_0 = n \cdot K \cdot V_0$ n 为转数; V_0 为计量腔体积; K 为仪表常数
准确度	±1.5%	±1.0%	±1.0%	±1.5%	±0.5%	±1.5%
量程比	3:1	60:1	20:1	10:1	100:1	160:1
适用压力	中、高压	中、高压	中、高压	中、高压	中、高压	低压
温压补偿	有	有或机械计数器	有	有	有	机械计数器
稳定性	一般	很高	较高	一般	很高	一般
重复性	一般	很高	很高	一般	很高	一般
气质要求	较高	很高	很高	较高	一般	一般
直管段要求	很高	无	一般	一般	较高	无
压力损失	大	较小	较小	大	无	较小

本章小结

　　要保证燃气流量测量结果的准确性,需要合理适当的选型与设计,正确无误地安装和调试。根据测量原理可基本分为四大类:利用伯努利方程原理来测量流量,如差压式流量计;利用固定标准小容器测量流量,如容积式流量计;利用流体的流速来测量流量,如速度式流量计;利用流体的质量来测量流量,如质量流量计。常见的燃气计量仪表有膜式燃气表、腰轮流量计、涡轮流量计、超声流量计、涡街流量计、旋进旋涡流量计、质量流量计、浮子流量计。城市燃气的流量计具有其特殊性,气质变化复杂、流量范围宽、压力范围大、仪表选择性广。燃气计量表选用是否适当,对准确计量起到决定性作用。应根据具体情况结合流量计的适用条件选用合适的流量计。

思考题

　　1. 气体流量计测量方法有哪些? 流量仪表有哪些测量特性?

　　2. 常用的燃气流量计有哪些? 各自的特点是什么? 分别适用于什么情况下?

第 9 章　燃气储存

9.1　地下储气库

9.1.1　地下储气库概述

　　由于工业生产和人民生活对天然气需要量的增加，天然气的储存问题变得日渐突出。与地面储库相比较，地下储库有着占地面积小、储气量大、成本低、储存安全、操作方便、易于管理等众多优点，并且是解决下游用户月（或季度）用气不均匀性的最优手段，目前已经得到了世界各国的高度重视和广泛应用。

　　天然气的地下储存通常有以下几种方式：利用枯竭的油气田储气，利用盐矿层（即盐穴）储气，利用地下含水层储气。其中，枯竭油气田储气库具有造价低、运行可靠的特点，是目前最常用、最经济的储气方式，其他两种地下储气库在有适宜地质构造的地方可以采用。

9.1.2　地下储气库类型

1.枯竭油气田储气库

　　建在枯竭油气田中的储气库，是目前应用最广的储气库。为了利用地层储气，必须准确地掌握地层的下列参数：孔隙度、渗透率、有无水浸现象、构造形状和大小、油气岩层厚度、有关井身和井结构的准确数据及地层和邻近地层隔绝的可靠性等，作为曾经长期开采过的油气田，这些参数无疑是详细已知的。因此，开采枯竭后的油田和气田是目前最经济、最可靠的地下储气库选址。图 9-1 为枯竭油气田储气库示意图。

2.盐穴储气库

　　盐穴地下储气库是利用地下较厚的盐层或盐丘，采用人工方式在盐层或盐丘中通过水溶形成洞穴储存空间来存储天然气。石盐矿藏在沉积岩中普遍存在，石盐具有稳定性、非渗透性、烃类不溶性以及在水中的易溶性，利用这些性质可以获得用来储存天然气的空腔。

　　在含盐洞穴中建设天然气储气库时，需考虑以下因素：储气库的容积；拥有足够厚度和均质组成的石盐层；石盐的埋藏深度；拥有足够数量的工业用水和电力；有便于排放盐水的能力。在石盐矿层中建储气库，占地面积不大，并且没有火灾和爆炸的危险，可以靠近用气单位建造。且储气库最好建在使用盐液的生产企业附近，因为如果附近企业不使用这些盐

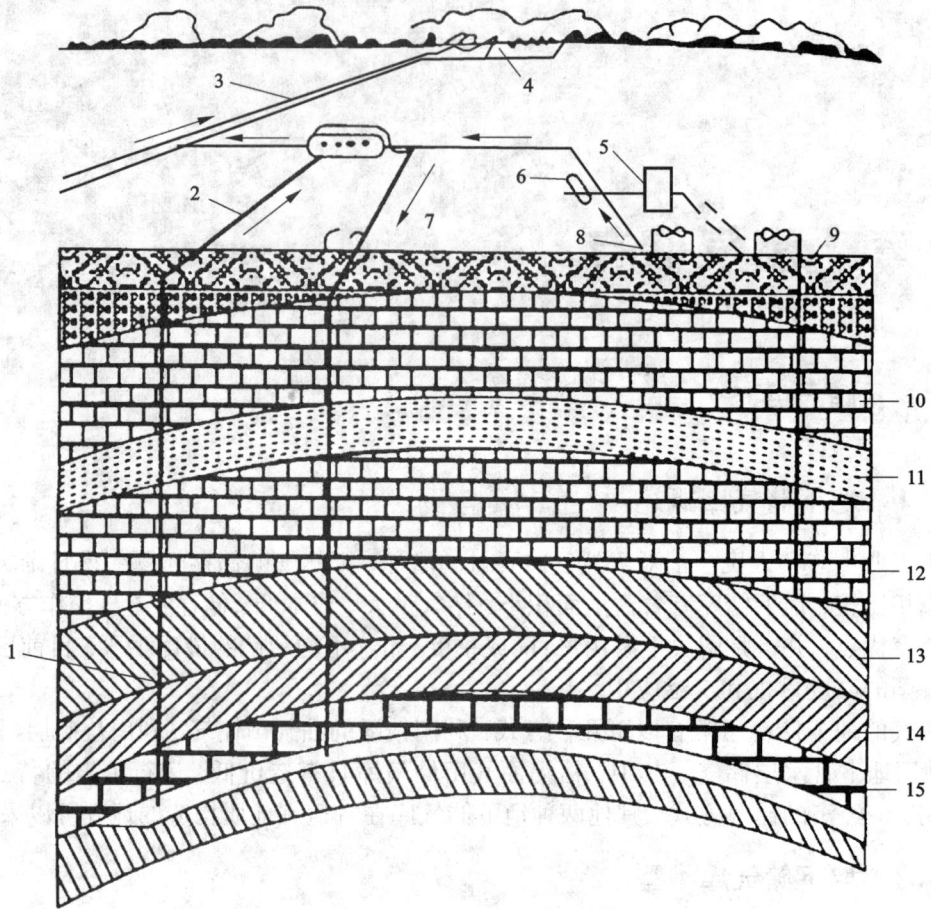

图 9-1 枯竭油气田地下储气库示意图

1—从储气层中取气的气井；2—供气管线；3—输气干线；4—压气站；5—注水泵；6—水源；7—向储气层注气的气井；8—收集泄漏的气井；9—注水井；10、12—石灰岩；11—砂岩；13、14、16—黏土层；15—多孔砂层

液，这些盐液就难以处理。

图 9-2 是利用盐穴建造人工地下储气库时的排盐设备流程图。当井钻到盐层后，把各种管道安装到井下。饱和盐水从管 1 和管 2 之间的管腔排出。当通过几个测点测出的盐水饱和度达到一定值时，排除盐水的工作即可停止。为了防止储气库顶部被盐水冲溶，要加入一种遮盖液，它不溶于盐水，并浮于盐水表面，一般是液态烃类——汽油、煤油、柴油、原油等。不断地扩大遮盖液量和改变溶解套管长度，使储气库的高度和直径不断扩大，直到达到要求为止。

储气库建成后，在第一次注气时，要把内管再次插到储气库底部，从顶部注入燃气，将残留的盐水置换出库。盐穴储气库的工作流程如图 9-3 所示。

如果长距离输气管线的压力大于储气库的压力，可使天然气通过预热器再进入储气库，以防止在压力突然降低时生成水合物或结冰。如果储气库的压力和管线压力相等或大于管线压力，则必须使天然气经压缩机加压，使它达到需要的压力后送入储气库。

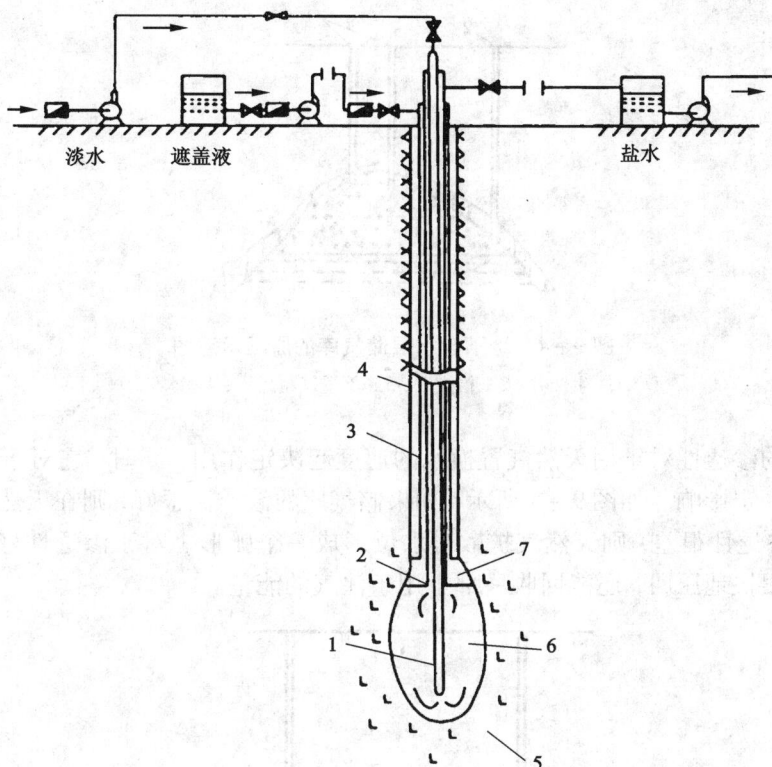

图 9 - 2 排盐设备流程图

1—内管；2—溶解套管；3—遮盖液输送管；4—套管；5—盐层；6—储气库；7—遮盖液垫层

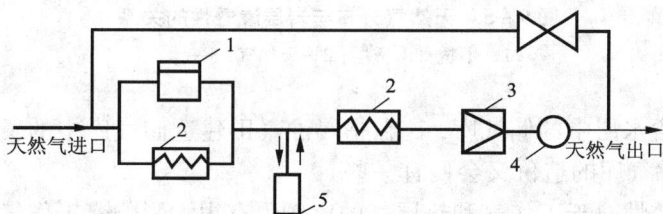

图 9 - 3 盐穴储气库工作流程

1—压缩机；2—预热器；3—调压器；4—干燥器；5—储气井

储气库向外界输气时依靠的是其自身的压力，输出的天然气在进入调压器前也同样需要进入预热器预热以防止形成水合物与结冰。此外，在储气库刚开始工作的一段时间内(至少一年)，输出的天然气中可能含水，需要经过干燥处理。

3. 地下含水层储气库

地下含水层储气库的原理如图 9 - 4 所示，天然气储气库由含水砂层及一个不透气的背斜覆盖层组成。其性能与储气能力随地质条件的不同有很大的差异。

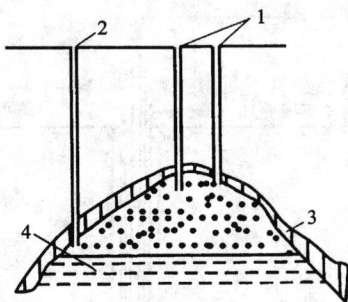

图 9 - 4　地下含水层储气库的原理示意图

1—生产井；2—检查井；3—不透气覆盖层；4—水

　　储气岩层的渗透性对于用天然气置换水的速度起决定作用，同时，它对于储气库的最大供气能力也有一定影响。如图 9 - 5 所示，如果储气库的渗透性很好，则在天然气扩散时水位呈平面形；如渗透性很差，则天然气扩散时水位形成一个弧形。对于渗透性好的储气库，在排水时水能够很快地压回，还能回收一部分用于注气的能量。

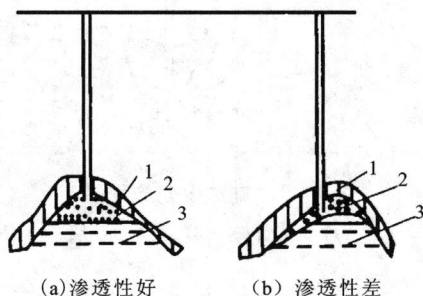

（a）渗透性好　　　（b）渗透性差

图 9 - 5　天然气分布与岩层渗透性的关系

1—不透气渗透层；2—天然气；3—水

　　对于建在地下含水层中的储气库，比在枯竭油气田建造储气库中的费用要略高一些，但是，比其他类型的储气库的造价又会便宜一些。

　　储气岩层的渗透性对于工作气和垫层气的比例也有很大影响。工作气是指在储气周期内储进和重新排出的气体，而垫层气是指在储气库内持续保留或作为工作气和水之间缓冲垫层的气体。岩层的渗透性越差，垫层气的比例就越大，因而越不利。

　　含水砂层的地质结构只有在合适的深度才能作为储气库，一般为 $400 \sim 700$ m。当深度超过 700 m，由于管道太长而不经济，而当深度小于 400 m 时，由于深度太浅，在连续排气时，储气库不能保证必要的压力。

　　不透气覆盖层的形成对工作气和垫层气的比例也有很大影响，特别是当储气岩层的渗透性很差时，平面盖层的结构是不适宜的，因为它需要非常多的垫层气。

地下储气库

9.2 液化天然气储气

9.2.1 液化天然气的储存特性

1. 液化天然气蒸发气

（1）蒸发气的物理性质

液化天然气（liquefied natural gas，LNG）作为一种沸腾液体大量存放在绝热储罐中，任何传导至储罐中的热量均将导致蒸发气的产生。当 LNG 蒸发时，氮和甲烷首先从液体中气化出来，这些气体不论是温度低于 −113℃ 的纯甲烷，还是温度低于 −85℃ 含 20% 氮的甲烷，它们都比周围的空气重。在标准条件下，其密度约是空气密度的 0.6 倍。

单位体积的 LNG 液体生成的气体体积（即气液比）约为 600 倍，具体的数据取决于 LNG 的组分。

（2）闪蒸

当 LNG 已有的压力降至其沸点压力以下时，部分液体产生蒸发，液体温度将降到此时压力下的新沸点。LNG 闪蒸气体的组分和剩余液体的组分不一样。

2. 翻滚现象

LNG 是一种液态烃类混合物，因不同组分和温度造成 LNG 密度不同。

在储存 LNG 的储罐中可能存在两个稳定的分层，这是由于新注入的 LNG 与储罐底部储存的 LNG 混合不充分造成的。在每个分层内部液体密度是均匀的，但是底部液体的密度大于上层液体的密度。

由于热量输入到储罐中而产生层间的传热、传质及液体表面的蒸发，层间的密度将达到均衡并且最终混为一体，这种自发的混合称为翻滚，而且与经常出现的情况一样，如果底部液体的温度过高，翻滚将伴随着蒸汽逸出而增加，有时这种增加速度快且量大，将引起储罐超压。

为防止翻滚现象的发生，应根据 LNG 来源和密度不同，决定储罐进液方式。长期储存时应定期进行倒灌循环作业。

3. 快速相变现象

两种温差极大的液体接触时，若热液体温度（单位为 K）比冷液体沸点温度高 1.1 倍，则冷液体温度上升极快，表面层温度超过自发成核温度（当液体中出现气泡时），在某些情况下，过热液体将通过复杂的链式反应机制在短时间内蒸发，而且以爆炸的速率产生蒸气，出现快速相变现象。

当 LNG 与水接触时，这种称为快速相变（RPT）的现象就会发生。尽管不发生燃烧，但是这种现象具有爆炸的所有其他特征。LNG 洒到水面上而引发的 RPT 是罕见的，而且影响也有限。

9.2.2　LNG 储罐类型

在 LNG 液化工厂、终端站、LNG 气化站以及 LNG 的运输中,根据工艺要求均需要设置一定数量的储罐,用于储存 LNG。

LNG 储罐一般按储罐的单罐容积、绝热方式以及储罐形状、储罐储存压力以及储罐的围护结构等方式进行分类。

1. 按单罐容积分类

(1)小型储罐

单罐容积一般为 5 ~ 45 m³。常用于 LNG 加气站、小型 LNG 气化站或撬装气化装置、LNG 运输槽车中。

(2)中型储罐

单罐容积一般为 50 ~ 150 m³,用于常规 LNG 气化站中。

(3)大型储罐

单罐容积一般为 200 ~ 5000 m³,常用于较大的工业用户、城市燃气或电厂 LNG 气化站中,也常用于小型 LNG 液化工厂。

(4)特大型储罐

单罐容积一般为 10000 ~ 40000 m³,常用于基荷型或调峰型 LNG 液化装置中。

(5)超大型储罐

单罐容积一般为 40000 m³ 以上,常用于 LNG 接收终端中。

2. 按储罐夹层的绝热方式分类

(1)真空型粉末或纤维绝热储罐

常用于 LNG 运输槽车、中小型 LNG 储罐。

(2)包装绝热储罐

广泛应用于大型、特大或超大型 LNG 储罐。

(3)高真空多层绝热

很少采用,限用于小型 LNG 储罐中,如 LNG 汽车车载钢瓶。

3. 按储罐的形状分类

(1)球形罐

一般用于中小容积的储罐。

(2)圆柱形罐

LNG 储存一般均采用圆柱形罐。

4. 按储罐储存压力分类

(1)压力储罐

储存压力一般在 0.4 MPa 以上,一般包括圆柱形储罐以及子母储罐、球形储罐以及 LNG 钢瓶等,通常用于中小型储罐。

（2）常压储罐

一般储存相对压力在 1 kPa 以下，常用于大型储罐。

5. 按储罐的围护结构分类

（1）单容积式储罐

单容积式储罐是指单壁储罐或者由内罐和外部容器组成的储罐，但只有内罐的设计和建造满足其储存低温液体的低温延展性要求。

外容器主要起固定和保护隔热层、保持吹扫气体压力的作用，不应用于容纳内罐泄漏时低温液体产品。

单容罐的周围通常构筑有一圈较低的围堰（防液堤）以容纳泄漏出的液体。该型储罐造价最低，安全性较差，占地面积较大，见图 9 - 6。

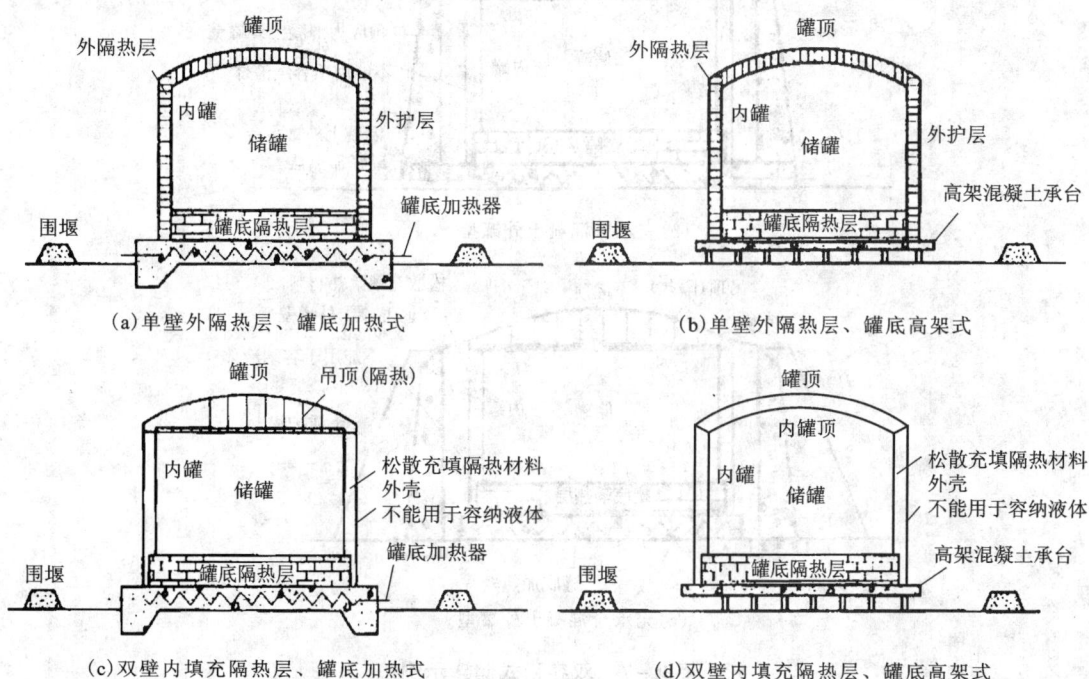

（a）单壁外隔热层、罐底加热式   （b）单壁外隔热层、罐底高架式

（c）双壁内填充隔热层、罐底加热式   （d）双壁内填充隔热层、罐底高架式

图 9 - 6　单容积式储罐示例

（2）双容积式储罐

在设计和建造上使其内罐和外罐都能单独容纳所储存的低温液体产品的双层储罐。为尽可能缩小罐内泄漏液体形成液池的范围，外罐或外壁与内罐之间的距离不大于 6 m。

在正常工作条件下，低温液体产品储存在内罐中。当内罐中有液体泄漏时，外罐或罐墙可用来容纳这些泄露出的低温液态产品，但不能用来容纳因液体泄漏而产生的蒸发气。

此类储罐的安全较单容积式储罐的安全性要好，见图 9 - 7。

（3）全容积式储罐

全容积式储罐是一种内罐和外罐都能单独容纳所储存的低温液体产品的双层储罐，其外罐或外壁与内罐之间的距离为 1 ~ 2 m。

(a)金属外罐型

(b)有承台混凝土外罐型

(c)无承台混凝土外罐型

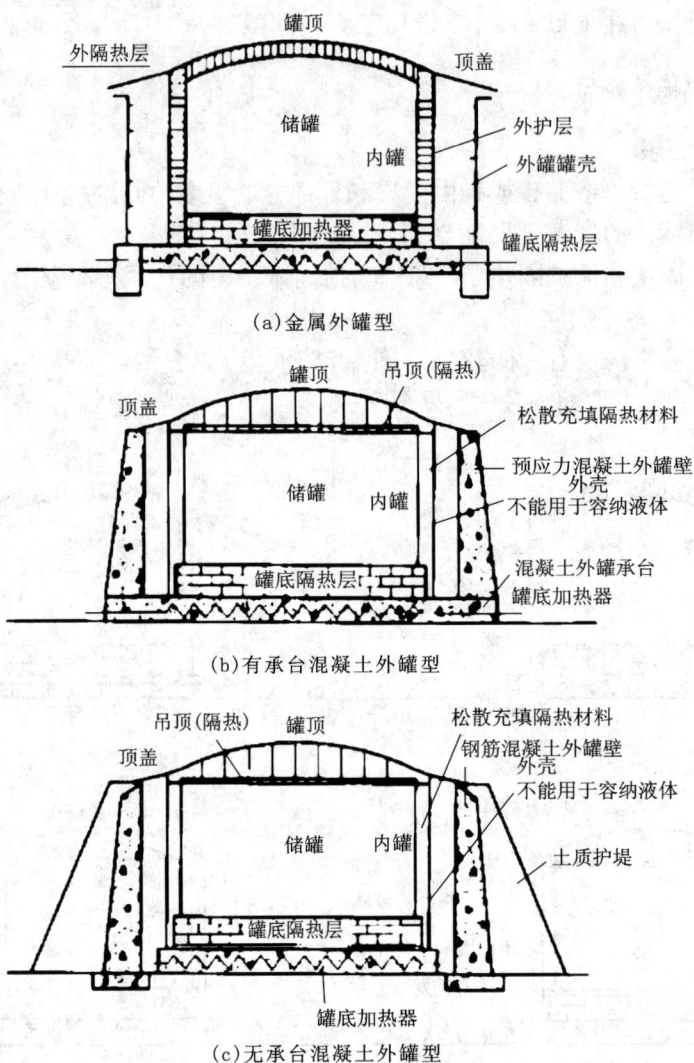

图9-7　双容积式储罐示例

在正常工作条件下，内罐储存低温液体产品。外罐支撑罐顶。外罐既能够容纳低温液体产品，也能够排放因液体泄漏而产生的蒸发气。

全容积储罐是地上式储罐中安全性最高，但造价也很高，见图9-8。

（4）地下式储罐

埋地储罐通常采用圆柱结构设计，其大部分位于地下。地下储罐由罐体、罐顶、薄膜内罐、绝热层、加热设备等组成。

埋地储罐是一种安全的结构，具有以下特点：

①由于整个储液存在与地下，液体不会泄漏到地面上来，安全性最好。

②在储罐的拱顶周围可进行绿化，环境协调性较好。

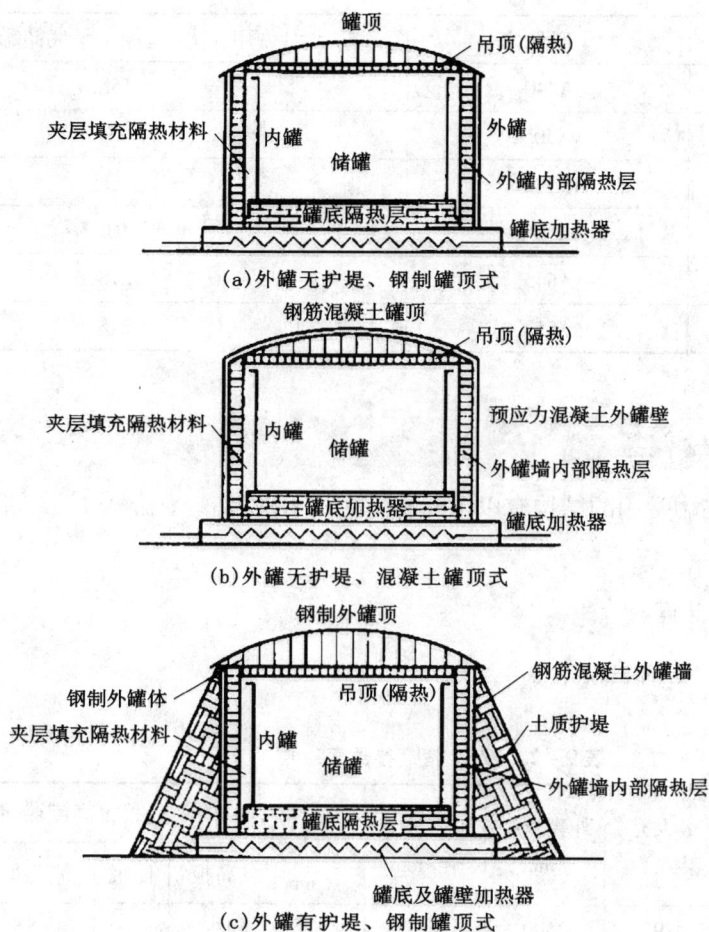

图 9 - 8 全容积式储罐示例

③由于不需要防液堤，用地效率高。

④储罐投资较大，且建造周期长。

6. 按储罐材料分类

①双金属罐：内罐和外壳均采用金属材料，内罐采用耐低温的不锈钢或铝合金，外壳采用黑色金属，目前多采用压力容器用钢。常用的几种内罐材料如表 9 - 1 所示。

②预应力混凝土储槽：有的大型储槽采用预应力混凝土外壳，内筒采用耐低温的金属材料。

③薄膜罐：内筒采用厚度为 0.8 ~ 1.2 mm 的 36Ni 钢（36Ni 表示钢材料中镍元素的平均含量为 36%，36Ni 钢又称殷钢）。

表9-1 常用的几种内罐材料

材料	型号	许用应力(应用于平底储罐)/MPa
不锈钢	A240	155.1
铝	AA5052	49.0
	AA5086	72.4
	AA5083	91.7
5% Ni 钢	A645	218.6
9% Ni 钢	A553	218.6

9.2.3 LNG 储罐

目前,LNG 储罐常用的结构有以下几种:立式 LNG 储罐、卧式 LNG 储罐、立式 LNG 子母罐以及常压储罐。

1. 立式 LNG 储罐

部分常用的 LNG 储罐见表9-2。

LNG储气罐结构

表9-2 LNG 储罐参数表

公称容积/m³	全容积/m³	最大充装系数	外壳直径/mm	内容器直径/mm	总高(总长)/mm	报警高度/mm				形式
						高报	低报	高高报	低低报	
50	52.60	0.95	2500	2000	12725	9890	1200	10455	725	立式
50	52.60	0.95	2500	2000	12680	2110	380	2250	240	卧式
100	105.30	0.95	3500	3000	16983	13690	1660	14440	960	立式
100	111.12	0.90	3500	3000	16985	2530	490	2700	300	卧式
150	157.90	0.95	4000	3500	22185	17990	2130	18923	1200	立式
200	210.60	0.95	4000	3500	24530	20040	2370	21080	1320	立式

2. LNG 子母式储罐

子母式储罐是指由多个子罐并联组成的内罐,以满足大容量储液的要求,多只子罐并列组装在一个大型外罐(即母罐)之中。绝热方式为粉末(珠光砂)堆积绝热。子罐的数量通常为 3~7 只,一般最多不超过 12 个。

子罐通常为立式圆筒形,主体材质为 $0Cr_{18}Ni_9$ 不锈钢。外罐为立式平底拱盖圆筒形,材质为 16MnR。由于外罐形状尺寸过大等因素。不耐外压而无法抽真空,外罐为常压罐。夹层应充干氮气保护。外罐设置呼吸阀和防爆装置。

　　子罐通常在制造厂制造完工后运抵现场吊装就位，外罐则加工成零部件运抵现场后，在现场组装。

　　子罐可以设计成压力容器，其压力一般为 0.2 ~ 0.8 MPa，视用户使用压力要求而定。由于储罐设计压力越高制作成本越大，因此子罐的工作压力一般不会太高，当用户对 LNG 压力有较高要求时，通常采用低温输送泵增压来解决。

　　由于运输尺寸限制以及吊装等方面的因素，单只子罐的容积不宜过大，其几何容积通常为 100 ~ 150 m³，最大也可达到 250 m³。

3. 常压 LNG 储罐

　　大中型 LNG 常压储罐通常指的是立式平顶拱盖双金属圆筒结构的内外壁。

　　内罐采用常压来储存 LNG，材质为奥氏体耐低温不锈钢；外罐则为常压容器，材质为优质低合金铝；顶盖采用径向带肋拱顶结构。整个设备坐落在水泥支承平台上，平台底部应通风、隔潮。设备四周及顶部夹层空间填充隔热性能良好的珠光砂绝热，同时加以充装干燥氮气保护。设备底部绝热层采用高强度、绝热性能优良的泡沫玻璃砖进行隔热，同时铺设高强度、耐低温的负荷分配板，将整个内筒的质量均匀分配到基础平台上。

　　在内外筒体顶部及底部设置人孔，外顶部及筒体下部设置珠光砂充填口及卸料口。外部设置操作平台，外部阀门及就地显示仪表集中配置于平台之上，便于操作。

9.2.4　LNG 储罐基础

　　基础的设计应满足设计载荷的要求。基础的施工及验收必须满足《立式圆筒形钢制焊接储罐施工及验收规范》GBJ 128 标准规定。

　　储罐基础应能经受得起与 LNG 直接接触的低温，在意外情况下万一 LNG 发生泄漏或溢出，LNG 与地基直接接触，地基应不损坏。

　　常用的 LNG 储罐基础有两种形式：桩柱基础和夯土基础。

1. 桩柱基础

　　储罐被支撑在众多桩柱上，桩柱间空气流通，不需要设置加热盘管。

　　采用桩柱基础，储罐的直径应尽可能地缩小以减少桩柱和顶盖的费用，提高储罐的设计内压力。

2. 夯土基础

　　将储罐下部的土层夯实，直接支撑储罐，需要在储罐与基础间设置带有加热盘管的混凝土环墙。

　　一般来讲夯土基础较桩柱基础要经济得多，在土壤承载能力等自然、地质条件许可的情况下，应优先采用夯实基础；否则应改用桩柱基础或另选建设用地。

3. 储罐基础加热系统

　　当储罐下部的土壤温度过低、土壤结冻、土壤中形成冰层（主要对于黏土类土壤）以及土壤中这些冰层的增大都会引起巨大的膨胀力，这些膨胀力产生的举升力会危害储罐或其部件

（如储罐底部的连接）。为防止此类现象的发生，储罐基础一般采用带加热系统的基础或架空的混凝土承台。加热系统应有 100% 的冗余。

加热系统可以采用循环热水加热或采用电加热方式。

储罐加热系统设一个自动开关系统以确保储罐基础最冷处的温度维持 5~10℃，其他位置的温度可以稍高一些。

整个加热系统的工作性能宜通过均匀分布于整个储罐基础上的传感器进行监测。如果可能的话，外墙上也宜安装传感器。在这些传感器中，至少有一个要具备报警功能，通常其"低温报警温度"设置为 0℃，"高温报警温度"设置为 50℃。

对储罐基础和外墙上加热系统适当合理地控制和监测至关重要，应能首先识别出储罐泄漏的最初迹象。当储罐泄漏时，泄漏点附近的传感器温度会突然下降，因此建议每天记录储罐基础所有传感器的读数。

储罐异常的另一个显示是加热系统工作负荷循环或加热电耗指标变化，这会表现为加热装置开关时间的变化。通常，加热系统加热启动的时间为总时间的 40%~60%，如果突然变为 100%，则表明加热系统存在问题或储罐存在泄漏。因此，建议每天对加热系统进行加热启动检查并记录其工作状态。

9.3 高压容器储气

高压储气罐中燃气的储存原理与低压储气罐有所不同，即其几何容积固定不变，而是靠改变其中燃气的压力来储存燃气的，故称定容储罐。由于定容储罐没有活动部分，因此结构比较简单。

高压储气罐可以储存气态燃气，也可以储存液态燃气。根据储存的介质不同，储罐设有不同的附件，但所有的燃气储罐均设有进出口管、安全阀、压力表、人孔、梯子和平台等。

高压罐按其形状可以分为圆筒形和球形两种。

高压球罐结构

9.3.1 储罐的构造

1.圆筒形罐的构造

圆筒形罐是由钢板制成的圆筒体和两端封头构成的容器，其构造如图 9-9 所示。封头可为半球形、椭圆形和蝶形。圆筒形罐根据安装的方法可以分为立式和卧式两种。前者占地面积小，但对防止罐体倾倒的支柱及基础要求较高。后者占地面积大，但支柱和基础做法较为简单。支座与基础之间要能滑动，以防止罐体热胀冷缩时产生局部应力。

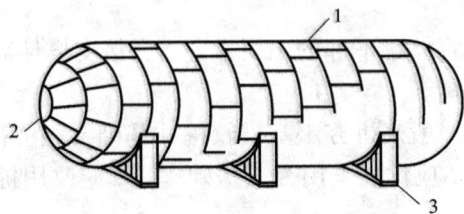

图 9-9　圆筒形罐
1—筒体；2—封头；3—鞍式支座

2.球形罐的构造

球形罐通常由分瓣压制的钢板拼焊组装

而成。罐的瓣片分布颇似地球仪,一般分为极板、南北极带、南北温带、赤道带等。

球形罐的支座一般采用赤道正切式支柱、拉杆支撑体系,以便把水平方向的外力传到基础上。设计支座时应考虑到罐体自重、风压、地震力及试压的充水重量,并应有足够的安全系数。

燃气的进出气管一般安装在罐体的下部,但为了使燃气在罐体内混合良好,有时也将进气管延长至罐顶附近。为了防止罐内冷凝水及尘土进入进、出气管内,进出气管应高于罐底。

为了排除积存于罐内的冷凝水,在储罐的最下部,应安装排污管。

罐的顶部必须设置安全阀。

储罐除安装就地指示压力表外,还要安装远传指示控制仪表。此外根据需要可设置温度计。储罐必须设防雷防静电接地装置。

储罐上的人孔应设在维修管理及制作储罐均较方便的位置,一般在罐顶及罐底各设置一个人孔。

容量较大的圆筒形罐与球形罐相比较,圆筒形罐的单位金属耗量大,但是球形罐制造较为复杂,制造安装费用较高,所以一般小容量的储罐多选用圆筒形罐,而大容量的储罐则多选用球形罐。

9.3.2 罐体的强度计算

1. 圆筒形储罐筒体壁厚的计算公式

根据应力分析可知,三个主应力分别为:

$$\left. \begin{array}{l} \sigma_1 = \dfrac{pD}{2S'} \\[2mm] \sigma_2 = \dfrac{pD}{4S'} \\[2mm] \sigma_3 = 0 \end{array} \right\} \tag{9-1}$$

将其代入第三强度理论的强度条件得:

$$\sigma_1 - \sigma_3 = \frac{pD}{2S'} \leqslant [\sigma]^{\text{t}} \tag{9-2}$$

式中:σ_1、σ_2、σ_3——第 1、2、3 主应力,MPa;

p——储罐的设计压力,MPa;

D——筒体的平均直径,mm;

S'——筒体的理论壁厚,mm;

$[\sigma]^{\text{t}}$——设计温度下的许用应力,MPa。

用 D_i 表示筒体内径,则得下式:

$$D = D_i + S' \tag{9-3}$$

将式(9-3)代入式(9-2),得到下列公式:

$$\frac{p(D_i + S')}{2S'} \leqslant [\sigma]^{\text{t}} \tag{9-4}$$

或

$$S' \geqslant \frac{pD_i}{2[\sigma]^t - p} \qquad (9-5)$$

在实际工程中，由于考虑焊缝对罐体强度的削弱，以及介质和大气对管壁的腐蚀等因素，实际壁厚计算公式为：

$$S = \frac{pD_i}{2[\sigma]^t \varphi - p} + c \qquad (9-6)$$

式中：S——筒体的实际壁厚，mm；

　　φ——焊缝系数；

　　c——壁厚附加量，mm。

应力校核公式为

$$\sigma^t = \frac{p[D_i + (S-c)]}{2(S-c)} \leqslant [\sigma]^t \varphi \qquad (9-7)$$

式中：σ^t——设计温度下筒体壳壁的计算应力，MPa。

2. 球形罐壳体及球形封头壁厚计算公式

根据应力分析可知任意一点的三个主应力分别为

$$\left.\begin{array}{l} \sigma_1 = \sigma_2 = \dfrac{pD}{4S'} \\[2mm] \sigma_3 = 0 \end{array}\right\} \qquad (9-8)$$

将其代入第三强度理论的强度条件得

$$\sigma_1 - \sigma_3 = \frac{pD}{4S'} \leqslant [\sigma]^t \qquad (9-9)$$

将平均直径 D 换算成 $D_i + S'$，得

$$S' \geqslant \frac{pD_i}{4[\sigma]^t - p} \qquad (9-10)$$

考虑焊缝对罐体强度的削弱及腐蚀等因素的影响，实际壁厚的计算公式为

$$S = \frac{pD_i}{4[\sigma]^t \varphi - p} + c \qquad (9-11)$$

应力校核公式为

$$\sigma' = \frac{p[D_i + (S-c)]}{4(S-c)} \leqslant [\sigma]^t \varphi \qquad (9-12)$$

3. 封头壁厚的计算公式

(1)受内压的椭圆形封头的计算

封头壁厚(不包括壁厚附加量)应不小于封头内直径的 0.25%。

封头壁厚按下式计算：

$$S = \frac{pD_i K}{2[\sigma]^t \varphi - 0.5p} + c \qquad (9-13)$$

式中：K——椭圆形封头形状系数。

$$K = \frac{1}{6}\left[2 + \left(\frac{D_i}{2h_i}\right)^2\right] \tag{9-14}$$

对于标准椭圆形封头 $K = 1$，其壁厚按下式计算：

$$S = \frac{pD_i}{2[\sigma]'\varphi - 0.5p} + c \tag{9-15}$$

椭圆形封头的许用应力按下式计算：

$$[p] = \frac{2(S-c)[\sigma]'\varphi}{KD_i + 0.5(S-c)} \tag{9-16}$$

式中：$[p]$——椭圆形封头的许用应力，MPa。

（2）受内压蝶形封头的计算

蝶形封头球面部分的内半径 R_i 应不大于封头的内直径。过滤区半径 r 应不小于封头内直径的 10%；且应不小于封头厚度的三倍。封头壁厚（不包括壁厚附加量）应不小于封头内直径的 0.25%。

封头壁厚按下式计算：

$$S = \frac{MpR_i}{2[\sigma]'\varphi - 0.5p} + c \tag{9-17}$$

其中：

$$M = \frac{1}{4}\left(3 + \sqrt{\frac{R_i}{r}}\right) \tag{9-18}$$

式中：M——蝶形封头形状系数。

蝶形封头的许用应力按下式计算：

$$[p] = \frac{2(S-c)[\sigma]'\varphi}{MR_i + 0.5(S-c)} \tag{9-19}$$

4. 许用应力及安全系数

在强度计算中，要正确选用钢材的许用应力。对已有成功使用经验的钢材的许用应力，一般按各项强度数据除以安全系数，取其中的最小值。

5. 壁厚附加量 c

壁厚附加量 c 也称腐蚀余量或腐蚀增量。c 是靠经验决定的，它由下面三部分组成。即

$$c = c_1 + c_2 + c_3 \tag{9-20}$$

式中：c_1——材料的负公差附加量，材料生产时厚薄不均匀或出厂后由机械等原因引起的材料减薄，其大小和钢板厚度有关，一般 c_1 不大于 1 mm；

c_2——根据介质对材质的腐蚀性能及使用寿命确定的腐蚀余量，一般地上储罐 $c_2 = 1$ mm，地下钢壁储罐 $c_2 = 3$ mm；

c_3——封头冲压加工减薄量，通常取计算厚度的 10%，但不大于 4 mm。

6. 焊缝系数

焊缝系数是考虑焊接时罐体强度削弱的因素，如焊缝缺陷、焊接应力及焊条材料的影响

等。焊缝系数用焊缝的强度与壳体部分强度的比值表示。焊缝系数 φ 应根据焊接接头的形式和焊缝无损探伤检验要求选取。

9.3.3　储气量的计算

高压储气罐的有效储气容积可按式(9-21)计算：

$$V = V_C \frac{p_{max} - p_{min}}{p_0} \qquad (9-21)$$

式中：V——储气罐的有效储气容积，m^3；

$\quad V_C$——储气罐的几何容积，m^3；

$\quad p_{max}$——最高工作压力，MPa；

$\quad p_{min}$——储气罐最低允许压力，MPa，其值取决于与储罐出口连接的调压器最低允许进口压力；

$\quad p_0$——大气压，MPa。

储罐的容积利用系数，可用式表示：

$$\varphi = \frac{V}{V_C p_{max}/p_0} = \frac{V_C(p_{max} - p_{min})/p_0}{V_C p_{max}/p_0} = \frac{p_{max} - p_{min}}{p_{max}} \qquad (9-22)$$

通常储气罐的工作压力已定，欲使容积利用系数提高，只有降低储气罐的剩余压力，而后者又受到管网中燃气压力的限制。为了使储罐的利用系数提高，可以在高压储气罐站内安装引射器，当储气罐内燃气压力接近管网压力时，就开动引射器，利用进入储气罐站的高压燃气的能量把燃气从压力较低的罐中引射出来，这样可以提高整个罐站的容积利用系数。但是利用引射器时，要安装自动开闭装置，否则管理不妥，会破坏正常工作。

9.4　长输管道末端及高压管道储气

天然气长输管网末端除了具有输气功能以外，还具有较大的储气能力。利用长输管线储气可代替昂贵的高压储气容器和额外的脱水工作量。采用高压储罐还是利用长输管线储气应通过技术经济比较来确定。在管段末端压力不断增加的今天，管道储气的应用日益广泛。管段末端的取气量每小时均在变化，它和用气地区的负荷曲线相匹配。因此，长输管线末端储气能力的计算应采用不稳定流计算方法，并利用计算机进行精确的计算。在此仅介绍近似计算方法。

确定管道的初期容积的近似方法是用排气量等于用气量那一瞬间的稳定工况代替燃气流动不稳定工况进行计算。在第 2 章图 2-1(用气量变化曲线和储气罐工作曲线)中的 b 点和 a 点，其供气量等于用气量，可视为稳定工况。

在 b 点，负荷等于昼夜平均小时流量。从 b 点到 a 点为用气低谷时间，管道工况是不稳定的，是管道内储存燃气阶段，到达 a 点时，供气量与用气量平衡，流量等于平均小时流量，但管内的压力比 b 点工况时要高。从 a 点到 b 点是用气高峰期间，储存的燃气向外供出，工况也是不稳定的。到 b 点时用气量又重新与供气量达到平衡状态，该瞬间又为稳定工况，但管内的压力比 a 点工况时的压力小。

为了确定管道的储气能力，需分别计算在 a 点工况及 b 点工况时管道内的燃气量，两者的差值即为管内的储气量。长输管线的压力曲线如图 9 – 10 所示。

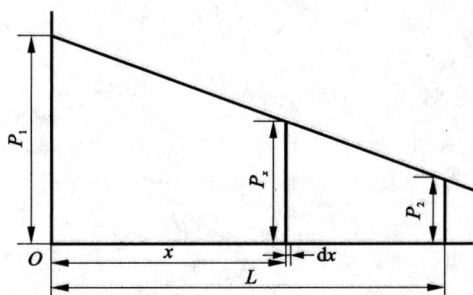

图 9 – 10　燃气管线压力曲线

根据下列方程组计算管道内的燃气量。

储存于 dx 长度内的燃气质量为

$$dG = F\rho dx \tag{9 – 23}$$

燃气的密度为

$$\rho = \frac{p_x}{RT} \tag{9 – 24}$$

由于是近似计算,故不考虑压缩因子 Z。

水力计算公式:

$$p_1^2 - p_2^2 = a_0 Q^2 x \tag{9 – 25}$$

由式(9 – 25)得:

$$dx = -\frac{2}{a_0 Q^2} p_x dp \tag{9 – 26}$$

将式(9 – 26)和式(9 – 25)代入式(9 – 23)得:

$$dG = -\frac{2F}{RTa_0 Q^2} p_x^2 dp \tag{9 – 27}$$

由 p_1 到 p_2 进行积分得:

$$G = \frac{2}{3} \frac{F}{RTa_0 Q^2}(p_1^3 - p_2^3) \tag{9 – 28}$$

以 $a_0 Q^2 = \dfrac{p_1^2 - p_2^2}{L}$,$G = \rho_0 Q_0$,$R = \dfrac{p_0}{\rho_0 T_0}$ 代入式(9 – 28)得:

$$Q_0 = FL \frac{1}{p_0} \frac{T_0}{T} \frac{2}{3} \frac{(p_1^3 - p_2^3)}{(p_1^2 - p_2^2)} \tag{9 – 29}$$

式中:Q_0——管道中燃气量,m^3(标);

$\dfrac{2}{3} \dfrac{(p_1^3 - p_2^3)}{(p_1^2 - p_2^2)}$ 是管道中的平均绝对压力,可改写成:

$$p_m = \frac{2}{3}(p_1 + \frac{p_2^2}{p_1 + p_2}) \tag{9 – 30}$$

如取 $\dfrac{T_0}{T} = 1$,则式(9 – 29)可写成:

$$Q = V\frac{p_m}{p_0} \tag{9-31}$$

式中：V——管道的容积，m^3；

p_m——管道中的平均绝对压力，MPa；

p_0——大气压力，MPa。

燃气管道的储气量用下式计算

$$Q_0' = V\frac{p_{m,max} - p_{m,min}}{p_0} \tag{9-32}$$

式中：Q_0'——燃气管道的储气量，m^3（标）；

$p_{m,max}$——管道中燃气量最大时的平均绝对压力，MPa；

$p_{m,min}$——管道中燃气量最小时的平均绝对压力，MPa。

例：天然气长输管线末端钢管 D720×10，管长 $L = 1500$ km，管道中燃气最大允许绝对压力为 5.5 MPa，进入城市前管道中燃气最小允许绝对压力为 1.3 MPa，正常情况下管道流量为每日 1100 万 m^3，求管道的储气量。

解：1. 确定在管道中燃气量最大时的平均绝对压力

计算中采用了第 5 章介绍的摩擦阻力系数计算公式（5-24），代入水力计算基本公式（5-25）后计算公式为：

$$p_1^2 - p_2^2 = 1.62 \times 0.11\left(\frac{\Delta}{d} + \frac{68}{Re}\right)^{0.25}\frac{Q^2}{d^5}\rho_0 p_0 L$$

现省略上式括号中的第二项，并将 p_0 以 0.1013×10^6 Pa 代入，则计算公式为

$$p_1^2 - p_2^2 = 0.181 \times 10^5 \Delta^{0.25}\frac{Q^2}{d^{5.25}}\rho_0 L$$

取 $\Delta = 0.0001$ m，$Q = \dfrac{11000000}{24 \times 3600} = 127.3$ m^3/s，$d = 0.7$ m，$\rho_0 = 0.73$ kg/m^3（标），$L = 150000$ m 代入上式得

$$p_1^2 - p_2^2 = 2089 \times 10^{10}$$

因为：$p_1^{max} = 5.5$（MPa）

所以：$p_2^{max} = \sqrt{(5.5 \times 10^6)^2 - 2089 \times 10^{10}} = 3.06 \times 10^6$ Pa $= 3.06$（MPa）

则：$p_{m,max} = \dfrac{2}{3}\left(p_1 + \dfrac{p_2^2}{p_1 + p_2}\right) = \dfrac{2}{3}\left(5.5 + \dfrac{3.06^2}{5.5 + 3.06}\right) \times 10^6 = 4.4 \times 10^6$ Pa $= 4.4$（MPa）

2. 确定管道中燃气量最小时的平均绝对压力

$$p_2^{min} = 1.3 \text{ MPa} = 1.3 \times 10^6 (\text{Pa})$$

$$p_1^{min} = \sqrt{(1.3 \times 10^6)^2 + 2089 \times 10^{10}} = 4.75 \times 10^6 \text{ Pa} = 4.75 \text{（MPa）}$$

$$p_{m,min} = \frac{2}{3}\left(4.75 + \frac{1.3^2}{4.75 + 1.3}\right) \times 10^6 = 3.35 \times 10^6 \text{ Pa} = 3.35 \text{（MPa）}$$

3. 管道的容积

$$V = \frac{\pi}{4} \times 0.7^2 \times 150000 = 57697.5 \text{（}m^3\text{）}$$

4. 管道的储气量

$$Q_0' = 57697.5 \times \frac{4.4 - 3.35}{0.1013} = 598049.11 \left[m^3 (标) \right]$$

$$\frac{598049.11}{11000000} \times 100\% = 5.4\%$$

末端管道储存燃气能力约为日流量的 5.4%。

9.5 低压储气罐

以人工煤气为气源时，多采用低压储气。低压储气按构造又有湿式和干式之分。下面具体介绍一下低压湿式罐和低压干式罐。

9.5.1 低压湿式罐

湿式罐是在水槽内放置钟罩和塔节，钟罩和塔节随燃气的进出而升降，并利用水封隔断内外气体来储存燃气的容器。储罐的储存容积随燃气量而变化。

单节储气罐一般用于小容量(3000 m³ 以下)储气，钟罩高度等于水槽高度，一般水槽高度为直径的 30% ~ 50%。大容量储气时，为避免水槽高度过大，采用多节储气罐，每节的高度等于水槽的高度，而钟罩和塔节的全高为直径的 60% ~ 100%。

储气罐的总压力为

$$p = \frac{W}{A} \tag{9-33}$$

式中：p——燃气压力，Pa；

W——上升钟罩和塔节的重量，包括水封内的水的重量，N；

A——上升钟罩或塔节的水平截面积，m²。

由于上升的塔节数目不同，重量 W 也就不同，因此燃气压力 p 也在变化。一般为 1000 ~ 4000 Pa。

低压湿式罐的有效容积用下式确定：

$$V = \frac{\pi}{4} \left(D^2 H + D_1^2 H_1 + \cdots + D_n^2 H_n \right) \tag{9-34}$$

式中：V——低压湿式罐的有效容积，m³；

D——钟罩直径，m；

D_1, D_n——第一节、第 n 节塔节直径，m；

H——不包括圆顶部分的钟罩高度，m；

H_1, H_n——第一节、第 n 节塔节的有效高度，m。

1. 直立罐

直立罐如图 9 – 11 所示，它是由水槽、钟罩、塔节、水封、导轨立柱、导轮、增加压力的重力装置及防止造成真空的装置等组成。

水槽通常是由钢板或钢筋混凝土制成。钢筋混凝土水槽主要是在设置半地下式水槽时防

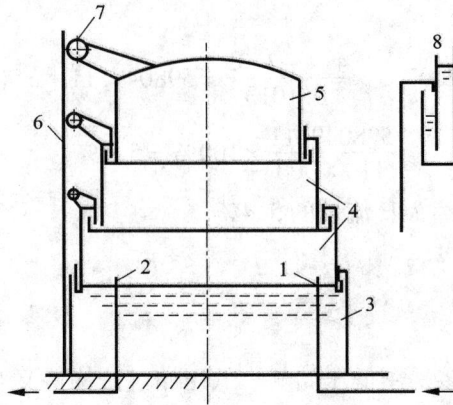

图 9-11　直立罐简图

1—燃气进口；2—燃气出口；3—水槽；4—塔节；5—钟罩；6—导向装置；7—导轮；8—水封

止腐蚀的情况下使用。与钢筋混凝土水槽相比，钢制水槽施工比较容易，施工费用低，产生漏水及腐蚀等情况时容易修补，不会产生龟裂现象。其缺点是使用年限短，水槽设于地面上增加了罐体总高度，承受风荷载较大。

　　通常由钢板制造的平底圆筒形水槽设置在环状或板状钢筋混凝土的基础上。为了减轻水对基础及土体的压力，大容积储罐的钢筋混凝土水槽做成如图 9-12 所示的形式是比较合适的。

　　水槽的附属设备有人孔、溢流管、进出气管、给水管、垫块、平台、梯子及在寒冷地区防冻用的蒸汽管道等。

　　水槽侧板的下部一般设有一至两个人孔，以供储气罐停气检修时进入罐内清扫之用，人孔的直径通常为 500 mm 左右。

　　进出气管可以分为单管及双管两种。当供应组分经常发生变化的燃气时，为使输出的燃气组分均匀，必须设置双管，以利于燃气的混合。

　　当燃气中含油分及焦油特别多时，近水面处需设排油装置，如图 9-13 所示，而靠近底部则需要有排焦油设施。

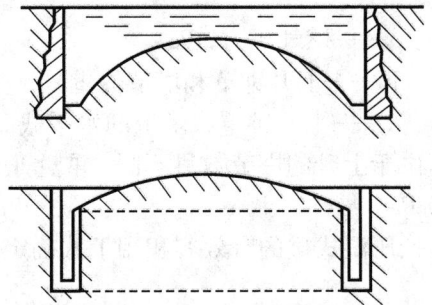

图 9-12　环形水槽

　　钟罩顶板上的附属装置有人孔和放散管。放散管应设在钟罩中央最高位置，人孔应设在正对着进气管和出气管的上部位置，如图 9-14 所示。它不仅可以使罐不必放出全部燃气来清扫进气罐，而且还可以防止储罐被压缩机抽空时钟罩顶部塌陷。

　　多节储气罐的塔节之间均设有水封。

　　储气罐所设置的导向装置称为导轨立柱。立柱既承受钟罩及塔身所受的风压，又作为导轮垂直升降的导轨。导轨立柱可以直接安装于水槽侧板上或者水槽周围单独设置。另外，在导轨立柱上还设有与塔节数相应的人性平台，平台同时可作为导轨立柱的横向支撑梁。

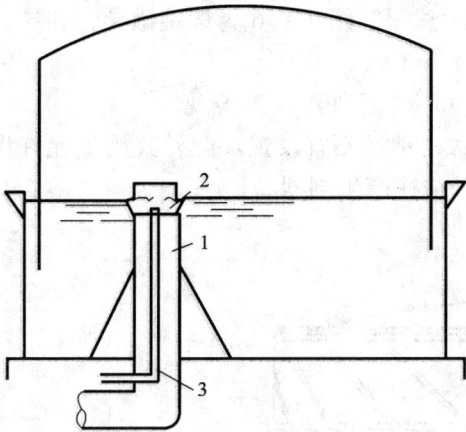

图 9 - 13 排油装置

1—进出气管；2—排油装置；3—排油管

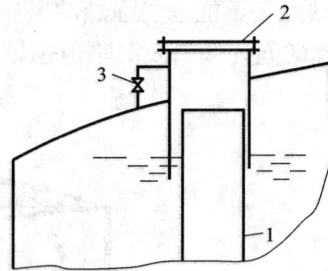

图 9 - 14 顶板人孔装置

1—进出气管；2—人孔；3—阀门

为了使钟罩及塔节升降灵活平稳,在每一个塔节的上部及下部都装有导轮。上部导轮沿着装在导轨立柱上的导轨滑行,下部导轮沿着装在水槽侧板内侧或各塔节侧板内侧的导轨滑行。

2. 螺旋罐

这种罐在我国得到广泛应用,其构造尺寸、操作压力及金属消耗指标见表 9 - 3。

表 9 - 3　螺旋罐各项参数

公称容积/m³	有效容积/m³	水槽直径/m	节数（包括钟罩）	高度/m		耗钢量/t	金属消耗指标/(kg·m⁻³)	压力/Pa	
				钟罩及塔节	水槽			有配重	无配重
5000	4927	22.000	2	15.930	8.00	123.368	24.5		2110 1200
20000	22000	39.000	3	23.150	8.00	371.104	18.5	3000 2600 2100	2000 1530 1000
50000	54200	46.00	4	39.680	9.98	662.580	13.2		2280~1180
100000	105800	63.848	4	39.928	10.00	926.760	9.5		2250~1030
150000	166000	67.000	5	56.750	11.28	1372.00	8.3		2800~1600

　　这种罐没有导轨立柱，罐体靠安装在侧板上的导轨与安装在平台上的导轮相对滑动产生缓慢旋转而上升或下降。图9–15为三节螺旋罐的示意图。图9–16为螺旋罐导轮和导轨示意图。

　　这种罐的主要优点是比直立罐节省金属15%～30%，且外观较为美观。

　　它的缺点是不能承受强烈的风压，故在风速较大的地区不宜设置。此外其施工允许误差较小，基础的允许倾斜或沉陷值也较小；导轮与轮轴往往产生剧烈磨损。

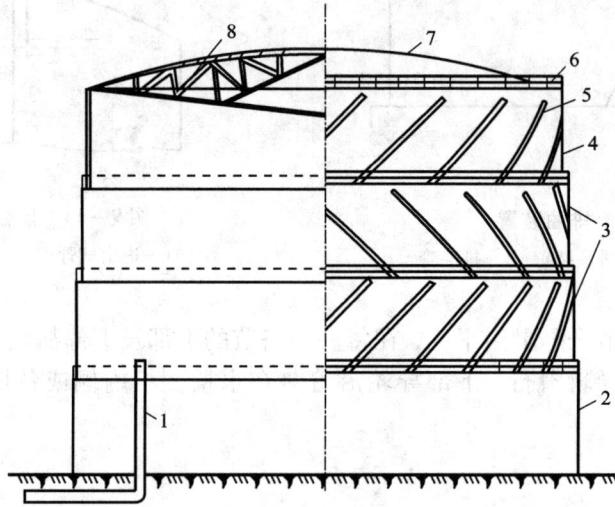

图9–15　三节螺旋罐示意图

1—进气管；2—水槽；3—塔节；4—钟罩；
5—导轨；6—平台；7—顶板；8—顶架

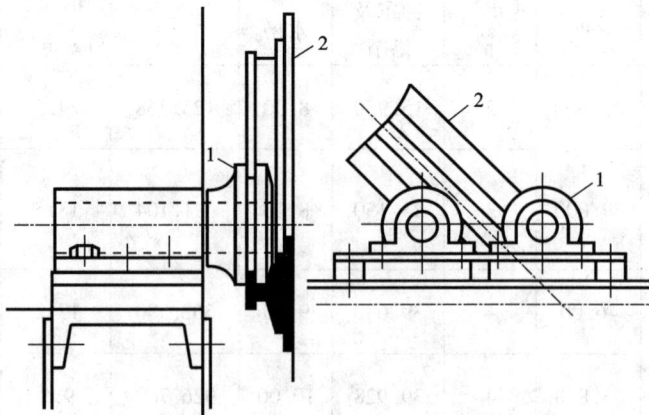

图9–16　螺旋罐导轮和导轨示意图

1—导轮；2—导轨

3.低压湿式罐存在的主要问题

低压湿式罐存在的主要问题有：

①在北方采暖地区冬季要采取防冻措施，因此管理较复杂，维护费用较高。

②由于塔节经常浸入、升出水槽水面，因此必须定期进行涂漆防腐。

③直立罐耗用金属较多，尤其是在大容量时更为显著。螺旋罐和干式罐金属用量相近。容积越大，干式罐越经济。

低压湿式罐结构

9.5.2　低压干式罐

干式储气罐主要由外筒、沿外筒上下运动的活塞、底板及顶板组成。

燃气储存在活塞以下部分，随活塞上下移动而增减其储气量。它不设水槽，故可以大大减少罐的基础荷载，这对于大容积储气罐的建造是非常有利的。干式储气罐的最大问题是密封问题，也就是如何防止在固定的外筒与上下活动的活塞之间产生漏气。根据密封方法不同，目前实际采用的有下列三种罐型。

1.阿曼阿恩型干式罐

阿曼阿恩型干式罐的构造如图 9 - 17 所示。

这种罐的横截面积为正多边形，所以它的密封系统较为复杂。

储气罐的活塞桁架上下安装有两个导轮，防止活塞上下运动时发生倾斜并保证其运行灵活平稳。通常上面、下面两个导轮之间的净距是储气罐直径的 1/10。

活塞的外周设有油杯，用来储存密封燃气的密封液。这种储气罐的高度和直径之比 H/D 为 1.2 ~ 1.7，罐内气体压力可达 5.5 kPa。

在活塞以上的附属设备有空气室、罐顶级侧板上部的换气装置以及供管理使用的外梯和内梯。大容积储罐的内梯和外梯也可用电梯。

活塞密封的构造如图 9 - 18 所示。

图中 1 为具有弹性的钢制滑板，它是由悬挂支托 2 悬吊在活塞油杯内，并且由弹簧 3 紧紧地压在侧板上。滑板的主要作用是防止活塞油杯外沿和侧板之间产生间隙。安装在保护板 5 上的主帆布 4 可起挠性连接作用，并有压板 6 连接在活塞油杯上，用挡木 7 减少帆布与滑板 1 的摩擦，以防止帆布磨损。悬挂帆布 8 和上部覆盖帆布 9 把滑板 1 和活塞油杯连接起来，形成袋装以覆盖弹簧及其他安装部件，并可防止密封液中凝结水分及尘土沉淀与活塞油杯内部。

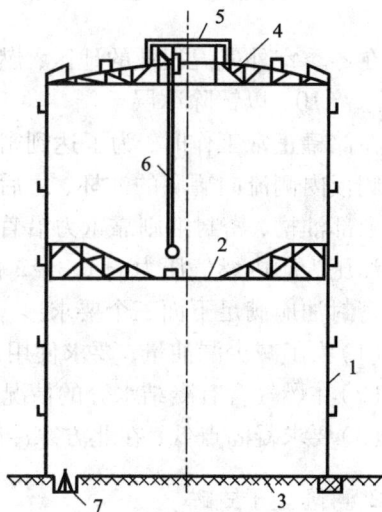

图 9 - 17　阿曼阿恩型干式罐的构造
1—外筒；2—活塞；3—底板；4—顶板；
5—天窗；6—梯子；7—燃气进口

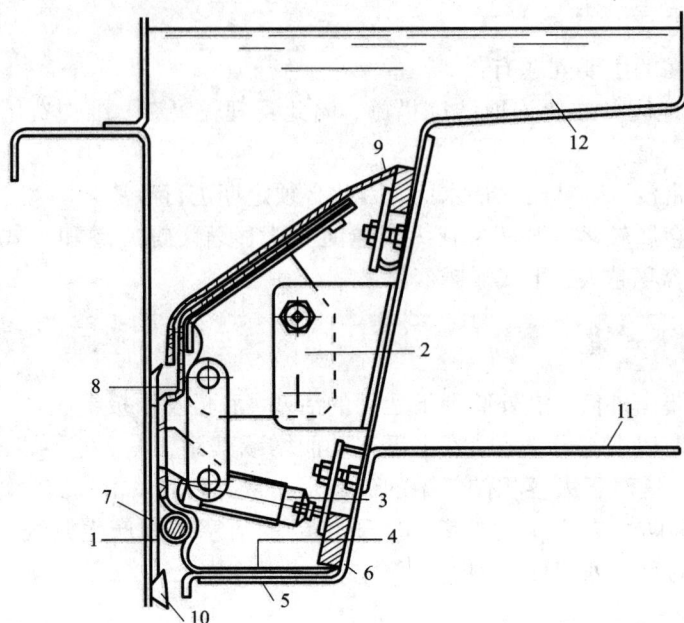

图 9 - 18　密封性的构造

1—滑板；2—悬挂支托；3—弹簧；4—主帆布；5—保护板；6—压板；7—挡木；
8—悬挂帆布；9—上部覆盖帆布；10—冰铲；11—活塞平台；12—活塞油杯

在冬季室外气温很低的地区，燃气中水蒸气易结成冰霜附在内壁上，故在滑板下部设有锐角冰铲 10，以铲除冰层。

在储罐正常工作时，为了达到密封的目的，密封油是循环流动的。活塞油杯中的密封油经过侧板内侧流向罐底的油杯，之后在集油箱中脱去密封油的水分，再经过自动开启的油泵打入上部油槽，密封油则靠重力沿着侧板内壁返回活塞油杯内。油槽的高度应保证活塞密封处的油压为罐内燃气压力的 1.3 ~ 2 倍。

密封油应满足下面三个要求：

(1)为了减少漏油量，要求使用高黏度密封油，并且其黏度不因温度升高而剧烈下降；

(2)在燃气含有凝结水分的情况下，要求它具有良好的与水分离的特性；

(3)要求凝固点低，在北方寒冷地区也能使用。

2.可隆型干式罐

可隆型干式罐(图 9 - 19)的横截面积为圆形，侧板的外部设有加强用的基柱，以承受风压和内压。罐顶制作成球缺形状，为了使活塞板具有更大强度，往往将其设计成碟形。活塞的外周由环状桁架所组成，在活塞外周的上下配置两个为一组的木制导轮，以防止活塞同侧板摩擦而引起火花。活塞为圆形，它能够沿着侧板自由旋转，故其上下滑动的阻力很小而且可避免严重倾斜。活塞上也放置了为增高燃气压力用的配重块，其最大工作压力可达 5.5 kPa。

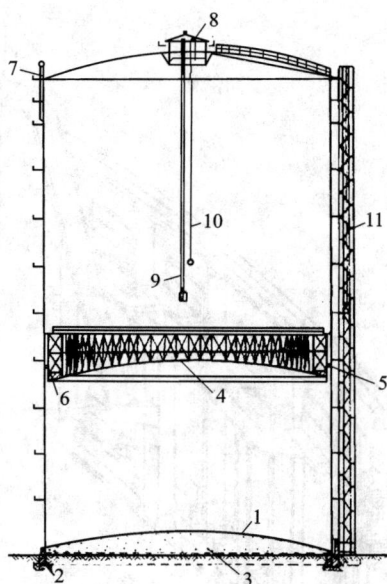

图 9 – 19 可隆型干式罐构造

1—底板；2—环形基础；3—砂基础；4—活塞；
5—密封垫圈；6—加重块；7—燃气放散管；8—换气装置；
9—内部电梯；10—电梯平衡块；11—外部电梯

可隆型干式罐采用干式密封的方法，如图 9 – 20 所示，由树胶和棉织品薄膜制成的密封垫圈安装在活塞的外周，借助于连杆和平衡重物的作用紧密地压在侧板内壁上。这种构造已经满足了气体密封的要求，但为了使活塞能够灵活平稳地沿着侧板滑动，还需注入润滑脂。

这种罐的密封方法不同于阿曼阿恩型，它不需要循环密封油，故不必设置油泵及电机设备。

3. 威金斯型干式罐

威金斯型干式罐的主要部分有底板、侧板、顶板、可动活塞、套筒式护栏、活塞护栏及为了保持气密作用而特制的密封帘和平衡装置等，构造如图 9 – 21 所示。

底板至侧板 1/3 高(外层密封帘和罐体的连接点)以下部分要求密封，侧板 1/3 高以上至罐顶不要求密封，在此段罐壁上设置了一定数量的通风窗，并且沿竖向每隔 1.8 m 处设有检查门。通过检查门可以进入套筒护栏顶部四周的人行道，人行道可以作为检查工作用的安全平台，在罐体外部另设旋梯以便行走。

罐顶是中间拱起的，四周设有栏杆扶手。为了防止活塞倾斜，滑轮是沿拱周围按一定的间距排列的，滑轮上设有一端连到活塞而另一端连到外部平衡重块的缆绳。外部平衡重块是沿罐壳外壁上的导轨运行的，在一个平衡重块上装有指针，可以在垂直标尺上指示所储存气体的体积。

活塞上设置了一圈护栏称为活塞护栏，它的构造是由支撑构件和特殊形状的波纹围板所组成。围板的作用是使密封帘能够卷开到套筒护栏的内表面上。套筒护栏的构造与活塞护栏

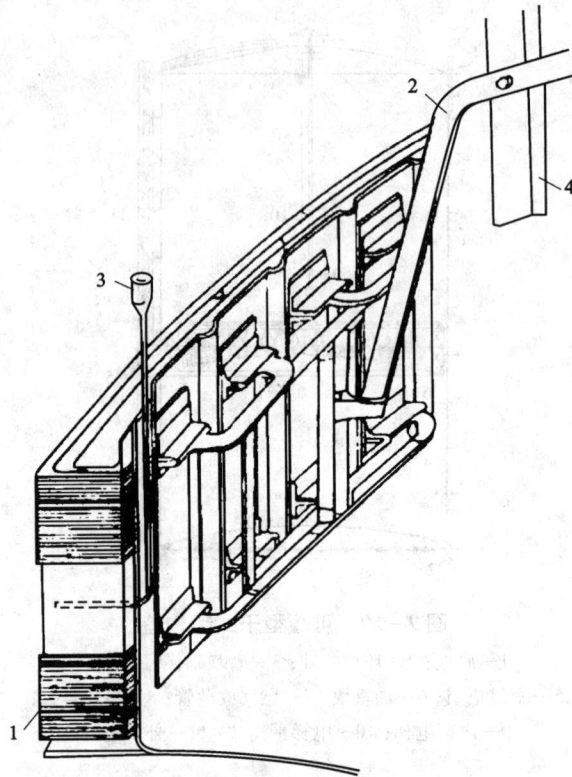

图 9-20　可隆型干式罐的密封构造
1—密封垫圈；2—连杆；3—润滑脂注入口；4—活塞梁

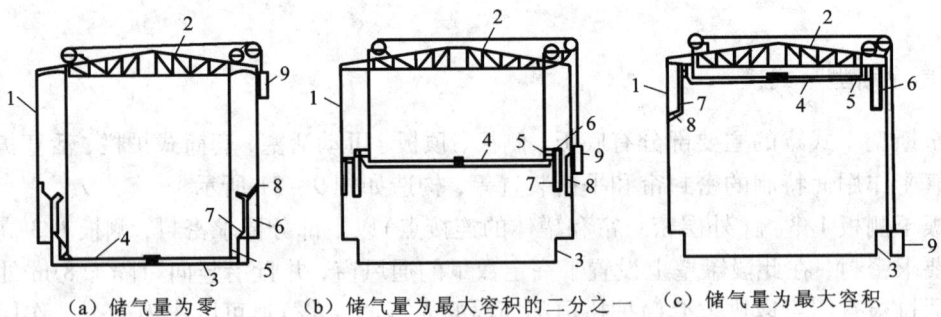

（a）储气量为零　（b）储气量为最大容积的二分之一　（c）储气量为最大容积

图 9-21　威金斯型干式罐的构造
1—侧板；2—罐顶；3—底板；4—活塞；5—活塞护栏；6—套筒式护栏；
7—内层密封帘；8—外层密封帘；9—平衡装置

相似，同时也装有围板，在围板上的外层密封帘可以卷开到罐壳壁上。在活塞护栏及套筒护栏之间以及在套筒护栏与罐壳之间有足够的间隙，故在活动部分之间没有摩擦，活塞的升降运动非常灵活平稳，也很少倾斜。

密封帘的采帘必须具有耐腐蚀性能,并且要有较好的机械性能(具有良好的弹性和韧性)。

目前密封帘采用的材料是聚氯丁合成橡胶弹性体,并且由特殊的尼龙布加强而制成的。这种尼龙布具有很高的抗拉强度。

当活塞带起在罐壳凸台上的套筒护栏以后,燃气的压力略有增加,为了获得较高的压力,在活塞上面需加重块。在整个活塞行程中,燃气的压力基本保持不变,可达 6 kPa。

威金斯型干式罐的各项参数如表 9 - 4 所示。

表 9 - 4 威金斯型干式罐的各项参数

公称容量/m^3	直径/mm	高/mm	钢材耗量/t
10000	28346	18898	220
50000	46573	38100	750
100000	59740	46939	1400
140000	65227	53340	1920

9.6 其他储气调峰装置(选修)

9.6.1 吸附储存

天然气吸附储存是指高比表面、富微孔的吸附剂在中低压下吸附储存天然气,可达高压下压缩天然气的储气密度。储存的天然气称为吸附天然气(adsorption natural gas,ANG)。

AND 技术是基于固气界面的吸附原理的一种工艺技术。在固体表面,原子或分子承受的力是不对称的,天然气分子在与固体表面接触时受到固体界面分子或原子的作用而暂时停留,吸附剂表面分子与天然气分子之间的作用力大大高于天然气分子之间的作用力,因而在吸附剂表面形成浓度很高的天然气吸附相。气体浓度增加,即发生吸附现象。由于吸附现象的存在,使得天然气在固体表面的分子浓度可以大大高于天然气内部的分子浓度。

自然界存在以及主要通过人工的方法可以制备出有很强吸附能力的物质(例如活性炭),称为吸附剂(adsorbent)。被吸附的气体(例如天然气)称为吸附质(adsorbate)。吸附剂和吸附质构成一个吸附系统。

1. 吸附质相态

吸附质有两种相态:在吸附剂内部自由空间的一般气态(本书直接称其为"气相")和在吸附剂表面的吸附态(称其为"吸附相",absorbed phase)。研究表明,甲烷吸附态的密度($\approx$ 0.35 g·cm^{-3})介于临界密度(0.162 g·cm^{-3})与沸点液态密度(0.425 g·cm^{-3})之间。吸附过程是一种自发过程,因为吸附发生时,气体分子的自由能减小,被吸附的气体分子自由度比在气相中减小,混乱程度也减少,表现为吸附过程有放热效应。

2. 吸附与脱附

吸附质离开界面引起吸附量下降的现象称为脱附，吸附与脱附在一定条件下可达到动态平衡，称为吸附平衡。

吸附过程中吸附剂与吸附质之间只有物理作用，因而作用较弱时称为物理吸附。吸附若伴随有吸附剂与吸附质的化学反应，形成表面化合物，因而相互作用强，则称为化学吸附。天然气在活性炭表面的吸附 ANG 是属于物理吸附的类型。

对吸附过程的气体平衡压力、吸附温度和吸附量三参数可以用吸附等温线、吸附等压线或吸附等量线表达其关系。最常用的是吸附等温线。吸附等温线是在一定温度下，平衡吸附量 $a(\mathrm{g/g^1})$ 与吸附压力（或吸附浓度）的关系曲线，见图 9 – 22。

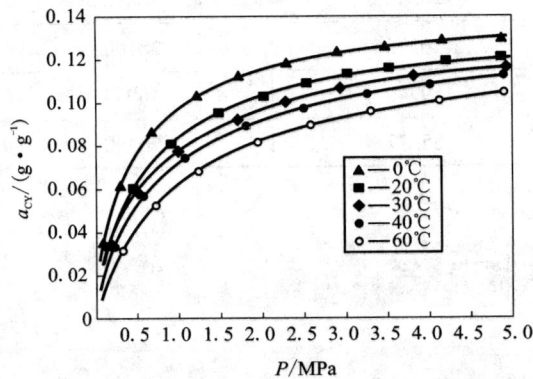

图 9 – 22   活性炭纤维 Busofit AYTM – 055 甲烷吸附等温线

吸附等温线有多种形态，图 9 – 10 为其中的一种。图中标记点为实验值，连续曲线为按 Dubinin – Radushkevich 方程的计算值。

可以看到，吸附等温线是斜率逐渐变小的曲线，以后还能看到在高压段会有斜率为零的极值点；温度越低，等温线位于越上方。吸附等温线可以是实验的或理论计算的。理论计算的吸附等温线取决于所依据的吸附理论模型。

3. Dubinin – Astrakhov 方程

1961 年俄罗斯 M. M. Dubinin 教授关于吸附剂微孔吸附量与吸附势关系的方程在描述气体吸附过程的模型中得到普遍地应用。Dubinin – Astrakhov 方程对微孔固体吸附剂是成功的模型：

$$n = n^0 \exp\left[-\left(\frac{RT \ln \dfrac{p_\mathrm{s}}{p}}{E} \right)^q \right] \tag{9 – 35}$$

式中：$RT \ln \dfrac{p_\mathrm{s}}{p}$——吸附势（吸附的化学势）；

  E——吸附特性能量，对已给定的吸附是常数；

  R——气体常数；

T——温度；

p_s——虚拟压力，在超临界温度时，p_s 无定义，用极限压力 p_{lim} 代替。p_{lim} 由等温线线性化求出，$p_{lim} = 17.3$ MPa；

q——吸附剂表面势分布，与吸附剂孔径分布有关系，一般为整数，对窄孔沸石 $q = 3$，标准活性炭 $q = 2$；

n^0——饱和吸附量，当 $p = p_s$ 时 $n = n^0$，如同吸附蒸气时的液体一样，吸附质分子充满微孔，由它计算微孔容积。

4. 吸附剂

吸附剂应满足四个基本要求，即较大的比表面积和适宜的微孔结构；高比体积储存容量；使用寿命长，能再生使用；满足工业化和环境保护的需要。

吸附剂孔径越小，吸附剂分子与天然气分子之间的作用力就越强；孔径越小，则吸附剂比表面积越大，因而吸附的天然气量就越多。可见表征吸附剂吸附性能的三个基本参数是比表面积、孔分布和微孔数量。

目前采用超级活性炭作为吸附剂，孔径为 $1 \sim 2$ nm 的微孔，比表面积可高达 3000 m^2/g，经加工成型的超级活性炭密度为 $0.5 \sim 0.7$ g/L。在常温下，压力为 1.6 MPa 时对甲烷的吸附能力约为 80 g/L，即相当于 $1\ m^3$ 超级活性炭可吸附 110 m^3 天然气。按供 0.2 MPa 中压管网，1.6 MPa 储气，ANG 容积效率为 0.75 条件，ANG 储气量与压力储罐储气量之比为 83:14。

近年来，国内外许多学者已对各种不同固体吸附材料（如沸石、分子筛、硅胶、炭黑、活性炭等）进行过吸附性能的研究和评价。试验证明，吸附储存天然气的有效吸附剂是具有高微孔体积的活性炭。表 9 - 5 给出了国外开发的天然气专用储存吸附剂参数。由该表中可以看出，在 3.5 MPa 下，目前已可得到甲烷吸附量体积比在 160 左右的吸附剂。

表 9 - 5　国外开发的几种天然气专用储存吸附剂

吸附剂种类	容量	公司
PVDC	在 3.45 MPa 和 298 K 时，吸附、脱附量（体积比）分别为 170 和 135	AGLARC 公司
AMB	在 3.1 MPa 和 298 K 时，吸附量（体积比）不低于 135	大阪气体公司
AX21	在 3.5 MPa 和 298 K 时，吸附量（体积比）为 144	Amoco 公司
GX - 321	在 3.6 MPa 和 298 K 时，吸附量（体积比）为 160	Amoco 公司
M - 30	在 1.386 MPa 和 298 K 时，吸附量（质量比）为 0.119 g/g	大阪气体公司
成型活性炭	在 3.45 MPa 和 298 K 时，吸附量（体积比）为 184	Quebec 公司
9LXC	在 1.5 MPa 和 298 K 时，吸附量（质量比）为 0.100 g/g	Union Carbide

5. 天然气的吸附储存

天然气的吸附储存是在储罐中装入固体吸附剂,储存压力为 34 MPa。生产 ANG 时,加压充入天然气。吸附会产生吸附热,应尽量使其移走;使用 ANG 时,则降压取气。取气是解吸过程,会因吸热导致温降,应采用适当方法给系统补热。吸附天然气方式可达到与压缩天然气相接近的存储容量。

与压缩储存相比,吸附储存具有工作压力低,设备体积小,成本低(超级活性炭价格降至当前价的 1/10 的条件下)等优点。

吸附天然气的应用工艺问题包括:

①活性炭压制成型、装填、再生等技术。

②考虑含杂质的实际天然气(CO_2、H_2O 和硫化物以及高碳碳氢化合物)对吸附剂吸附性能的影响。杂质会附着或凝析在活性炭表面上,大大减少活性炭的比表面积。因此,在系统中可考虑设杂质预除设备。

③在充、放气过程中存在吸附热效应,要研究提高吸附剂床层的换热性能,解决好吸附热的移出或补充,以及在低压条件下天然气的有效释放和利用效率。

④天然气吸附储存相关设备,特别是吸附天然气汽车的研究与开发。

制约天然气吸附储存的两个关键问题是高性能吸附剂的开发和吸、脱附过程热效应分析。

9.6.2 天然气水合物储存

将天然气(主要是甲烷)在一定的压力和温度下,转变成固体的结晶水合物,储存于钢制的储罐中,是目前世界上正在研究和开发的一项新技术。

天然气水合物(Natural Gas Hydrate, NGH)具有独特的结晶笼状结构。天然气水合物中水分子通过氢键作用形成点阵晶体结构。

在标准状况下,1 m^3 的气体水合物可储存 150 ~ 200 m^3 的天然气,100 m^3 的甲烷在水分充足的条件下生成大约 600 kg 水合物,体积为 0.6 m^3,即气体体积与相当的水合物体积之比约为 166。但如果考虑到结晶水合物不应充满储罐的全部体积,可以认为储存甲烷水合物的体积为甲烷气体体积的 1%。这样,在固态下储存甲烷气体所需的储存容积,约为液态下储存同样气体所需容积的 6 倍。甲烷储存体积比见表 9 - 6。

表 9 - 6 甲烷储存体积比

项目	压力/MPa	温度/℃	甲烷储存体积比
常压	0.1	-5 ~ -10	150 ~ 200
高压	3 ~ 10	+1 ~ +12	164

在 0 ~ 20℃、2 ~ 6 MPa 时,使反应釜中的温度比相平衡温度低 4℃ 左右时,通过搅拌可生成水合物。在相平衡条件下可保存水合物。在常压下为 -18℃ 时,10 天中天然气释放量约为气体量的 0.85%。通过降压、升温或加入甲醇、乙二醇或氯化钠、氯化钾等电解质,可改变 NGH 的相平衡条件,从而使 NGH 分解供出天然气。

以水合物形式存在的天然气资源极其丰富。用水合物储存天然气，具有巨大的储气能力和相对温和的储气条件，对天然气的预处理要求低，且在安全性方面还有其无比的优越性：水合物不易燃烧，可防止燃烧和爆炸事故发生；储存压力相对较低（4 MPa 左右），设备也不复杂；发生储罐破裂等方面事故时天然气泄漏速度慢（因为水合物分解后才能释放出天然气，而水合物的分解需一定的时间）。可见以 NGH 储运天然气的特点使该技术的应用具有广阔的前景。

但目前该技术还存在水合物形成速度慢、形成的水合物大量带水、水合物的高效分解方法和水合物储气条件优化，以及再气化和脱水等工艺课题。水合物储存天然气技术还处在实验研究阶段，其推广应用还需解决一系列问题，以提高储运过程的可靠性和经济性。

天然气水合物储存系统见图 9-23，整个系统具有 4 种流程路线：

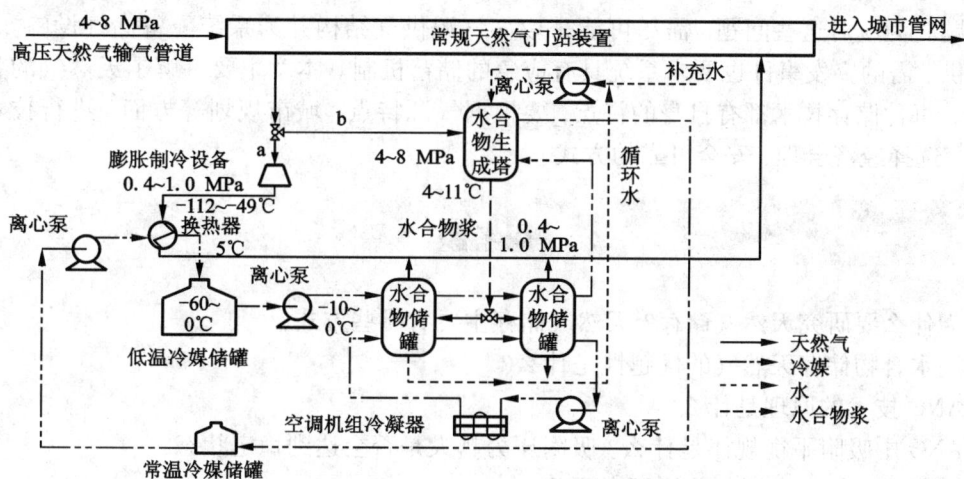

图 9-23　天然气水合物储存系统

（1）天然气流程线

①天然气压力能制冷。进入门站的压力为 4~8 MPa 的天然气经三通阀分为 a、b 两路，供当前时刻城镇用气量的天然气经 a 路经膨胀制冷设备，压力降至 0.4~1.0 MPa，温度降至 -112 ~ -49℃。低温天然气与冷媒在换热器中进行能量交换，温度升为 +5℃，进入城镇燃气管网；冷媒温度降至 -60~0℃，存于低温冷媒储罐中。

②制备 NGH。当前时刻部分天然气经 b 路进入水合物生成塔，冷媒提供冷量，喷入生成塔的水分与天然气生成天然气水合物浆，温度为 4~11℃。

③水合物储存。用气低谷时天然气流主要流向 b 路，生成天然气水合物浆存入水合物储罐。

④气化。用气高峰时在空调回路冷凝器与水合物储罐之间循环的冷媒将热量传到水合物，使其气化，供向城镇燃气管网。

（2）低温冷媒流程线

由流程图 9-23 可以看到有一个冷媒大循环：离心泵—换热器—低温冷媒储罐—离心泵—水合物储罐—水合物生成塔—常温冷媒储罐—离心泵。

（3）冷媒流程线

另有一个冷媒小循环：离心泵—空调机的冷凝器—水合物储罐—离心泵。

（4）水流程线

流程中还有一个循环水流程：离心泵—水合物生成塔—水合物储罐—离心泵。其中水是作为天然气的载体。

本章小结

燃气系统由生产、输送和分配三个环节构成。在供需总量平衡的条件下，系统的实时燃气气流是不平衡的，这是燃气工业系统技术上的固有矛盾。为解决这一矛盾，在系统中需设置储气设施对其加以调节。缩小范围看，对一个城镇输配系统，也存在供需总量平衡和实施平衡问题。为应对这些问题，需尽可能采取多气源供气结构并为系统配备储气设施。此外，为应对供、需的突发事件也要求系统具有应急的储蓄机制。本章主要讲解了天然气的各种储存方式。每种储存技术都有自身的特点，要根据气源特点、城市规划等方面，进行技术经济比较后，选择经济合理、安全可靠的方式。

思考题

1. 为什么要研究天然气储存？天然气储存主要有哪些方式？

2. 用水合物储存天然气的优越性是什么？

3. ANG 技术的原理是什么？

4. ANG 中吸附平衡规律是什么？吸附压力越大是否会达到稳定状态？

5. 吸附天然气的应用工艺问题有哪些？

6. LNG 储罐的类型分为哪几种？各有什么优势？

7. 天然气长输管道末段储气是否有局限性？输气管各点的气体流量是否一致？如何计算？

8. 简述储气设施的工程技术特性及适用性。

第 10 章 城镇管道天然气场站

10.1 门站

10.1.1 门站的功能

由长距离输气干线供给城镇的天然气，一般经分输站通过分输管道送到燃气门站。燃气门站设于城镇燃气管道的起点，是城镇或工业区分配管网的气源站，考虑长输管线送来的天然气压力一般为 1.6～10.0 MPa，在燃气门站内燃气需经过滤除尘、调压、计量和加臭后送入城镇或工业区的管网。长距离输气干线的清管器接收装置一般也设在燃气门站内，如果燃气门站前的输气末站设有清管器接收装置，燃气门站就不再设置该装置。

对于区域较大的城市，为了保证供气的可靠性，适应城市区域对天然气的要求，常建有两座或两座以上门站。

图 10-1 所示为燃气门站一级调压流程。来自长输管线末端的天然气经过滤、调压、计量和加臭后进入城镇燃气管网。流程中有四套除尘装置、三套调压装置，其中任意一套可作为备用。当全站需要停气检修或发生事故时，可经由越站旁通管 16 向管网临时供气。

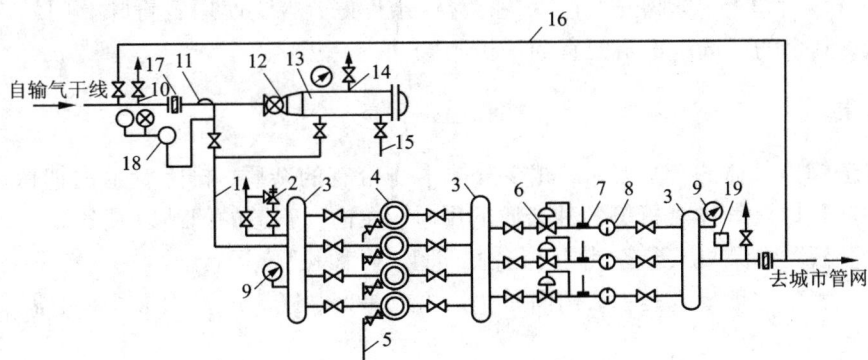

图 10-1 燃气门站一级调压流程图

1—进气管；2—安全阀；3—汇气管；4—过滤器；5—过滤器排污管；6—调压器；7—温度计；8—孔板流量计；9—压力表；10—干线放空管；11—清管球通过指示器；12—球阀；13—清管球接收筒；14—放空管；15—排污管；16—越站旁通管；17—绝缘法兰；18—电接点式压力表；19—加臭装置

根据进口燃气压力的大小和高压储气压力以及城镇管网或工业用户所需压力的要求，在门站进行一级调压或多级调压,当有多路出站管道时,出站压力级别可根据下游用户的不同需求设置。

此外,为了可靠性、管理和安全的需要,门站在功能上还应满足:所有阀门的启闭、流量、温度压力信息全部通过通信设备送往输配调度中心;当站场处于事故工况时,开启过站旁通阀,以保证正常输气;为避免超压时对下游设备的不利影响,在进气管上设置安全放散装置。

门站投入运行后能满足城市用气,应能以稳定的压力、充足的储备保证周边城镇、郊区发展的用气量。门站内设置 SCADA 终端单元设施可以对站内的全部运行过程进行控制和监视,随时了解设备是否处于正常运行状态及何时需要维护检修,为正常的运行和管理提供可靠的保证。

10.1.2　主要工艺设备

门站内的主要设备包括:阀门、除尘装置、清管器接收装置、计量装置、调压器、安全阀以及需要将有关技术参数及信号传送的遥测设备系统和现场数据显示、控制的 SCADA 终端。

1. 阀门

门站阀门要求符合下列条件:有良好的气密性;强度可靠;耐腐蚀;具有可靠的大扭矩驱动装置;与管道通径相同;可以自动控制。

天然气使用的两种阀门类型:球阀和平板阀(通孔板式闸阀)。球阀按阀芯的安装方式分为浮动式和固定式,浮动式的球心可自由向左右两侧移动,是属于单自动密封,开启力矩大。固定式结构通过阀杆和径向轴承将阀心固定在阀体上,可实现球体两侧强制密封,其启闭力小,适用于高压大口径球阀。

平板阀是一种通孔闸阀。闸板的下方有一个与管径相同的阀孔,关闭时形成单面密封。

球调与闸板阀均有全启时压力损失小,可以通过清管球和制成高压大口径等优点,均被大量采用在气体管道上,球阀开关速度快,密封条件好,更受使用者青睐。门站内重要部位应选用球阀,其余的可选用价格便宜的平板闸阀。

2. 除尘器

为了保证输出气体的含尘要求,减少气体本身带有的杂质,排除管道内遗留的焊渣、管道内壁腐蚀产物以及气体凝析等各种杂质的影响,在输气管道的门站以及各调压计量站等场所安装除尘装置,确保调压设备、阀门和输配管网、燃具正常运行。

对除尘装置的一般要求是:结构简单,分离效果好,气流压力损失小,不需要经常更换和清洗部件等。

按工作方式除尘器可分为干式和湿式两种。

干式除尘装置有旋风除尘器、重力除尘器和过滤器。

湿式除尘器利用油液洗涤气体中的尘粒,用过的油液经再生净化后,可重复使用。可分为挡板式和丝网式,具有质量小、体积大、使用方便等特点。

球形除尘器:结构紧凑,金属用量少,但密封条件和工作的可靠性较差。

旋风除尘器:用于大流量输气管道上,切向入口的旋风除尘器的直径很大,效率却不高。

而多管式旋风除尘器已取代切向进口的旋风除尘器,使工作时噪声降低,外壳不易磨损,具有工作安全可靠等特点。常用的旋风除尘器有轴流式和涡流式两种。其中轴流式旋风除尘器,气量分配比较均匀稳定,有利于增加旋流子的布置密度,能提高单台除尘器的除尘处理能力。而涡流式旋流子的流动阻力小,旋转后含尘气流远离出口管,利于避免尘粒溢出和对出口管壁的磨损。

多管旋风除尘器有较高的分离效率,一般为90%以上,分离的最小粒度在 10 μm 以下,它具有处理能力大,管理方便,无消耗性材料等优点,适合输气管道的各种场合。

3.清管器

根据清管器具体形式,从结构特征上可以分为:清管球、皮碗清管器和塑料清管器三类。

任何清管器都要求具有可靠的通过性能(通过管道弯头、三通和管道变形的能力),足够的机械强度和良好的清管效果。

清管球通常由橡胶制成,中空、壁厚30~50 mm,球上有可以密封的注水排气孔,制造时过盈量一般为2%~5%,清管球的变形能力好,可在管内作任意方向的转动,由于是靠球体的过盈进行密封,因此必须将球中的空气排净,以确保清管球进入管道内的过盈量。

皮碗清管器通常由一个刚性骨架和前后两节或多节皮碗构成。皮碗形状可分为平面、锥面和球面三种,平面皮碗的端部为平面,清除固体杂物的能力最强,但变形小,磨损较快。锥面皮碗和球面皮碗很能适应管道的变形,并能保持良好的密封,但它们容易越过小的物体或被较大的物体垫起而丧失密封。这两种皮碗寿命较长,夹板直径小,也不易直接或间接地损坏管道。

4.调压器

门站通常采用的两种较典型的调压器为:通用型高－中压调压器和静音式高－中压调压器。

通用型高－中压调压器的最高进口压力可达8.5 MPa。出口压力为0~6.0 MPa。这种调压器底部带有一个安全阀,一旦调压器发生故障,出口压力升高至安全阀事先设定的动作压力时,安全阀会自动切断主调压器并发出报警信号,重新启动时需人工开启。

静音式高－中压调压器进口压力最高可达2.5 MPa,出口压力为0.002~1.6 MPa,运行时噪声小于70 dB。静音式调压器是在通用型的基础上改进而成的,将通用型调压器的平衡活塞改为弹性皮膜,又在阀口处增加多孔模块,这样就大大降低了气流通过时的噪声,但进口承受的压力也相应降低了。

5.切断阀

切断阀在门站中的作用是在调压器发生故障、出口压力超过其允许值时,自动切断调压器进口管路的气源,从而使下游管网及其设备不受破坏,保证输气安全。

较为合理的做法是将切断阀直接与调压器连为一体,切断阀体积小,可靠性好,操作管理简便,较广泛地在高－中压调压站内使用。

如果调压器本身已装有安全切断装置,则无须再设置切断阀。

6.加热装置

天然气节流降压的过程会产生汤姆逊效应,压力每降0.1 MPa,气体温度约降0.4℃,有些高压门站内,干燥的天然气压降达到2~3 MPa以上,此时调压器出口管的外壁会出现较严重的结冰现象。为防止过冷气体流经计量设备,造成误差,故多将计量设备移至调压器之前,也可以在门站配备加热设备,以确保设备的正常运行。

热交换器的形式很多,但一般选用热水箱循环介质为宜,热源的设置方式依门站规模而定,大站宜选站内集中供热源。

7. SCADA 终端单元

在门站中远传的参数有压力和流量这两大主要参数。流量和压力的测点分别位于进口总管的稳流处和进出口总管处、安全放散装置前。对站内设备需要进行遥控的有:所有参加运行的调压器相关位置的阀门,如站外旁通阀,进口总阀及二路支阀、调压器前的进口阀等。

10.1.3　平面布置

燃气门站的站址选择应遵守城镇总体规划。天然气门站的站址应结合长输管线位置确定,应具有适宜的地形、工程地质、交通、供电、给水排水和通信等条件,应少占农田、节约用地并注意与城镇景观等协调,大规模储气的门站宜位于城镇和居民区全年最小频率风向的上风侧。应有足够的面积,并为扩建留有必要的余地。

天然气门站站内大致包括:调压计量区、废液处理区、仪表维修间、消防池、消防泵房、办公室,有的还配有锅炉房、应急发电机房等。站内还应建有通信、办公和生活设施,以及配备车库和必需的交通工具。

一般在北方门站有供热系统,占地面积较大,调压设备多置于室内。而南方的门站相对面积较小,除了办公值班或仪表维修,数据采集等设备位于室内,其他均露天设置,且较为紧凑。门站的总平面布置示意图如图10-2所示。

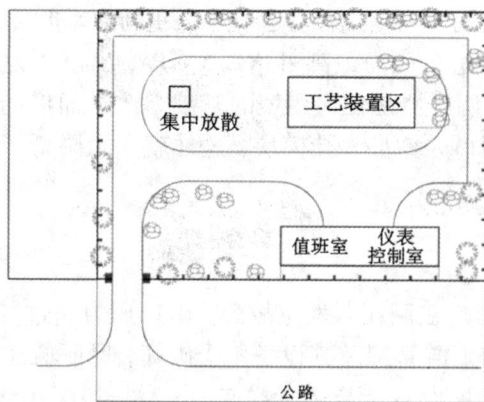

图 10 - 2　门站总平面布置示意图

10.1.4　加臭装置

当燃气无臭味或臭味不足时,门站内应设置加臭装置。

城镇燃气加臭剂应符合下列要求:加臭剂和燃气混合在一起后应具有特殊的臭味;加臭剂不应对人体、管道或与其接触的材料有害;加臭剂的燃烧产物不应对人体呼吸有害,且不应腐蚀或伤害与此燃烧产物经常接触的材料;加臭剂溶解于水的程度不应大于 2.5% (质量分数);加臭剂应有在空气中应能察觉的加臭剂含量指标。

燃气中加臭剂的最小量应符合下列规定:

①无毒燃气泄漏到空气中,达到爆炸下限的 20% 时,应能察觉。

②有毒燃气泄漏到空气中,达到对人体允许的有害浓度时,应能察觉;对于以一氧化碳为有毒成分的燃气,空气中一氧化碳含量达到 0.02% (体积分数)时应能察觉。

经常使用的加臭剂有四氢噻吩(THT)、乙硫醇(EM)和三丁基硫醇(TBM)等。此外,还有不含硫的加臭剂,其主要成分为丙烯酸酯类。

以四氢噻吩作为加臭剂,几种无毒燃气的参考用量可参考表 10 - 1。

表 10 - 1　几种无毒燃气的加臭剂用量

燃气的种类	加臭剂用量/($mg \cdot m^{-3}$)
天然气(天然气在空气中的爆炸下限为 5%)	20
液化石油气(C_3 和 C_4 各占一半)	50
液化石油气与空气的混合气(液化石油气:空气 = 50:50;液化石油气成分为 C_3 和 C_4 各占一半)	25

乙硫醇与金属氧化物反应生成硫醇盐类,导致加臭剂在管线中有失效现象。因此,在燃气加臭的初期阶段,通常需要提高加臭剂的单位耗量。

采用乙硫醇作加臭剂时,对于天然气其用量为 16 ~ 20 mg/m^3(标)。对于含有 20% 一氧化碳(CO)的有毒燃气,用量为 230 mg/m^3(标)。上述数值指全年的平均耗量,由于人们对气味的敏感程度随气温的升高而增大,故应按季节变化改变加臭剂的用量,一般最冷与最热季节的用量比为 2:1。

由于加臭剂通常含有硫化物,有一定的腐蚀性,添加量要适当。

还可以通过短期内增加加臭剂含量的方法来寻找地下管道的漏气点。

燃气的加臭通常采用滴入式、吸收式和活塞泵注入式等装置进行。滴入式加臭装置是将液体加臭剂以单独的液滴或细液流的状态加入燃气管道中,液体加臭剂蒸发并与燃气混合。由于液滴或细液流的蒸发表面积很小,因此所采用的加臭剂应具有较大的蒸气压。吸收式加臭装置,则是使部分燃气进入加臭器,在其中燃气被蒸发的加臭剂饱和,这部分被加臭剂饱和的燃气再进入主管道,与未加臭的燃气混合。

图 10 - 3 所示为滴入式加臭装置的简图。加臭剂的储槽通常用不锈钢制成,也可以为卧式。

从观察管观察每分钟流入的加臭剂滴数,液滴数的调节由针形阀进行,这种装置在燃气

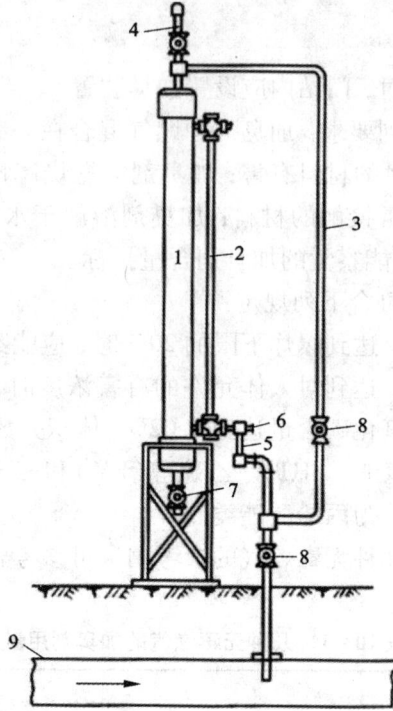

图 10 – 3　滴入式加臭装置

1—加臭剂储槽；2—液位计；3—压力平衡管；4—加臭剂充填管；
5—观察管；6—针形阀；7—泄出管；8—阀门；9—燃气管道

流量不大（200～20000 m³/h）时使用，主要优点是构造简单，缺点是加臭剂的流量难以控制，特别是在燃气流量发生变化时。因而，采用计算机控制的加臭装置更能满足加臭的要求。

为适应燃气流量的变化，对燃气进行精确加臭，可以采用单片机控制注入式加臭装置，如图 10 – 4 所示。

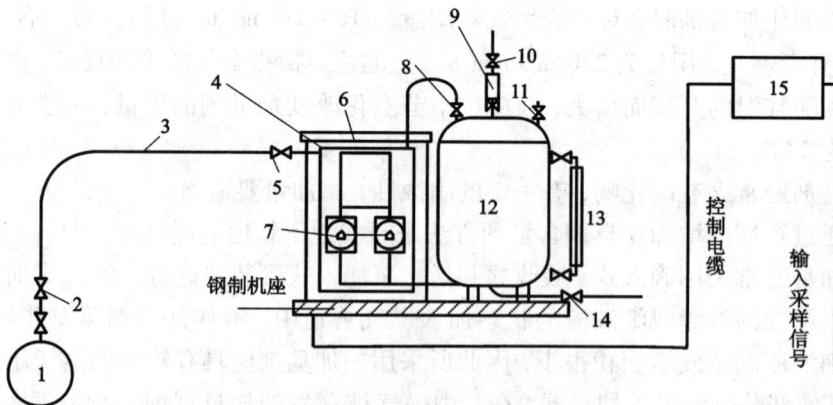

图 10 – 4　注入式加臭装置简图

1—燃气管道；2—注射器阀；3—加臭剂管线；4—加臭剂输送管道阀门组；5—加臭阀；6—加臭机柜；7—计量加臭泵；8—回流阀；9—呼吸阻火阀；10—放空阀；11—进料阀；12—加臭剂储存筒；13—液位计；14—排污阀；15—控制器

加臭剂通过储罐由计量加臭泵导入加臭管线，再由加臭阀将加臭剂注入燃气管道中与燃气混合进行加臭。加臭剂的流量由计量加臭泵调节，调节依据来源于控制器，控制器根据从被加臭管道输送介质中获取的加臭浓度采样数据来决定计量加臭泵的输出。在控制室能直接掌握现场的设备运行工况，直观显示设备工作状态及输出量。能自动补偿加臭，根据燃气中加臭剂浓度信号变化自动增减加臭信号输出量，调整加臭设备的加臭量，使燃气内加臭剂浓度基本保持恒定。自动记录、输出打印运行记录、自动绘制运行工况分析图表。利用计算机的联网功能，实现远程数据传输和监控。

10.2　储配站

10.2.1　储配站的功能

对于大中型城市，通常在燃气门站之后，在城镇外围建设环形或半环形燃气管道，进行高压储气，用于解决城镇燃气的小时调峰和日调峰问题。由环形高压管道通过若干个高 - 中压调压站向城镇管网供应燃气。若不具备建设环形高压燃气管道的条件，则通常需设置储配站。储配站可单独设置，亦可与城镇燃气门站合并设置。

门站

在用气低峰时天然气存入储罐中。用气高峰时，储罐中的气体进入城市管网，补充高峰时段用气不足。如果来自管网的天然气压力不能满足储气设施的压力要求，可以通过加压实现，而采用高压引射的方式也可以提高储气设施的利用效率（提高储罐的容积利用系数）。对于用气量较大的城市，其储罐总体容积较大，多为成组布置。

采用储罐储气的储配站，通常作为平衡小时不均匀性的调峰设施，同时具有高 - 中压调压站功能。调压站控制中心通过对进站压力、流量、球罐压力、温度、引射器前后压力、流量以及过滤器前后的压差等参数进行监视和分析，从而对其进出站总阀门、进出球罐阀门、进出引射器阀门、各调压计量系统阀门以及站内外旁通阀门进行控制。

10.2.2　储配站的工艺流程

图 10 - 5 所示是一座典型的天然气储配站，因设有清管球接收装置，也可以兼作城镇燃气门站。在用气低峰时，由燃气高压干线来的燃气一部分经过一级调压进入高压球罐，另一部分经过二级调压进入城镇燃气管网；在用气高峰时，高压球罐所储存的燃气与经过一级调压后的高压干管来气汇合，经过二级调压入管网。为了提高储罐的利用系数，在站内安装了引射器，当储气罐内的燃气压力接近管网压力时，可以利用高压干管的高压燃气把燃气从压力较低的储罐中引射出来，以提高整个罐站的容积利用系数。为了保证引射器的正常工作，球阀 7(a)、7(f)、7(c)、7(d) 必须能迅速开启和关闭，因此应设为电动阀门。引射器工作时，7(b)、7(d) 开启，7(a)、7(c) 关闭。引射器除了能提高高压储罐的利用系数之外，当需要开罐检查时，可以把准备检查的储罐内压力降到最低，以减少开罐时所必须放散到大气中的燃气量，提高经济效益，减少大气污染。

为了保证储配站正常运行，高压干管来气在进入调压器前还需过滤、加臭和计量。

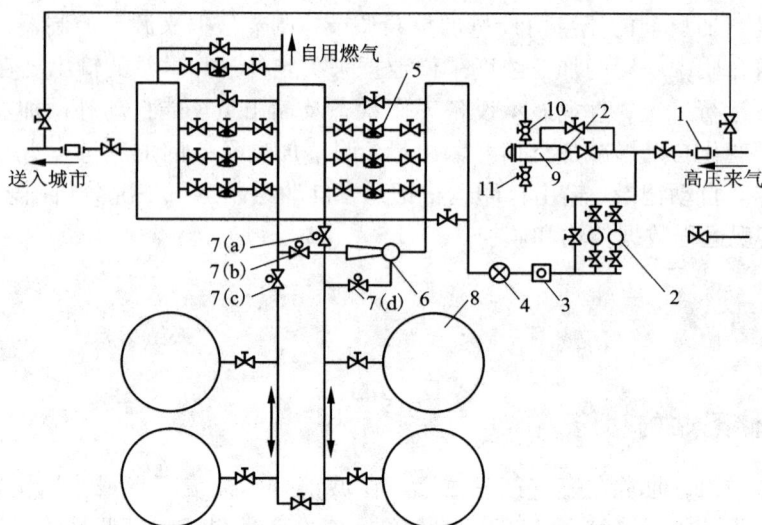

图 10 – 5　天然气门站储配站工艺流程图

1—绝缘法兰；2—除尘装置；3—加臭装置；4—流量计；5—调压器；6—引射器；
7—电动球阀；8—储罐；9—清管球接收装置；10—放散装置；11—排污阀

10.2.3　储配站的设施

1. 加压设施

通过长输管道进入储配站的天然气通常压力较高，能够满足储罐的储气压力要求，特殊情况下，当来气压力较低而不能满足储气压力要求时，需要设置加压设施，建设压缩机室，选用适当的压缩机对来气进行加压。

储配站的加压设备选择应根据吸排气压力、排气量及气体净化程度，选用活塞式、罗茨式、离心式等压缩机，或者选用几种类型的压缩机。所选压缩机应便于操作维护，安全可靠，并符合节能、高数、低振、低噪的要求。压缩机应设置备用，压缩机出口管道应有止回阀和闸阀。

压缩机宜按独立机组配置进、排气管，阀门，旁通，冷却器，安全放散，供油及供水等各项辅助设施。

压缩机宜按单排布置，压缩机之间及压缩机与墙壁之间的净距应大于 1.5 m，重要通道应大于 2 m。

压缩机室宜采用单层建筑，并按现行的《建筑设计防火规范》规定的"甲类生产厂房"设计。其建筑耐火等级不宜低于"二级"、室内应设有检修用的起重设备。

2. 储罐

储罐是储配站内的主要设施，在以天然气为气源时，多采用高压储罐，详见 9.3 节。

3. 消防

储配站的储罐区应设消防给水系统，储配站内消防给水管网应采用环形管网，其给水干管不应少于 2 条。当其中一条发生故障时，其余的进水管应能满足消防用水总量的供给要求。储罐区的消防用水量不应小于表 10−2 的规定。当消防水量不足时，应设消防水池，消防水池的容量应按火灾延续时间 3 h 计算确定。在火灾情况下能保证连续向消防水池补水时，其容量可减去火灾延续时间内的补水量。

表 10−2　储罐区的消防用水量表

储罐容积 L/m^3	$500 < L \leqslant 10000$	$10000 < L \leqslant 50000$	$50000 < L \leqslant 100000$	$100000 < L \leqslant 200000$	$L > 200000$
消防用水量（L/s）	15	20	25	30	35

注：固定容积的可燃气体储罐以组为单位，总容积按其几何容积（m^3）和设计压力（绝对压力，10^2 kPa）的乘积计算。

4. 监视系统

设置电视监视系统可使工作人员在控制室监控生产区全貌，以达到对生产区全方位监控，随时发现问题，对于特定时期的人为破坏也能起监控作用。

5. SCADA 终端单元

储配站应建立自动控制系统，对站内设施进行全方位量化监控，进行在线分析，将各种参数进行归纳处理，并将控制状态及参数送至控制室显示屏。

10.2.4　储配站的总平面布置

储配站宜设在城市全年最小频率的上风侧或侧上风侧，远离居民稠密区、大型公共建筑、重要物资仓库以及通信和交通枢纽等重要设施，同时应避开雷击区、地裂带和易受洪水侵袭的区域。储配站平面布置时应注意以下问题。

1. 防火间距

站内露天燃气工艺装置与站外建、构筑物的防火间距应符合甲类生产厂房与厂外建、构筑物的防火间距的要求。

储配站内的储气罐与站内的建、构筑物的防火间距应符合表 10−3 的规定。

储气罐或罐区之间的防火间距，应符合以下要求：固定容积储气罐之间的防火间距，不应小于相邻在罐直径的 2/3；固定容积储气罐与低压湿或干式储气罐之间的防火间距，不应小于相邻较大罐的半径；数个固定容积储气罐的总容积大于 200000 m^3 时，应分组布置。组与组之间的防火间距：卧式储罐，不应小于相邻较大罐长度的一半；球形储罐，不应小于相邻大罐的直径，且不应小于 20.0 m。

表 10 – 3   储气罐与站内的建、构筑物的防火间距

储气罐总容积 L/m^3	$L \leqslant 1000$	$1001 < L < 10000$	$10001 < L < 50000$	$50001 < L < 200000$	$L > 200000$
明火、散发火花地点	20	25	30	35	40
调压室、压缩机室、计量室	10	12	15	20	25
控制室、变配电室、汽车库等辅助建筑	12	15	20	25	30
机修间、燃气锅炉房	15	20	25	30	35
办公、生活建筑	16	20	25	30	35
消防泵房、消防水池取水口	20				
站内道路(路边)	10	10	10	10	10
围墙	15	15	15	15	18

注：1. 低压湿式储气罐与站内的建、构筑物的间距，应按本表确定。

2. 低压干式储气罐与站内的建、构筑物的防火间距，当可燃气体的密度比空气大时，应按本表增加 25%；比空气小或等于时，可按本表确定。

3. 固定容积储气罐与站内建、构筑物的防火间距应按本表的规定执行。总容积按其几何容积(m^3)和设计压力(绝对压力，10^2 kPa)的乘积计算。

4. 低压湿式或干式储气罐的水封室、油泵房和电梯间等附属设施与该储罐的间距按工艺要求确定。

5. 露天燃气工艺装置与储气罐的间距按工艺要求确定。

2. 功能分布

储配站区域上有生产区(包括储罐区、调压计量区、加压区等)和辅助区(包含控制室、变配电室、办公、生活等建筑)，布置时生产区与辅助区应用围墙或栅栏隔开。

3. 消防车道

罐区周围应设环形车道，方便消防车辆通过。环形车道与罐区应保证一定间距，中间设置绿化带。

4. 消防水池

根据天然气储罐的特性，消防水池及消防水泵房应与储罐适当拉开距离，设在储配站远离罐区的一侧。

典型的储配站平面布置图如图 10 – 6 所示。

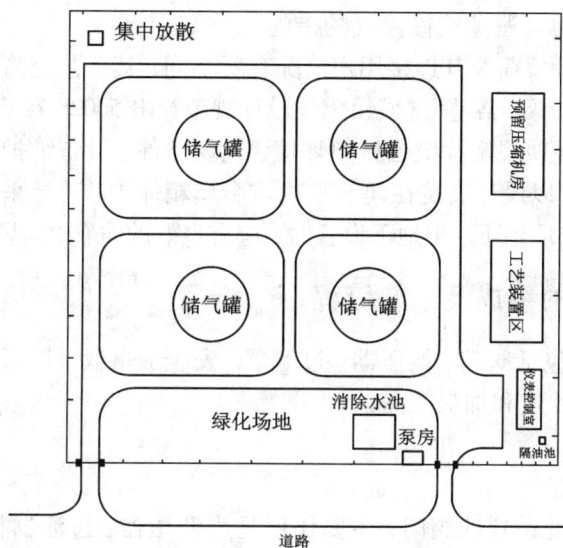

图 10 – 6　储配站平面布置图

10.3　调压计量站

10.3.1　概述

　　燃气输配系统调压设施的建设需根据不同气源及其输配范围和功能而采用不同的工艺流程。首先要了解和确定以下 3 个方面的因素：

　　①下游近期和远期的用气负荷。

　　②上游和下游远期管网的设计压力及运行压力。

　　③上游和下游管网的建设情况。

　　调压设施的建设应按"远近结合，以近期为主"的方针，根据管网结构平衡合理地划分调压设施供气区域及配气量把规划负荷落到实处。调压设施的设计压力应与输配系统压力级制相匹配、与管道压力级别保持一致，同时要根据实际用气负荷发展和管网水力工况，考虑实施调整其运行压力。

　　调压设施在围绕调压器等设备的选择方面应力求性能可靠、功能完善，并优先考虑其安装、维护和管理方便以及零部件供应有保障的系列产品。

　　调压设施的技术内容不仅只有调压器，还涵盖了围绕燃气压力的变化及其效应而必须配置的预处理设备，以保证调压器正常运行。同时，根据输配系统运行管理上的需要配置必要的参数测量与控制仪表。

　　燃气调压过程的预处理工序主要有燃气调压前的过滤与补偿节流降温预热，以及调压后的减噪声和加臭，特殊情况下还包括燃气的干燥或加湿。燃气调压过程参数测量与控制的内容有：压力（压差）、流量、密度、热值、温度、湿度、噪声等级和燃气浓度等。从调压设施安

全技术方面考虑，在工艺流程上必须设置调压器下游发生超压的安全切断装置和安全放散装置，以及采取多路或旁通等避免检修停气的措施。

尽管调压设施的设计负荷及其连接用户情况有所不同，其工艺繁简程度也各异，但在消防设计要求上是一致的，并要严格遵守《城镇燃气设计规范》GB 50028 在建筑结构、电气、暖通和环保等相关专业方面的各项规定。根据城镇环境、气候条件、设备维护与仪表检测、操作人员巡视要求等，调压设施可以设计安装在建筑物内或金属箱体中，甚至采取设备露天设置，但一般以地上布置为宜，若采取地下、半地下设置时，应有良好的防腐、通风和防爆设计。

10.3.2 调压站的组成及工艺流程

调压站的主要设施包括阀门、调压器、过滤器、安全放散阀、切断阀、旁通管及监控仪表等，有的调压站还装有计量和加臭设备。

1. 阀门

调压站进口及出口处设置的阀门，主要作用是当调压器、过滤器检修时关断燃气。在调压站之外的进、出口管道上亦应设置总阀门，此阀门是常开的，但要求必须随时可以关断，并和调压站相隔一定的距离，以便当调压站发生事故时，不必靠近调压站即可关闭总阀门，避免事故蔓延和扩大。调压站使用的阀门主要有球阀、蝶阀和闸阀。这三种阀门由于结构不同，各有特点，有其不同的适用范围。球阀与闸阀多采用双面密封的结构形式。

2. 过滤器

过滤器是除去气体中杂质的设备。燃气中常含有较大固体颗粒和液体，以及由于管道内壁锈蚀，管道带气作业、事故抢修过程中产生的粉尘和污物很容易积存在调压器、流量计和阀门中，影响其正常工作。为了保证设备的安全运行，燃气调压装置和燃气计量装置前必须安装过滤器。

过滤器从原理上分为旋风分离式过滤器和滤芯式过滤器两种。从外形上分为立式过滤器和卧式过滤器两种。旋风分离式过滤器基于重力及离心力的工作原理，燃气切向进入离心体内，旋转产生离心力，推动杂质向管壁移动，形成旋流，促使杂质中流向排污阀，完成杂质分离。滤芯式过滤器是当气体进入置有一定规格滤网的滤筒后，其杂质被阻挡，而清洁的气体则由过滤器出口排出。滤芯式过滤器的结构和工作原理如图 10-7 所示。

过滤器的性能指标主要是过滤精度和过滤效率。过滤精度以微米（μm）评价，一般情况下，计量装置要求燃气中尘粒的粒径不大于 5 μm，过滤效率一般要求大于 98%。过滤器滤芯材质应有足够的抗拉伸强度。过滤器前后应设置压差计，根据测得的压力降可以判断过滤器的堵塞情况。在正常工作情况下，燃气通过过滤器的压力损失不得超过允许范围，压力损失过大时应对滤芯进行清洗，以保证过滤质量。

3. 安全装置

当负荷为零而调压器阀口关闭不严，以及调压器中薄膜破裂或调节系统失灵时，出口压力会突然增高，会危及设备的正常工作，甚至会对公共安全造成危害。

防止出口压力过高的安全装置有安全阀、调压器串联装置和调压器并联装置。

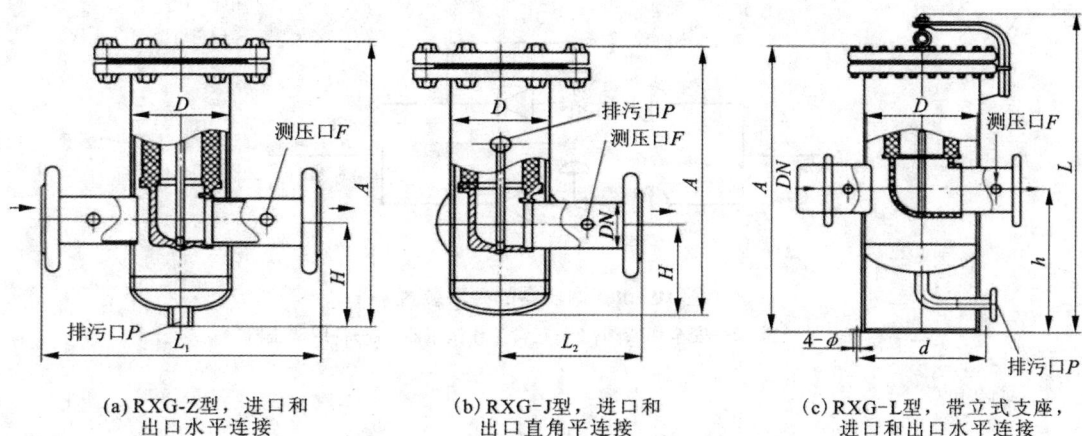

(a) RXG-Z型，进口和
出口水平连接

(b) RXG-J型，进口和
出口直角平连接

(c) RXG-L型，带立式支座，
进口和出口水平连接

图 10 − 7 RXG 系列圆筒形滤芯式过滤器

（1）安全阀

安全阀可以分为安全切断阀和安全放散阀。安全切断阀的作用是当出口压力超过允许值时自动切断燃气通路的阀门。安全切断阀通常安装在箱式调压装置、专用调压站和采用调压器并联装置的区域调压站中。安全放散阀是当出口压力出现异常但尚没有超过允许范围前开始工作，可把足够数量的燃气放散到大气中，使出口压力恢复到规定的允许范围内。安全放散阀可分为杠杆式、重块式、弹簧式等。

无论哪一种安全放散阀，都有压力过高时保护管路不间断供气的优点。主要缺点是当系统容量很大时，可能排出大量的燃气，因此，通常不安装在建筑物集中的地方。

（2）监视器装置

图 10 − 8 所示为两个调压器串联安装的监视器装置，备用调压器 2 的给定出口压力略高于正常工作调压器 3 的出口压力，因此，正常工作时备用调压器的调节阀是全开的。当调压器 3 失灵，出口压力上升到备用调压器 2 的给定出口压力时，备用调压器 2 投入运行。备用调压器也可以放在正常工作调压器之后，备用调压器的流通能力不得小于正常工作调压器。

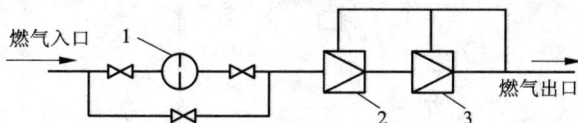

图 10 − 8 调压器的串联装置

1—过滤器；2—备用调压器；3—正常工作调压器

图 10 − 9 所示为两个调压器并联安装，系统运行时，一个调压器正常工作，另一台备用。当正常工作调压器出故障时，备用调压器自动启动，开始工作。其原理为：正常工作调压器的发生故障，使出口压力增加到超过允许范围时，其线路上的安全切断阀关闭，致使出口压力降低，当下降到备用调压器的给定出口压力时，备用调压器自行启动正常工作。备用管路上安全切断阀的动作压力应略高于正常工作管路上安全切断阀的动作压力。

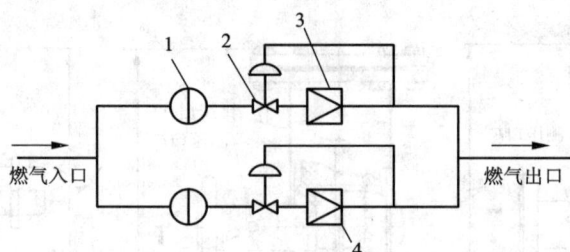

图 10 – 9　调压器的并联装置

1—过滤器；2—安全切断阀；3—正常工作调压器；4—备用调压器

4. 旁通管

为了保证在调压器维修时不间断地供气，可在调压站内设旁通管。燃气通过旁通管供给用户时，管网的压力和流量由手动调节旁通管上的阀门来实现。对于高压调压装置，为便于调节，通常在旁通管上设置两个阀门。

选择旁通管的管径时，要根据燃气最低的进口压力和需要的出口压力以及管网的最大负荷进行计算。旁通管的管径通常比调压器出口管的管径小 2 ~ 3 号。

5. 测量仪表

为了判断调压站中各种装置及设备工作是否正常，需设置各种测量仪表。通常调压器入口安装指示式压力计、出口安装自记式压力计，自动记录调压器出口瞬时压力，以便监视调压器的工作状况。专用调压站通常还安装流量计。

此外，为了改善管网水力工况，调压站出口压力可随着燃气管网用气量的改变而相应地改变，可在调压站内设置孔板或凸轮装置。当调压站产生较大的噪声时，应设消声装置。当调压站露天设置时，如调压器前后压差较大，还应设防止冻结的加热装置。

调压站的工艺流程如图 10 – 10 所示。此系统正常运行时，入口天然气经进口阀门及过

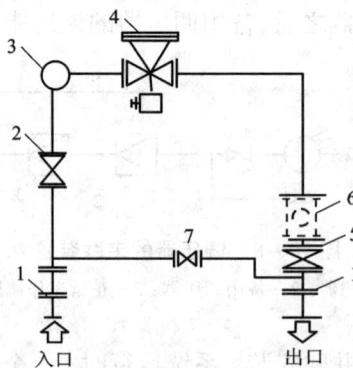

图 10 – 10　单通道调压站工艺流程图

1—绝缘接头；2—入口阀门；3—过滤器；4—带安全阀的调压器；5—出口阀门；6—流量计；7—旁通阀

滤器进入调压器,调压器后的燃气经流量计及出口阀门送入燃气管网。当维修时燃气可从旁通管通过。因为进站前和出站后燃气管线采用埋地敷设并通常采用电保护防护措施,所以进出站管线上应设绝缘接头。

10.3.3 调压站的分类及选址

按气源接收的情况,通常天然气长输末端与城镇天然气门站交接处的压力较高,天然气可直接利用进站压力实现管网分级输配向用户调压供气。除高压气化煤气生产工艺之外,人工燃气制气厂站与城镇燃气储配站交接处的压力较低,人工燃气通常需通过压缩机升压和选择相匹配的储气方式,解决管网分级输配向用户调压供气问题。

按管网输气压力分,调压设施可分成高 – 次高压调压站、(次)高 – 中压调压站、中 – 中压调压站、中 – 低压调压站等。

按调压站的作用功能,调压设施可分为区域调压站和专用调压站,调压柜和调压箱。当区域调压站用于中 – 低压两级系统,调压站出站管道与低压管网相连;当箱式调压装置用于中压一级管网系统时,调压箱出口管与小区庭院(或楼前管)相连。调压柜既可作管网级间调压,也可用于中压一级管网系统调压直供居民小区或其他用户;居民小区可根据用户数配置调压柜的大小(流量)或数量。

对独立用户,无论是专用调压站还是调压箱(柜),设定其出口压力时,必须考虑所连接用户室内燃气管道的最高压力或用气设备燃烧器的额定压力,并符合《城镇燃气设计规范》GB 50028 相关规定,详见表 10 – 4 和表 10 – 5。

表 10 – 4 用户室内燃气管道的最高压力(表压:MPa)

燃气用户		最高压力	燃气用户	最高压力
工业用户	独立、单层建筑	0.8	商业用户	0.4
			居民用户(中压进户)	0.2
	其他	0.4	居民用户(低压进户)	<0.01

注:1. 液化石油气管道的最高压力不应大于 0.14 MPa。
　2. 管道井内的燃气管道的最高压力不应大于 0.2 MPa。
　3. 室内燃气管道压力大于 0.8 MPa 的特殊用户设计应按有关专业规范执行。

表 10 – 5 民用低压用气设备燃烧器的额定压力(表压:kPa)

燃气种类	天然气			
	人工燃气	矿井气	天然气、液化石油气混空气	液化石油气
民用燃具	1.0	1.0	2.0	2.8 或 5.0

《城镇燃气调压器》CJ 27790 推荐区域和用户调压器的额定出口压力见表 10 – 6,可供与调压器出口相连的管道进行水力计算时作为参考。

表 10-6 区域和用户调压器的额定出口压力(表压: kPa)

序号	工作介质	区域	楼栋	表前
1	人工燃气	1.76	1.40	1.16
2	天然气	3.00	2.40	2.16
3	液化石油气	3.80	3.04	2.96

区域调压站通常是布置在地上特设的房屋里。在不产生冻结、保证设备正常运行的前提下,调压器及附属设备(仪表除外)也可以设置在露天(应设围墙)或专门制作的箱式、柜式调压装置内。

只有当受到地上条件限制,且燃气管道进口压力不大于 0.4 MPa 时,调压装置可设置在地下构筑物内。目前一些大城市在繁华地带设置了可以在地面上对调压站内设备进行检修的地下调压装置。

地上调压站的设置应尽可能避开城镇的繁华街道。可设在居民区的街区内或广场、公园等地。调压站力求布置在负荷中心或接近大用户处。调压站的作用半径,应根据经济比较确定。

调压站为二级防火建筑,与周围建筑物之间的安全距离应符合相关规范的规定。

10.3.4 调压站的布置

1. 调压站的布置原则

调压站按压力级别可分为高-中压调压站、中-低压调压站等。

(1)高-中压调压站

由于高-中压调压站输气压力高、供气量大,小则几个小区,大则数平方千米区域供气范围,小时流量可达数千至数万立方米。配置时,要考虑按远期规划负荷和选定调压器的最大流量控制调压站数量,同时还要兼顾低峰负荷时调压器仍处在正常开启度(15%~85%)范围工作。布置要点包括:

①符合城镇总体规划的安排。

②布置在区域内,总体分布较均匀。

③布局满足下一级管网的布置要求。

④调压站及其上、下游管网与相关设施的安全净距符合规范要求。

(2)中-低压调压站

①力求布置在负荷中心,即在用户集中或大用户附近选址。

②尽可能避开城镇繁华区域,一般可选在居民区的街坊内、广场或街头绿化地带或大型用户处选址。

③调压站作用半径在 0.5 km 左右,供气流量 2000~3000 m³/h 为宜。

④要考虑相邻调压站建立互济关系,以提高事故工况下供气的安全可靠性。

《城镇燃气设计规范》GB 50028 对不同压力级别管道之间设置的调压站、调压箱(柜)和调压装置还提出了下列要求:

①自然条件和周围环境许可宜露天设置，但应设置围墙、护栏或车挡。

②设置在地上单独的调压箱(悬挂式)内时，对居民和商业用户燃气进口压力不应大于 0.4 MPa；对工业用户(含锅炉房)燃气进口压力不应大于 0.8 MPa。

③设置在地上单独的调压柜(落地式)内时，对居民、商业用户和工业用户(含锅炉房)燃气进口压力不宜大于 1.6 MPa。

④设置在地上单独的建筑物内时，对建筑物的设计应符合下列要求：

a. 耐火等级不低于二级；

b. 调压室与毗连房间相隔应满足防火要求；

c. 调压室采取自然通风措施，换气次数每小时 2 次以上，并按《建筑设计防火规范》GB 50016 设有泄压措施；

d. 无人值守调压站按现行国标《爆炸和火灾危险环境电力装置设计规范》GB 50058 "1" 区做电气防爆设计；

e. 调压站地面选用不发火花材料；

f. 调压站应单独设置避雷装置，接地电阻小于 10 Ω；

g. 重要调压站宜设保护围墙，其门窗设防护栏(网)。

⑤地上调压箱(悬挂式)的设置要求：

a. 箱底距地坪的高度宜为 1.0～1.2 m，可安装在用气建筑物(耐火等级应不低于二级)的外墙或悬挂于专用的支架上，所选用的调压器宜不大于 DN50；

b. 调压箱不应安装在窗下、阳台下和室内通风机进风口墙面上，其到建筑物门、窗或通向室内其他孔槽的水平净距(S)：当调压器进口压力 P_1 < 0.4 MPa 时，S > 1.5 m；当 p_1 > 0.4 MPa 时，S > 3.0 m；

c. 调压箱应有自然通风孔。

⑥调压柜(落地式)的设置要求：

a. 调压柜应单独设置在坚固的基础上，柜底距地坪高度宜为 0.30 m；

b. 体积大于 1.5 m³ 的调压柜应有泄爆口(通风口计入在内)，并设在顶部，面积不小于上盖或最大柜壁面积的 50%(取较大者)；

c. 自然通风口的设置要求：当燃气相对密度大于 0.75 时，应在柜体上、下各设 1% 柜底面积的开口，其四周应设护栏；当燃气相对密度不大于 0.75 时，可仅在柜体上部设 4% 柜底面积的通风口，其四周宜设护栏。

⑦调压箱(或柜)的安装位置应满足调压器安全放散的安装要求，开箱(柜)操作不影响交通或不被碰撞。

⑧当受到地上条件限制时，进口压力不大于 0.4 MPa 的调压装置可设置在地下单独的建筑物内或地下单独的箱体内，并符合以下要求：

A. 地下建筑物宜整体浇筑，地面为不发火花材料，留集水坑，净高低于 2 m，防水防冻，顶盖上设有两个对置人孔；

B. 地下调压箱上设自然通风口，选址应满足安全放散的安装要求，方便检修，箱体有防腐保护。

⑨调压站(含调压柜)与其他建筑物、构筑物的水平净距应符合表 10 - 6 的规定。

⑩单独用户的专用调压装置还可设置在用气建筑物专用单层的毗连房间内并符合下列

要求：

a.商业用户进口压力不大于 0.4 MPa，工业用户(含锅炉房)进口压力不大于 0.8 MPa；

b.建筑结构、室内通风、电气防爆以及与其他建(构)筑物的水平净距均同于上述对调压站的相关要求；

c.当调压装置进口压力不大于 0.2 MPa 时，可设在公共建筑物的顶层房间内，该房间靠外墙，不与人员密集房间相邻、连续通风换气次数每小时不少于 3 次，设有声光报警和信号连锁紧急切断阀门装置以及调压装置超压切断保护装置；

d.当调压装置进口压力不大于 0.4 MPa，且调压器进出口管径不大于 DN100 时，可设置在用气建筑物的平屋顶上，但屋顶承重结构受力应在允许范围内，有楼梯，耐火等级不低于二级、调压箱(柜)与建筑物烟囱的净距不小于 5 m；

表 10-6　调压站(含调压柜)与其他建筑物、构筑物水平净距/m

设置形式	调压装置入口燃气压力级制	建筑物外墙面	重要公共建筑、一类商层民用建筑	铁路(中心线)	城镇道路	公共电力变配电相
地上单独建筑	高压(A)	18.0	30.0	25.0	5.0	6.0
	高压(B)	13.0	25.0	20.0	4.0	6.0
	次高压(A)	g.0	18.0	15.0	3.0	4.0
	次高压(B)	6.0	12.0	10.0	3.0	4.0
	中压(A)	6.0	12.0	10.0	2.0	4.0
	中压(B)	6.0	12.0	10.0	2.0	4.0
调压柜	次高压(A)	7.0	14.0	12.0	2.0	4.0
	次高压(B)	4.0	8.0	8.0	2.0	4.0
	中压(A)	4.0	8.0	8.0	1.0	4.0
	中压(B)	4.0	8.0	8.0	1.0	4.0
地下单独建筑	中压(A)	3.0	6.0	6.0		3.0
	中压(B)	3.0	6.0	6.0		3.0
地下调压箱	中压(A)	3.0	6.0	6.0		3.0
	中压(B)	3.0	6.0	6.0		3.0

注：1.当调压装置露天设置时，则指距高装置的边缘。

2.当建筑物(含重要公共建筑)的某外墙为无门、窗洞口的实体墙，且建筑物耐火等级不低于二级时，燃气进口压力级别为中压 A 或中压 B 的调压柜一侧或两侧(非平行)，可贴靠上述外增设置。

3.当达不到上表净距要求时，采取有效措施，可适当缩小净距。

e.当调压装置进口压力不大于 0.4 MPa 时，可设置在车间、锅炉房和其他工业用气房间内；或当调压装置进口压力不大于 0.8 MPa 时，可设置在独立、单层建筑的生产车间或锅炉房，应满足建筑耐火等级不低于二级、通风换气次数不小于每小时 2 次，宜设非燃烧体护栏，调压器进出口管直径不大于 DN80，并在室外设引入管阀门、室内设进口阀。

⑪设置调压器场所的环境应符合下列要求：

a. 当输送干燃气时，无采暖的调压器的环境温度应能保证调压器的活动部件正常工作；

b. 当输送湿燃气时，无防冻措施的调压器环境温度应大于 0℃。

⑫调压站、调压箱(柜)和调压装置地上进出口管道与埋地管网之间的连接为绝缘连接，设备必须接地，接地电阻应小于 100 Ω。

⑬区域调压站布置：区域调压站通常布置成一字形，有时也可布置成 π 形或 L 形。因为城镇输配管网多为环状布置，由于某一个调压站所供应的用户数不是固定不变的，因此在区域调压站内不必设置流量计。调压室净高通常为 3.2 ~ 3.5 m，主要通道的宽度及每两台调压器之间的净距不小于 1 m。调压站布置示例如图 10 - 11 所示。

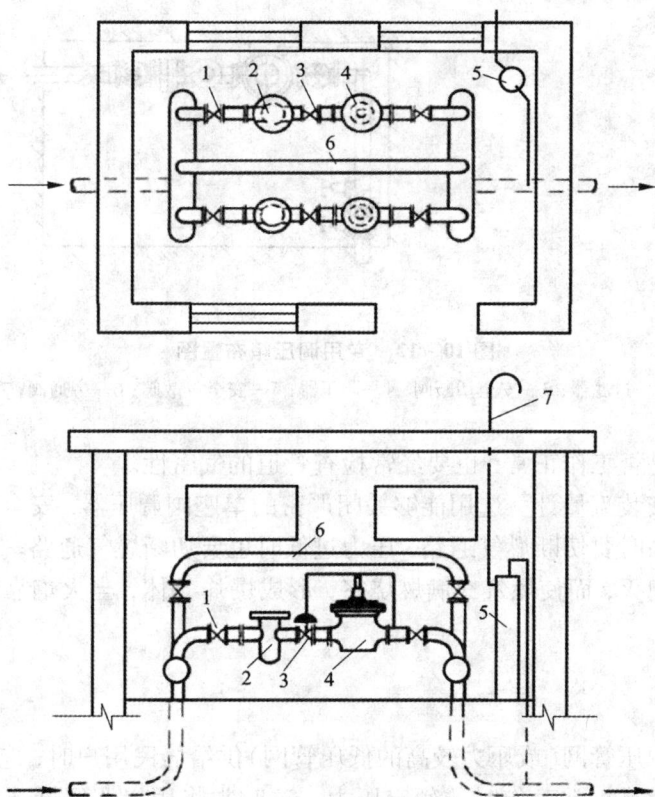

图 10 - 11　区域调压站平面、立面图
1—阀门；2—过滤器；3—安全切断阀；4—调压器；5—安全水封；6—旁通管；7—放散管

3. 专用调压站

工业企业和商业用户的燃烧器通常用气量较大，可以使用较高压力的燃气，因此，这些用户与中压或较高燃气管道连接较为合理。这样不仅可以减轻低压燃气管网的负荷，还可以充分利用燃气本身的压力来引射空气。因此，专用调压站的进出口都可以采用较高的压力。

通常用与燃烧设备毗邻的单独房间作为专用调压站，如图 10 - 12 所示。

当进口压力为中压或低压，且只安装一台接管直径小于 50 mm 的调压器时，调压器亦可设在使用燃气的车间角落处。如果设在车间内，应该用栅栏把它隔离起来，并要经常检查调

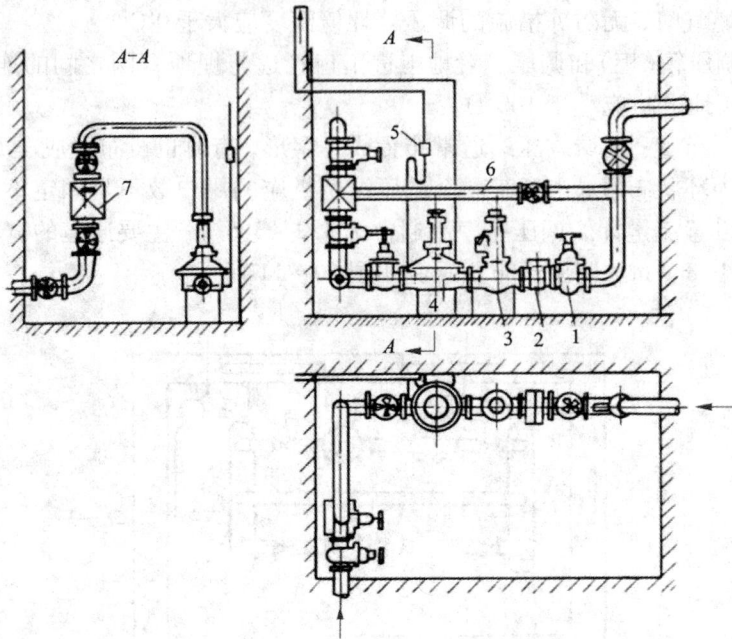

图 10 – 12   专用调压箱布置图

1—阀门；2—过滤器；3—安全切断阀；4—调压器；5—安全放散阀；6—旁通阀；7—燃气表

压器及其安全设备是否工作正常，也要经常检查管道的气密性。

专用调压站应安装流量计。选用能够关闭严密的单座阀调压器，安全装置应选用安全切断阀。不仅压力过高时要切断燃气通路，压力过低时也要切断燃气通路。这是因为压力过低时可能引起燃烧器熄灭，而使燃气充满燃烧室，形成爆炸气体，当火焰靠近或再次点火时发生事故。

4. 箱式调压装置

当燃气直接由中压管网(或压力较高的低压管网)供给居民用户时，应通过用户调压器将燃气压力直接降至燃具正常工作时的额定压力。这时常将用户调压器装在金属箱中挂在墙上，如图 10 – 13 所示。当箱式调压装置设在密集的楼群中时，可以不设安全放散阀，只设安全切断阀。

在北方采暖地区，如果将箱式调压装置放在室外，则燃气必须是干燥的或者要有采暖设施。否则，冬季就会在管道中形成冰塞，影响正常供气。

5. 撬装式调压站

撬装式调压站(通常称为调压柜或撬装站)在工厂进行装配，连接质量好，结构紧凑，占地面积小，建设时间短，因此得到快速的推广应用。

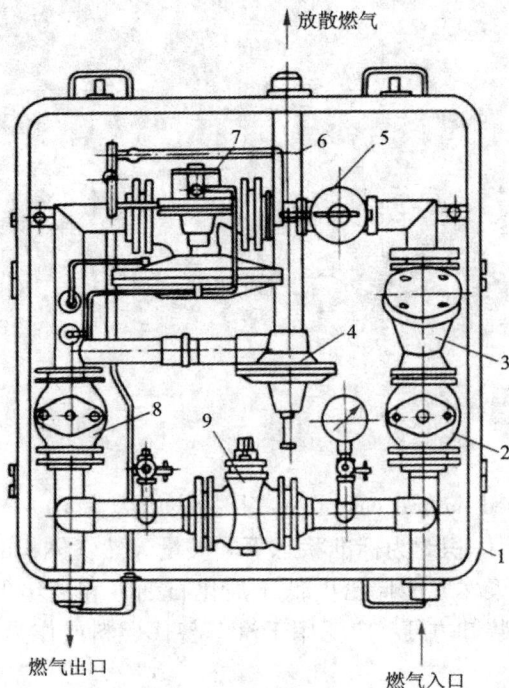

图 10−13　箱式调压柜

1—金属箱；2—关闭旋塞；3—网状过滤器；4—安全放散阀；
5—安全切断阀；6—放散管；7—调压器；8—关闭旋塞；9—旁通阀门

本章小结

　　城镇燃气输配系统中的厂站主要分为三类：门站、储配站、调压计量站。本章主要讲解了以上 3 种厂站的组成设备、工艺流程、布置等内容，学习本章内容的基本要求是：了解 3 种场站在城镇燃气输配系统中的作用、站内的各种设施，理解设备的选择原则，掌握场站总平面的布置及其工艺流程，能准确地画出总平面布置图和工艺流程图。本章的要点是：门站、储配站的设施，工艺流程及总平面布置；调压计量站的分类及其适用范围，调压计量站的组成，工艺流程及其布置。

思考题

　　1. 门站和储配站的功能有哪些？如何进行站址的选择及站区的布置？

　　2. 燃气的调压装置有哪些？如何设置？

　　3. 储配站为什么经常与门站合建？在什么情况下可以不设置储配站？

　　4. 为什么撬装式调压柜（箱）能得到广泛适用？在什么情况下不宜采用撬装式调压柜（箱）？

　　5. 调压计量站的主要功能有哪些？站址的选择有何要求？

第 11 章　压缩天然气供应

11.1　概述

压缩天然气(compressed natural gas，CNG)是指表压力为 10~25 MPa 的气态天然气。压缩天然气在 20 MPa 压力下体积约为标准状态下同质量天然气体积的 1/250，一般充装到高压容器中储存和运输。压缩天然气能储密度低于液化石油气和液化天然气，但由于生产工艺、技术设备较为简单且运输装卸方便，广泛用于汽车替代燃料或作为缺乏优质燃料的城镇、小区的气源。

压缩天然气供应系统泛指以符合国家标准的二类天然气作为气源，在环境温度为 -40~50℃时，经加气母站净化、脱水、压缩至不大于 25 MPa 的条件下，充装入气瓶转运车的高压储气瓶组，再由气瓶转运车送至城镇 CNG 汽车加气站，供汽车发动机用为燃料，或送至 CNG 供应站(CNG 储配站或减压站)，供入居民、商业、工业企业生活和生产的燃料系统。压缩天然气的生产、运输供应系统流程见图 11-1。

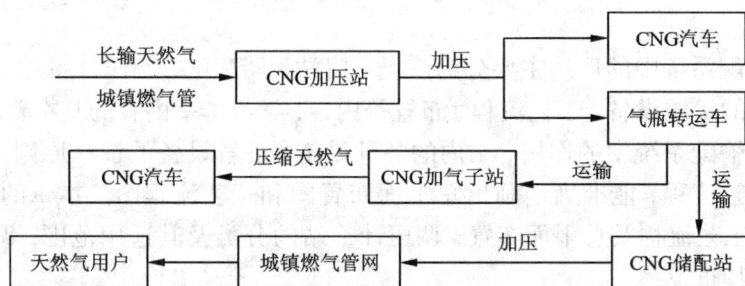

图 11-1　压缩天然气供应系统流程图

城镇压缩天然气供应系统的优势在于：

①在长输天然气管道尚未敷设的区域，运输距离一般在 200 km 以内的小城镇，较适合采用压缩天然气作为气源实现城镇气化，并可节省大量建设投资。

②以天然气替代车用汽油，减少汽车尾气排放量，改善城区大气环境质量，利于环境保护。

③以天然气替代车用汽油，由于价格相对便宜，可以节省交通运输费和公交车、出租车等的运营成本。

11.2　压缩天然气加压站

CNG 加压站以天然气压缩和加注为主要目的。此类站向 CNG 运输车提供压力为 20～25 MPa 的天然气，或向超高压调峰储气设施加压，也可对 CNG 汽车加气。习惯上，CNG 加压站专为 CNG 气瓶转运车充气时，称为 CNG 加气母站。进入加气母站的天然气一般来自天然气长输管线或城镇燃气主干管道，因此母站多选择建设在长输管线、城镇燃气干线附近或与城镇门站合建。

压缩天然气加压站一般由天然气管道、调压、计量、压缩、脱水、储存、加气等主要生产工艺系统及控制系统构成。

11.2.1　加压站的工艺流程

来自城镇高、中压燃气管道的天然气，首先进行过滤、计量、调压、脱硫，经缓冲罐进入压缩机将压力提高至 20～25 MPa，加注至高压气瓶前，天然气需脱水，可采用前置脱水（即压缩前脱水），也可采用后置脱水（即高压脱水），还可采用压缩过程中脱水（即中压脱水）。加气母站的典型工艺流程见图 11 - 2。

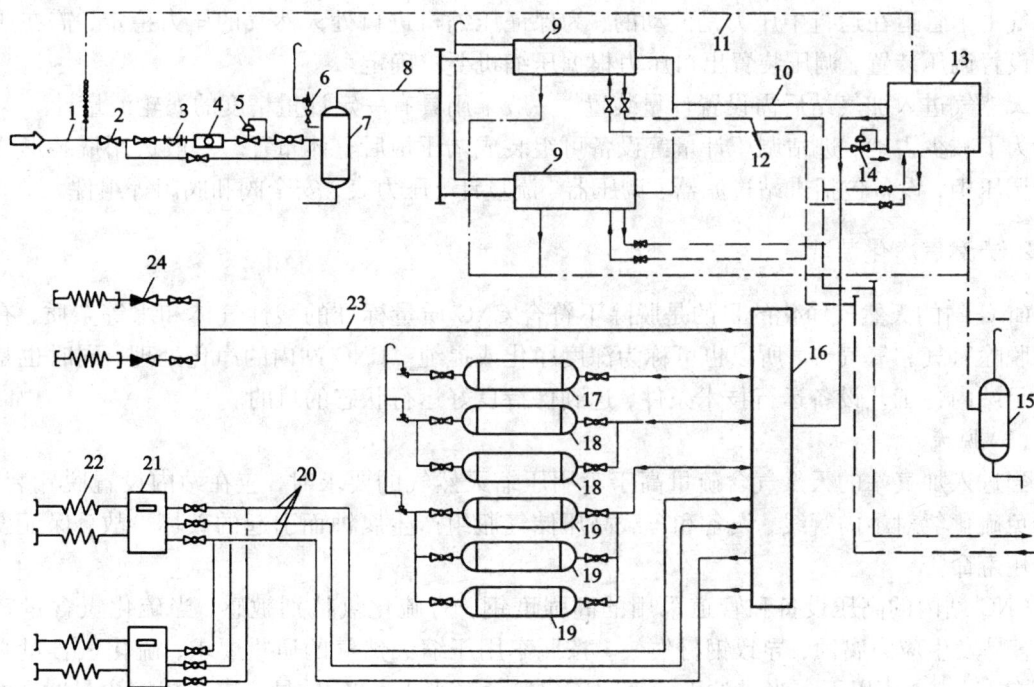

图 11 - 2　加气母站典型工艺流程图

1—天然气进气管(0.2～1 MPa)；2—球阀；3—过滤器；4—流量计；5—调压器；6—安全放散阀；7—缓冲罐；8—压缩机进气管；9—压缩机；10—压缩机出气管(25 MPa)；11—再生气回收管；12—冷却水给水、回水管；13—高压脱水装置；14—干燥器再生调压器；15—回收罐；16—顺序控制盘；17—高压起充储气瓶组；18—中压起充储气瓶组；19—低压起充储气瓶组；20—加气机加气管；21—加气机；22—加气软管；23—CNG 气瓶转运车加气管线；24—单向阀

　　经过处理的压缩天然气在压力、质量等条件满足加气要求时，通过顺序控制盘完成储气或加气作业。一般加压站在顺序控制盘的控制下可完成以下三种作业：

　　①通过加气柱为气瓶转运车的高压储气瓶组加气。

　　②将压缩天然气充入站内储气瓶组（或储气井）。为便于运行操作，降低压缩费用，储气瓶组（或储气井）一般按起充压力分为高、中、低三组，充气时按照先高后低的原则对三组气瓶分别充气。

　　③为天然气汽车加气。有两种方式：一是直接经压缩机为天然气汽车加气；二是利用储气瓶组（或储气井）内的压缩天然气为天然气汽车加气。

　　若加压站仅作为城镇气源向气瓶转运车加气，而后由其将 CNG 运输至 CNG 储配站，则可不设控制盘、储气瓶组（或储气井）和加气机，只需设置压缩机和加气柱等主要工艺设备。

　　加压站压缩机的进气压力根据进站天然气压力确定，并经调压器稳压。压缩机排气压力一般设定为 25 MPa，当只为气瓶转运车加气时，压缩机出口压力可设定为 20 MPa。

11.2.2　加压站的主要工艺设备

1. 调压计量装置

　　对于气源来自城镇燃气主干管道的加压站，其进口压力取决于天然气进气压力。由于城镇燃气主干管道在运行中压力是波动的，为保证压缩机进口处天然气的压力稳定，需在压缩机前设置调压装置，调压装置出口压力根据压缩机要求确定。

　　天然气进入加气站后需设置计量装置，一般采用具有一定计量精度的涡轮流量计。

　　为了减少占地，进站调压计量等设备可组装成调压柜后整体布置。一般选用撬装形式的组合调压柜，设备包括进站过滤器、调压器、流量计、压力表、安全阀和阀门等组件。

2. 天然气净化装置

　　CNG 站的天然气净化的目的是脱除不符合 CNG 质量标准的酸性气体和水等杂质，有时还要脱除氮气和氧气等，所以也可称为深度净化或提纯。CNG 站内的净化处理，同时也是为了满足站内各工艺设备运行技术条件，达到保持良好运行状态的目的。

　　（1）脱硫

　　当进入加气站的天然气含硫量高于车用压缩天然气的要求时，应在站内设置脱硫装置，以避免硫化氢对站内管线、设备和车载高压储气瓶组产生腐蚀而引起的破坏事故，保证设备的使用寿命。

　　CNG 站内的高压设备和管道采用的高强度钢，对硫化氢特别敏感，当硫化氢含量较高时，容易发生应力腐蚀，导致钢材失效。按照车用压缩天然气的质量要求，硫化氢含量必须控制在 15 mg/m^3 以下。当进站天然气中硫化氢含量小于 CNG 质量要求所规定含量时，可不进行脱硫处理。

　　（2）除尘

　　进入压缩机的天然气含尘量不应大于 5 mg/m^3，微尘直径应小于 10 μm。当天然气含尘量和微尘直径超过规定值时，应设除尘净化装置。

　　（3）脱水

　　脱水主要是防止水与酸性气体形成酸性溶液进而腐蚀金属，以及防止压缩天然气在减压膨胀降温过程中供气系统出现冰堵现象。通常进站天然气的水露点（如符合 GB 17820 规定的Ⅱ类质量的天然气的水露点在交接点压力和温度下，只要求比环境温度低 5℃）比 CNG 质量要求的使用条件（如 20 ~ 25 MPa，至少 -13℃ 以下）下的水露点高许多，因此天然气脱水是保证站内设备正常运行的关键环节之一。

　　根据设置位置的不同，天然气脱水装置可分为低压脱水、中压脱水和高压脱水三种。

　　低压脱水装置位于压缩机进口之前，由前置过滤器、干燥吸附塔和后置过滤器组成脱水系统；由加热器、循环风机和冷却器组成再生系统。图 11 - 3 为低压脱水装置流程图。图示箭头方向表示干燥塔 A 工作、塔 B 再生时气体的流动方向，阀门 2、3、5、8 关闭，阀门 1、4、6、7 打开；当干燥塔 B 工作、塔 A 再生时，各阀门开关状态相反。

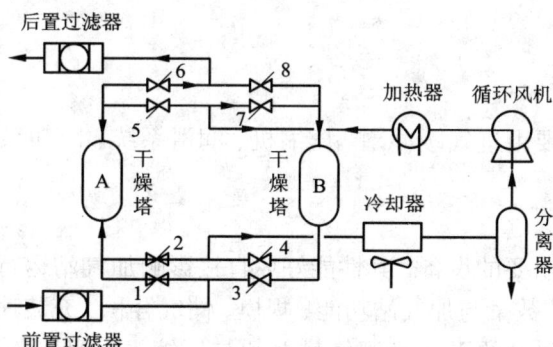

图 11 - 3　低压脱水装置流程图

　　低压脱水装置为闭式循环再生方式，占地面积较大，投资费用高，能耗大；但维修费用低，对压缩机具有一定的保护作用。一般国外进口压缩机在运行中限制凝水量，常选用低压脱水装置。

　　高压脱水装置位于压缩机之后，由前置过滤器、分离器、干燥吸附塔和后置过滤器组成脱水系统；由调压器、加热器和冷却器组成再生系统。再生气来自压缩后的成品气，经调压器减压后依次进入加热器、再生塔，带走再生塔中解析的水分，进入冷却器将水冷凝，生气回压缩机进口或进入燃气管网。图 11 -4 为低压脱水装置流程图。图示箭头方向表示干燥塔 A 工作、塔 B 再生时气体的流动方向，阀门 2、3、5、8 关闭，阀门 1、4、6、7 打开，干燥塔 B 工作、塔 A 再生时，阀门开关状态相反。

　　高压脱水装置结构紧凑，占地面积小，投资费用低，能耗小，脱水效果好，是较为常用的脱水方式。

　　中压脱水装置位于压缩机中间级出口与下一级进口的管路中，压力在 4.0 MPa 左右。其工作流程与高压脱水装置流程相同。该装置投资费用较低，能耗和维修费用较高。

　　压缩天然气加气站脱水装置采用的吸附剂多为 4A 分子筛。在处理含水量较高的天然气时，也可用硅胶脱除部分水分，再利用分子筛进一步脱水，以降低脱水成本。

　　天然气经脱水装置后，需采用在线露点仪或便携式露点仪检测脱水后的天然气水露点是否达到要求。

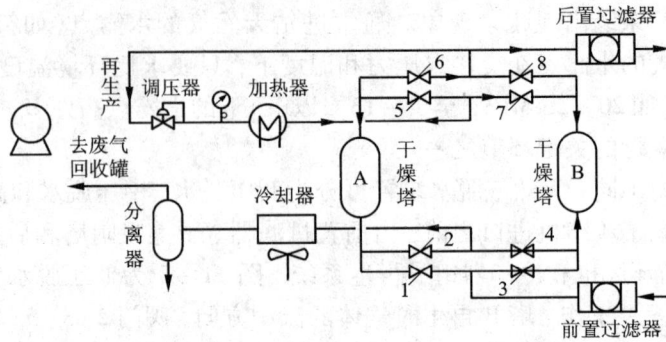

图 11 - 4　低压脱水装置流程图

3. 天然气压缩系统

天然气压缩系统主要由进气缓冲罐、压缩机、润滑系统、冷却系统、控制系统及附件等组成。

（1）压缩机

压缩机是加气站最重要的设备，其性能好坏直接影响加气站运行的可靠性和经济性，压缩机的总排气量、类型、数量与加气站功能、规模、储气容积、充装速度以及工作时间等因素有关，一般可根据各类用途的平均日用气量总和与压缩机每日工作的小时数（一般 10 ~ 12 h），并考虑储气设施可能补充的气量确定压缩机总排气量。

压缩机的类型主要有往复式、离心式、轴流式和回转式。根据 CNG 站的工艺条件，其压缩机属于高压（排气压力为 10 ~ 100 MPa），中、小型（入口状态下体积流量不大于 60 m^3/min 为中型，不大于 10 m^3/min 为小型）压缩机，多采用有油润滑或气缸无油润滑形式。

往复活塞式（以下简称往复式）压缩机适用于排量小、压比高的情况，是 CNG 站的首选压缩机型。往复式压缩机的压比通常为 3∶1 或 4∶1，可多级配置，每级压比一般不超过 7∶1。小型压缩机最高出口压力可达 40 MPa。流量为 0.3 ~ 85 m^3/min。

CNG 站天然气气源来自城镇中压管网时，压缩机进口压力一般为 0.2 ~ 0.4 MPa，即使最小至 0.035 MPa，也可用往复式压缩机。当连接高压管网或输气干线时，也可达到 4.0 MPa，甚至高达 9 MPa。由于 CNG 汽车车载气瓶承压的规定所限，压缩机排气压力不应大于 25 MPa（表压），出口温度不应大于 40℃。CNG 站单台压缩机排量一般为 250 ~ 1500 m^3/h。多台并联运行的压缩机单台排气量，应按公称容积流量的 80% ~ 85% 计。

从结构形式上，CNG 压缩机可分为立式（Z 型）、卧式（D 型、M 型、H 型）、角度式（V 型、W 型、L 型、T 型、扇型和星型等）。立式压缩机占地小，可为无油润滑，但振动较大。卧式（也称为对称平衡式）和角度式压缩机结构紧凑、运转平稳，动力平衡性以卧式为最好，被 CNG 站广泛采用。

CNG 站的生产制度可分为均匀生产和随负荷变化生产两类。均匀生产配备的压缩机总装机容量最小，操作和控制也简单，但需要的储气能力最大。而随负荷变化的生产制度则相反，压缩机总装机容量较大甚至很大，操作和控制复杂，但需要的储气能力较小甚至为零。

一般情况下，压缩机建设费用较高，储气设施建设费用相对较低，但压缩机生产能力不足时，影响储气设施容积有效利用率，因此应综合考虑。

在随负荷变化的生产制度中，确定压缩机最大生产能力（单位时间内的最大排量），压缩机台数及其排量配置时：主要应根据气源供应条件，最大加气负荷，以及压缩机与储气设施的经济配置等具体情况综合分析。当气源供应可以满足最大加气负荷的需要时，宜以最大加气负荷来确定压缩机的最大生产能力，否则宜以其限制量作为压缩机的最大生产能力。在确定最大生产能力后，压缩机台数及其排量配置应根据加气负荷变化规律确定。当有适当储气能力时，一般情况下，配置较多台数和大小不等排量的方案，与配置较少台数和排量相等的方案，在满足加气负荷的要求上，并无太大差别，仅仅是前者可以有基本生产负荷，且各压缩机连续运行时间较长，后者的基本负荷性质不明显，且各压缩机启停相对较频繁。

（2）润滑系统

根据气缸与活塞之间的润滑方式又可将压缩机分为有油润滑与无油润滑两种。

压缩机一般使用润滑油泵将集油池中的润滑油强制输送到各润滑点，润滑点经循环油路进行过滤、冷却后返回集油池，如此循环往复。当采用有油润滑压缩机时，润滑油可能被带入压缩天然气中，因此压缩机各级间、级末及高压脱水装置前应设置油气分离器或除油过滤器。

无油润滑是指活塞环具有自润滑功能。国外进口压缩机多为无油润滑方式。

（3）冷却系统

根据冷却方式一般可将压缩机冷却系统分为风冷和水冷两种形式。水冷系统由冷却塔、水池或水箱、循环泵、压缩机级间、级后冷却器及气缸夹套等组成。冷却循环水升温后，送至冷却塔、水池进行冷却，然后再通过水泵循环使用。风冷压缩机的气缸一般设置散热翅片，排出的高温气体进入冷却器的散热管束后，经风扇吹风冷却，风冷压缩机噪声较大，需采取隔声措施。压缩机的冷却除包括气缸、压缩天然气的冷却外，还包括润滑油的冷却等。

（4）控制系统及附件

压缩机的控制系统包括进气、排气压力超限报警、联锁；排气温度超限报警、联锁；水压、油压越限报警、连锁等保护装置。压缩机附件包括各级安全阀、油水分离器等。为保证吸气压力稳定，压缩机入口前一般设有缓冲罐。此外，为回收压缩机排污、卸载释放的天然气，还应设有收集罐，也可利用缓冲罐回收释放的天然气。

4. 储气设施

CNG 加压站利用储气设施，使生产量与加气量之间的不均匀性得以平衡。为了提高 CNG 运输车和 CNG 汽车取气时 CNG 加压站储气设备的容积利用率，CNG 加压站采用不同的储气调度制度，以及分压力级别取气。一般将最低工作相对低的储气设备称低压级储气设备，相对高者称高压级储气设施，居中者称为中压级储气设施。CNG 加压站当采用直充加快充方式时，可采用储气单级制，即高压级制（快充）或中压级制（较快充）。也可采用二级制，即高/中压级制或中/低压级制；若带有加气功能，则通常采用三级制。

CNG 加压站的储气规模是指其具有的总储气能力；储气容积是指在工作压力和温度下储气设备的容积。储气容积及储气规模的计算步骤为：先按供需平衡关系求得计算储气量，然后根据取气制度等选择储气设备容积有效利用系数，求得计算储气规模，再按储气设备公称系列值取整，得到储气容积，再计算储气规模。

根据储气容积及储气规模选择合适的储气设备，CNG 加压站的储气设备主要有储气瓶和储气井两种。

工程上，习惯将常用的公称容积小于或等于 80 L 的钢瓶称为小瓶，将进口以及随后国产的 500 ~ 1750 L 储气柱称为大瓶。大瓶按《钢制压力容器》GB 150、《钢质无缝气瓶》GB 5099、《钢制压力容器——分析设计标准》JB 4732 等执行，或按引进国际标准经我国核准执行。CNG 站中，将数只至数十只储气瓶连接成一组，组成较大储存容积的设备称为钢瓶组。一般小瓶以 20 ~ 60 只为一组，每组公称容积可为 1.0 ~ 4.08 m³。大瓶一般以 3、6、9 只为一组，每组公称容积可为 1.5 ~ 16.0 m³。每组均用钢架固定，撬装设置，配置进气接管和出气接管。

小瓶价格相对便宜，但密封件、阀件、接气口多，漏气概率相对较大。GB 50156 对小瓶组的体积尺寸限制为：宽为 1 个瓶的长度，高为 1.6 m，长为 5.5 m。大瓶组密封件、阀件、接气口少很多，漏气概率相对很小，维护也容易，但长度较长，可达近 9 m。

瓶组储气设备适合于所有 CNG 站，特别适合于加气子站和小规模的加气站。瓶组设备均成套供应，组内配有进出气阀门、安全阀和排污阀等相应附件，也可根据需要，加设压力表和温度计等。可根据设计确定的储气压力制度及相应容量直接选用或要求组配。

CNG 储气用井管是竖井式高压气储气管的简称。井管应符合《高压气地下储气井》SY/T6535 的规定，其公称压力为 25 MPa（表压），公称容积为 1 ~ 10 m³，储存介质为符合《车用压缩天然气》GB 18047 的天然气。井管由井底封头、井筒及井口装置构成，井筒应符合 ApIspec 5CT 的要求，套管钢级应为 TP80CQJ，材料的实际屈服强度宜选 552 ~ 758 MPa，实际抗拉强度宜选 689 ~ 862 MPa。井口装置材料的实际抗拉强度不应大于 880 MPa，实际屈服强度比不超过 0.9。SY/T6535 规定筒外径为 ϕ177.80 ~ ϕ273.10 mm。

井管占地面积与井斜角度有关。实际工程中，当井管长（深）度小于 100 m，同时，井斜控制很好的情况下，每井只需占地 1 m²。井管适用于无地下建（构）筑物，安全距离受限的 CNG 站。不应建于地表滑坡等地质灾害地带和地下有空洞的地带。

5. 加气柱

加气柱应具有计量和加气功能。根据 CNG 加压站工艺流程，可选用单管或多管（带取气控制盘，也称顺序控制盘），单枪或双枪。加气柱应带拉断阀，加气软管在工作压力为 20 MPa 时，拉断阀的分离拉力宜为 400 ~ 600 N。加气柱的主要构成为质量流量计（可显示体积流量）、快装接头等。

6. 其他设备

安全阀采用全启式弹簧安全阀，泄放能力应按实际保护设备需要的泄放量确定。当不明确时，可按小于进站设计流量的 20% 计。

压缩机管路等有振动处应选用内振压力表。二次仪表应按全站自控要求选择。压力表盘直径不小于 150 mm，量程应为工作压力的 1.5 ~ 2 倍，准确度不应低于 1.5 级。

11.2.3　加压站的布置

加压站的主要布置有总平面布置,竖向布置和工艺布置等。

1.总平面布置

加压站应按照《压缩天然气供应站设计规范》GB51102 的规定设置围墙。站内工艺设施与站内外建、构筑物应具有安全的防火间距应符合规范规定。架空通信线与架空电力线路均不应跨越加气站。

加压站内应分区布置,一般可分为站前区、生产区、加气区和辅助区。各区布置应符合生产流程、车流、人流等通畅并尽量相互分离的原则。

加压站站前区与站外的连接应顺畅,车辆进出口应分开设置,并尽量减少对站外交通的影响。

站内相同危险等级区域应集中布置。站内工艺设施之间的防火间距应符合 GB 51102 的规定。

应在满足安全要求的前提下,节约用地,必须有符合要求的绿化面积。

2.竖向布置

应以站外道路高程确定 CNG 站进、出口高程,并以此确定加气区高程。CNG 车辆进、出口及站内道路的坡度不应大于 6%,且宜坡向站外。CNG 车辆停放和加气车位,宜按平坡设计。

全站应尽量布置在同一高程。当地形受限、需采用阶梯式布置时,应尽量使各分区布置于同一高程。

站内地坪坡向,应满足雨水和地坪清扫水有组织排放要求。

站内建、构筑物室内地坪,宜高出周围地坪 0.3 m 及以上。露天工艺设施区地坪和加气岛(柱),应高出周围地坪 0.15～0.2 m。

压缩机房宜单层布置。站区放空管口的高度,应高出设备平台 2 m 及以上,且应高出所在地面 5 m 及以上。

压缩机前的室外天然气站区管道,宜埋地敷设,管顶埋深不应小于 0.5 m,且宜在冰冻线以下。压缩机后的高压管道,宜埋地(管沟)敷设,也可低架空和高架空布置。

3.压缩机房布置

压缩机房固定侧应靠控制室。若有预留机位,预留机位应布置与扩散侧。根据压缩机大小等因素,扩展侧应有可以检修压缩机和运出压缩机的空间或通道。当有缓冲罐时,缓冲罐应布置于室外。

压缩机宜单排布置。当压缩机房还布置有其他设备(如脱水装置)时,除应保持与压缩机有 2 m 及以上的距离外,还要有切实的防振措施。

压缩机房内的通道以及压缩机间的净距,应大于 1.5～2.0 m,压缩机与墙之间的净距,应大于 1.5～2.0 m。单台压缩机排量小于 40 m³/min 时,净距可取小值,大于或等于 40 m³/min 时,应取大值。

压缩机房的高度，应保证设备的起吊和移动。一般吊钩下部至压缩机顶部(包括配管)的净高可设计为1倍压缩机高度加1m。

压缩机房的高度，还应满足工作地点的"热强度"不能过大。一般可按式(11-5)进行校核计算。

$$H \geqslant 12.3\varphi \frac{\sum N}{F} \tag{11-5}$$

式中：H——室内屋顶(或屋架下弦)净高，m；

φ——散热系数。水冷式压缩机组取0.15，风冷式取0.65；

N——压缩机的电动机安装功率，kW；

F——室内面积，m^2。

4.储气设备布置

储气设备若按多级压力制度配置，则应按高、中、低压组别依次序分别布置。各级别中又可分组，每组总容积不宜大于4 m^3。

小容积储气钢瓶应固定在独立支架上，且宜卧式布置。卧式瓶组限宽为1个储气瓶的长度，限高1.6 m，限长5.5 m。同一组储气钢瓶之间净距不应小于30 mm，组与组之间的间距不应小于1.5 m。

储气设备接口方向，不应朝向有人员的方向。应尽量在接口面设置挡墙。

地上(含半地上)储气设施区域应设遮阳避雨设施。

应有更换储气钢瓶的操作空间，以及吊装或更换钢瓶组的场地或通道。

11.3　压缩天然气储配站

压缩天然气储配站是指用压缩天然气作为气源，向配气管网供应符合要求的天然气的场站。小城镇或中型城市虽然人口较多，远期的天然气用量较大，但近期的用气量较小，若其附近并无天然气气源，如果铺设几百公里的长输管线来供气则不经济，不宜采用管输供气。如果用CNG供气方案，则会显现出投资省、工期短、见效快、运营成本低的优点。

11.3.1　压缩天然气储配站的工艺流程

压缩天然气储配站的功能是接收压缩天然气气瓶转运车从加压站运输来的压缩天然气，经卸气、加热、调压、储存、计量、加臭后送入城镇燃气输配管道供用户使用。

采用压缩天然气供气的城镇，一般用气规模较小，城镇燃气输配管网多采用中-低压二级系统，因此，压缩天然气气瓶转运车进入CNG储配站后，需要将高压天然气经过三级调压，压力降至0.2~0.4 MPa直接进入城镇管网。当城镇较大、用气量较多或距气源较远、运距较长时，城镇需要的储气能力只依靠气瓶转运车储气瓶组及站内固定高压瓶组储气(储气量不应小于本站计算月平均日用气量的1.5倍)不能满足要求时，储配站可以采用二级调压，根据需要可以调到不大于4.0 MPa压力出站，利用高压管道储气。城镇采用三级管网系统，充分利用压力能，利用城镇外围高压管道储气，是经济合理的，可以节约大量投资。

由于进站的天然气从高压20 MPa降压至城镇燃气管网压力，压力下降较大，在气体减压膨胀过程中会伴随温度降低。温度过低则有可能对燃气管道、调压器皮膜及储罐等设备造成破坏，从而引发事故，因此对于减压幅度较大的天然气，站内分别在两级调压器前设置换热器对气体进行加热升温。为防止加热后的天然气温度过高或过低，可采用以下两种控制方式：

①在换热器进口处设置与调压器出口温度连锁的温控阀。

②每台换热器对应安装一台热水循环变频泵，该泵与调压器前后的温度变送器连锁，并与调压器出口压力连锁，对热水流量进行调节。

为防止调压器失效时出口压力超高，调压器前应设置快速切断阀，或选用内置切断阀的调压器。切断阀的切断压力根据调压器后设施的工作压力确定，一般应小于调压器后设施设计压力的 0.9 倍或小于其最大工作压力。

压缩天然气储配站多为管道天然气来气之前的过渡气源，因此可采用气瓶转运车储气瓶组作为储气设施进行直供。储配站的工艺设备组成如下：压缩天然气气瓶转运车、调压器、流量计、换热器及配套设施。当天然气无臭味或臭味不足时，还需设加臭装置。通常将调压器、流量计、换热器及配套阀门、仪表组成一个撬装体，称为 CNG 撬装调压计量站。常用压缩天然气储配站的工艺流程见图 11 - 6。

11.3.2　压缩天然气储配站的平面布置

1. 站址选择

压缩天然气储配站站址选择应符合下列要求：

①具有适宜的地形、工程地质、交通、供电、给排水及通信条件；

②少占农田、节约用地并注意与城镇景观的协调；

③符合城镇总体规划的要求。

2. 总平面布置

压缩天然气储配站总平面布置应与工艺流程相适应，做到功能区分合理、紧凑统一、便于生产管理和日常维护，确保储配站与站内外建（构）筑物的安全间距以及站内设备布置的安全间距满足设计规范要求。

压缩天然气储配站与常规天然气储配站的功能基本相同，不同之处在于增设了压缩天然气气瓶转运车的固定车位、卸气柱以及卸气柱至压缩天然气撬装调压计量站的超高压管路。因此，为保证安全，压缩天然气储配站总平面应分区布置，一般分为生产区和辅助区。生产区主要包括卸气柱、压缩天然气气瓶转运车位、调压计量装置等；辅助区主要包括综合楼、热水炉间、仪表间等。站区宜设两个对外出入口。

站内每个压缩天然气气瓶转运车固定车位宽度不应小于 4.5 m，长度宜为气瓶转运车长度，并在车位前留有足够的回车场地。

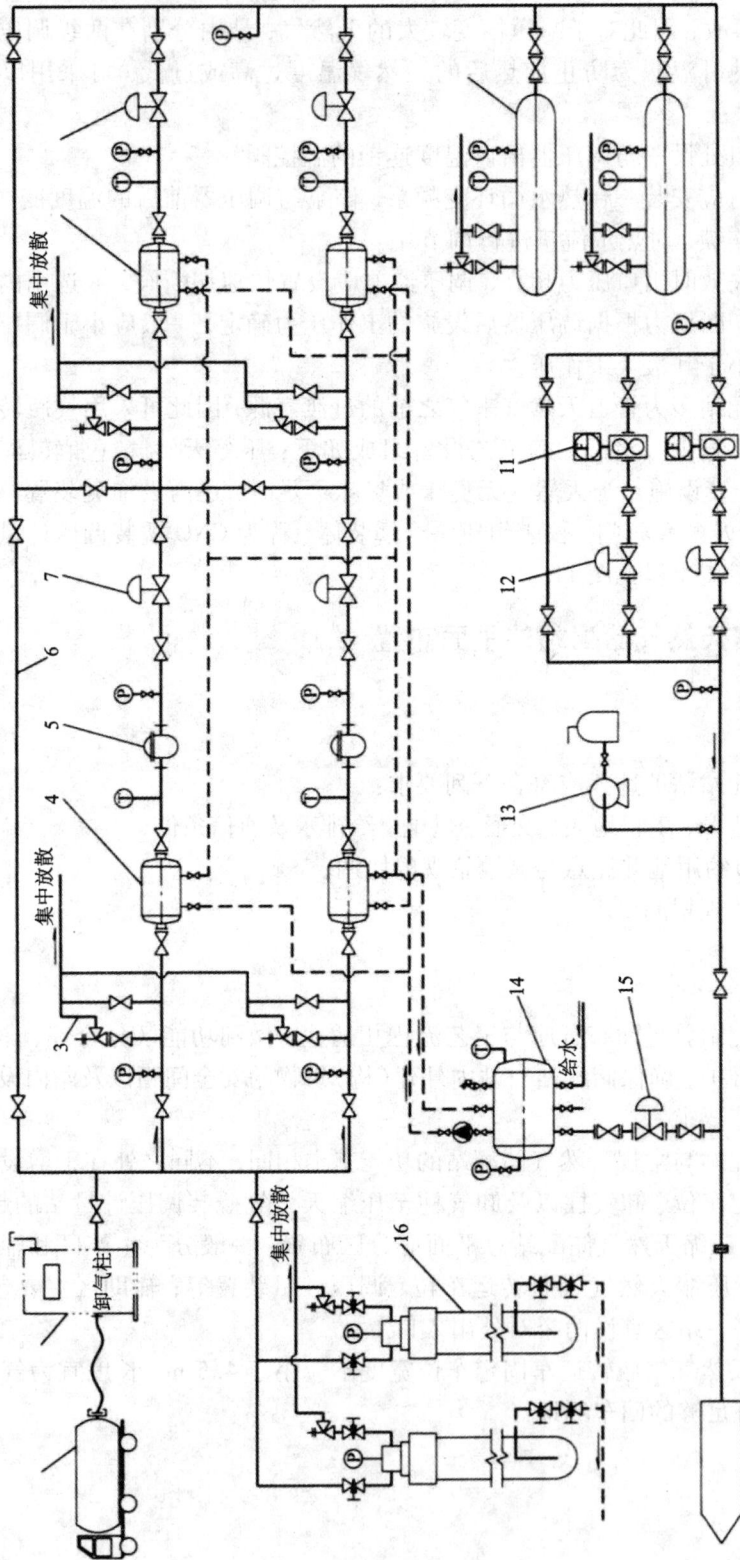

图 11-6 压缩天然气储配站的工艺流程图

1—CNG运输车；2—卸气柱；3—放散；4——级加热器；5—过滤器；6—旁通管；7——级调压器；8—二级加热器；9—二级调压器；10—次高压 A 级储气设施；

11—流量计；12—三级调压器；13—加臭装置；14—锅炉；15—锅炉专用调压器；16—高压储气设备

卸气柱宜设置在固定车位附近,距固定车位 2~3 m。气瓶转运车固定车位、卸气柱与站内外建(构)筑物之间的安全距离应符合《城镇燃气设计规范》GB 50028 和《建筑设计防火规范》GB 50016 的相关规定。某 CNG 供气站平面布置如图 11−7 所示。该站以 CNG 为近期气源,远期谋求管输天然气气源。设计日供气规模为 5000 m³/d,占地面积 3152 m²,折合约 4.73 亩。设 1 台双路加旁通的 CNG 专用调压箱,1 台双路加旁通的出站调压计量柜,设储气井管 6 口,总容积为 18 m³。

11.4 压缩天然气运输

压缩天然气通常采用气瓶转运车运输,也可采用船载运输。目前较为常用、技术相对成熟的为气瓶转运车公路运输方式。

11.4.1 公路运输

压缩天然气主要采用公路运输方式,即将压缩天然气用装载有大容积无缝钢瓶的气瓶转运车(也称为 CNG 槽车,国外一般称长管拖车)运输到汽车加气子站或城镇小型 CNG 储配站。该种运输方式机动灵活,运输成本较低、风险小、见效快、适用于短途压缩天然气的转运。

槽车由牵引车(也称半挂车)和储气设备拖车(或瓶组挂箱)组成。储气设备拖车由牵引车牵引,运输至目的地后分离,作为 CNG 站的气源或储气设备组使用,用完后再由牵引车拖至 CNG 加压站充气。其储气设备多采用 7~15 只大瓶瓶组(直径为 406 mm、559 mm、610 mm 等,长度为 6~12 m,总容积为 16~21 m³),组成固定管束形式,置于可拖行的车架上。也有的采用集装箱拖车运输储气设备,此时的储气设备多由小储气钢瓶组成,且成撬装置,柜式装载。

由于 CNG 槽车必须耐高压,且处于运动状态,因此对安全性要求高。

我国目前常用的压缩天然气气瓶转运车型号及主要技术规格见表 11−2。

表 11−2 常用压缩天然气气瓶转运车型号及主要技术规格

项目	规格及名称		项目	规格及名称	
	8 管	15 管		8 管	15 管
公称工作压力/MPa	20	20	单瓶质量/kg	2700	1692
工作环境温度/℃	−40~60	−40~60	框架质量/kg	3450	4000
水压实验压力/MPa	33.3	33.3	集装管束质量/kg	25660	29380
气密实验压力/MPa	20	20	充装总容积/m³(标)	4550	4542
钢瓶规格/mm	$D559 \times 10975$	$D406 \times 11000$	充装质量/kg	3200	3258
单瓶水容积/m³	2.24	1.2	充气后总质量/kg	28860	32638
总容积/m³	17.92	18	外形尺寸/mm	$12192 \times 2438 \times 1400$	$12192 \times 2438 \times 1580$

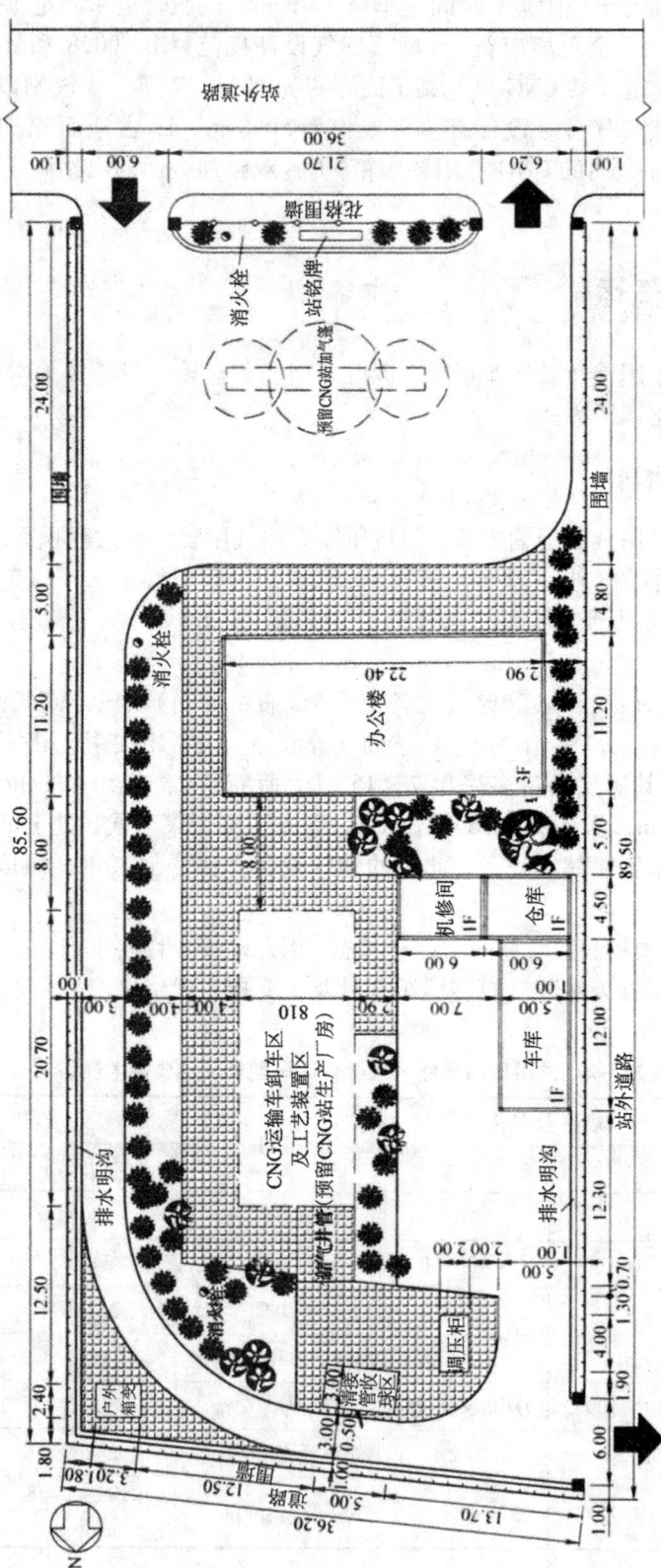

图11-7 某CNG储配站平面布置图

1.行走机构

压缩天然气气瓶转运车的牵引车和拖车既是运输部件又是主要的承载部件，合称为行走机构。行走机构要求既能承受装载气瓶和介质的压力又应具有运输平稳特性。行走机构多采用骨架式结构，车架为 l6Mn 高强度贯穿梁及鹅颈加强型设计，并加装 ABS 防抱死制动系统，以提高车辆运行的安全性。行走机构的重心尽量降低，以提高车辆的侧向稳定性。

2.集装管束

集装管束由框架、端板、大容积无缝钢瓶、安全舱、操作舱几部分组成。框架尺寸执行国家集装箱标准。安全舱设置在拖车前端，由瓶组安全阀、爆破片、排污管道组成。为便于操作，操作舱设置在拖车尾端，由高压管道将各气瓶汇集在一起，进行加气和卸气作业，并设有温度、压力仪表及安全阀、加气卸气快装接头等。

3.运行模式

小型供气站的供气是通过车载和储气共同进行的。储气方式与储气能力的确定与小城镇的用气规模直接相关。小城镇供气系统的储气，尽管仍然是具有调峰的作用，但并不是传统意义上的用气负荷调峰，而是会作为部分时段的小型供气系统的独立气源。由于小城镇的用气量相对较小，一

CNG长管拖车结构

部分时段采用压缩天然气运输车提供气源，而运输车在运输期间是可以用储气的方式解决气源问题的。通常储气设施的工作时间应该是处于用气的低峰时段。这样可以减少运输车的车供时间，增加运输车的运输频率，充分发挥运输工具的使用效率。同时，还可以减少储气设施的容积，进一步降低固定投资。如果要提高 CNG 供气系统的运行效率，必须最大限度地发挥运输工具的作用，也就是提高压缩天然气运输车的运输频率。

压缩天然气运输车的运输频率与日用气量、单车运输量、单车运输周期以及储气量有关。

由于汽车运输可以在一天 24 h 内进行，因此，运输车的运输频率可以用式(11–6)描述：

$$f=24/(t_1+t_2+t_3+t_4) \tag{11–6}$$

式中：f——运输车的运输频率，即每天运输的次数；次/d；

t_1——运输车途中所需时间，h；

t_2——车载容器充气所需的时间，h；

t_3——车载容器的供气时间，h；

t_4——灌装储气容器所需的时间，h。

为了增加运输车的运输频率，只有适当减少 t_3 和 t_4，一般来说，这两个时间有一部分是重叠的，可以尽量在高峰时段运行。

作为运输车最小的运输频率，理论上应该是：

$$f_{min}=q_d/q_{tr} \tag{11–7}$$

式中：f_{min}——运输车的最小运输频率，次/d；

q_d——日用气量，m^3/d；

q_{tr}——单车运输量，$m^3/$次。

单车运输量与运输车的成本、运费成本以及储气设施的成本之间存在经济优化问题，只有根据供应规模和供应点的多少才能决定合理的运输频率。

11.4.2　水路运输

压缩天然气的水路运输，是采用专门的设备——CNG 运输船实现水上短途的 CNG 转运。在接收端，天然气可直接利用，而不必像液化天然气那样还需将液态转换为气态，节省了高昂的建设投资。由于 CNG 船在短途运输的经济性优于 LNG 船，因此，有望成为水上短途运输天然气的交通工具。

11.5　压缩天然气加气站

压缩天然气汽车加气站根据气源来气方式不同等因素一般可分为加气子站和常规站。引入常规站站内的天然气需经脱水、脱硫、计量、压缩等工艺后为压缩天然气汽车充装压缩天然气。我国车用压缩天然气各项技术指标见表 11 - 3。

表 11 - 3　车用压缩天然气技术指标

项目	技术指标
高位发热量/($MJ \cdot m^{-3}$)	>31.4
总硫（以硫计）/($mg \cdot m^{-3}$)	≤200
硫化氢/($mg \cdot m^{-3}$)	≤15
二氧化碳 y_{CO_2}/%	≤3.0
氧气 y_{O_2}%	≤0.5
水露点/℃	在汽车驾驶的特定地理区域内，最高操作压力下，水露点不应高于 - 13℃；当最低气温低于 - 8℃，水露点应比最低气温低 5℃

注：本标准中气体体积的标准参比条件是 101.325 kPa，20℃。

11.5.1　压缩天然气汽车加气站的工艺流程

压缩天然气汽车加气站一般由天然气引入管、调压、计量、压缩、脱水、储存、加气等主要生产工艺系统及控制系统构成。进站的天然气应达到二类天然气气质标准，并满足压缩机运行要求，否则还应进行脱水、脱硫等相应处理，使其符合车用压缩天然气的使用标准。

1. 加气子站工艺流程

加气子站是指利用气瓶转运车从母站运输来的压缩天然气为天然气汽车进行加气作业的加气站。当存在以下客观情况时，常采用加气子站：

①站址远离城镇燃气管网。

②燃气管网压力较低，中压 B 级及以下不具备接气条件。

③建设加气站对燃气管网的供气工况将产生较大影响。

通常一座加气母站根据规模可供应几座加气子站。

加气子站气源为来自母站的气瓶转运车的高压储气瓶组，一般由压缩天然气的卸气、储存和加气系统组成，其典型工艺流程如图 11 – 8 所示。

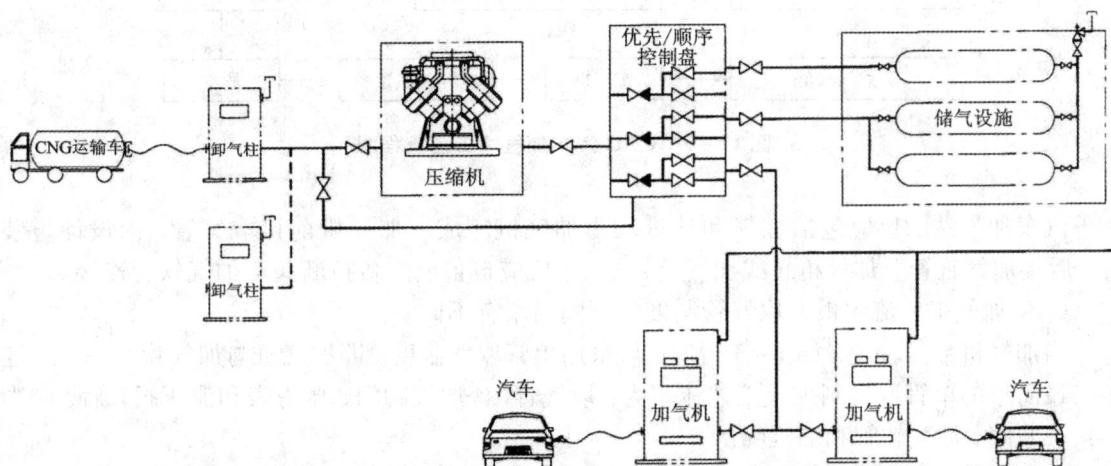

图 11 – 8　加气子站工艺流程图

为避免压缩机频繁启动对设备使用寿命产生影响，同时为用户提供气源保障，CNG 加气站应设有储气设施，通常采用高压、中压和低压储气井（或储气瓶组）分级储存方式，由顺序控制盘对其充气和取气过程进行自动控制。充气时，车载高压储气瓶组内的压缩天然气经卸气柱进入压缩机，将 20 MPa 加压至 25 MPa 后按照起充压力由高至低的顺序向站内储气井（或储气瓶组）充气，即先向高压储气井充气，当压力上升到一定值时，开始向中压储气井充气，及至中压储气井压力上升到一定值时，再开始向低压储气井充气，随后三组储气井同时充气，待上升到最大储气压力后停止充气。储气井（或储气瓶组）向加气机加气的作业顺序与充气过程相反。为汽车加气时，按照先低后高的原则，先由低压储气井（或储气瓶组）取气，当压力下降到一定值时，再逐次由中压、高压储气井（或储气瓶组）取气，直至储气井（或储气瓶组）的压力下降到与汽车加气压力相等时，加气停止。如仍有汽车需要加气，则由压缩机直接向加气机供气。这种工作方式可以提高储气井（或储气瓶组）的利用率，同时提高汽车加气速度。当车载高压储气瓶组内压力降至约 2.0 MPa 时，气瓶转运车返回加气母站加气。

CNG 加气子站的加压设备，一般选用小型往复式压缩机，可用电动机驱动，也可选用液压驱动。液压驱动压缩机由螺杆泵压缩润滑油产生动力，驱动往复式压缩机活塞运动，完成压缩任务。所带压缩机排量较小，但重量较轻，便于移动，噪声小。

固定式加气子站的压缩设备和储气设备可选用带液泵的储气柱。根据控制仪表和动作元件的需要，站内也可能配备空气压缩机系统做控制动力系统。

2. 常规站工艺流程

常规站是指由城镇燃气主干管道直接供气的加气站。此类加气站适用于距压力较高的城镇燃气管网较近、进站天然气压力不低于中压 A 级、气量充足的情况。常规站工艺流程如图 11 - 9 所示。

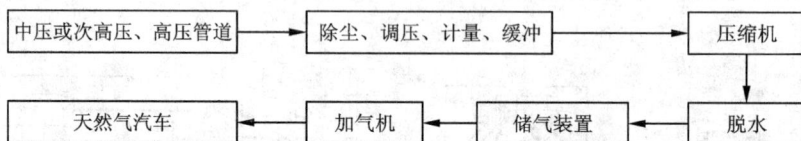

图 11 - 9　CNG 汽车加气站工艺流程图

汽车加气站的供应包括加气和计量均由加气机完成。加气机前接取气管，内设计量装置，后接加气软管及加气枪（或加气嘴）。加气机应自备或配备拉断阀与加气软管连接。

CNG 加气工艺流程根据取气管制度的不同而略有不同。

当加气机数量较少，如 1~3 台时，可采用单管取气制度，即加气机与加气管一一对应连接。最简单的单管取气制加气工艺流程为：取气管（含加气阀门、压力表和泄压阀）后，顺次连接拉断阀、加气软管和加气嘴。

当加气机数量较多，如 3 台及以上时，多采用多管取气制，即每台加气机通过其分级取气接口，分别与各分级取气总管连接取气，天然气通过加气机内部设置的取气控制阀门组（顺序控制盘），顺次通过质量流量计、加气总阀、拉断阀、加气软管和加气枪，对 CNG 汽车加气。

CNG 汽车加气站多采用三管取气工艺流程。多台加气机并联的三管取气加气工艺流程如图 11 - 10 所示。二管取气加气工艺流程则在三管基础上减少一根取气总管及其对应支管。若需在三管取气基础上增加单独的压缩机直充管，则加气机需相应配置接管。

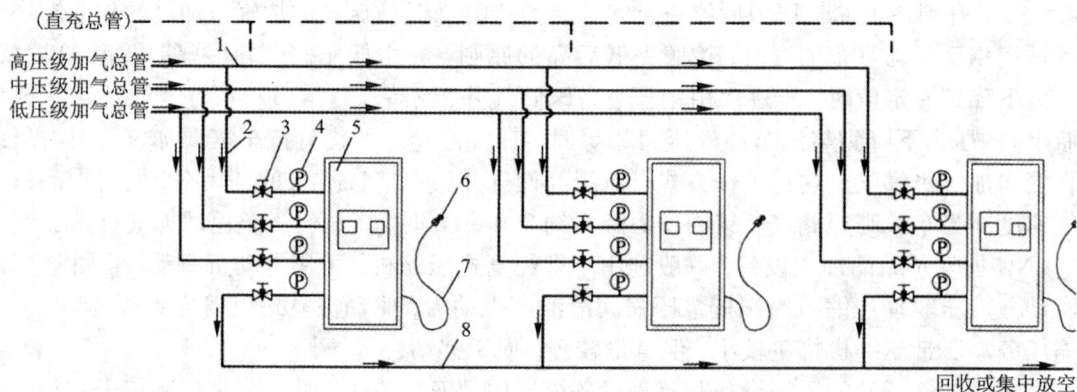

加气站实况图流程
及工程原理

图 11 - 10　三级三(四)管加气机并联工艺流程

1—取气总管；2—取气支管；3—阀门；4—压力表；5—加气机；6—加气枪；7—加气软管；8—泄压总管

按照要求，加气结束后，卸载加气软管内高压力所泄放的天然气，可由泄压回流管组织回收，或按规定集中放散。

11.5.2　压缩天然气加气站的平面布置

压缩天然气加气站的站址宜靠近气源，并应具有适宜的交通、供电、给水排水、通信及工程地质条件，且应符合城镇总体规划的要求。

压缩天然气加气站的总平面应分区布置，即分为生产区和辅助区。生产区一般包括压缩机房、储气瓶组或储气井、汽车加气机、CNG 气瓶转运车加气柱等；辅助区指用于实现生产作业以外的建（构）筑物，如综合楼、洗手间等。加气站车辆出口和入口应分开设置。

压缩天然气加气站和加油加气合建站的压缩天然气工艺设施与站内外建、构筑物的安全防火间距应符合国家相关规范的规定。

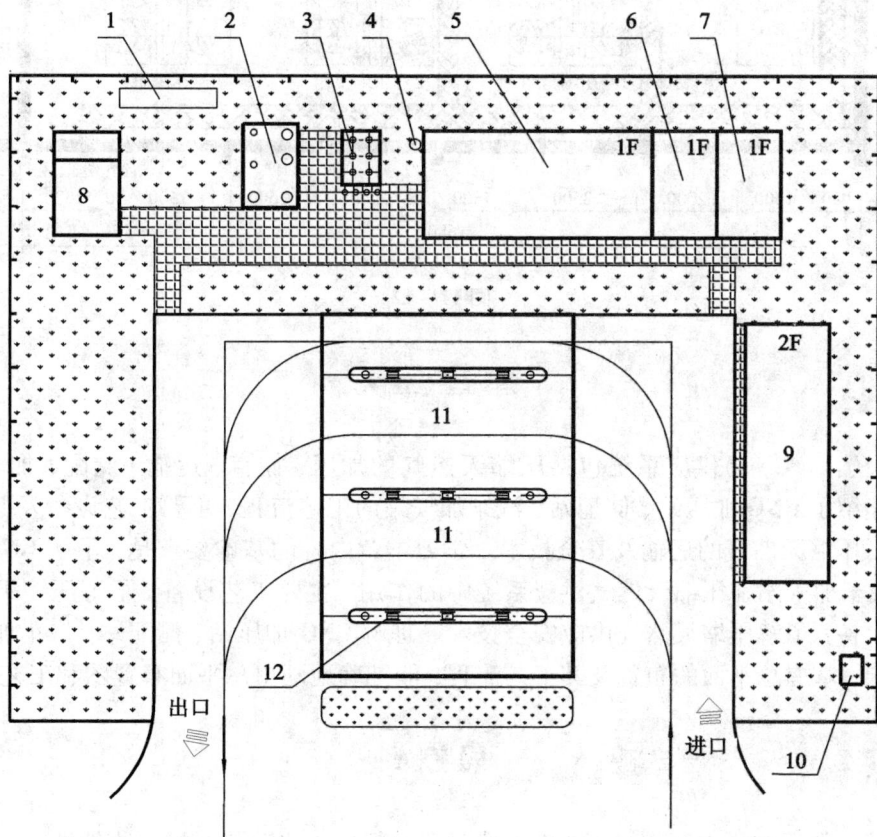

图 11-11　某 CNG 加气站平面布置图

1—调压计量区；2—脱硫区；3—储气井；4—放散口；5—压缩机房；6—仪表间；
7—变电间；8—循环水池；9—站房；10—生化池；11—加气区；12—加气机

某 CNG 加气站压缩机房布置如图 11 – 12 所示。该房内布置 3 台 V – 3.3/3 – 250 型压缩机，一套双筒分子筛脱水设备，以及储气优先控制盘。室内主通道宽度为 2.1 m，次通道宽度为 1.5 ~ 1.61 m。压缩机房紧邻控制室。

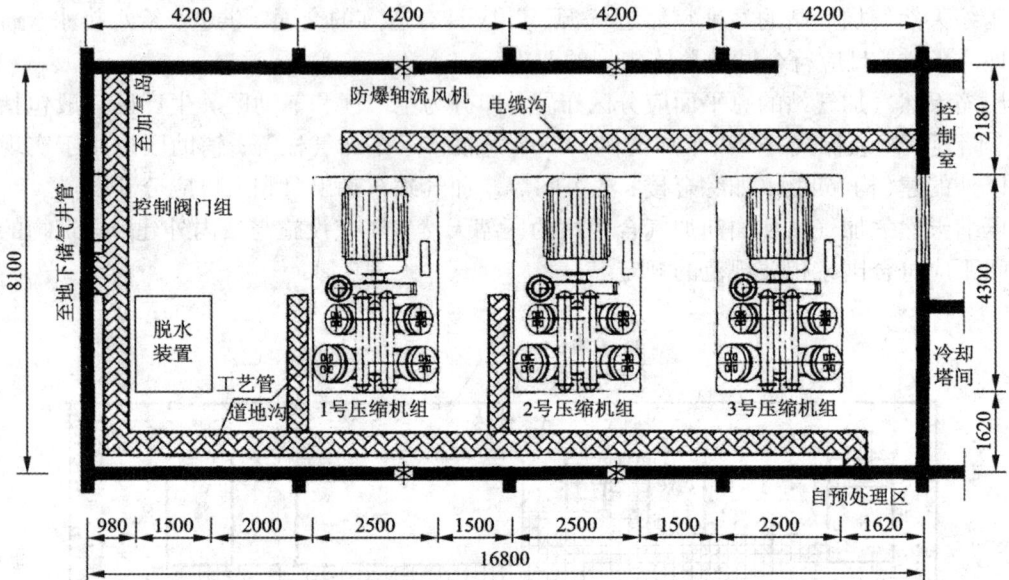

图 11 – 12

本章小结

压缩天然气(CNG)供应系统包括压缩天然气的加压、储存、运输、储配、加气等功能。本章着重介绍了 CNG 加压站、储配站、汽车加气站的工艺流程、主要工艺设备及其布置；另外还介绍了压缩天然气的运输及安全技术。学习本章内容的基本要求是：了解 CNG 加压站、储配站、汽车加气站在压缩天然气供应系统中的作用、主要工艺设备；了解压缩天然气的运输方式及设备；了解压缩天然气供应安全技术。理解 CNG 加压站、储配站、汽车加气站设备的选择原则，掌握总平面的布置及其工艺流程，能准确地画出总平面布置图和工艺流程图。

思考题

1. 压缩天然气的压力范围是多少？天然气在进行压缩之前要经过哪些处理？
2. 压缩天然气供应城镇用户时，减压前进行换热的目的是什么？
3. 在 CNG 加压站及 CNG 汽车加气站的压缩机设备选择方面有什么不同之处？
4. CNG 加压站、CNG 汽车加气站功能有哪些区别？如何进行站址的选择及站区的布置？
5. 压缩天然气的主要运输方式及运输设备有哪些？
6. 压缩天然气汽车加气站的分类是什么？汽车加气站的储气方式及设备有哪些？
7. 压缩天然气供应应注意哪些安全问题？

第 12 章　液化天然气供应

LNG 是天然气经过预处理，脱除硫化物、二氧化碳、水及重质烃等杂质后，采用制冷工艺，在常压下深冷到 −162℃ 时液化得到的产品。LNG 是以甲烷为主要组分的烃类混合物，通常还包含少量乙烷、丙烷、氮等其他组分，其具体组分取决于原料天然气和生产工艺。

LNG 体积约为气态天然气体积的 1/600，且具有低温、杂质少、气态液态体积比大等特点。由于 LNG 具有储存量大、运输灵活等特点，作为气源是天然气利用的一种有效形式。

气田开采出来的天然气在天然气液化工厂进行处理并液化。国产 LNG 经过陆路运输送到气化站、汽车加气站等地；进口 LNG 经过海上运输到大型接收站。

LNG 在大型接收站气化成为气态天然气后进入输气管道，作为管道气源供应大中城市。LNG 也可以通过槽车运送至中小城镇、小区作为气化气源，另外还可以作为城镇的调峰及应急气源。LNG 除了气化后供应给居民、商业、工业等用户之外，也可以直接用作汽车、船舶、飞机的燃料。LNG 主要供应链如图 12−1 所示。

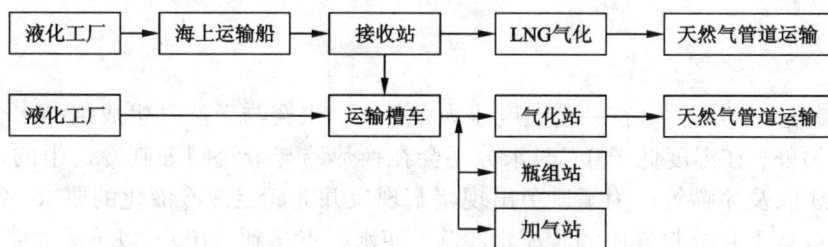

图 12−1　LNG 主要供应链

LNG实验

12.1　液化天然气生产

液化天然气的主要生产过程如图 12−2 所示。

液化天然气的生产工艺中比较重要的是预处理和液化这两个过程，下面详细介绍。

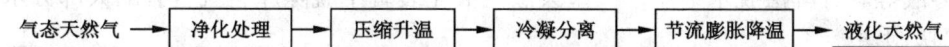

LNG的生产和运输

图 12−2　LNG 主要生产过程

12.1.1　天然气预处理

预处理即天然气的净化，是将天然气中的水分、硫化氢、二氧化碳、重烃、汞等杂质脱除（控制在一定比例以内），以免杂质腐蚀或冷冻堵塞管道和设备。一般天然气从井场被开采出来经过初步过滤除尘、计量等之后就会进行预处理。

然气预处理方法、工艺过程以及预处理具体指标随原料气气源地不同略有变化。一般常见的天然气液化工厂的预处理指标如表 12 - 1 所示。天然气液化前的预处理一般包括脱水、脱除酸性组分脱除重烃以及汞、苯等杂质。

表 12 - 1　天然气液化工厂预处理指标

杂质	预处理指标	限制依据
水	小于 0.1×10^{-6} m^3/m^3	A
CO_2	$(50 \sim 100) \times 10^{-6}$ m^3/m^3	B
H_2S	4×10^{-6} m^3/m^3	C
COS	小于 0.5×10^{-6} m^3/m^3	C
硫化物总量	$10 \sim 50$ mg/m^3（标）	C
汞	小于 0.01 $\mu g/m^3$（标）	A
芳香族化合物	$(1 \sim 10) \times 10^{-6}$ m^3/m^3	A 或 B

注：A 为无限制生产下的累计允许值；B 为溶解度限制；C 为产品规格。

1.脱水

当天然气中水分超过一定含量，在一定温度压力条件下，水会与天然气生成结晶水合物影响天然气的质量。另外，在温度低于0℃时水分还会在换热器与节流阀等制冷机组的设备上发生结冰，堵塞管线以及喷嘴等。为了避免出现堵塞现象并能满足深冷液化的要求，需要在高于水合物形成温度以上将原料气中的游离水脱除，使水露点达到 -100℃以下。

天然气液化工厂脱水方法主要有冷却法、吸收法和吸附法等。

（1）冷却法

冷却法脱水是利用压力不变时天然气的含水量随温度降低而减少的原理来实现的。脱水深度有限，一般作为初步脱水。

（2）吸收法

吸收法脱水是利用吸湿性液体（或固体）吸收的方法来脱除天然气中的水蒸气。用作脱水吸收剂的物质应具有脱水能力强、热稳定性能好、对设备无腐蚀、对天然气及液烃的溶解度较低、易再生、易获取等特点。常用的是醇类脱水剂，包括甘醇水溶液、二甘醇水溶液、三甘醇水溶液等。甘醇法脱水适用于大型天然气液化装置中脱除原料气含有的大部分水分。

（3）吸附法

吸附法脱水是利用气体在自由表面上的凝聚现象，具体来说，在两相界面上，由于异相分子之间的作用力不同于同相分子之间的作用力，使得相界面上流体的分子密度异于主体分子密度从而发生吸附。根据吸附作用力的不同,可分为物理吸附和化学吸附。常用的吸附剂包括活性氧化铝、硅胶($SiO_2 \cdot nH_2O$)以及分子筛等。现代天然气液化工厂多采用分子筛作为吸附剂。吸附法脱水特别适用于处理量小、脱水深度大的场合。

实际使用中,对于露点降幅度大的装置,可以采用分段脱水的办法,即先用吸收法除去大部分水,再用吸附筛法深度脱水至所要求的低露点。

2.脱酸性气体

原料天然气中常含有一些酸性气体,如 H_2S,CO_2,COS 等,这些气体不仅对人体有害,对设备、管道亦有腐蚀作用,而且因其沸点较高,在降温过程中很容易呈固体析出,必须脱除。

脱除酸性气体的方法主要有醇胺法、热钾碱法和砜胺法。这些方法的原理主要是化学吸收,砜胺法还兼有物理吸收作用过程。其中醇胺法为目前主要采用的脱酸性气体的方法。醇胺法特别适用于酸性组分分压低的天然气脱硫。另外由于醇胺法使用的吸收剂是醇胺的水溶液,溶液中含水可以使被吸收的重烃量减至最低程度,因此也非常适用于重烃含量高的天然气脱硫。有些醇胺溶液还具有在 CO_2 存在的条件下脱除 H_2S 的能力。

3.脱烃

烃类物质的相对分子质量由小到大变化时,沸点也由低到高相应变化,在冷凝天然气的循环中,重烃将先被冷凝出来。如果未把重烃先分离掉,或者在冷凝后再分离,则重烃将有可能因冻结而堵塞设备。在温度为 $-183.3℃$ 以上时,乙烷和丙烷能以各种浓度溶解于 LNG 中,最不易溶解的是 C_6^+ 烃(特别是环状化合物),还有 CO_2 和水。重烃脱除的程度取决于吸附剂的负荷和再生的形式等,即采用分子筛、活性氧化铝或硅胶吸附脱水时,重烃可被部分脱除,吸附剂不可能使重烃的含量降低到很低,余下的重烃需在低温区中的一个或多个分离器中除去,即深冷分离。

其他还需要脱除的杂质有汞、苯、氮气等。其中汞、苯等杂质的脱除方法不外乎在物理、化学作用下进行吸收、吸附等,而氮气一般是采用闪蒸的方式从天然气中选择性地脱除。

12.1.2　天然气的液化

天然气的液化采用外部冷源、膨胀制冷工艺或其他制冷工艺,将天然气加工为 $-162℃$ 的低温液体。由于常压下,甲烷液化需要降低温度至 $-162℃$,因此必须脱除天然气中的杂质,然后进入液化装置逐级处理得到液化天然气产品。

天然气的液化是一个深度制冷的过程,按照制冷方式的不同,天然气液化的方法分为阶式循环制冷、混合制冷和膨胀制冷三种。实际的天然气液化装置中常采用包括上述几种液化方法流程中的某些部分构成的不同组合的复合式流程,如阶式循环制冷、混合制冷和膨胀制冷。

1.阶式循环制冷

阶式循环制冷也称为级联式液化流程、复叠式液化流程或是串联蒸发冷凝液化流程,是利用某一种制冷剂的蒸发来冷凝另一种较低沸点的物质而组成的逐级液化循环。该液化流程由三级独立的制冷循环组成，制冷剂分别为丙烷(也可用氨)、乙烯(也可用乙烷)和甲烷，三个相互独立的制冷剂循环制冷过程都包括压缩、冷凝、节流膨胀与蒸发几个步骤。其原理为将较低温度级的循环热量转移给相邻的较高温度级的循环。其中，第一级丙烷制冷循环为天然气、乙烯和甲烷提供冷量；第二级乙烯制冷循环为天然气和甲烷提供冷量；第三级甲烷制冷循环为天然气提供冷量。天然气经过三段冷却而被液化。

图12-3所示为阶式循环制冷流程示意图。在丙烷通过蒸发器7冷却乙烯和甲烷的同时，天然气被冷却到 -40℃左右；乙烯通过蒸发器8冷却甲烷的同时，天然气被冷却到 -100℃；甲烷通过蒸发器9把天然气冷却到 -155℃，天然气最后经节流降温达到 -162℃而液化，经气液分离器10分离后，液态天然气进入低温储罐6储存，气态天然气被回收再液化。

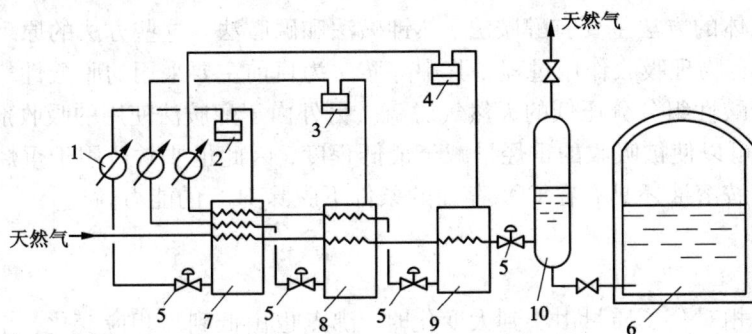

图12-3　阶式循环制冷流程示意图
1—冷凝器；2—丙烷压缩机；3—乙烯压缩机；4—甲烷压缩机；5—节流阀；6—低温储罐；
7—丙烷蒸发器；8—乙烯蒸发器；9—甲烷蒸发器；10—气液分离器

阶式制冷工艺的制冷系统与天然气液化系统相互独立，制冷剂为单纯组分，各系统相互影响少，操作稳定，能耗低，较适合高压气源。但该工艺制冷机组多，流程长，对制冷剂纯度要求高，且不适合含氮量较多的天然气，因此该工艺在天然气液化装置上已经较少使用。

2. 混合(或称多组分)制冷

混合制冷(或称多组分)由阶式循环制冷简化而来，是以 $C_1 \sim C_5$ 的碳氢化合物以及 N_2 等多组分的混合制冷剂为工质，进行逐级冷凝、蒸发与节流膨胀过程。从而得到不同温区的制冷量，使天然气逐步冷却，直至液化。

该液化流程与阶式液化流程相比，优点在于机组设备少，流程简单，投资省，投资费用比阶式液化流程低15%~20%，管理方便，混合制冷剂组分可以部分或是全部从天然气本身提取和补充。其缺点在于能耗较高，比阶式液化流程高10%~20%，混合制冷剂的合理配比较为困难，流程计算需提供组分可靠的平衡数据以及物性参数。目前应用较多的是丙烷预冷混合制冷液化流程。

如图12-4所示为混合制冷循环流程示意图。丙烷、丁烷以及氮的混合蒸气经过压缩机6压缩以及冷却器5冷却之后进入丙烷储罐1。储罐压力为3 MPa。丙烷呈液态，乙烯和氮呈气态。丙烷在低温换热器4中蒸发，使天然气被冷却到 -70℃，同时也使乙烯与氮得到了冷却，制冷剂进入乙烯储槽2后乙烯呈液态，氮气仍然呈气态。液态乙烯在低温换热器4中蒸发，冷却了天然气以及氮气。氮气进入氮储槽 3 之后部分液化，进行气液分离，液氮在低温换热器 4 中蒸发，进一步冷却天然气，同时冷却了气态氮气。气态氮气节流降温后液化并在低温换热器 4 中蒸发，将天然气进一步降温，最终天然气经过节流降温达到 −162℃ 的液化温度并送入低温储罐 7。

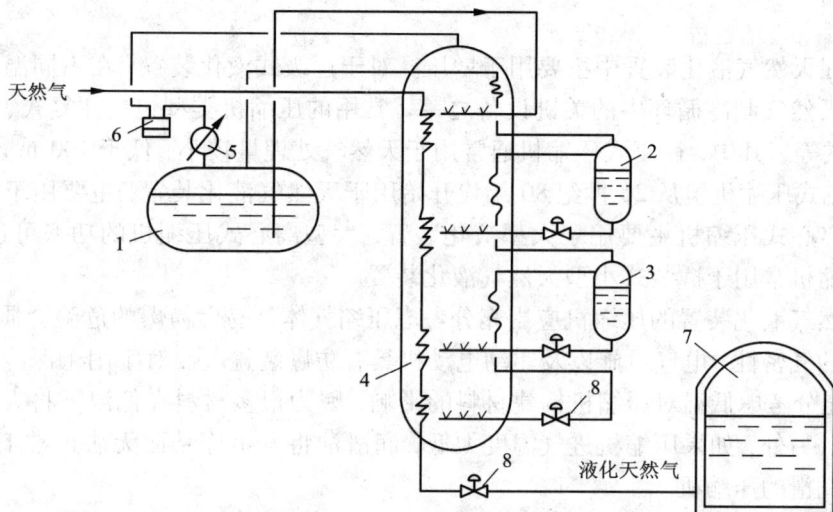

图 12 − 4 混合制冷流程示意图

1—丙烷储罐；2—乙烯储槽；3—氮储槽；4—低温换热器；

5—冷却器；6—压缩机；7—低温储罐；8—节流阀

3. 膨胀制冷

膨胀制冷方法适用于长输管线压力较高而且液化容量较小的地方，不需要从外部供给能量，充分利用长输管线干管与用户之间较大的压力梯度，并以此作为液化的能源。膨胀制冷流程操作比较简单，投资适中，适用于液化能力较小的调峰型天然气液化装置。

图 12 − 5 所示为天然气膨胀制冷流程示意图。来自长输管线干管的天然气，流经低温换热器 1，大部分天然气在膨胀涡轮机 6 中膨胀制冷并减压至输气管网的压力，其余并未减压的天然气进入低温换热器 2 中被冷却，接着流经节流阀 3 降压降温并液化之后进入低温储罐 4。低温储罐 4 上部蒸发的天然气，由膨胀涡轮机 6 带动的压缩机 5 吸出并压缩到管网的输气压力，并与经过膨胀涡轮机 6 膨胀制冷并降压之后出来的天然气混合作为冷媒，经低温换热器 2 与低温换热器 1 之后送入输气管网。也可采用先压缩后膨胀来液化天然气，此时，能耗较高。根据长输管线管网的压力所能提供的能量，决定能按此方法液化的天然气数量。

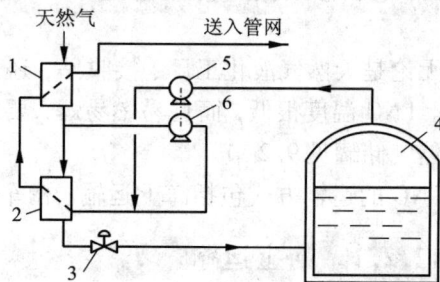

图 12 − 5 膨胀制冷流程

1、2—低温换热器；3—节流阀；4—低温储罐；

5—压缩机；6—膨胀涡轮机

膨胀制冷的优点是可以充分利用天然气的压力差，几乎不耗电，流程简单，设备少，操作以及维修方便。但是膨胀制冷的液化率比其他方法低，一般在 7% ~ 15% 。

12.1.3   天然气液化设备

1.压缩机

压缩机在天然气液化装置中主要用于增压。对于逐级式液化装置，在不同温区设置的制冷压缩机是天然气制冷循环中的关键设备之一。常用的压缩机类型包括往复式、离心式、轴流式、螺杆式等。其中，往复式压缩机通常用于天然气处理量较小、低于 100 m^3/min 的液化装置中；轴流式压缩机组从 20 世纪 80 年代开始用于天然气液化装置，主要用于混合制冷剂循环装置；离心式压缩机主要用于大型液化装置，大型离心式压缩机的功率可达到 41MW；而螺杆式压缩机常用于撬装式小型天然气液化装置。

用于天然气液化装置的压缩机应当充分考虑压缩气体是易燃易爆的危险介质，要求压缩机具有良好的气密性、电气设施以及驱动电动机具有防爆装置。而对于用于深冷的制冷压缩机，还应当充分考虑低温对压缩机构建材料的影响，因为很多材料在低温下将失去韧性而发生冷脆破坏。另外，如果压缩机进气温度太低，润滑油将发生冻结而无法正常工作，此时应当选择无油润滑的压缩机。

2.换热器

换热器是直接对天然气进行换热的设备。原料气经过预处理之后便进入换热器被冷却，从而实现原料气的液化。在液化天然气生产中常用的换热器分为管壳试、绕管式以及板翅式等。其中，绕管式换热器体积小、热效率高，管程走天然气，壳程走制冷剂，最高承受压力为 20 MPa。铝制板翅式换热器最高承受压力为 8 MPa。板翅式比绕管式换热器更具有优势，特别体现在其紧凑性上面。在给定换热面积的情况下，板翅式换热器比绕管式换热器的安装面积小，而且成本也较低。因此，除了大型天然气液化装置以外，板翅式换热器几乎已经在所有的低温工程中取代了绕管式换热器。

12.2   液化天然气的运输

无论是天然气液化工厂、接收站，还是气化站、加气站，都需要设置 LNG 的储存与运输设施。LNG 温度很低，而且易燃易爆，要求储存与运输 LNG 的设施耐低温，并安全可靠。液化天然气储罐见 9.2 节。

LNG 的运输方式包括海上运输、槽车运输以及管道运输。

12.2.1   海上运输

LNG 船舶是世界上技术含量较高的船舶之一。当有水运条件、运距超过 4000 km 时，海上运输比管道运输天然气更经济。世界 LNG 贸易主要通过海上运输，运输工具为 LNG 运输船。LNG 运输船是载运大宗 LNG 货物的专用船舶，目前其标准载货量为 (13×10^4) ~ $(15 \times 10^4 \ m^3)$ ，一些国家已经设计出 $16 \times 10^4 \ m^3$ 、$20 \times 10^4 \ m^3$ 甚至 $30 \times 10^4 \ m^3$ 的 LNG 船。

2008 年 4 月我国生产的第一艘 LNG 船"大鹏昊"装载量为 $14.7 \times 10^4 m^3$，全部气化后容量将达 9000 万 m^3。货舱类型为 GT – NO.96E –2 薄膜型，低温内壁直接由双层外壳支撑，内壁由两层材料相同的膜以及两个独立的绝热层组成，内壁材料为 0.7 mm 的不锈钢（36% Ni 合金钢），采用珍珠岩绝热材料。它是世界上当时最大的薄膜型 LNG 船，船长 292 m、宽 43.35 m、型深 26.25 m。

LNG 船根据货舱形式分为三种：MOSS 型（球形舱）、GTT 型（薄膜舱）、SPB 型（菱形舱）。不同的货舱采用不同的隔热方式，MOSS 型 LNG 船球罐采用多层聚苯乙烯板隔热；GTT 型 LNG 船的围护结构由双层船壳、主薄膜、次薄膜以及低温隔热层组成；SPB 型 LNG 船的围护系统由弹性连接隔热板组成。图 12 –6 所示为 $12.5 \times 10^4 m^3$ GTT 型 LNG 船液货舱分布示意图。

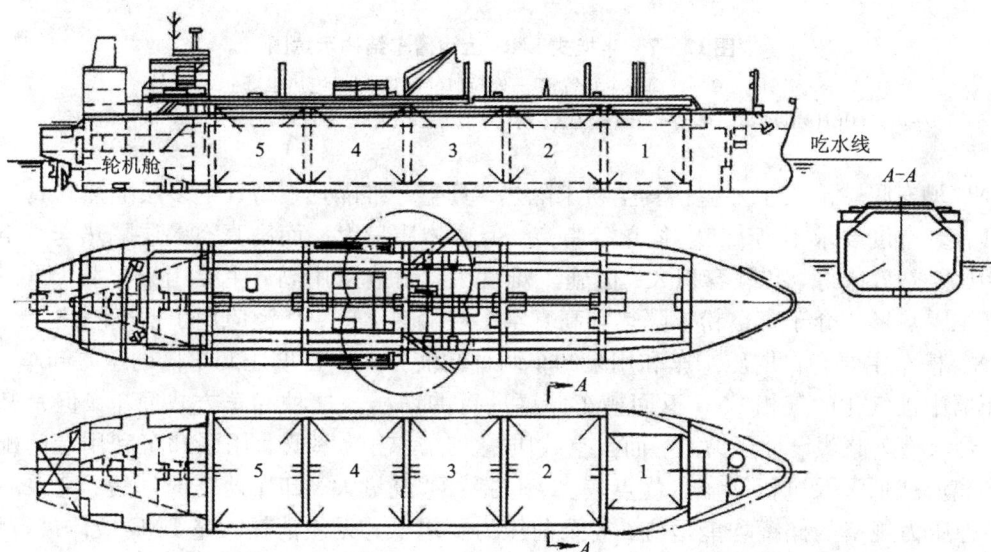

图 12 –6　$12.5 \times 10^4 m^3$ GTT 型 LNG 船液货舱分布图

LNG 运输状态为低温常压，温度为 –162℃。LNG 船在运输过程中需要保证货舱的隔热性能，以降低 LNG 的气化率，减少 LNG 的损耗，液货舱蒸发率应控制在一定范围内，一般不高于 0.2%/d。

12.2.2　槽车运输

LNG 槽车运输是采用槽车将 LNG 从接收站或是天然气液化工厂通过公路、铁路运输到 LNG 气化站或是供应站。槽车运输主要包括公路运输和铁路运输两种方式。公路运输受运输安全和运输经济性因素的影响，运输距离越长，不安全因素越多，运输成本越高。一般来说，公路运输距离的经济半径在 500 km 以上，铁路运输距离的经济半径在 1000 km 以上。

LNG 槽车主要有半挂式运输槽车和集装箱式罐车两种形式，主要包括牵引车、槽车罐、罐式集装箱与半挂车。半挂式运输槽车罐的规格主要有 30 m^3、45 m^3、50 m^3 等，集装箱罐的规格主要有 35 m^3、40 m^3、50 m^3 等。图 12 –7 为 LNG 半挂式运输槽车结构示意图。

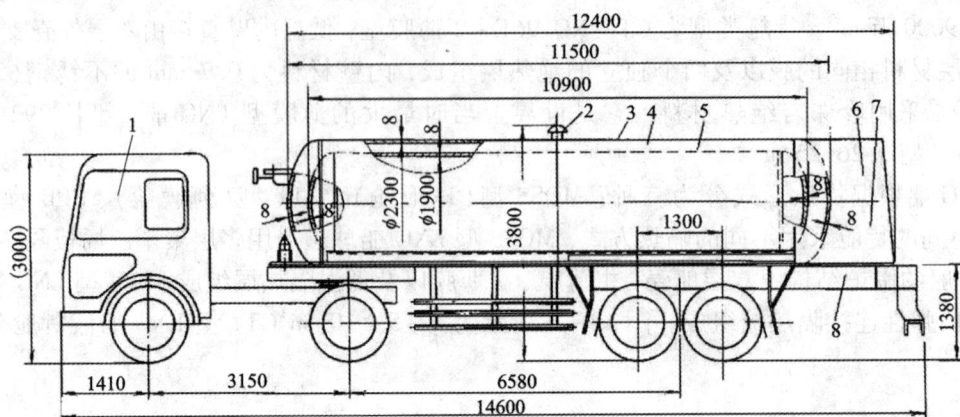

图 12-7   半挂式 LNG 运输槽车结构示意图

1—牵引车；2—外筒安全装置；3—外筒(16MnR)；4—绝热层真空纤维；

5—内筒(0Cr18Ni9)；6—操作箱；7—仪表、阀门、管路系统；8—THT9360 型分体式半挂车底架

  LNG 槽车隔热形式主要包括真空粉末隔热、真空纤维隔热、高真空多层隔热。真空粉末隔热具有真空度要求不高、工艺简单等特点，但罐体质量大。而高真空多层隔热与真空粉末隔热相比隔热效果好、装载容积大，但施工难度大、制造费用高，主要用于车载 LNG 钢瓶。真空纤维隔热形式介于真空粉末隔热和高真空多层隔热之间，广泛应用于槽车隔热。

  LNG 槽车主要有自增压卸车和用泵卸车两种卸液方式。自增压卸车借助压差卸车，是利用增压器中被气化的气相 LNG 返回槽车储罐进行的增压。这种卸车方式简单，但是卸车时间长，要求槽车储罐设计压力高，而且空载质量大，运输效率低。用泵卸车利用专门配置在车上的离心式低温泵进行卸车。优点较多，包括：①流量大，卸车所需时间短；②泵后压力高，各种压力规格的储罐均能适应；③泵前压力要求低，无须消耗大量 LNG 液体进行增压，槽车罐体压力低，装备质量轻，运输效率高。其缺点为：结构较为复杂，整车造价高，而且低温液体泵需要合理预冷与防止气蚀。

  槽车工艺系统包括进排液系统、进排气系统、吹扫置换系统、自增压系统、仪表控制系统、安全系统、抽空系统、紧急切断与气控系统、液位分析取样系统。

12.2.3   管道运输

  LNG 管道运输的优点主要体现在两个方面：①由于 LNG 的密度大，一般为 430～470 kg/m³，与常规输气管道相比，输送相同体积的天然气，LNG 输送管的直径要小得多；②LNG 泵站比天然气增压站的投资低，而且 LNG 泵站的能耗比天然气增压站低若干倍。

  而其缺点主要为：LNG 输送管道与设备必须采用价格昂贵的镍钢以及性能良好的低温绝热材料，而且为了实现低温液体的单向流动，并防止液体气化，需在管道上增建中间冷却站。因此，管道工程的设计复杂和施工技术要求高，长距离 LNG 管线的初期投资非常大。

12.3 液化天然气接收站

LNG 接收站是指接收海上运输 LNG 的终端设施,接收从基本负荷天然气液化工厂用 LNG 运输船运来的液化天然气,经储存与相关处理后分配给用户,这既包括气化 LNG 供给区域管网用户,又包括提供 LNG 给区域管网达不到的中小城镇气化站、小区瓶组站等。

LNG 接收站的主要组成部分包括专用码头、LNG 输送管道、储槽、卸船装置(卸料臂)、气化装置、气体计量与压力控制装置、蒸发气体回收装置、维修保养系统、控制及安全保护系统等,另外也常设有冷能利用系统。

LNG 接收站的储槽容量很大,由于多处传热使得储槽中 LNG 不断蒸发,源源不断产生的蒸发气需要不断地从储槽排出。根据对蒸发气的处理方式不同,LNG 接收站的工艺流程分为直接输出式与再冷凝式两种。其中直接输出式 LNG 接收站的工艺流程为:蒸发气用压缩机增压,而后输送给稳定的下游用户,在卸船的工况下就有大量的蒸发气需要下游用户接收。而再冷凝式 LNG 接收站的工艺流程为:蒸发气经过压缩机压缩增压,而后进入再冷凝器与由泵从储槽中抽出的 LNG 直接混合换热,被冷却液化的蒸发气与由泵抽出的 LNG 一起排出来,通过 LNG 气化外输系统输送给下游用户。图 12 – 8 所示即为再冷凝式 LNG 接收站的工艺流程示意图。

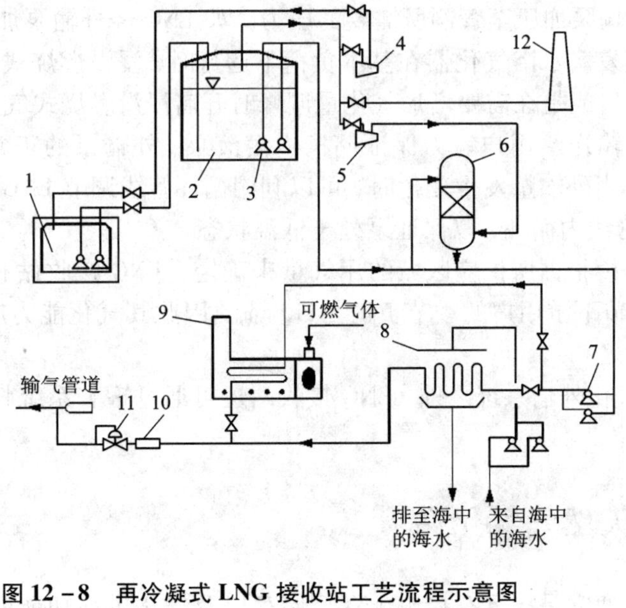

图 12 – 8 再冷凝式 LNG 接收站工艺流程示意图

1—LNG 槽船;2—LNG 储槽;3—潜液泵;4—卸船压缩机;5—蒸发气压缩机;6—蒸发气再冷凝器;7—输出泵;8—水浴式气化器;9—浸没燃烧式气化器;10—计量装置;11—调压器;12—放散塔

LNG 卸船系统由卸船臂、卸船管线、LNG 取样器、蒸发气回流臂、蒸发气回流管线以及 LNG 循环保冷管线等组成。LNC 运输船停靠在专用码头后,经专用码头上卸料臂将船上的 LNG 输出管线与岸上卸船管线连接起来,由船上储罐内的输送泵或是潜液泵将 LNG 输送到接收站的储槽内。随着 LNG 的不断输出，运输船储罐内的气相压力将逐渐下降，为了保证储罐内天然气的压力值维持在一定范围内，需要将岸上储槽内的一部分蒸发气进行加压处理之后，经回流管线与回流臂送至运输船的储罐内。

LNG 卸船管线一般采用双母管。卸船时两根母管同时工作，各承担一半的输送量。当其中一根母管出现故障时，另一根母管仍可工作，保证卸船工作的正常进行，不至于造成卸船中断。在非卸船期间，双母管可以使卸船管线构成一个循环，以便对双母管进行循环保冷，使其保持低温，进而减少因管线漏热造成的 LNG 蒸发量增加。每次卸船前还需要利用运输船上的 LNG 对卸船系统的卸料臂等进行预冷，预冷完毕后再将卸船量增加至正常输送量。卸船管道上配有 LNG 取样器，在每次卸船前进行取样并分析 LNG 的组成、密度与热值等。

LNG 接收站储存系统的组成部分包括低温储槽、附属管道以及控制仪表等。由于外部少量热量的传入，低温储槽内的液体在储存过程中会出现部分气化，储槽的日蒸发量为 0.06% ~0.08%。一般 LNG 接收站至少应备有两个等容积的储槽。

LNG 需要通过换热器将其气化处理为气态天然气，再通过管道输送到城镇用户。LNG 接收站的气化外输系统主要包括 LNG 输送器、气化器以及调压计量设施等。用于气化液化天然气的换热器称为 LNG 气化器，按照加热方式的不同分为空气加热型气化器、水加热型气化器、蒸汽加热型气化器以及燃烧加热型气化器四种。

如图 12-8 所示，LNG 接收站储槽内的 LNG 经过潜液泵 3 加压，部分作为冷媒进入蒸发气再冷凝器 6 冷却蒸发气，使来自储槽顶部的蒸发气液化；部分直接至输出泵 7。根据用户要求，LNG 被外输泵加压至管网所需要的压力。如 LNG 经外输泵加压至 4.0 MPa，而后进入水浴气化器中蒸发。水浴气化器在基本负荷下运行时，浸没燃烧式气化器作为备用，当在水浴气化器进行维修或是在需要增加气化量调峰时开启浸没燃烧式气化器。气化后的外输天然气经调压计量后输送给用户。为保证储槽内潜液泵、外输泵的正常运行，各泵出口均设有 LNG 循环管线。当外输量发生变化时，可以利用循环管线调节 LNG 的流量。在停止外输时，可以让 LNG 在管线内循环，以保证泵处于低温状态。

LNG 气化规模根据所供应区域的用气量来确定。LNG 接收站相当于下游区域管网的气源，需要能够调节下游用户的季节负荷与日负荷，因此其气化能力应该根据用户最大日用气量来确定。

除了 LNG 气化外输系统之外，LNG 接收站还可通过罐装系统将 LNG 装至槽车，外运至 LNG 用户。

12.4　液化天然气气化站

LNG 气化站通常是指具有接收 LNG、储存以及气化供气功能的场地。LNG 气化站主要作为输气管线达不到或是采用长输管线不经济的中小型城镇的气源，除此之外，也可以作为城镇的调峰应急气源或是过渡气源。LNG 气化站与接收站或是天然气液化工厂的经济运输距离宜在 1000 km 以内，可采用公路运输或是铁路运输。相比于天然气管道长距离输送、高压储罐储存等，LNG 气化站采用槽车运输、LNG 储罐储存，具有储存效率高、运输灵活、建设投资小、建设周期短、见效快等优点。

12.4.1　LNG 气化站

1. 气化站工艺流程

图 12 - 9 所示为 LNG 气化站工艺流程示意图。LNG 由低温槽车运至气化站，在卸车台利用增压器 6 对槽车储罐加压，将 LNG 送入气化站储罐 1 储存。气化时通过储罐增压器 10 将 LNG 增压，或是利用低温泵 11 加压，将 LNG 输送至空温式气化器 2 和水汽式气化器 3 气化为气态天然气，经过调压、计量和蒸发气体汇合加臭后进入供气管网。

气化器通常采用两组空温式气化器，相互切换使用，当一组气化器使用时间过长，气化器结霜严重，将导致气化器气化效率降低，出口温度达不到要求时，则切换到另一组气化器工作。在夏季，经过空温式气化器气化之后的天然气温度在 15℃ 左右，可以直接进入输气管网；在冬季或是雨季，由于环境温湿度的影响，气化器气化效率将降低，气化后的天然气温度达不到输气管网的要求时，可启用水浴式气化器完成气化工作。

气化站内设有 BOG 储罐，LNG 储罐顶部的蒸发气经过 BOG 加热器加热后进入 BOG 储罐；卸车完毕后，LNG 槽车内的气体通过顶部的气相管被输送到 BOG 加热器加热，然后进入 BOG 储罐。当 BOG 储罐内的压力达到一定值后，可将储罐内的气体送入供气管网系统。

LNG 储罐设计温度为 - 196℃，LNG 气化器后的设计温度一般不低于环境温度 8 ~ 10℃。LNG 储罐的设计压力根据系统中储罐的配置形式、液化天然气组分及工艺流程来确定。

当采用储罐等压气化时，气化器设计压力为储罐设计压力；采用加压强制气化时，气化器设计压力为低温加压泵的出口压力。加压强制气化的工艺流程与等压气化的工艺流程相似，只是在系统中设置了低温输送泵，储罐中的 LNG 经过低温输送泵加压后进入气化器气化。等压气化适用于中小型气化站，管网压力为中低压的系统，而加压强制气化适用于管网压力为中高压系统。

2. 气化站工艺设备

LNG 气化站工艺设备主要有储罐、气化器、低温泵以及调压计量装置等。

（1）储罐

气化站储存总容积的确定方法如下所述。

为保证不间断供气，特别是在用气高峰季节也要保证正常供气，气化站中应储存一定数量的液化天然气。气化站储罐总容积可按式（12 - 1）计算：

$$V_{tot} = \frac{nK_m^{max}G_d}{\rho_{T_{max}}\varphi_{b,T_{max}}}$$

（12 - 1）

式中：V_{tot}——总储存容积，m^3；

　　n——储存天数，d；

　　K_m^{max}——月高峰系数，推荐使用 $K_m^{max} = 1.2 ~ 1.4$；

　　G_d——年平均日用气量，kg/d；

　　$\rho_{T_{max}}$——最高工作温度下的液化天然气密度，kg/m^3；

　　$\varphi_{b,T_{max}}$——最高工作温度下的储罐允许充装率，一般可取 0.9。

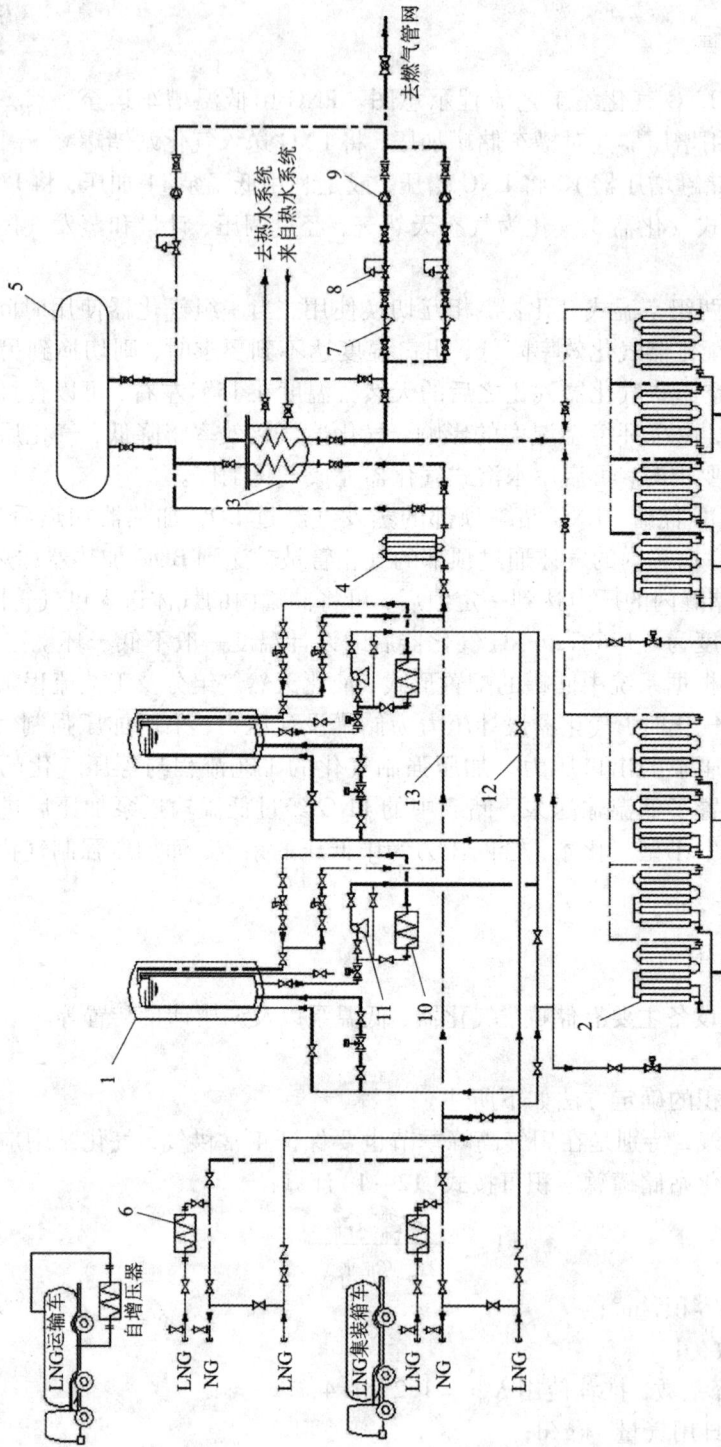

图 12 - 9 LNG 气化站工艺流程

1—LNG 储罐；2—空温式气化器；3—水浴式气化器；4—BOG 加热器；5—BOG 储罐；6—槽车增压器；
7—过滤器；8—调压器；9—流量计；10—储罐增压器；11—低温泵；12—液相管；13—气相管

储存天数主要取决于气源情况(包括气源厂个数、气源厂的远近、气源厂的检修周期和时间等)以及天然气运输方式。

(2)气化器

LNG 气化器根据热源的不同,可以分为空温式气化器和水浴式气化器两种类型。图 12 – 10 所示是 LNG 空温式气化的结构示意图,图 12 – 11 所示是 LNG 水浴式气化器的结构示意图。

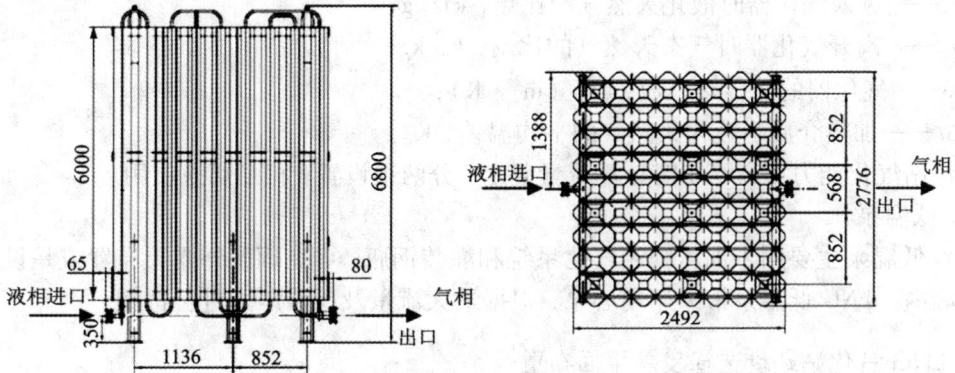

图 12 – 10 LNG 空温式气化器结构示意图

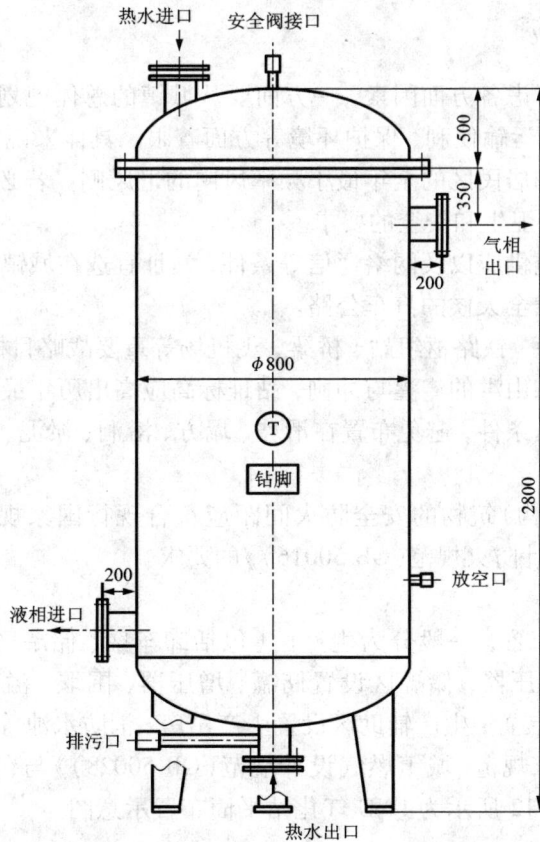

图 12 – 11 LNG 水浴式气化器结构

气化器的换热面积按式(12－2)计算：

$$F = \frac{\omega q}{K \Delta t} \qquad (12-2)$$

式中：F——气化器的换热面积，m^2；

　　　ω——气化器的气化能力，kg/s；

　　　q——气化单位质量液化天然气所需的热量(kJ/kg)，$q = h_v - h_l$；

　　　h_l——进入气化器时液化天然气的比焓，kJ/kg；

　　　h_v——离开气化器时气态天然气的比焓，kJ/kg；

　　　K——气化器的总传热系数，$kW/(m^2 \cdot K)$；

　　　Δt——加热介质与液化天然气的平均温差，K。

气化站气化能力按高峰小时计算流量确定，分两组设置，相互切换使用。

(3)低温泵

LNG 低温泵主要用于加压强制气化系统和灌装钢瓶，可在罐区外露天布置或是设置在罐区防护墙内。LNG 低温泵常采用离心泵，根据最大流量及所需压力进行选型。

3. LNG 气化站站址选择及总平面布置

由于 LNG 需要低温储存，而且易燃易爆，因此 LNG 气化站在建设布局、设备安装、操作管理等方面都有特殊要求。

(1)站址选择

站址选择需要综合考虑各方面因素，一方面要从城镇的总体规划和合理布局出发，另一方面也需要从有利生产、运输便利、保护环境等方面着眼。具体来说，主要应考虑以下问题：

①站址应选在城镇和居民区的全年最小频率风向的上风侧。若必须在城镇建站时，尽量远离人口稠密区，以满足卫生和安全的要求。

②考虑气化站的水电供应以及网络通信等条件，站址宜选在城镇边缘。

③站址至少要有一条全天候的汽车公路。

④气化站应避开油库、铁路枢纽站、桥梁、飞机场等重要战略目标。

⑤站址不应受洪水和山洪的淹灌与冲刷，站址标高应高出历年最高洪水位 0.5 m 以上。

⑥要考虑站址的地质条件，避免布置在滑坡、塌方、溶洞、淤泥、断层等不良地质条件的地区。

⑦气化站与站外建(构)筑物的安全防火间距应符合现行国家规范《城镇燃气设计规范(GB 50028)》与《建筑设计防火规范(GB 50016)》的要求。

(2)总平面布置

LNG 气化站应分区布置，一般分为生产区(包括卸车区、储罐区、气化区)和生产辅助区。卸车区设置地衡、增压器，储罐区设置储罐、增压器、围堰、溢流池，气化区设置气化器、增压器，加臭、计量装置，生产辅助区设置生产用房、消防水池等。站内建构筑物的安全防火间距应符合现行国家规范《城镇燃气设计规范(GB 50028)》与《建筑设计防火规范(GB 50016)》的要求。图 12－12 所示为 LNG 气化站平面布置示意图。

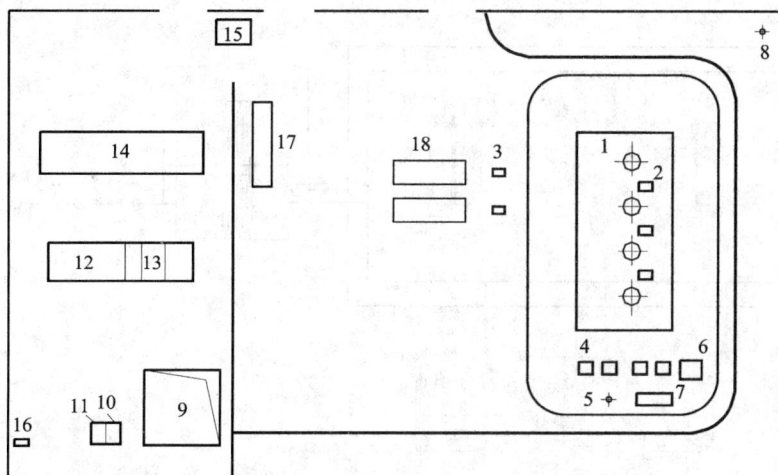

图 12 - 12 LNG 气化站平面布置示意图

1—储罐；2—储罐增压器；3—卸车增压器；4—空温式气化器；5—水浴式气化器；6—BOG、EAG 加热器；7—调压计量橇；8—放散管；9—消防水池；10—消防泵房；11—变电室；12—生产辅助用房；13—仓库；14—综合楼；15—门卫；16—化粪池；17—地衡；18—LNG 运输槽车

12.4.2 液化天然气生产工厂的类型

天然气液化生产工厂主要包括基本负荷型液化装置工厂与调峰型液化装置工厂。

基本负荷型液化装置是指生产液化天然气供应当地使用或是外运的大型液化装置。

调峰型液化装置是为燃气调峰而建设的天然气液化装置，通常将低峰负荷时过剩的天然气液化储存，在高峰负荷或是紧急情况下再气化使用。调峰型液化装置在平衡供需平衡、匹配峰荷以及增加供气可靠性等方面发挥着重要作用，可以极大地提高输气管道的经济性。与基本负荷型液化装置相比，调峰型液化装置的液化能力较小，并非年连续运行，储存容量较大，其液化能力一般为高峰负荷量的 1/10 左右。对于调峰型液化装置，其液化工艺常采用膨胀制冷流程与混合制冷流程。

12.4.3 LNG 瓶组气化站

LNG 瓶组气化站是采用钢瓶组作为 LNG 储存设备的供气设施。主要工艺设备包括 LNG 钢瓶、空温式汽化器、过滤器、BOG 加热器、调压器、流量计以及加臭装置等。图 12 - 13 所示为 LNG 瓶组气化站的工艺流程示意图。LNG 自钢瓶 1 流出，经过空温式气化器 4 气化，与经过 BOG 加热器 5 加热后的 BOG 气体一起，经过过滤、调压、计量、加臭后流入供气管道。

LNG 瓶组气化站的供气规模不宜过大，供气对象主要是居民小区、小型工商业用户、气瓶组的供气能力按供气区域高峰小时用气量确定。储气容积根据运输距离的远近确定，气瓶组的总容积一般不大于 4 m³ 为宜。目前采用的气瓶容积主要有 175 L 与 410 L 两种。图 12 - 14 所示为 410 L 卧式 LNG 钢瓶结构示意图。

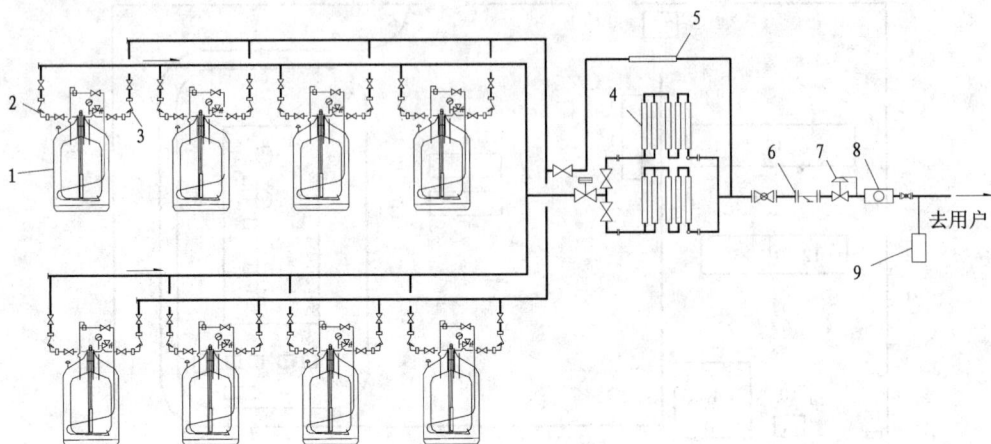

图 12 – 13　LNG 瓶组气化站工艺流程

1—LNG 钢瓶；2—液相连接软管；3—气相连接软管；4—空温式气化器；
5—BOG 加热器；6—过滤器；7—调压器；8—流量计；9—加臭装置

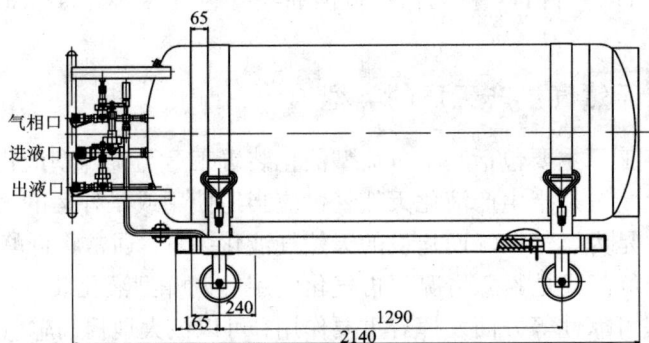

图 12 – 14　410 L 卧式 LNG 钢瓶结构示意图

12.4.4　LNG 撬装气化站

　　LNG 撬装气化站是将 LNG 气化站的工艺设备、阀门、零部件以及现场仪表一次集成安装在撬体上。根据储罐大小、现场地形，撬装站可分成卸车撬、增压撬、储罐撬、气化撬，也可以分为卸车撬与储罐增压气化撬。

　　LNG 撬装气化站工艺简单、运输安装方便、占地面积小，适用于城镇独立居民小区、中小型工业用户和大中型商业用户供气。

　　图 12 – 15 所示为 LNG 撬装气化站工艺流程示意图。LNG 槽车运来 LNG，通过卸车柱卸入储罐储存，用气时，通过增压器使储罐中 LNG 进入气化器气化，再经过调压、计量、加臭等处理之后进入供气管道。

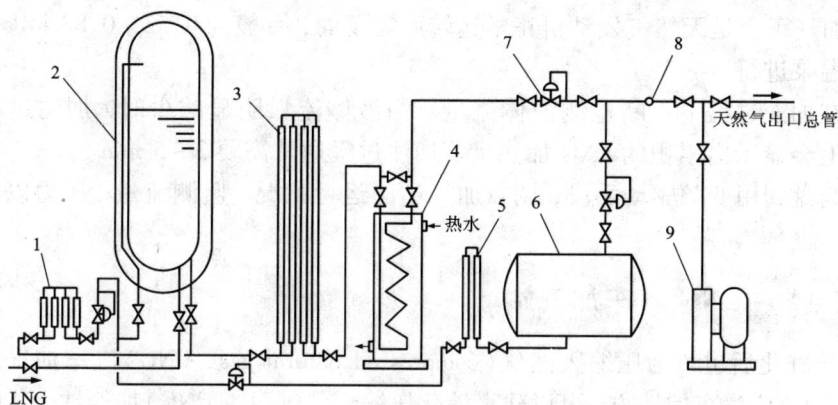

图 12 – 15 LNG 撬装气化站工艺流程示意图

1—增压气化器；2—LNG 储罐；3—空温式气化器；4—水浴式气化器；

5—BOG 加热器；6—BOG 储罐；7—调压器；8—流量计；9—加臭机

12.5 液化天然气汽车加气站

12.5.1 LNG 汽车加气站

LNG 作为车用燃料，与燃油相比，具有辛烷值高、抗爆性好、排气污染少、发动机寿命长、燃烧完全、运行成本低等优点；与压缩天然气相比，具有储存效率高、储瓶压力低、续驶里程长、重量轻等优点。LNG 汽车一次加气最多可连续行驶 1000 ～ 1300 km，可适应长途运输，减少加气次数。

图 12 – 16 所示为 LNG 加气站工艺流程示意图。LNG 加气站的设备主要包括 LNG 储罐、低温泵、增压气化器、加气机、加气枪以及控制盘。运输槽车上的 LNG 需要通过泵或是自增压系统升压后卸出，送进加气站内的 LNG 储罐。通常运输槽车内的 LNG 压力低于0.35 MPa。卸车过程通过计算机监控，以确保 LNG 储罐不会过量充装。LNG 储罐容积一般采用 50 ～ 120 m^3。

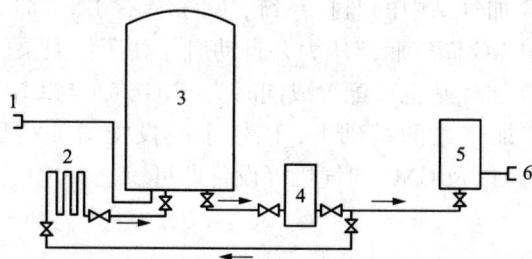

图 12 – 16 LNG 汽车加气工艺流程图

1—卸车接头；2—增压气化器；3—储罐；4—LNG 低温泵；5—LNG 加气机；6—加气枪

槽车运来的 LNG 卸至加气站内的储罐后，可通过启动控制盘上的按钮，通过低温泵，使部分 LNG 进入增压气化器，气化后天然气回到罐内升压。升压后罐内压力一般为 0.55 ～

0.69 MPa,加气压力是天然气发动机正常运转所需要的,一般为 0.52 ~ 0.83 MPa。加气过程主要依靠低温泵进行。

加气机在加液过程中不断检测液体流量。当液体流量明显减少时,加注过程会自动停止。加气机上会显示出累积的 LNG 加注量。加注过程通常需要 3 ~ 5 min。

PLC 控制盘利用变频驱动手段,调节加气站的运行状况,监测流量、压力以及储罐液位等参数。

12.5.2　L – CNG 汽车加气站

LNG 高压气化后也可为压缩天然气(compressed natural gas, CNG)汽车加气。在有 LNG 气源同时又有 CNG 汽车的地方,可以建设液化压缩天然气(L – CNG)加气站,为 CNG 汽车加气。采用高压低温泵可以使液体加压,在质量流量和压缩比相同的条件下,高温低压泵的投资、能耗以及占地面积均远小于气体压缩机。利用高压低温泵将 LNG 加压至 CNG 所需压力,再经过高压气化器使 LNG 气化后,通过顺序控制盘储存于 CNG 高压储气瓶组,当有需要时通过 CNG 加气机向 CNG 汽车加气。

L – CNG 加气站设备主要包括储罐、高压气化器、高压低温泵、储气瓶组、加气机、加气枪及控制盘等。图 12 – 17 所示为 L – CNG 加气站的工艺流程示意图。

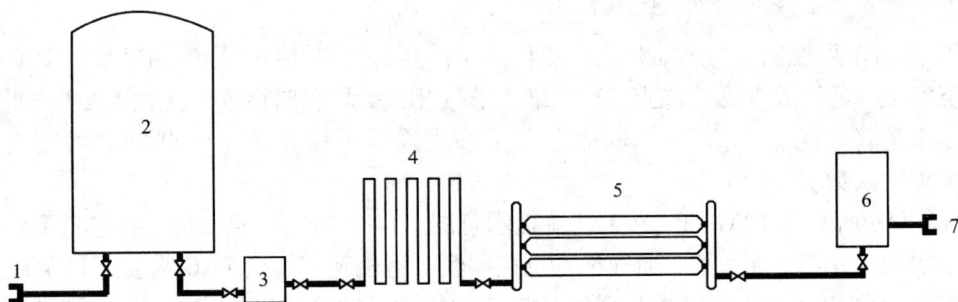

图 12 – 17　L – CNG 加气站工艺流程图

1—卸车接头;2—LNG 储罐;3—高压低温泵;4—高压气化器;5—CNG 储气瓶组;6—CNG 加气机;7—加气枪

LNG汽车及加气站实况及流程

L – CNG 加气站中的监控系统,除了具有 LNG 加气站监控系统的功能外,还具有监测 CNG 储气瓶组压力并自动启停高压低温泵的功能。

L – CNG 加气站也可配置成同时为 LNG 汽车与 CNG 汽车服务的加气站。只需要在 LNG 加气站的基础上,以较小的投资增加高压低温泵、高压气化器、CNG 储气设施以及 CNG 加气机等设备即可。

本章小结

本章主要介绍了液化天然气的预处理方法、工艺过程以及预处理指标,三种基本液化方法,天然气液化生产工厂两种不同类型的装置和天然气液化的两种主要装置,LNG 储罐(槽)

分类和结构，LNG 的三种运输方式，还介绍了卸船系统、储存系统和气化外输系统，LNG 气化站、瓶组气化站和撬装气化站，LNG 及 L－CNG 汽车加气站。

思考题

1. 天然气液化方式主要有哪几种？各自的特点是什么？
2. LNG 终端接收站与 LNG 气化站卸车方式有什么不同？
3. 液化天然气的气化器有哪些类型？各自的工作原理是什么？
4. 试绘出 LNG 气化站的工艺流程示意图，并说明 LNG 卸车及气化的工艺流程。
5. LNG 气化站平面布置有什么要求？

第 13 章　液化石油气供应

液化石油气供应系统具有投资小、建设速度快、供应灵活等特点，可采用瓶装供应，也可以经过气化与混气之后采用管道供应。20世纪90年代左右，瓶装液化石油气在我国城镇燃气事业中发展迅速。

液化石油气是由多种碳氢化合物组成的混合物，主要成分是丙烷、丙烯、丁烷、丁烯，还含有少量甲烷、乙烷、乙烯、戊烷、戊烯及微量硫化物与水蒸气等。

液化石油气主要有以下特点：

①在常温常压下呈气态，当温度降低或是压力升高时很容易转变为液态。其临界压力为 $4.02 \sim 4.4$ MPa(绝对压力)，临界温度为 $92 \sim 162℃$。液化石油气液化后体积约缩小 $1/250$，液态的液化石油气便于运输、储存与输配。通常采用常温加压条件以保持液化石油气的液体状态，所以用于运输、储存与分配液化石油气的容器均为压力容器。

②液化石油气热值较高，在燃烧时需要大量空气与之混合。为了取得完全燃烧的效果，在使用时一般采用降压法将液态转变为气态。而在液态液化石油气直接用于燃烧时，应采用雾化的方法使其与空气充分接触，以提高燃烧效率。

③液化石油气从储罐等容器或是管道中泄漏后将迅速气化，气态的液化石油气密度为空气的 $1.5 \sim 2$ 倍，液态液化石油气一旦泄漏容易在低洼、沟槽处积聚。而液化石油气爆炸下限很低，为 $1.5\% \sim 2\%$，极易与周围空气混合形成爆炸气体，遇到明火将引发火灾与爆炸事故。

④液化石油气泄漏时迅速气化，将吸收充足的热量，从而造成漏孔附近以及周围大气温度的急剧降低，与人体皮肤接触甚至会造成冻伤，因此对容器的选材与制造均提出了严格的要求。

⑤液态液化石油气密度比水小，一般为水的 $0.5 \sim 0.6$ 倍，在容器或是管道中通常呈气液饱和状态，其饱和蒸气压力随温度的升高而增大。液态液化石油气体积随温度升高而膨胀，因此必须在容器内保持一定的气相空间。所以在向槽车、储罐、钢瓶等容器内充装液化石油气时，应当严格控制充装量不得超过容器的最大允许充装量。过量充装是造成容器损坏、导致重大事故的隐患。

13.1　液化石油气运输

液化石油气由生产厂接收并储存在储气站内的固定储罐中，再通过各种方式转售给不同用户。将液态液化石油气由生产厂输送到储配站的输送方式主要有：管道输送、铁路运输、公路运输以及水路运输。在选择输送方式时，应该通过比较不同方案的技术经济性来确定。

当条件接近时,一般优先采用管道输送。在实际工程中,液化石油气供应基地通常采用两种运输方式互为备用,来保障供应。中小型液化石油气灌装站、气化站和混气站通常采用汽车槽车运输。

13.1.1　管道输送

管道输送在投资、运行费用、可靠性、管理的安全性等方面往往优于其他方案,而其不足之处在于一次投资较大。管道输送适用于运输量较大的情况,也适用于运输量不大但运输距离较短的情况。尤其是在液化石油气储配站修建在生产厂附近时,采用管道输送将有明显的经济效益。

1.液化石油气的管道输送系统

输送液化石油气的管道按照设计压力的不同,通常分为如下三个等级:

Ⅰ级:$P > 4.0$ MPa;

Ⅱ级:$1.6 < P \leqslant 4.0$ MPa;

Ⅲ级:$P \leqslant 1.6$ MPa。

管道的压力级别不同,对阀门、材质等的要求也不同,距离周围的建(构)筑物的安全距离及验收要求也不同。

用管道输送液化石油气时,必须考虑液化石油气易于液化、气化的特点。在输送过程中,要求管道中任何一点的压力都必须高于管道中液化石油气所处温度下的饱和蒸气压,否则液化石油气在管道中会形成"气塞",将大大降低管道的通过能力。因此,当运输距离较长时,为了补充沿途压力损失,还应当设置若干个中间泵站。

液化石油气管道运输系统是通过管道将起点站的储罐、泵站、计量站以及终点站的储罐连接起来,如图 13-1 所示,其组成部分包括:起点站储罐、起点泵站、计量站、中间泵站、管道以及终点站储罐。其中泵站内应不少于两台泵,用以保证系统能够连续工作。用泵将液化石油气从起点站储罐抽出,经过计量后送到管道中,再经过中间泵站加压,将液化石油气气化送入终点站储罐。在输送距离较短时,可以不设中间泵站。

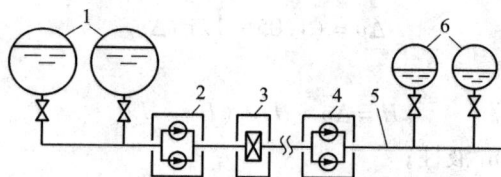

图 13-1　液化石油气管道运输系统

1—起点站储罐;2—起点泵站;3—计量站;4—中间泵站;5—管道;6—终点站储罐

2.管道的工艺计算

管道的工艺计算主要包括管径的确定、压力降的计算以及烃泵的选型。

(1)流速

由于液化石油气是易燃易爆的低黏度液体，如果流速过大，会有产生静电火花的危险。为了确保液化石油气在管道内流动过程中所产生的静电有足够的时间导出，并防止静电电荷聚集和电位增高，其在管道内最大流速不应超过 3 m/s。一般控制在 0.8 ~ 1.4 m/s，并且管径越大，流速应越低。

（2）管径的计算

$$d = \sqrt{\frac{4G_d}{\pi t_d \rho w} \times \frac{1000}{3600}} = 1.05 \sqrt{\frac{G_d}{\pi t_d \rho w}} \qquad (13-1)$$

式中：d——管道内径，m；

　　G_d——管道的日输送量，t/d；

　　ρ——液态液化石油气的密度，kg/m³；

　　w——液态液化石油气在管道内的流速，一般为 1 ~ 2 m/s；

　　t_d——管道的日工作小时数，h/d。

（3）输送管道的阻力计算

输送管道的沿程阻力损失可以采用水力计算基本公式（13-2）进行计算。

$$\Delta p_l = \lambda \frac{L}{d} \frac{w^2}{2g} \qquad (13-2)$$

式中：Δp_l——管道摩擦阻力，m 液柱；

　　λ——摩擦阻力系数；

　　L——管道长度，m；

　　g——重力加速度，m/s²。

由于液化石油气的黏度很小，一般情况下液化石油气在输送管道内雷诺数很大，液化石油气的流动状态处于阻力平方区，采用阿里特苏里公式（13-3）计算摩擦阻力系数。

$$\lambda = 0.11 \left(\frac{\Delta}{d} + \frac{68}{Re} \right)^{0.25} \qquad (13-3)$$

对轻度腐蚀钢管一般取 $\Delta = 0.002$ m。

对液化石油气输送管道进行水力计算时，局部阻力一般取为沿程摩擦阻力的 5% ~ 10%。即输送管道的沿程阻力损失为：

$$\Delta p = (1.05 ~ 1.1) \Delta p_l \qquad (13-4)$$

（4）烃泵的扬程

$$H = \Delta p + H_0 + (H_2 - H_1) \qquad (13-5)$$

式中：H——烃泵的扬程，m 液柱；

　　Δp——管道的总阻力损失，m 液柱；

　　H_0——管道末端的余压，管道末端的压力比饱和蒸气压高出的部分称余压，一般为 (0.3 ~ 0.5) MPa，计算时换算成 m 液柱；

　　H_2、H_1——管道终点、起点的高程，m）。

（5）烃泵的电机功率

$$P = K_p \frac{QH\rho g}{1000\eta} = K_p \frac{QH\rho}{102\eta} \qquad (13-6)$$

式中：P——电机功率，kW；

Q——烃泵的排量，m^3/s；

K_p——系数，取 1.2；

η——效率(包括烃泵效率和传动效率)。

液化石油气管道输送一般采用多级离心泵。在烃泵的选型时应该考虑离心泵在管路中工作的设计工况及其可能的变化范围，使烃泵工况处于较高效率的范围内。泵组每 1～3 台应设 1 台备用泵。选用烃泵的数量应适中。台数过少则备用系数大，台数过多则相应增加管道、阀件以及配电设备的数量，而且会增大泵房的建筑面积。

3. 避免发生气蚀的措施

在烃泵的选型设计计算中，还应该校核烃泵不发生气蚀的条件。离心泵是靠液体储槽与泵入口处之间的压力差将液体吸入，但泵入口处的压力不能降得过低，因为当泵入口处的压力降至与液体温度相应的饱和蒸气压相等时，叶轮进口处的液体会出现气泡，大量的气泡随液体进入泵的高压区时，会发生气蚀现象。在输送低沸点(相对于水)的烃类液体时，必须使烃泵入口处的液化石油气的压力高于其操作温度下的饱和蒸气压，这个高出值被称为气蚀余量。

在烃泵的性能表中规定的烃泵允许气蚀余量数值，通常是指由烃泵生产厂通过试验确定的，考虑到该值是用输送 20℃ 的清水进行的标定，在实际输送液化石油气时，该值需要按液化石油气的密度和蒸气压进行校正，其校正系数如图 13 - 2 所示，烃泵的气蚀余量校正系数通常小于 1。

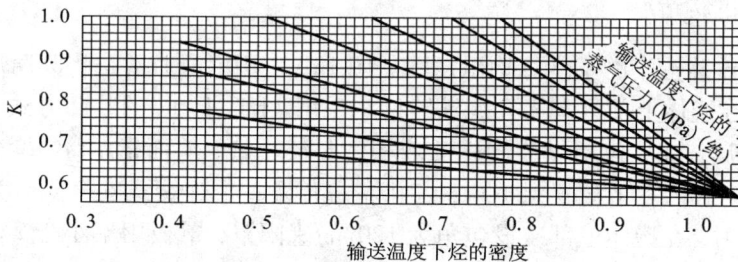

图 13 - 2　烃泵的气蚀余量校正系数

校正后烃泵的允许气蚀余量为：

$$\Delta h = K_{p,c} \Delta h_0 \tag{13 - 7}$$

式中：Δh——校正后烃泵的允许气蚀余量，m 液柱；

$K_{p,c}$——校正系数，查图 13 - 2；

Δh_0——烃泵样本列出的允许气蚀余量，m 液柱。

在工程上为了防止烃泵内产生气蚀，通常的技术措施是保证烃泵前有一定的附加静压液柱高度，例如使液化石油气储罐与烃泵中心保持一定的高度差。

$$\Delta h_p \geqslant \Delta h + \Delta h_i \tag{13 - 8}$$

式中：Δh_p——烃泵入口附加水静压液柱高度(m 液柱)；

Δh_i——烃泵入口前管道的阻力损失(m 液柱)。

此外，当管线坡度很大，在管线沿途出现最高点时，由于静压减少，有可能产生气蚀，因此必须进行校核计算，如果出现气蚀，则需要加大烃泵的扬程。

4.输送液化石油气管道的选线要求

对拟建的液化石油气输送管线，如何在起点、终点之间选择一条最合理的线路是一个重要的工作环节。选择线路的原则是长度最短、方便施工、安全、便于安全管理。选择线路可参考始点与终点之间的交通、供电条件，尽量少穿越农田，避开重要的工程设施、厂矿或是建(构)筑物稠密区域，避开复杂地形或者地物障碍。所选路线应满足液化石油气管道对各种建(构)筑物的安全间距要求。已有交通条件对线路施工和运行管理非常重要。线路靠近公路以及其他道路有利于施工的进行和以后对线路的维护保养，线路附近已有的供电条件是设立泵站和减少投资、经济运行的有利条件。

液化石油气管道一般采用地下敷设，它与建(构)筑物和其他邻近管道的水平净距与垂直净距的要求，应符合《液化石油气供应工程设计规范》GB 51142 的相关规定。

13.1.2　铁路运输

铁路运输主要是采用专门的铁路槽车运输，铁路运输与公路运输相比较，运输能力较大，运费较低，而且铁路运输与管道输送相比较为灵活。但铁路运输的运行及调度管理与管道输送和公路运输相比都要复杂，还受到铁路接轨和铁路专用线建设等条件的限制。铁路运输适用于运输距离较远，运输量较大的情况。

1.铁路槽车的构造

液化石油气铁路槽车的基本结构示意图如图 13－3 所示。通常是将圆筒形卧式储罐安放在火车底盘上，在罐体上部设有入孔。铁路槽车采用"上装上卸"的装卸方式，在入孔盖上设置铁路槽车的附属设备，包括供装卸用的液相管与气相管、液面指示计、紧急切断装置、压力表、温度计等。在入孔上设置保护罩，入孔左右各设一个弹簧式安全阀。为减少太阳光对槽车的直接热辐射，在罐体上部装设包角为 120°的遮阳罩，罩板用不小于 2 mm 厚的钢板制成。有的槽车还设有隔热层，既能防日晒，也能防止火灾。槽车上还有操作平台与罐内外直梯。有的槽车底还设有蒸汽夹套，防止罐内水分冻结。

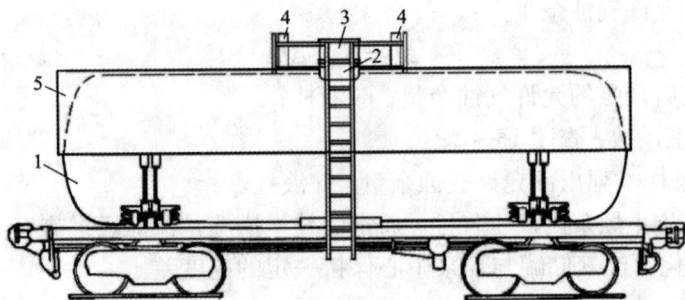

图 13－3　铁路槽车的构造

1—圆筒形储罐；2—入孔；3—附属设备；4—安全阀；5—遮阳罩

为了便于槽车的装卸，使装卸车软管易于连接，槽车通常设置两个液相管和两个气相管。槽车一般均不设排污管。

在新型的铁路槽车设计中，采用高强度的材料，提高了槽车的设计压力，取消遮阳罩，减轻了铁路槽车的自重，提高了槽车的运输能力。

2. 铁路槽车储罐的设计压力

槽车储罐的设计压力，主要根据储罐内液化石油气在最高工作温度下的饱和蒸气压来确定。另外，还应当考虑由于铁路运输中可能出现的振动或是突然刹车时液化石油气对罐体产生的冲击力，以及槽车进行装卸作业时由压缩机或是泵施加给罐体的压力。

槽车储罐的设计压力一般按最高工作压力的 1.1 倍确定。

13.1.3　公路运输

公路运输主要包括汽车槽车运输、活动储罐的汽车运输以及钢瓶的汽车运输。本书主要介绍汽车槽车运输。相比于铁路槽车运输，汽车槽车运输能力较小，灵活性较大，运费较高。汽车槽车运输主要适用于数量较小，但运输距离较近的情况。同时，汽车槽车运输也可以作为以管道或是铁路运输方式为主的液化石油气储配站的辅助运输工具。

1. 汽车槽车的种类

根据用途分类，汽车槽车可分为运输槽车与分配槽车两种。

运输槽车可以作为运输距离不大的储配站的主要运输工具，或者作为大型储配站的补充运输工具。运输槽车一般不设卸车泵。

分配槽车一般适用于直接供应有单独储罐的用户。分配槽车的罐容量通常为 2 ~ 5 t，车上装有卸车泵。

2. 汽车槽车的构造

图 13 - 4 所示为汽车槽车的构造示意图。将卧式圆筒形储罐固定在汽车底盘上，罐体上装有人孔、液面指示计、安全阀、梯子与平台，罐体内部装有防波隔板。汽车上安装有供卸车用的烃泵，烃泵的轴通过传动机构与汽车发动机的主轴连接，由汽车发动机带动。

压力表、温度计以及液相管和气相管的阀门设在阀门箱里，在液相管和气相管的出口，应该安装过流阀和紧急切断阀。

为了防止碰撞，在汽车槽车后面部分的车架上，装有与储罐不相连的缓冲装置。槽车防静电用的接地链，其上端与储罐和管道相连，下端自由下垂与地面接触。

汽车槽车装卸阀门的设置有两种方式，一种为图 13 - 5 所示的侧面装卸式，另一种为图 13 - 6 所示的后部装卸式。图 13 - 7 所示为侧面装卸式汽车槽车的管路系统图。

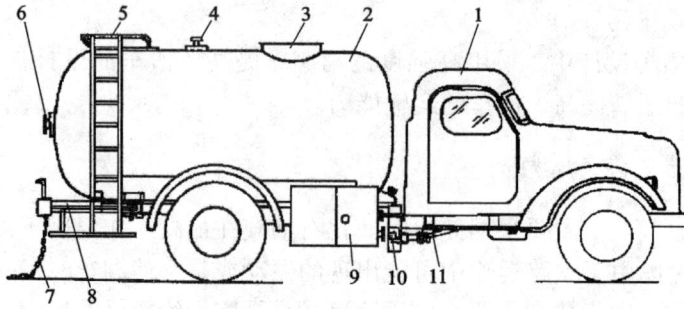

图 13-4   汽车槽车的构造

1—驾驶室；2—罐体；3—入孔；4—安全阀；5—梯子及平台；6—液面指示计；

7—接地链；8—汽车底盘；9—阀门箱；10—烃泵；11—烃泵的传动机构

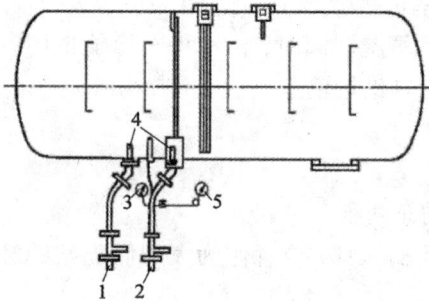

图 13-5   侧面装卸式

1—液相管；2—气相管；

3—温度计；4—紧急切断阀；5—压力表

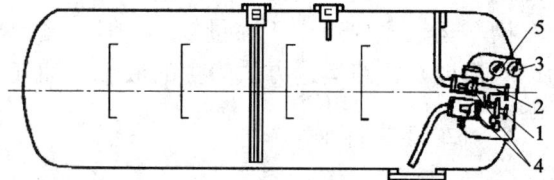

图 13-6   后部装卸式

1—液相管；2—气相管；3—温度计；

4—紧急切断阀；5—压力表

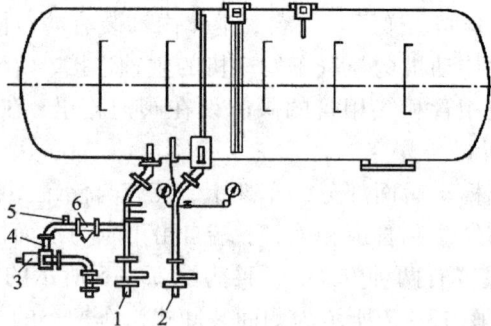

图 13-7   汽车槽车的管路系统

1—液相管；2—气相管；3—烃泵；4—弹性管；5—安全阀；6—过滤器

13.1.4　水路运输

水路运输是采用设有储罐的船舶(或称槽车)从水路运输液化石油气。相比于其他液化石油气的运输方式,水路运输运量大、成本低,槽船上的液化石油气可以常温储存,也可以降温储存。水路运输可以分为海运与河运,其中海运被广泛用于国际液化石油气贸易中,用于海运的液化石油气槽船容量可达数万吨数量级,而用于河运的液化石油气槽船一般容量较小,一般为数百吨到数千吨数量级。发展内河液化石油气水运或是近海液化石油气海运,可降低液化石油气的运输成本。

13.2　液化石油气的储存

液化石油气的储存包括常温储气罐储存与配备制冷装置的降温储存。

液化石油气储罐内的压力是液化石油气的组分与温度的函数。根据目前我国液化石油气的供应情况,储配站的液化石油气组分经常变动,为保险起见,可以按极限状态50℃的纯丙烷考虑。但由于我国地域广阔,南北方温差很大,尤其北方地区一年中很难达到设计温度。即使达到,时间也非常短。对于储存量较大的液化石油气储存站,利用常温压力储罐进行设计会造成设备投资较高并耗费大量的钢材,因此非常有必要采用降温储存。

对于任何一个地区,都可以通过经济技术分析确定一个合适的设计温度,使年计算费用最低。根据不同的设计温度,采用压力储存或是常压储存。在环境温度低于设计温度时,储罐可以正常运行。但在环境温度高于设计温度时,储罐内的压力将超过设计压力,此时就必须采取相应的制冷措施,配备制冷装置,以降低储罐内的液化石油气温度。

13.2.1　储罐储存

1. 常用储罐的主要技术规格

目前国内较为普遍地采用常温固定储罐储存大量液化石油气,它具有结构简单、建造方便、类型多、便于选择以及可以分期分批建造等优点。

储存容量较小时,大多采用圆筒形常温压力储罐。而在储存容量较大时,多采用球形常温压力储罐,也可以采用低温压力式或是常温常压式储罐。液化石油气储罐绝大多数都建设在地面上,也有的建设在地下或是半地下。表13-1与表13-2所示为液化石油气储罐的主要技术规格。

表 13-1　常用圆筒形储罐的主要技术规格

公称容积/m³	几何容积/m³	最大充装质量/t	公称直径/mm	总长/mm	设备质量/kg
2	2.01	0.85	1000	2740	931.1
5	5.07	2.14	1200	4704	1848.5
10	10.01	4.22	1600	5258	3156.8

续表 13－1

公称容积/m³	几何容积/m³	最大充装质量/t	公称直径/mm	总长/mm	设备质量/kg
20	20.11	8.49	2000	6762	5547
30	30.03	12.67	2200	8306	7135
50	50.04	21.12	2600	9900	12659
100	100.01	42.2	3000	14764	22729
100	100.02	42.21	3200	13008	23965
120	120.07	50.67	3200	15498	27957

注：本系列设计压力按压力容器安全技术监察规程(法规)确定。

表 13－2 球形储罐的主要技术规格

序号	1	2	3	4	5	6	7	8	9	10
公称容积/m³	50	120	200	400	650	1000	2000	3000	4000	5000
内径/mm	4600	6100	7100	9200	10700	12300	15700	18000	20000	21200
几何容积/m³	52	119	188	408	640	975	2025	3054	4189	4989

注：本系列设计压力按压力容器安全技术监察规程(法规)确定。

2．储罐的接管和阀件配置

图 13－8 所示为圆筒形储罐的接管及其阀件的配置示意图，图 13－9 所示为球形储罐的接管及其阀件动的配置示意图。圆筒形及球形储罐上均设有液化石油气气相与液相进出管、液相回流管以及排污管等。液相回流管与烃泵出口管上的安全回流阀相接。排污管设在储罐的最低点，用以排除储罐内的水分与污物。另外储罐还必须装备有降温用的喷淋水装置与消防用的喷水设备。

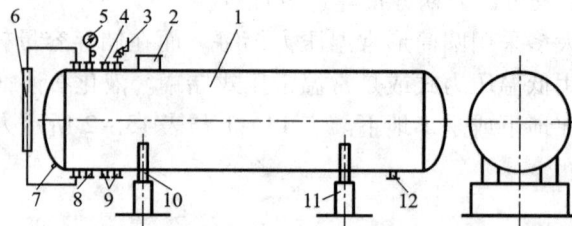

图 13－8 圆筒形储罐接管及阀件的配置

1—筒体；2—入孔；3—安全阀；4—液相回流接管；5—压力表；6—液面指示计；7—温度计接管；8—气相进、出口接管；9—液相进、出口接管；10—鞍式支座；11—非燃烧体刚性基础；12—排污管

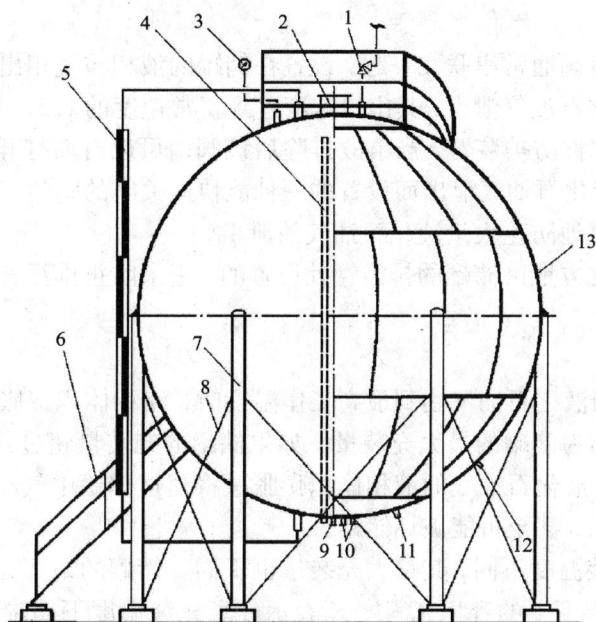

图 13 - 9　球形储罐接管及阀件的配置

1—安全阀；2—入孔；3—压力表；4—气相进、出口接管；5—液面指示
计；6—盘梯；7—赤道正切式支柱；8—拉杆；9—排污管；10—液相进、
出口接管；11—温度计接管；12—二次液面指示计接管；13—壳体

3. 储罐的附件

为了保证储罐的正常与安全运行，储罐上必须设有必要的附件。除了需要安装温度计、压力表之外，还需要设置液面指示计、安全阀、安全回流阀、过流阀、紧急切断阀以及防冻排污阀等。配置的阀门以及附件的公称压力等级应高于液化石油气系统的设计压力。

液面指示计是用直接或是间接的方法测定储罐内液相液化石油气液面位置的设备。常用的液面指示计主要有直观式、浮子式以及压力式等，其中直观式包括玻璃板式、固定管式、转动或是滑动管式。对于储配站的固定储罐，宜选用能直接观察全液位的玻璃板式液位计。对于容积 100 m^3 及以上的储罐，还需要设置远传显示的液位计，而且宜设置液位上限与下限报警装置。

安全阀的采用是为了防止由于储罐附近发生火灾或是因其他操作失误而导致储罐内的压力突然升高，在储罐顶部必须设置安全阀，并且应该符合以下四条要求：①必须选用弹簧封闭全启式，而且其开启压力不应大于储罐设计压力；②容积为 100 m^3 及以上的储罐应设置两个安全阀；③安全阀应装设放散阀，其管径不应小于安全阀出口的管径，放散管管口应高出储罐操作平台 2 m 以上，而且应高出地面 5 m 以上；④安全阀与储罐之间必须装设阀门，而且阀口应全开，并应铅封或是锁定。

安全回流阀设置在烃泵出口管段上。在用烃泵罐装液化石油气钢瓶的系统中，由于罐瓶数量经常波动，特别是突然短时间停止罐瓶时，会由于压力升高引起泵体与管道系统的振动或是其他事故。设置的安全回流阀在压力过高时将自动开启，使一部分液化石油气回流到储罐。

紧急切断阀和过流阀通常串联在一起，设置在储罐的液相与气相出口。当管道或是附件发生断裂将有大量液化石油气泄出，其出口速度达到正常速度的1.5~2倍时，能自动关断的阀门称为过流阀，是一种防护装置，当事故排除后该阀门可以自动打开。紧急切断阀是当事故发生时，防止大量液化石油气泄出而设置的一种能快速关闭的阀门。紧急切断阀和过流阀串联使用可以更加可靠地防止大量液化石油气的泄出。

防冻排污阀是在北方地区储罐的排污管处设置的，用来防止排污管冻结。

4. 储罐的充满度

在任一温度下，当液化石油气达到最高工作温度时，液相体积膨胀到恰好能充满整个储罐，此时的充装量被称为储罐的最大充装量。如果储罐的充装量超过其最大充装量，当温度达到最高工作温度时，液化石油气的液相体积膨胀量将超过储罐中气相空间的体积，将会对储罐产生巨大的作用力，甚至可能破坏储罐。

液化石油气的充装温度不同，其最大充装量也不同。储罐的最大充装量，可用容积充满度 K_f 表示。任一充装温度下的容积充满度 K_f 表示任意充装温度下储罐的最大充装容积 V_f 与储罐几何容积 V_t 的比值。即：

$$K_f = \frac{V_f}{V_t} \tag{13-9}$$

$$V_f = K_f V_t = G_f v \tag{13-10}$$

式中：G_f——液化石油气的最大充装量，t；

v——在充装温度下液化石油气的比容，m^3/t。

当液化石油气的工作温度升高到最高工作温度时，液化石油气充满储罐，其容积为 V_t，即：

$$V_t = G_f v_{T_{max}} \tag{13-11}$$

式中：$v_{T_{max}}$——在最高工作温度 T_{max} 下，液化石油气的比容，m^3/t。

则任一充装温度下，储罐的容积充满度为：

$$K_f = \frac{V_f}{V_t} = \frac{G_f v}{G_f v_{T_{max}}} = \frac{v}{v_{T_{max}}} \tag{13-12}$$

任一充装温度下，储罐的最大充装容积为：

$$V_f = K_f V_t = \frac{v}{v_{T_{max}}} V_t \tag{13-13}$$

因此，储罐的最大充装量为：

$$G_f = \frac{V_f}{v} = \frac{V_t}{v_{T_{max}}} = \rho_{T_{max}} V_t \tag{13-14}$$

式中：$\rho_{T_{max}}$——在最高工作温度下，液化石油气的密度，t/m^3。

在储罐的实际运行中，由于存在各种误差，比如罐体制造的几何尺寸的负偏差（按容积计算可达3%左右），计量或是液面测量仪表的误差（可达2%左右），人为操作误差以及读数误差等，综合考虑0.9的误差系数，则储罐的允许最大充装量可用下式计算：

$$G_f = 0.9\rho_{T_{max}} V_t \qquad\qquad (13-15)$$

容积充满度主要与以下几个因素有关：

①液化石油气的组分。液化石油气的组分不同，比容也不同，在相同的充装温度和最高工作温度条件下，液化石油气的组分将影响容积充满度的大小。

②液化石油气的最高工作温度。液化石油气的最高工作温度越高，比容也随之增大。若储罐的充装温度不变，则容积充满度的值将随最高工作温度的升高而降低。季节的不同也将影响最高工作温度，为了合理地利用储罐的储存容积，冬季与夏季应取不同的容积充满度。

液化石油气储罐结构

③液化石油气的充装温度。当液化石油气的最高工作温度不变时，容积充满度的值将随充装温度的升高而增大，随充装温度的降低而减小。

13.2.2　降温储存

常用的降温储存方式主要包括直接冷却式、间接气相冷却式以及间接液相冷却式。

1. 直接冷却式

直接冷却式降温储存方法亦称为开式循环法，系统简单、运行费用低，现已得到了广泛应用。图 13-10 所示为直接冷却式流程示意图。当罐内温度与压力升高到一定值时，压缩机 2 将开启，从储罐内抽出的气态液化石油气将使罐内压力降低。被抽出的液化石油气经压缩机 2 加压，再经冷凝器 3 冷凝成液体，进入储液槽 4 内，并由烃泵 5 压入低温储罐 1 的上部，经节流喷淋到气相空间，其中一部分液化石油气吸热重新气化，如此循环，储罐内的液化石油气将不断被冷却，使罐内的温度与压力低于设计值。

2. 间接冷却式

间接冷却式降温储存方法亦称为闭式循环法，通常用在液化石油气的运输船上。

图 13-11 所示为间接气相冷却式流程示意图。当罐内温度与压力升高时，由储罐 1 顶部排出的气态液化石油气经冷凝器 2 冷凝成液态，然后进入储液槽 3 经由烃泵 4 压入储罐 1 的上部，经节流喷淋到气相空间，其中一部分液化石油气气化并吸热，将降低罐内温度。气液分离器 7 中的液态液化石油

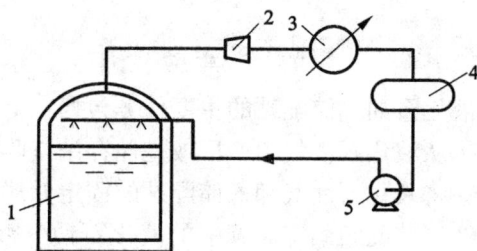

图 13-10　直接冷却式流程
1—低温储罐；2—压缩机；3—冷凝器；
4—储液槽；5—烃泵

气在冷凝器 2 中气化作为冷媒，与气液分离器 7 中的气态液化石油气一起进入压缩机 5，加压后经冷凝器 6 冷凝为液态，重回到气液分离器 7 中。其中，由储罐 1 顶部排出的气态液化石油气与气液分离器 7 中的液态液化石油气在冷凝器 2 中完成换热过程，并实现对储罐的间接冷却。

3.间接液相冷却式

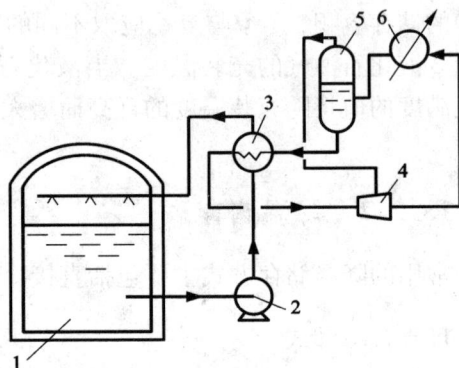

图13－12所示为间接液相冷却式流程示意图。当罐内温度升高时，烃泵2开启，将储罐1下部的液态液化石油气压入换热器3中，与气液分离器5中的液态液化石油气在冷凝器6中完成换热过程，由储罐过来的液化石油气被冷却之后送回储罐1中，冷却后的液化石油气与罐内的液化石油气混合，降低了罐内温度，从而实现对储罐的间接冷却。

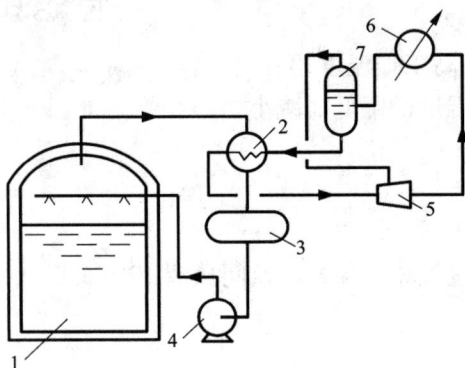

图 13 – 11　间接气相冷却式流程

1—储罐；2—冷凝器；3—储液槽；4—烃泵；

5—压缩机；6—冷凝器；7—气液分离器

图 13 – 12　间接液相冷却式流程

1—储罐；2—烃泵；3—换热器；

4—压缩机；5—气液分离器；6—冷凝器

13.3　液化石油气储配站

13.3.1　储配站的主要任务

液化石油气储配站的主要任务包括：

①从液化石油气生产厂或是储存站接收液化石油气。

②将液化石油气卸入储配站的固定储罐中进行储存。

③将储配站固定储罐中的液化石油气灌注到钢瓶、汽车槽车的储罐或是其他移动式储罐中。

④接收空瓶，发送空瓶。

⑤将空瓶内的残液或是有缺陷的实瓶内的液化石油气倒入残液罐中。

⑥残液处理：包括在供站内的锅炉房中用作燃料，以及外运供给专门用户用作燃料等。

⑦检查和修理气瓶。

⑧站内设备的日常维修。

13.3.2　储配站的工艺流程

储配站的工艺流程随着储配站的规模大小、液化石油气的运输方式、装卸车的方法以及灌瓶方法等的不同而有所不同。通常采用的储配站工艺流程为烃泵、压缩机或是烃泵－压缩机联合工作的方式。

大型储配站一般采用自动化、机械化的灌装和运输设备，通常采用烃泵－压缩机联合工作的工艺流程，即采用压缩机卸车、烃泵灌瓶的方式，图 13－13 所示即为该工艺流程的示意图。

为了完成卸火车槽车、灌瓶与灌装汽车槽车等任务，火车槽车卸车栈桥的液相干管与储罐的液相进口管相连；烃泵的吸入口与储罐的液相出口管相连，而烃泵的出口与灌瓶车间的液相管、汽车槽车装卸台的液相管相连。储配站的所有液相管道互相连通，形成统一的液相管道系统。

储配站内的火车槽车卸车栈桥、汽车槽车装卸台、储罐、残液罐以及残液倒空架的气相管，通过气相阀门组与压缩机的吸排气干管相连，形成统一的气相管道系统。利用压缩机可以从任何储罐中抽出气相，送入其他储罐、火车槽车或是汽车槽车中。

利用上述液相与气相管路系统及阀门，可以完成火车槽车和汽车槽车的装卸、储罐的充装和倒灌、钢瓶的灌装以及钢瓶中残液的倒出等作业。

钢瓶与汽车槽车的液化石油气可以采用烃泵灌装，也可以通过压缩机从其他储罐抽气给储罐升压来灌装。

利用烃泵灌装时，不允许烃泵内液相液化石油气的多次循环，因为多次循环操作将导致液相过热，使烃泵内形成"气塞"，破坏烃泵的运转。因此在烃泵灌装系统内必须设安全旁通回流阀，在有多余的液相产生时可自动地排入回流管，流回储罐。

由于气相管道在变温、变压的环境下运行，管道内部可能产生液相冷凝液，为了避免此液相冷凝液、液化石油气中的杂质或是水分等被带进压缩机气缸，在压缩机入口管道上应该装设气液分离器。另外，为了避免气态液化石油气将气缸中的润滑油带出压缩机从而污染其他设备，在压缩机出口管道上应该装设油气分离器。

13.3.3 储配站的平面布置

1. 站址选择

选择储配站的站址一方面需要综合考虑城镇的总体规划和合理布局，另一方面还需要考虑是否有利生产、方便运输及保护环境等。因此，在站址选择过程中，需要同时考虑当前生产任务的完成以及将来的发展。一般来说，主要需要注意以下问题：

①站址应该选在城镇与居民区全年最小频率风向的上风侧。若是必须建设在城市之中，则应当尽量远离人口稠密区域，用以满足安全与卫生的要求。另外，还要求地势平坦、开阔、不易积存液化石油气。

②考虑到储配站的供电供水以及电话通信网络等各种条件，站址宜选在城镇边缘为宜。

③当液化石油气采用铁路运输时，站址选择应考虑经济合理的接轨条件；采用管道输送时，站址选择应考虑接近液化石油气生产厂；采用水路运输时，站址选择应考虑靠近卸船码头的地方。

④储配站应当避开油库、桥梁、飞机场、铁路枢纽站等重要战略目标。

⑤站址不应受到洪水与山洪的淹灌与冲刷，其标高应当至少高出历年最高洪水位 0.5 m。

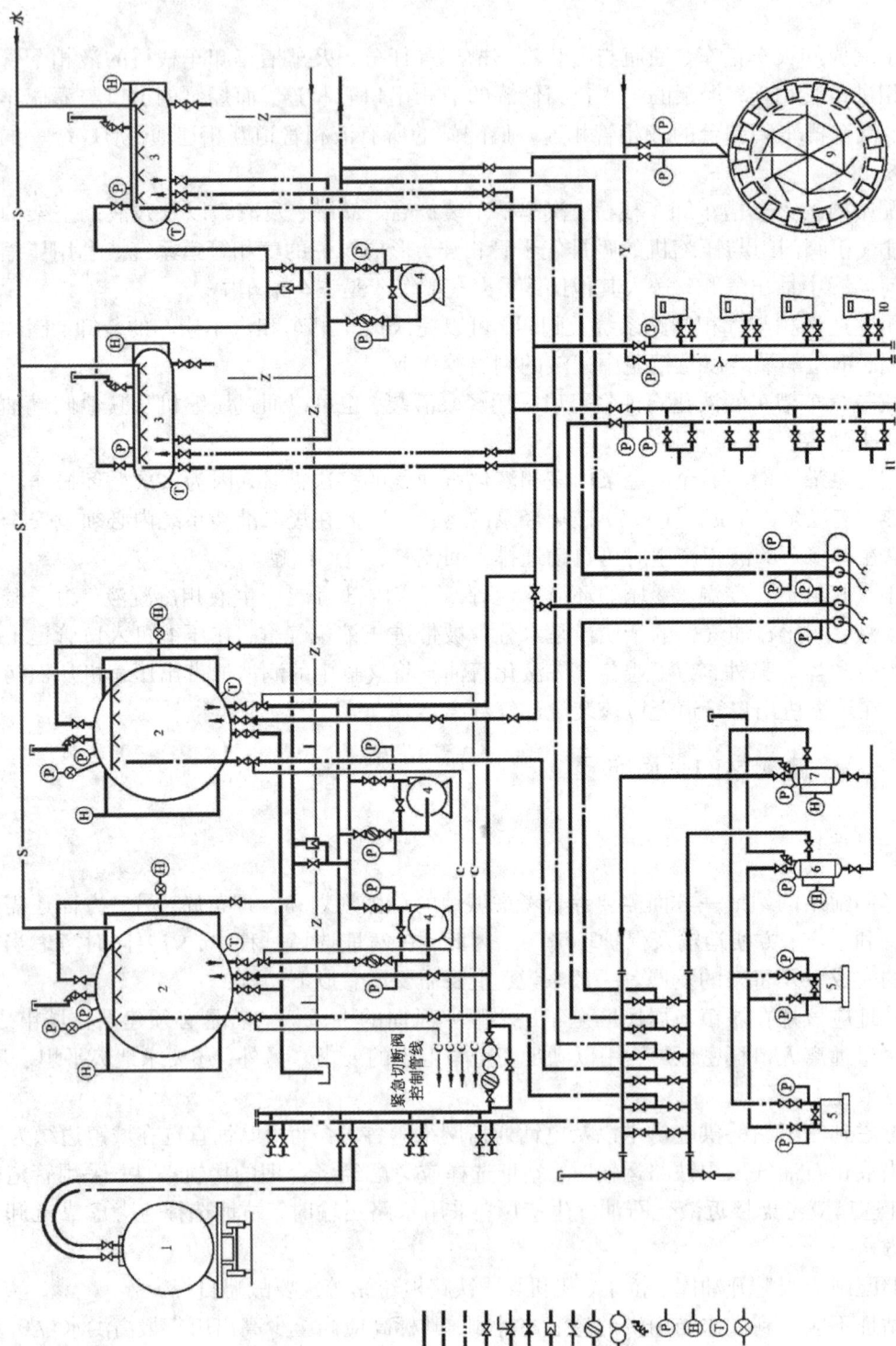

图 13 - 13　烃泵 - 压缩机联合工作的液化石油气储配站工艺流程

1—铁路槽车；2—固定储罐；3—残液储罐；4—烃泵；5—压缩机；6—气液分离器；7—油气分离器；8—汽车槽车装卸台；9—机械化灌装转盘；10—灌瓶秤；11—残液倒空

⑥站址选择应当考虑站址的地质条件，避免布置在滑坡、塌方、溶洞、断层、淤泥等不良地质区域，而且站址的土耐压力至少需要 150 kPa。

2. 平面布置原则

根据液化石油气储配站生产工艺过程的需要，站内应当设置下列建(构)筑物：

①液化石油气采用铁路运输时，应当设有铁路专用线、火车槽车卸车栈桥以及卸车附属设备。

②液化石油气储罐。

③液化石油气压缩机车间。

④液化石油气灌瓶间，包括灌瓶、钢瓶的残液倒空以及存放。

⑤汽车槽车装卸台。

⑥修理间，包括机修间、瓶修间、角阀修理间、电焊与气焊车间等。

⑦车库，用于汽车槽车、运瓶汽车以及储配站内其他车辆的分库存放。

⑧消防水池与消防水泵房。

⑨其他辅助用房，包括配电室、仪表间、化验室、变电所、空气压缩机室、水泵房、锅炉房等。

⑩行政管理以及生活用房。

厂区的总平面图，应当考虑生产工艺流程顺畅与合理、平面布置整齐与紧凑、合理利用地形地貌等因素，还应严格遵守《建筑设计防火规范(GB 50016)》要求的防火间距，并考虑将来发展的余地。

为保证安全与便于生产管理，应当将储配站分区布置。一般分为生产区和辅助区，其中生产区包括储罐区与灌装区。生产区宜布置在站区全年最小频率风向的上风侧或是上侧风侧，灌装区布置在储罐区与辅助区之间，以利用装卸车回车场地，保证储罐区域辅助区之间有较大的安全防火距离。

储罐区内设置各种储罐、专用铁路支线、火车卸车栈桥以及卸车附属设备等。液化石油气储罐的布置、储罐之间的距离、储罐与其他建(构)筑物之间的防火间距均应当符合有关安全规程的要求。

灌装区内设置灌瓶车间、压缩机车间、配电以及仪表间、汽车槽车车库、汽车槽车装卸台以及运瓶汽车回车场地等。其中，灌瓶车间是站内的主要生产车间，在灌瓶车间内主要进行民用及工业用钢瓶的灌装、残液倒空、检重、检漏等操作，除此之外，还需要存放一定量的空瓶、实瓶。灌瓶车间属于储存火灾危险性甲类第五项物品的库房，因此在车间建设以及总平面布置时应当严格遵守安全防火相关的规定。

辅助区内布置生产、生活管理以及生产辅助建(构)筑物。

生产管理以及生活用房可以合并设计在一幢综合楼里面，并布置在靠近辅助区的对外出入口处。

生产辅助建、构筑物包括维修部分、动力部分以及汽车队的运输部分。其中，维修部分包括机修车间、角阀以及钢瓶修理间、电气焊车间、新瓶库、材料库等。这些建筑既可以成组布置，便于管理与工作联系，也可以形成共同的室外操作场地。动力部分包括变电室、水泵房、锅炉房、消防水池、空气压缩机室等，可以集中布置在辅助区距离出入口较远、人员活动较少的一侧，形成完整动力片区，方便管理。

厂区的工艺管道布置应当力求管线最短，并采取分散和集中相结合的方式，用低支架地上敷设；其中通向汽车装卸台的管理在回车场地一段可用埋地敷设，与道路交叉时采用架空敷设，需要经常操作的管道阀门为了便于操作可以集中布置。厂区的其他管道比如供水、热力、采暖等管道，均应明管敷设。

为了便于消防工作与确保安全，罐区应设置有环形的消防通道。

图 13 - 14 所示为年供应量为 1000 t 的储配站总平面布置示例图。

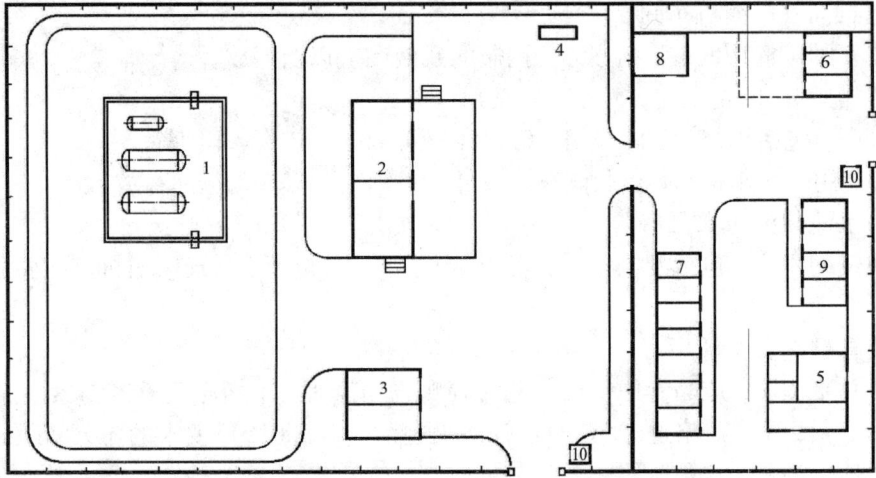

图 13 - 14   1000 t/a 液化石油气储配站总平面图

1—罐区；2—压缩机间、灌瓶间；3—汽车槽车库；4—汽车槽车装卸台；5—锅炉房；
6—营业室、修理车间及瓶库；7—变配电室等；8—车库；9—办公楼；10—门卫

13.3.4   液化石油气储配站的总容积确定

为保证储配站的不间断供气，特别是在用气高峰时段与季节也能保证正常供应，储配站中应储存一定数量的液化石油气。目前在储配站中最广泛采用的液化石油气储存方式为储罐储存。储罐设计总容积可按式(12 - 1)进行计算。

13.3.5   钢瓶的检修

根据压力容器制造和安全使用的要求，为了延长钢瓶的使用年限，钢瓶在每次灌装之前都应该进行外观检查，对于有缺陷、漆皮严重脱落、附件损坏以及根据上一次检修日期切丁的需要进行定期检查与试验的钢瓶，均应送至修瓶车间进行全面的检查和修理。

钢瓶检修的主要内容包括：检查钢瓶阀门、修理和更换钢瓶底座与护罩、进行水压试验与气密性试验、检查钢瓶的重量与容积、除锈、喷漆等。

13.4　液化石油气的气化供气

液化石油气气化供气也可称为液化石油气管道供应，它作为城镇燃气或是小区气源，不仅为家庭用户供应生活用气，还可满足冬季采暖的需求。除此之外，液化石油气管道供应还可作为城镇燃气的调峰气源以及备用气源。

液化石油气有自然气化和强制气化两种形式。

液化石油气依靠自身的显热和吸收外界环境的热量而进行的气化称为自然气化，如图 13 - 16 所示。自然气化方式多用于居民用户、用气量不大的商业用户以及小型工业用户的液化石油气供应系统中。

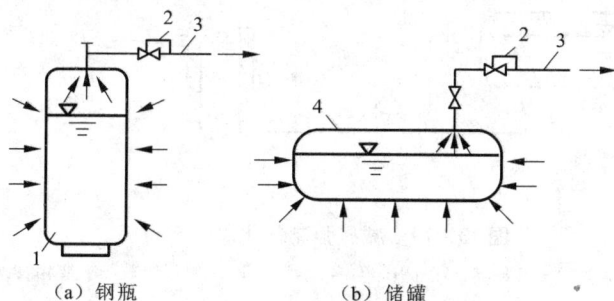

图 13 - 16　自然气化示意图

1—钢瓶；2—调压器；3—气相管道；4—储罐

强制气化依靠人为加热液态液化石油气使其气化的方法，气化过程需要在专门的气化装置——气化器中进行。根据液化石油气从容器中进入气化器的方式不同可将强制气化系统分为等压强制气化、加压强制气化与减压强制气化，其原理示意图分别如图 13 - 17、图 13 - 18 与图 13 - 19 所示。等压强制气化是利用容器本身的压力使液化石油气进入气化器并完成气化。加压强制气化是利用烃泵使液化石油气加压到高于容器内的蒸气压之后再送入气化器，使其在加压后的压力下气化。减压强制气化是液态液化石油气依靠自身压力进入气化器之前先进行减压，再在气化器中完成气化。

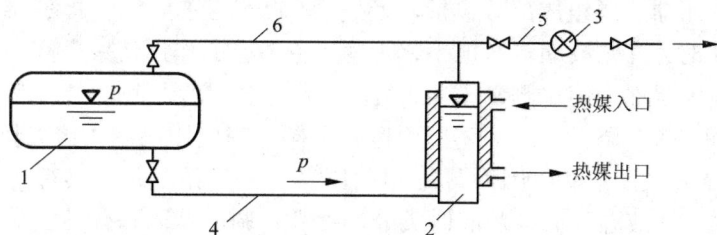

图 13 - 17　等压强制气化原理示意图

1—容器；2—气化器；3—调压器；4—液相管；5—气相管；6—气相旁通管

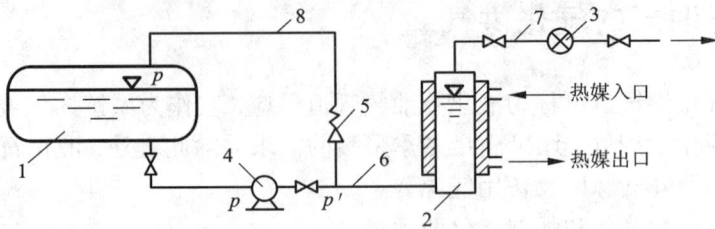

图 13 – 18　加压强制气化原理示意图

1—容器；2—气化器；3—调压器；4—烃泵；5—回流阀；6—液相管；7—气相管；8—旁通回流管

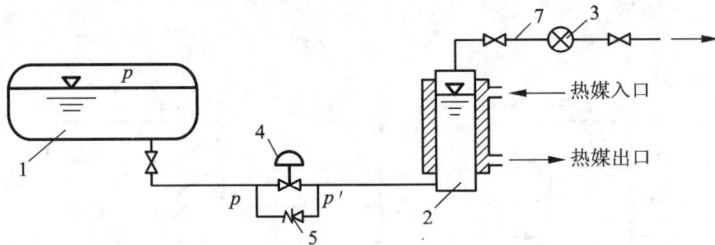

图 13 – 19　减压强制气化原理示意图

1—容器(储罐)；2—气化器；3—调压器；4—减压阀；5—回流阀；6—液相管；7—气相管

13.4.1　自然气化供气

对于供气量不大的系统，多采用自然气化，不仅可以减少投资，还能降低运行费用。这种系统通常采用 50 kg 钢瓶，布置成两组，一组称为使用侧，是使用部分；另一组是待用侧，是待用部分。钢瓶具有储气与为自然气化换热两种功能。其数量根据高峰负荷的需要和自然气化的过程与能力确定。

当输气距离很短，管道阻力损失较小时，气化站通常设置高低压调压器，并采用低压管道供气的方式，设置高低压调压器的供气系统如图 13 – 20 所示。当输气距离较长(超过 200 m 以上)时，采用低压供气不经济时，气化站通常设置高中压调压器或是自动切换式调压器，并采用中压管道供气，在末端用户处再进行二次调压。设置自动切换式调压器的供气系统如图 13 – 21 所示。

自动切换式调压器主要组成部分包括转换把手、凸轮装置、压力指示器以及两个高中压调压器。开始工作时，首先扳动转换把手，通过凸轮装置的作用使一个高中压调压器的膜上弹簧压紧，这个调压器称为使用侧调压器，另一个高中压调压器则为待用侧调压器。根据弹簧的压紧程度不同，两个调压器的关闭压力也就不同。当使用侧调压器工作时，其出口压力大于待用侧调压器的关闭压力，因而待用侧调压器不能供给气体，只有使用侧钢瓶能够供气。随着液量的减少、液温降低以及液体成分的变化，调压器入口侧压力降低，出口压力也相应下降，当调压器出口压力降低至低于待用侧调压器的关闭压力时，待用侧调压器也开始工作，相当于此时两个调压器在同时工作。当使用侧钢瓶组内的液体用完时，扳动转换把手，之前待用侧调压器上弹簧被压紧变成使用侧，而之前的使用侧钢瓶组关闭、在更换钢瓶之后作为新的待用侧。使用侧、待用侧或是两侧同时处于工作状态时，指示器上均有标志。

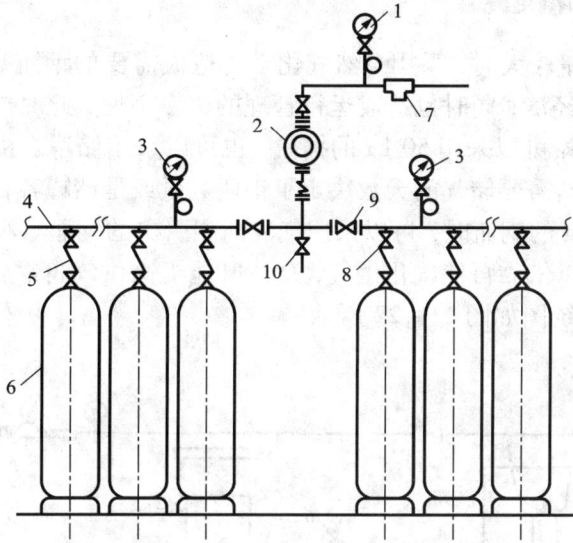

图 13-20 设置高低压调压器的系统

1—低压压力表；2—高低压调压器；3—高压压力表；4—集气管；5—高压软管；6—钢瓶；7—备用供给口；8—阀门；9—切换阀；10—泄液阀

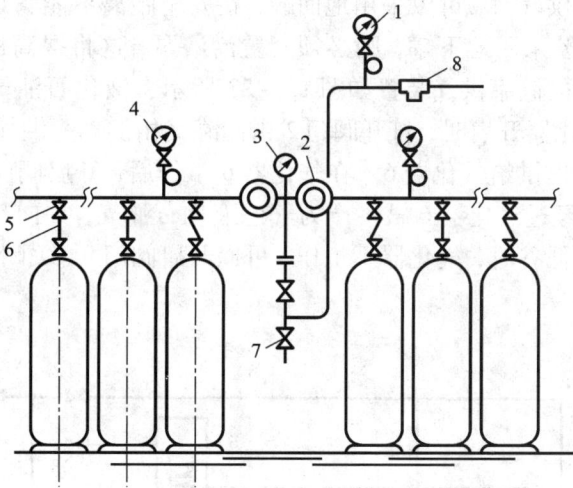

图 13-21 设置自动切换调压器的系统

1—中压压力表；2—自动切换调压器；3—压力指示器；4—高压压力表；5—阀门；6—高压软管；7—泄液阀；8—备用供给口

13.4.2　强制气化供气

当用户较多、用气量较大时,采用自然气化必将造成需要的钢瓶数量大大增加,使得气化站占地面积过大而不经济,同时也造成运行管理的诸多不便,此时应采用强制气化的供应系统。强制气化的气化站可以采用 50 kg 的钢瓶,也可以采用储罐。由于钢瓶与储罐的作用主要为储气,因此气化站需要储气的天数决定了钢瓶数量或是储罐容积。

当气化站采用 50 kg 的钢瓶时,可以采用气液两相引出的钢瓶。高峰时依靠强制气化供气,低峰或是停电时可以依靠自然气化供气,这样既能提高供气可靠性,也能节省电能。强制气化的瓶组供应站系统图如图 13 – 22 所示。

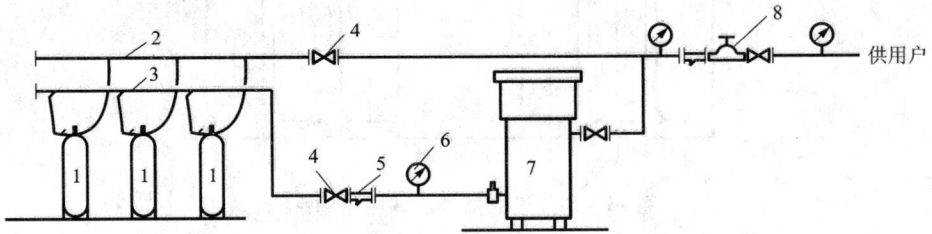

图 13 – 22　强制气化的瓶组供应站系统图

1—气、液两相出口钢瓶组;2—气相管;3—液相管;4—阀门;
5—过滤器;6—压力表;7—气化器;8—调压器

当气化站采用储罐供气时,可以采用地面罐,在安全距离不能满足要求的时候也可以采用地下罐。不同的是,若采用地下罐,则必须配置潜液泵,这将提高造价与初装费用,也增加维护难度。强制气化的储罐供气装置如图 13 – 23 所示。液化石油气由储罐 1 在储存压力下送入气化器 6。在气化器开启时,打开阀门 2 由储罐气相供气。供气给快速热水器 5,其工作产生的热水作为热媒提供给气化器 6。在气化器 6 工作后,开启阀门 3,关闭阀门 2,储罐 1 中的液态液化石油气经过气化器 6 被生产为气态液化石油气,并向热水器 5 供气以维持气化器 6 的工作。在用气低谷时,气化器不工作,可以开启阀门 9,关闭阀门 8,由储罐气相直接向管网供气。

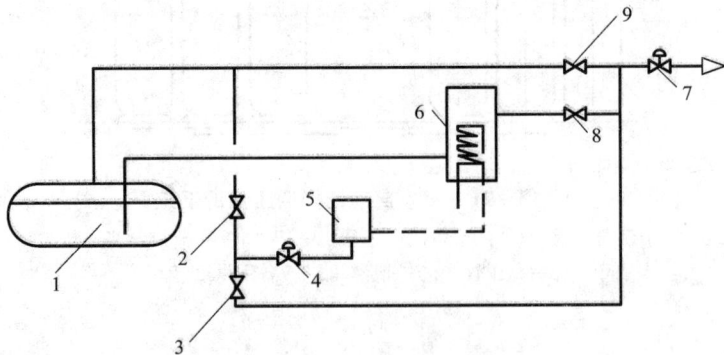

图 13 – 23　强制气化的储罐供气装置

1—储罐;2、3、8、9—阀门;4、7—调压器;5—热水器;6—气化器

强制气化的供气系统根据输送距离的远近可以采用中压供气，也可以采用低压供气。

13.5　液化石油气的汽车加气站

13.5.1　加气站的设计形式

液化石油气汽车加气站按储罐形式可分为地上撬装储罐式和地下储罐式。

1. 地上撬装储罐式

地上撬装储罐式是将加气站所有设备组装成一体，经吊装就位。其投资规模小，一次能将运罐车卸完，移动方便。罐体最大可达 30 m³，可以同时放置两个，也可以设置为主、副罐，配置工作泵与卸车泵，并交替使用，以延长设备使用寿命。加气站内的储罐宜采用卧式储罐，并应按丙烷设计。对于地上储罐，宜设置防晒或是隔热措施。

2. 地下储罐式

地下储罐式的罐体应固定在钢筋混凝土基础上，两罐之间用防渗混凝土墙隔开，罐外表面应采用特加强级防腐绝缘保护层和阴极保护措施，其接管在储罐上部，当接管通过操作区引出时，操作区内应设置可燃气体探头，宜设置强制通风设施。罐底部最低处应设置排污头，便于检修时排出储罐内的残液。

在城市城区内建站时宜采用地下储罐，因为地下罐比地上罐的防火间距小，而且不易受到外界环境影响，安全可靠性高。全埋式地下罐宜采用两个不超过 20 m³ 的储罐，配备两台工作泵一台卸车泵。

13.5.2　加气站的主体设施与工艺流程

1. 加气站的主体设施

液化石油气加气站的主体设施主要包括：液化石油气槽车卸车接头、储罐、加气泵、加气机、加气枪等。

加气泵长期在频繁间歇状态下工作，泵处在备用状态、长时间不运转或是环境温度变化较大，泵入口管易出现局部气蚀，引起泵的不正常运行，因此需要考虑泵的质量与维修便利情况，同时还需在泵入口管采取防晒隔热措施。用于加气站的泵主要包括潜液泵、螺杆泵以及叶片泵。其中，潜液泵用于全埋式储罐；螺杆泵用于储罐离泵较远、泵入口阻力较大的地上罐或是埋地式储罐；叶片泵主要用于储罐离泵较近、泵入口阻力较小的地上储罐，而且具有一定的高差。

加气机通常设有电磁阀、过滤器、气液分离器、流量计、拉断截止阀等，加气机的控制应当与加气泵的控制相关联。加气机作为计量设备，其中最重要的部件为流量计。常用的流量计包括质量流量计与容积流量计，质量流量计可直接测量气体或是液体的质量流量，不受流体温度、压力、黏度、密度以及流动状态等物性的影响，不干扰介质，可进行高精度测量，但是价格远高于容积式流量计。对于液化气介质，使用容积流量计也能满足精度要求。

2.加气站的工艺流程

　　运输槽车上的液化石油气卸出并送进加气站内的储罐。卸车过程通过计算机监控，以确保储罐不会过量充装。槽车运来的液化石油气卸至加气站内的储罐后，可通过启动控制盘上的按钮，通过调压泵，使部分液化石油气进入增压气化器，气化后液化石油气回到罐内升压。加气过程主要依靠调压泵进行。加气机在加液过程中不断检测液体流量。当液体流量明显减少时，加注过程会自动停止。加气机上会显示出累积的液化石油气的加注量。如图 13 – 24 所示即为液化石油气加气站的工艺流程示意图。

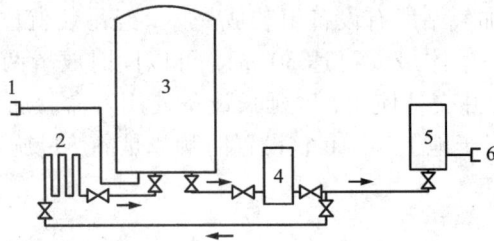

图 13 – 24　液化石油气汽车加气站工艺流程图
1—卸车接头；2—增压气化器；3—储罐；4—泵；5—加气机；6—加气枪

本章小结

　　本章主要介绍了液化石油气的管道、铁路、公路和水路运输，液化石油气的两种储存方式，液化石油气储配站的主要任务、工艺流程、平面布置和总容积确定，液化石油气的自然和强制气化供气，LPG 加气站的设计形式、主题设施和工艺流程。

思考题

1. 什么情况下会产生烃泵气蚀？怎样避免？
2. 为什么液化石油气要降温储存？储罐设计压力怎样确定？
3. 液化石油气常温压力储存容器的设计压力如何确定？
4. 说明压缩机、烃泵在液化石油气储配站中的作用。
5. 液化石油气储存容量最大充装量如何确定？
6. 液化石油气储配站站址选择以及总平面布置有哪些要求？

第 14 章　燃气输配系统技术经济分析

14.1　技术经济分析基础(选修)

14.1.1　现金流量与资金的时间价值

1. 现金流量

(1)现金流量的概念

确定投资项目寿命期内各年的现金流量,是项目经济评价的基础工作。在项目经济评价中,该项目所有的支出现金统称为现金流出,所有的流入现金称为现金流入。我们将投资项目看作一个系统,项目系统中的现金流入量(正现金流量)和现金流出量(负现金流量)称为现金流量。每年实际发生的流出和流入系统的资金代数和叫作净现金流量。

(2)现金流量图

在经济评价中,为了考察各种投资项目在其整个寿命期内的各个时间点上所发生的收入和支出,并分析计算它们的经济效果,可以利用现金流量图。把时间标在横轴上,现金收支量标在纵轴上,即可形象地表示现金收支与时间的关系,这种图就称为现金流量图(如图 14 - 1 所示)。

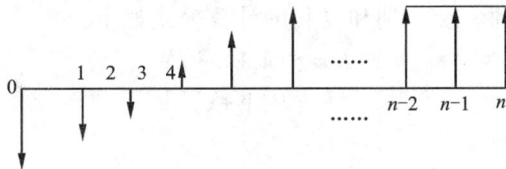

图 14 - 1　现金流量图

图中相对于时间坐标的垂直线代表不同时间点的现金流量情况,箭头向上表示现金流入(正现金流),箭头向下表示现金流出(负现金流)。垂线的长度与金额成正比,金额越大,其垂线长度越长。时间单位可以取年、半年、季或月等,在分段点所定的时间通常表示是该时间点末,同时也表示是下一个时间点初。如第 1 年年末即为第 2 年年初。

2. 资金的时间价值

（1）资金的时间价值的概念

资金的时间价值，是指资金在用于生产、流通过程中，将随时间的推移而不断发生的增值。增值的实质是劳动者在生产过程中所创造的新价值。劳动价值学说是资金具有时间价值的理论基础。

银行的贷款需支付利息，是时间价值的体现。把资金投入生产或流通领域都能产生利润和利息，这种利润和利息就是货币形态的资金带来的时间价值。

资金时间价值的衡量尺度有两个，一是利息、利润或收益等绝对尺度，反映了资金投入后在一定时期内产生的增值；另一个是利率、利润率或收益率等相对尺度，它们分别是一定时期内的利息、利润或收益与投入资金的比例，反映了资金随时间变化的增值率或报酬率。

（2）资金的时间价值的计算

1）利息和利率

所谓利息，广义的理解是借款人因占用借入的资金而向贷款人所支付的报酬。利息体现着资金的盈利能力，是对贷方管理费用的支付和对贷方承担的风险与因贷出资金而失去的使用机会所支付的补偿费用；也是借方为获得某些投资机会所付出的代价，否则，借方将会因缺少资金而失去投资盈利机会。因此可以说，利息也是等待的酬金。

利率是在一定时间内，所获利息与本金之比。利率实质上是资金预期达到的生产率的一种度量。利率通常由国家根据国民经济发展状况统一制定，同时利率作为一种经济杠杆可对资金进行宏观调控。

2）单利和复利

利息的计算分单利和复利两种。单利就是只按本金计算利息，而利息不再计息。而复利就是不仅本金计息，而且利息也计息，即每一计息期的利息额均是以上一个计息期的本利和作为计息基础。我国一般采用单利（按月利率计算），而国际上都采取复利（按年利率计算）。我国在技术经济分析中也按复利计算。另外，复利还有间断复利和连续复利之分。前者以间断期作息期，后者以瞬时作计息用期。从资金时间价值看，资金随生产、流通领域运动，时刻都在创造新的价值，因而理论上采用连续复利法更切合资金的运动现状，但实际上，为便于计算，一般都用间断复利法。单利和复利的计算公式如下：

$$F = P(1 + n \cdot i) \tag{14-1}$$
$$F = P(1 + i)^n \tag{14-2}$$

式中：F——本利和；

　　　P——本金；

　　　i——利率；

　　　n——计息的次数。

14.1.2　成本与利润

1. 工程项目运营期成本费用及构成

（1）生产成本

生产成本亦称制造成本，是指企业生产经营过程中实际消耗的直接材料费、直接工资、其他直接支出和制造费用。

①直接材料费。直接材料费包括企业生产经营过程中实际消耗的原材料、辅助材料、设备零配件、外购半成品、燃料、动力、包装物、低值易耗品以及其他直接材料费。

②直接工资。直接工资包括企业直接从事产品生产人员的工资、奖金、津贴和补贴等。

③其他直接支出。其他直接支出包括直接从事产品生产人员的职工福利费等。

④制造费用。制造费用是指企业各个生产单位（分厂、车间）为组织和管理生产所发生的各项费用，包括生产单位（分厂、车间）管理人员工资、职工福利费、折旧费、维检费、修理费、物料消耗低值易耗品摊销、劳动保护费、水电费、办公费、差旅费、运输费、保险费、托运费（不含融资租赁费）、设计制图费、试验检验费、环境保护费以及其他制造费用。

（2）期间费用

期间费用是指在一定会计期间发生的与生产经营没有直接关系和关系不密切的管理费用、财务费用和营业费用。期间费用不计入产品的生产成本，直接体现为当期损益。

①管理费用。管理费用是指企业行政管理部门为管理和组织经营活动发生的各项费用，包括：公司经费（工厂总部管理人员工资、职工福利费、差旅费、办公费、折旧费、修理费、物料消耗低值易耗品摊销以及公司其他经费）、工会经费、职工教育经费、劳动保险费、董事会费、咨询费、顾问费、交际应酬费、税金（指企业按规定支付的房产税、车船使用税、土地使用税和印花税等）、土地使用费（或海域使用费）、技术转让费、无形资产摊销、开办费摊销、研究发展费以及其他管理费用。

②财务费用。财务费用是指企业为筹集资金而发生的各项费用，包括运营期间的利息净支出、汇兑净损失、调剂外汇手续费、金融机构手续费以及在筹资过程中发生的其他财务费用等。

③营业费用。营业费用是指企业在销售产品、自制半成品和提供劳务等过程中发生的各项费用以及专设销售机构的各项经费，包括应由企业负担的运输费、装卸费、包装费、保险费、委托代销费、广告费、展览费租赁费（不包括融资租赁费）和销售服务费用、销售部门人员工资、职工福利费、差旅费、办公费、折旧费、修理费、物料消耗、低值易耗品摊销以及其他经费等。

2. 利润总额计算

利润总额是企业在一定时期内生产经营活动的最终财务成果。它集中反映了企业生产经营各方面的效益。

现行会计制度规定，利润总额等于营业利润加上投资净收益、补贴收入和营业外收支净额的代数和。其中，营业利润等于主营业务收入减去主营业务成本和主营业务税金及附加，加上其他业务利润，再减去营业费用、管理费用和财务费用后的净额。在对工程项目进行经济分析时，为简化计算，在估算利润总额时，假定不发生其他业务利润，也不考虑投资净收益、补贴收入和营业外收支净额，本期发生的总成本等于主营业务成本、营业费用管理费用和财务费用之和，并且视项目的主营业务收入为本期的销售(营业)收入，主营业务税金及附加为本期的营业税金及附加。则利润总额的估算公式为：

$$利润总额 = 产品销售(营业)收入 - 营业税金及附加 - 总成本费用 \qquad (14-3)$$

根据利润总额可计算所得税和净利润，在此基础上可进行净利润的分配。在工程项目的经济分析中，利润总额是计算一些静态指标的基础数据。

14.1.3　工程项目经济评价方法

在工程经济研究中，经济评价是在拟定的工程项目方案、投资估算和融资方案的基础上，对工程项目方案计算期内各种有关技术经济因素和方案投入与产出的有关财务、经济资料数据进行调查、分析、预测，对工程项目方案的经济效果进行计算、评价。

经济评价是工程经济分析的核心内容。其目的在于确保决策的正确性和科学性，避免或最大限度地减少工程项目投资的风险，明确建设方案投资的经济效果水平，最大限度地提高工程项目投资的综合经济效益。

1.经济评价指标体系

在工程项目经济评价中，按计算评价指标时是否考虑资金的时间价值，将评价指标分为静态评价指标和动态评价指标，如图 14-1 所示。

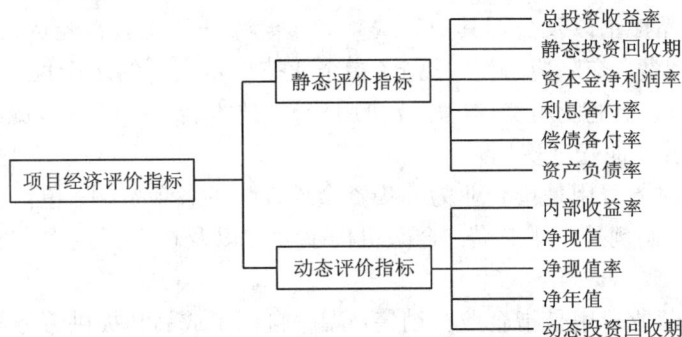

图 14-1　项目经济评价指标体系(一)

静态评价指标，是在不考虑时间因素对货币价值影响的情况下，通过投资、收益、成本、利息和利润等计算出来的经济评价指标。静态评价指标的最大特点是计算简便。它适用于评价短期投资项目和逐年收益大致相等的项目，另外，对工程开展项目规划、机会研究、编制项目建议书时进行的概略经济评价也常采用静态评价指标。

动态评价指标，是在分析项目或方案的经济利益时，对发生在不同时间点的现金流量进行等值化处理后得到的评价指标。动态评价指标能较全面地反映投资方案整个计算期的经济效果，适用于对项目整体效益评价的融资前分析，或对经济及较长以及处在终评阶段的技术方案进行评价。

```
                                          ┌──── 投资回收期
                                          ├──── 总投资收益率
                                          ├──── 资本金净利润率
                          ┌─ 盈利能力分析指标 ├──── 净现值
                          │               ├──── 内部收益率
                          │               ├──── 净现值率
                          │               └──── 净年值
                          │
                          │               ┌──── 内部收益率
  项目经济评价指标 ─────────┼─ 清偿能力分析指标 ├──── 净现值率
                          │               └──── 净年值
                          │
                          │                     ┌──── 净现金流量
                          └─ 财务生存能力分析指标 ┤
                                                └──── 累计盈亏资金
```

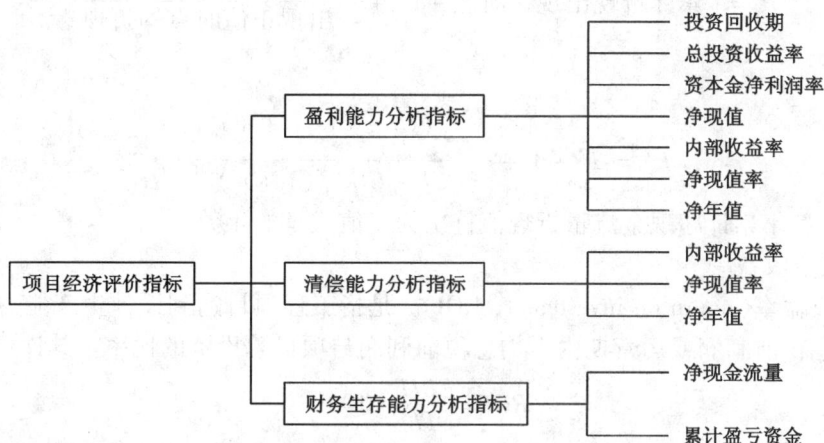

图 14 - 2 项目经济评价指标体系(二)

在工程项目方案经济评价时,应根据评价深度要求、可获得资料的多少以及工程项目方案本身所处的条件,选用多个指标,从不同侧面反映工程项目的经济效果。

2. 盈利能力分析指标

(1)静态投资回收期

投资回收期也称返本期,反映投资方案盈利能力的指标。

静态投资回收期(static payback period),是在不考虑资金时间价值的条件下,以项目投入运营后的净现金流量回收项目投资所需的时间。静态投资回收期可以从项目建设开始年算起,也可以从项目投产年开始算起,但应予注明。如果投入和产出现金流量均服从于年末习惯法,自建设开始年算起,静态投资回收期(以年表示)的计算公式如下,

$$\sum_{t=1}^{P_t} (CI - CO)_t = 0 \qquad (14-4)$$

式中:P_t——静态投资回收期;

CI——现金流入量;

CO——现金流出量;

$(CI - CO)_t$——第 t 年时点的净现金流量。

(2)动态投资回收期

动态投资回收期(dynamic payback period),是在计算回收期时考虑了资金的时间价值。如果投入与产出的现金流量均服从年末习惯法,自建设开始年算起,其表达式为:

$$\sum_{t=1}^{P'_t} (CI - CO)_t (1 + i_c)^{-t} = 0 \qquad (14-5)$$

式中:P'_t——动态投资回收期,年;

i_c——基准收益率。

判别标准:设基准动态投资回收期为 P'_c,若 $P'_t < P'_c$,项目可行;否则,应予拒绝。

动态投资回收期更为实用的计算公式是:

$$P'_c = (累计折现出现正时点 - 1) + \frac{上个时点累计折出绝对值}{出现正值时点的折现} \qquad (14-6)$$

或

$$P'_t = T' - 1 + \frac{\left| \sum_{t=1}^{T'-1} (CI - CO)_t (1 + i_c)^{-1} \right|}{(CI - CO)_{T'} (1 + i_c)^{-T'}}$$

式中：T'——各年累计净现金流量折现值首次为正值或零的年数。

（3）总投资收益率

总投资收益率（return on investment，ROI），是指工程项目达到设计生产能力时的一个正常年份的年息税前利润或运营期内平均息税前利润与项目总投资的比率。其计算公式如下：

$$ROI = \frac{EBIT}{TI} \times 100\% \qquad (14-7)$$

式中：ROI——总投资收益率；

$EBIT$（earnings before interest and tax）——项目达到设计能力后正常年份的年息税前利润或运营期内年平均息税前利润；

TI——项目总投资。

ROI 是静态指标。$EBIT$ 和 TI 都不是现金流量，需分别计算。

年息税前利润＝年营业收入－年增值税金及附加－年总成本费用＋利息支出

年增值税及附加＝年增值税＋年消费税＋年资源税＋年城市维护建设税＋教育费附加＋地方教育费附加

项目总投资＝建设投资＋建设期利息＋流动资金

当计算出的总投资收益率高于行业收益率参考值时，认为该项目盈利能力满足要求。

（4）净现值

净现值是对投资项目进行动态评价的最重要指标之一。该指标要求考察项目寿命期内各个阶段发生的现金流量，按一定的折现率将各年净现金流量折现到同一时点（通常是期初）的现值累加值就是净现值。净现值的表达式为：

$$NPV = \sum_{t=0}^{n} (CI - CO)_t (1 + i_0)^{-t} \qquad (14-8)$$

式中：NPV——净现值；

$(CI - CO)_t$——第 t 时点的净现金流量（应注意"＋""－"号）；

i_0——基准收益率；

n——方案计算期。

判别准则：对单一项目方案面言，若 $NPV \geq 0$，则项目应予以接受；若 $NPV < 0$，则项目应予以拒绝。

多方案比选时，净现值越大的方案相对越优（净现值最大准则）。

（5）内部收益率（IRR）

内部收益率是反映项目所占有资金的盈利率，是考察项目盈利能力的主要动态指标。内部收益率又称内部报酬率。由净现值函数可知，一个投资方案的净现值与所选贴现率有关，净现值的数值随贴现率的增大而减小。在方案周期内，可以使净现值等于零时的折现率称为该方案的内部收益率。其计算公式为：

$$NPV = \sum_{t=0}^{n} (CI - CO)_t (1 + IRR)^{-t} = 0 \qquad (14-9)$$

式中：IRR——项目内部收益率，其余符号同公式(14-8)。

设 i_0 为基准折现率，则项目判别准则：

若 $IRR \geqslant i_0$，项目经济效果可行，应予以接受；

若 $IRR < i_0$，项目经济效果不可行，应予以拒绝。

公式(14-9)是一个一元高次方程，其根不容易直接求解，一般经济评价中常采用"试算内插法"求 IRR 的近似解。求解过程如图 14-3 所示。

若假设两个折现率 i_1 和 i_2，且 $i_1 < i_2$ 再分别计算出 i_1、i_2 对应的两个净现值 NPV_1 和 NPV_2，若 $NPV_1 > 0$，$NPV_2 < 0$，则用直线段 $\overline{AB}$ 近似表示净现

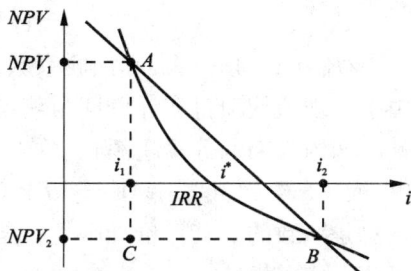

图 14-3　用内插法求解 IRR 图解

值函数曲线 AB，通过线段比例关系近似求得 IRR 的近似值，其计算公式为

$$IRR = i^* = i_1 + \frac{NPV_1}{NPV_1 + |NPV_2|}(i_2 - i_1) \qquad (14-10)$$

IRR 的计算误差($i^* - IRR$)与($i_2 - i_1$)的大小有关，且 i_2 与 i_1 相差越大，误差也越大，一般($i_2 - i_1$)不应超过 5%，最好不超过 2%。

(6)净现值率

净现值率(Net Present Value Rate，NPVR)是在 NPV 的基础上发展起来的，可作为 NPV 的一种补充。净现值率是项目净现值与项目全部投资现值之比。其经济含义是单位投资现值所能带来的净现值，是一个考察项目单位投资盈利能力的指标。由于净现值不直接考察项目投资额的大小，故为考察投资的利用效率，常用净现值率作为净现值的辅助评价指标。净现值率计算式如下：

$$NPVR = \frac{NPV}{I_p} \qquad (14-11)$$

$$I_p = \sum_{t=0}^{m} I_t (P/F, i_c, t) \qquad (14-12)$$

式中：I_p——投资限值；

　　　I_t——t 时点投资额；

　　　m——建设期年数。

应用 $NPVR$ 评价方案时，应使 $NPVR \geqslant 0$，项目方案才能接受。而且在评价时应注意：

①投资现值与净现值的研究期应一致，即净现值的研究期是 n 期，则投资现值也是研究期为 n 期的投资。

②计算投资现值与净现值的折现率应一致。

(7)净年值

净年值(Net Annual Value，NAV)，又叫作等额年值、等额年金，是以基准收益率将项目计算期内净现金量等值换算成等额年值。它与净现值(NPV)的相同之处是，两者都要在给出的基准收益率的基础上进行计算；不同之处是，净现值把投资过程的现金流量折算为基准期

的现值,而净年值则是把该现金流量折算为等额年值。净年值的计算公式为:

$$NAV = \left[\sum_{t=0}^{m} I_t (CI - CO)_t (1 + i_c)^{-t} \right] (A/P, i_c, n) \qquad (14-13a)$$

或

$$NAV = NPV(A/P, i_c, t) \qquad (14-13b)$$

式中:$(A/P, i_c, n)$——资本回收系数。

由于净现值使项目在计算期内获得的超过基准收益率水平的收益现值,而净年值则是项目在计算期内每期的等额超额收益;净年值与净现值仅差一个资本回收系数,而且$(A/P, i_c, n) > 0$,依式(14-13b),NAV与NPV总是同为正或负,故NAV与NPV在评价同一个项目时的结论总是一致的。其评价准则是:若$NAV \geqslant 0$,则项目在经济上可以接受;若$NAV < 0$,则项目在经济上应予拒绝。

14.1.4　工程项目不确定性分析

工程项目投资决策面对未来,项目评价所采用的数据大部分来自估算和预测,有一定程度的不确定性。为了避免投资决策失误,有必要进行不确定性分析。

1. 盈亏平衡分析

盈亏平衡分析是在完全竞争或垄断竞争的市场条件下,研究工程项目特别是制造业项目产品成本费用、产销量与盈利的平衡关系的方法。对于一个工程项目而言,随着产销量的变化,盈利与亏损之间一般至少有一个转折点,这种转折点称为盈亏平衡点(break even point, BEP)。在这点上,营业收入与成本费用相等,既不亏损也不盈利。盈亏平衡分析就是要找出项目方案的盈亏平衡点。

盈亏平衡分析的基本方法是建立成本与产量、营业收入与产量之间的函数关系,通过对这两个函数及其图形的分析,找出盈亏平衡点。

(1)线性盈亏平衡分析

线性盈亏平衡分析的基本公式如下。

年营业收入方程:

$$R = P \cdot Q \qquad (14-14)$$

年总成本费用方程:

$$C = F + V \cdot Q + T \cdot Q \qquad (14-15)$$

年利润方程:

$$B = R - C = (P - V - T)Q - F \qquad (14-16)$$

式中:R——年总营业收入;

　　　P——单位产品销售价格;

　　　Q——项目设计生产能力或年产量;

　　　C——年总成本费用;

　　　F——年总成本中的固定成本;

　　　V——单位产品变动成本;

　　　T——单位产品增值税金及附加;

B——年总利润。

当盈亏平衡时，$B = 0$，

则年产量的盈亏平衡点：

$$BEP_Q = \frac{F}{P - V - T} \tag{14-17}$$

当采用含增值税价格时，式中分母还应扣除增值税。

营业收入的盈亏平衡点：

$$BEP_R = P\left(\frac{F}{P - V - T}\right) \tag{14-18}$$

盈亏平衡点的生产能力利用率：

$$BEP_Y = \frac{BEP_Q}{Q} = \frac{F}{(P - V - T)Q} \tag{14-19}$$

经营安全率：

$$BEP_S = 1 - BEP_Y \tag{14-20}$$

盈亏平衡点的生产能力利用率一般不应大于 75%；经营安全率一般不应小于 25%。

产品销售价格的盈亏平衡点：

$$BEP_P = \frac{F}{Q} + V + T \tag{14-21}$$

单位产品变动成本的盈亏平衡点：

$$BEP_V = P - T - \frac{F}{Q} \tag{14-22}$$

以上分析如图 14-4 所示。

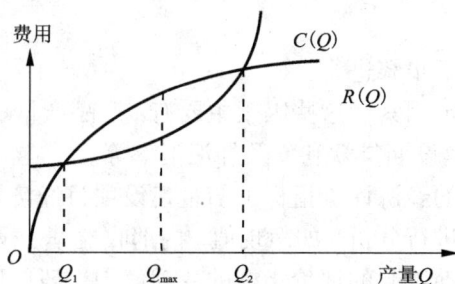

图 14-4　线性盈亏平衡分析图

（2）非线性盈亏平衡分析

在垄断竞争条件下，随着项目产品销量的增加，市场上该产品的售价就要下降，因而营业收入产销量之间是非线性关系；同时，企业增加产量时，原材料价格可能上涨，同时要多支付一些加班费、奖金以及设备维修费，使产品的单位可变成本增加，从而总成本与产销量之间也呈非线性关系；这种情况下，盈亏平衡点可能不止一个，如图 14-5 所示。

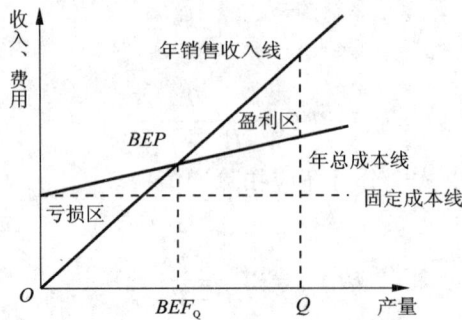

图 14 – 5　非线性盈亏平衡分析图

2.敏感性分析

敏感性分析是通过研究建设项目主要不确定因素发生变化时，项目经济效果指标发生的相应变化，找出项目的敏感因素，确定其敏感程度，并分析该因素达到临界值时项目的承受能力

（1）敏感性分析的目的

①把握不确定性因素在什么范围内变化方案的经济效果最好，在什么范围内变化效果最差。

②区分敏感性大的方案和敏感性小的方案，以便选出敏感性小的即风险小的方案。

③找出敏感性大的因素，向决策者提出是否需要进一步收集资料进行研究，以提高经济分析的可靠性。

（2）敏感性分析的步骤

敏感性分析一般可按以下步骤进行：

①选定需要分析的不确定因素。这些因素主要有：产品产量、产品售价、主要资源价格、可变成本、固定资产投资、建设期贷款利率及外汇汇率等。

②确定进行敏感性分析的经济评价指标。衡量建设项目经济效果的指标较多，敏感性分析一般只对几个重要的指标进行分析，如净现值、内部收益率、投资回收期等。

③计算因不确定因素变动引起的评价指标的变动值。一般就所选定的不确定因素，设若干级变动幅度（通常用变化率表示）。

④计算敏感度系数并对敏感因素进行排序。所谓敏感因素，是指该不确定因素的数值有较小的变动就能使项目经济评价指标出现较显著改变的因素。敏感度系数的计算公式为：

$$\beta = \Delta A / \Delta F \tag{14 – 23}$$

式中：β——评价指标 A 对于不确定因素 F 的敏感度系数；

　　　　ΔA——不确定因素 F 发生变化率 ΔF 时，评价指标 A 的相应变化率，% ；

　　　　ΔF——不确定因素 F 的变化率，% 。

⑤计算变动因素的临界点。临界点是指项目允许不确定因素向不利方向变化的极限值。超过极限，项目的效益指标将不可行。

14.2 燃气工程项目技术经济评价方法

为了在不同的规划方案中选取最佳方案，必须综合考虑技术水平、经济效益、环境效益和社会效益等方面的因素，对各种方案进行全面分析。现代科学技术的不断发展，对于一个城市来说，往往有多种燃气规划方案都能满足社会效益、技术水平等方面的要求，但是它们的经济效益却大不相同。如果，某个燃气规划方案虽然能够满足需要，但要消耗很多的人力、物力、财力和自然资源，经济效益很差，那么这样的规划方案就不能保证国民经济高速度发展，也就不能很好地满足人民的需要和国民经济发展的需要，是不可取的。因此，经济效益虽然不是衡量燃气规划方案的唯一标准，但它却在选择城市燃气规划方案中起着重要作用。

1. 技术经济比较原理

方案的比较和选优是方案评价的基本方法。在比较时，必须把方案建立在共同可比的基础上，使各个方案之间具有可比性。一般情况下，必须具备的可比原则和条件是：满足需要上的可比、消耗费用上的可比、价格指标上的可比、时间上的可比。

满足需要上的可比性，要求参与比较的各个不同的方案，在产品数量、品种、质量等指标都必须是可比的。例如，不同输配系统的输气能力应当相同，不同储气方式的储气量应当相同；不同气源方案的燃气产量和质量(合乎城市燃气规范)应当相同；满足消耗费用的可比性，各方案的消耗费用必须从整个社会和整个国民经济观点出发，从全部消耗的观点(即综合的观点或系统的观点)出发考虑，每个技术方案的总投资既要包括方案本身的投资，也要包括与方案密切相关的相邻部门的投资；满足价格指标的可比性，当不同方案进行经济比较时，必须采用相当时期的价格指标，近期方案比较采用近期价格指标，远景方案比较采用预测的远景价格指标，不同时期的方案比较采用统一的不变价格指标或用价格指数的方法折算成现行价格，其目的是使不同技术方案之间具有价格的可比；满足时间上的可比性，不同方案的经济比较应该采用相等的计算期作为比较的基础。由于各个方案受着技术、经济等种种条件限制，不同的方案在投入人力、物力、财力、自然资源和发挥效益的时间也各不相同的。当不同方案进行经济比较时，不能只考虑技术方案所生产的社会产品数量的多少、产值的大小和有消耗、占用的人力、物力、财力、自然资源、费用的多少，而同时必须考虑相应的时间因素。这样，在进行方案比较时，才使不同方案符合时间上的可比条件。

2. 技术经济比较的计算方法分析

技术经济比较的计算方法很多，不同的经济衡量标准就有相应的技术经济比较计算方法。目前应用较多的技术经济比较计算方法有四种。

(1) 总费用分析法

比较效益(如燃气产量)相同的方案或效益基本相同但难以具体估算的方案，可采用总费用分析法。根据经济效果的概念，技术方案所取得的有用成果越多越好，消耗费用则是越少越好，即投入少产出多。

(2) 投资费用法

这是一种用投资来衡量方案在经济上优劣的方法。它认为各个方案在达到相同目的和满足相同需要时,投资最小的方案在经济上最合理,没有考虑方案的年运行费用,此方法只有在资金非常短缺的情况下适用。

(3)年运行费(成本)法

这是一种从生产成本来衡量方案在经济上优劣的方法。它认为各个方案在达到相同目的和满足相同需要时,年运行费(成本)最低的方案在经济上是合理的。此法只有在各个方案的投资相差不多的情况下,采用年运行费(成本)法。

(4)偿还年限法

由于投资费用法和年运行费法不能反映一次投资和年运行费之间的矛盾,适用范围受到限制。为了全面衡量方案的经济性,应综合考虑投资和年运行费两个因素。偿还年限法就是这样一种方法。

它的基本点是:投入一定量的资金建设工程项目,项目建成投产后获得盈利,用盈利去回收全部投资所需时间就是该项目的偿还年限。

3.综合利用方案的经济分摊计算方法

有一些方案由于本身生产特点的关系,能够满足多方面的需要,属于综合利用方案。如果把这种综合利用方案直接拿去同只能满足某一方面需要的方案比较的话,就没有综合产量的可比条件,即它们之间不可比。

为了符合产量的可比条件,必须把这些能够满足多种需要的综合利用方案和能够满足相同需要的联合方案进行比较。在这种情况下,可以把综合利用方案分成若干个单独方案,把综合利用方案的全部费用进行分摊,然后按单种产品互相进行比较。

目前,应用较多的方法是根据产品产值的大小按比例进行分摊。产值大的,分摊费用大,产值小的,分摊费用小。

总之,城市燃气规划方案很多。因此,一个城市的燃气规划应结合城市的功能、特点、投资能力、物资和技术提供的可能,来建立多个可行的技术方案,进行经济效果的评价、论证和预测,通过比较,从中择优,以达到最佳经济效果。

14.3 燃气调压站最佳工作半径

当建设多级燃气管网时,就产生了调压站的经济作用半径问题。随着调压站数目的增加,低压管网的造价降低,但提高了调压站本身的造价,并由于连接调压站的中压或高压管道长度的增加,也提高了中压或高压管网的造价。因此存在一个最经济的调压站作用半径 R,这时管网系统的年计算费用为最小。

1.调压站的计算费用

调压站的作用半径是指从调压站到零点的平均直线距离。按照图 14-6,调压站的作用半径为

$$R = \frac{\sqrt{2}}{2}\sqrt{\frac{F}{n}} = 0.71\sqrt{\frac{F}{n}}; \quad n = \frac{F}{2R^2} \tag{14-24}$$

式中: R——调压站作用半径, m;

    n——调压站数目;

    F——包括街道在内的供气区面积, m^2。

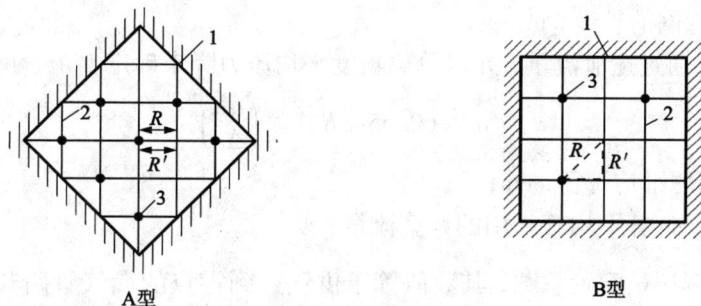

图 14 - 6 低压管网调压站布置形式
1—供气区边界; 2—低压管网; 3—调压站;
R—调压站作用半径; R'—燃气从调压站到零点的管道长度

以 B 来表示一个调压站的造价, 则 n 个调压站的总造价为

$$K_g = \frac{0.5BF}{R^2} \qquad (14-25)$$

式中: K_g——n 个调压站的总造价, 元;

    B——一个调压站的造价, 元。

调压站的运行费用以投资费用的百分数来表示。

$$S_g = (f'_g + f''_g)K_g \qquad (14-26)$$

式中: S_g——调压站的运行费用, 元/年;

    f'_g——折旧费(包括大修费)占投资的百分数;

    f''_g——小修费和维护管理费占投资的百分数。

调压站的计算费用可由下式确定:

$$Z_g F = S_g + \frac{1}{T}K_g = \left(f'_g + f''_g + \frac{1}{T}\right)K_g$$

令

$$f_a = f'_g + f''_g + \frac{1}{T}; \quad A_1 = 0.5f_a B \qquad (14-27)$$

则

$$Z_g = \frac{A_1}{R^2} \qquad (14-28)$$

式中: Z_g——调压站的计算费用, 元/(年·m^2)。

2. 低压管网的计算费用

可认为低压管道主要在水力光滑区工作, 故采用下面的计算公式

$$\Delta p = a\frac{Q^{1.75}}{d^{4.75}}L \qquad (14-29)$$

式中：Δp——低压管网的压力降，Pa；

$\quad$ a——与燃气成分有关的系数；

$\quad$ Q——燃气计算流量，m^3(标)/h；

$\quad$ d——燃气管道直径，cm；

$\quad$ L——低压管网的长度，m；

设低压管网仅通过途泄流量，并以单位长度平均压力降来确定整个管网的平均管径：

$$d_m = a^{0.21}(0.55q\alpha R)^{0.368}\left(\frac{\alpha R}{\Delta p}\right)^{0.21} \qquad (14-30)$$

式中：d_m——管网的平均管径，cm；

$\quad$ $0.55q\alpha R$——计算平均管径用的计算流量；

$\quad$ $\alpha = \dfrac{R'}{R}$——调压站配置系数，其数值等于供气点到零点的燃气管路长度与调压站作用半径的比值。

$$q = \frac{Q}{\sum L_{ln}} \qquad (14-31)$$

式中：q——单位长度途泄流量，m^3(标)/(h·m)；

$\quad$ Q——整个低压管网的计算流量，m^3(标)/h；

$\quad$ $\sum L_{ln}$——低压管网的总长度，m。

A 型布置的情况下，$\alpha=1$，这种布置形式是经济的；在 B 型布置的情况下，$\alpha=1.41$；平均可采用 $\alpha=1.3$。

考虑到地下敷设不能采用直径过小的管道以及在个别情况下计算压力将不能被充分利用，故按公式求得到平均管径应增加 10%~15%，则

$$d_m = 0.9\left(\frac{a}{\Delta p}\right)^{0.21}q^{0.368}(\alpha R)^{0.578} \qquad (14-32)$$

根据公式(14-32)求得的平均管径，对于技术经济计算来说已足够精确。

综上所述，低压管网的投资费用可按近似公式(14-33)求得。

$$K_{ln} = 0.9b\left(\frac{a}{\Delta p}\right)^{0.21}q^{0.368}(\alpha R)^{0.578}\sum L_{ln} \qquad (14-33)$$

式中：K_{ln}——低压管网的投资费用，元。

这个公式建立了管网投资费用和管网参数 Δp、q 和 R 之间的关系，因而可不必通过管网的具体计算而确定管网的投资费用。

城镇燃气管网的小修与维护管理费用主要和燃气管道长度有关，而管径关系很小。因此，在技术经济计算中，可以认为它与管道长度成正比。故低压管网的运行费用可按式(14-34)确定。

$$S_{ln} = f'_{ln}K_{ln} + \delta_{ln}\sum L_{ln} \qquad (14-34)$$

式中：S_{ln}——低压管网的年运行费用，元/年；

$\quad$ δ_{ln}——单位长度低压管道的年小修和维护管理费用，元/(m·a)；

$\quad$ f'_{ln}——低压管网折旧费(包括大修)占投资费用的百分数。

单位面积的低压管网的年计算费用为：

$$Z_{ln} = A_2 + A_3 R^{0.578} \tag{14-35}$$

其中

$$A_2 = \delta_{ln} \varphi_1$$

$$A_3 = 0.9 f_{ln} \varphi_1 b \alpha^{0.578} \left(\frac{a}{\Delta p} \right)^{0.21} q^{0.368}$$

$$f_{ln} = f'_{ln} + \frac{1}{T}$$

式中：Z_{ln}——供气区单位面积分摊的低压管网的年计算费用(元／，a·m²)；

φ_1—— 低压管网的密度系数，1/m，$\varphi_1 = \dfrac{\sum L_{ln}}{F}$

系数 A_1 和 A_2 均为常数，由于系数 A_2 与 R 无关，故在求最佳作用半径 R_0 时可不予考虑。

3. 中压(或高压)管网的计算费用

采用如下方法来考虑中压(或高压)管网的造价对调压站最佳作用半径 R_0 的影响。

假定输配管网是按某一个 R 值来设计的，但是最佳作用半径 R_0 与所采用 R 的值不同，如该变成时中压管网的造价就要改变。随着调压站作用半径的改变，由于中压管网的总负荷不变，向调压站供气的主要管网几乎也是不变的，但其支管长度要发生变化。因此可近似地认为中压管网造价的变化与连接调压站的支管总长度成正比。连接调压站的支管总长度可按式(14-36)计算：

$$\sum l_b = \varphi_2 R_n = \frac{0.5 \varphi_2 F}{R} \tag{14-36}$$

式中：$\sum l_b$——连接调压站的中压支管的总长度，m；

φ_2——中压管网的结构系数，等于 0～2，在计算中可采用 $\varphi_2 = 1$。

连接调压站的中压支管道投资为：

$$K_{mn} = \sum l_b K_{mB} = \frac{0.5 \varphi_2 K_{mB} F}{R} \tag{14-37}$$

式中：K_{mn}——中压管网支管的投资，元；

K_{mB}——单位长度中压管道的造价，元/m。

中压支管的年运行费用为：

$$S_{mn} = f' K_{mn} + \delta_{mB} \sum l_b$$

式中：S_{mn}——中压支管的年运行费用，元/a；

δ_{mB}——单位长度中压管道的小修和维护管理费用，元/(m·a)。

单位面积上的中压支管的年计算费用 Z_{mn} 按下式确定：

$$Z_{mn} = \frac{A_4}{R} \tag{14-38}$$

式中：Z_{mn}——供气区单位面积分摊的中压支管的年计算费用，元/(a·m²)；

A_4——常数。

$$A_4 = 0.5 \varphi_2 (f_{mm} \cdot K_{mB} + \delta_{mB})$$

式中：

$$f_{mm} = f' + \frac{1}{T}$$

4. 调压站最佳作用半径

总的年计算费用为：

$$Z = \frac{A_1}{R^2} + A_3 R^{0.578} + \frac{A_4}{R} \tag{14-39}$$

式中：Z——供气区单位面积分摊的总的年计算费用，元／（a·m²）。

根据总的年计算费用为最小的条件求出 R_0：

$$\frac{dZ}{dR} = \frac{-2A_1}{R^3} + \frac{0.578A_3}{R^{0.422}} - \frac{A_4}{R^2} = 0$$

由上式得：

$$R_0 = C_1^{0.388} (1 + C_2 R_0)^{0.388} \tag{14-40}$$

其中

$$C_1 = \frac{1.92 \ f_g B \ \Delta p^{0.21}}{\alpha^{0.578} a^{0.21} f_{ln} b \varphi_1 q^{0.368}} \tag{14-41}$$

$$C_2 = 0.5 \varphi_2 \frac{f_{mn} K_{mB} + \delta_{mB}}{f_g B} \tag{14-42}$$

可用渐近法解方程式（14-42），并确定最佳值 R_0。

技术经济因数 C_2 中包含了接向调压站的中压管道的费用和调压站费用之间的比值。

因式 $(1 + C_2 R_0)^{0.388}$ 表示中压管网的变化所引起的调压站作用半径的增大。通常 $(1 + C_2 R_0)^{0.388}$ 的值可取为 1.15-1.2。如果忽略中压管网的影响，则 $(1 + C_2 R_0)^{0.388}$ 的值取为 1。

采用下列数值计算 R_0：

$$(1 + C_2 R_0)^{0.388} = 1.2 \ ; \ \alpha = 1.3 \ ; \ a = 20.8$$

系数 a 是按天然气采用的，对其他燃气也可使用，对决定 R_0 其误差不大于 3%。

R_0 可按式（14-43）计算：

$$R_0 = 1.14 \left(\frac{f_g}{f_{ln}}\right)^{0.388} \frac{B^{0.388} \Delta p^{0.081}}{b^{0.388} \varphi_1^{0.388} q^{0.143}} \tag{14-43}$$

现将单位长度途泄流量 $q[m^3/(人·h)]$ 用人口密度、每人每小时计算流量和管网密度系数来表示：

$$q = \frac{Ne}{10^4 \varphi_1} \tag{14-44}$$

式中：N——人口密度，人／hm²

e——每人每小时计算流量，m³（标）／（人·h）。

则

$$R_0 = 4.3 \left(\frac{f_g}{f_{ln}}\right)^{0.388} \frac{B^{0.388} \Delta p^{0.081}}{b^{0.388} \varphi_1^{0.245} (Ne)^{0.143}} \tag{14-45}$$

在确定 e 值时应考虑到连接到连接到低压管网的所有用户。

由计算公式（14-45）可见：

①调压站的最佳作用半径 R_0 随 B 和 Δp 的增大而增大；

②调压站的最佳作用半径 R_0 随 b、和 N 的增加而减小；

③对影响较大的是调压站造价 B、管道造价系数 b 以及低压管网密度系数，影响较小的是人口密度 N 和每人每小时的计算流量 e，影响最小的是计算压力降 Δp。

调压站的最佳负荷根据一个调压站供应的面积 $2R^2(\mathrm{m}^2)$、居民人口密度 N 和每人每小时计算流量 e 来确定：

$$Q_0 = \frac{Ne2R^2}{10000} = \frac{NeR^2}{5000} \tag{14-46}$$

14.4　高压管道设计压力与管径选择优化(选修)

城市高压管道兼有输气和储气的功能，因而能同时解决供气和调峰问题，且与高压球罐储气相比具有优越性。典型的城市高压管道示意图如图 14-7，高压管道上游通过城市门站与长输管道连接，门站中将长输管道压力调节到城市高压管道的设计压力以下；城市高压管道下游通过配气站与城市主干管网连接，配气站将城市高压管道的压力调节到主干管设计压力以下。

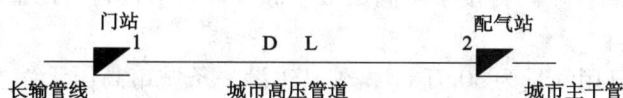

图 14-7　城市高压天然气管道示意图

若已知管道的长度、外径和设计压力，则可以根据高压管道的强度计算公式可计算管道设计壁厚：

$$\delta = \frac{P_{1,\max}D}{2\sigma_s\Phi F - P_{1,\max}} \tag{14-47}$$

式中：δ——壁厚，mm；

　　D——内径，mm；

　　$P_{1,\max}$——设计压力，MPa；

　　σ_s——钢管最低屈服强度，MPa；

　　Φ——焊缝系数；

　　F——强度设计系数；

则高压管道耗费的钢材体积为：

$$V_t = \frac{1}{1000}\frac{\pi D^2 L P_{1,\max}}{2\sigma_s\Phi F - P_{1,\max}} \tag{14-48}$$

式中：V_t——钢材体积耗量，m^3。

定义单位储气量金属耗量为金属耗率 η，则 η 可按式(14-48)计算：

$$\eta = \frac{V_t}{V} = \frac{2P_0 T P_{1,\max}}{T_0\left(\dfrac{P_{m,a}}{Z_a} - \dfrac{P_{m,b}}{Z_b}\right)(\sigma_s\Phi F - P_{1,\max})} \tag{14-49}$$

η 越小表示同等金属耗量下,储气能力越大。由式(14-49)可知,η 与 $P_{1,max}$ 之间存在着复杂的非线性关系,存在某个 $P_{1,max}$ 使得 η 最小。D 和 L 仅对式(14-49)中的 $P_{m,a}$ 和 $P_{m,b}$ 值产生影响,但 D 和 L 能同时使 $P_{m,a}$ 和 $P_{m,b}$ 增大或变小,且增大或变小的幅度接近,因此 D 和 L 对 η 的影响很小。

用于储气目的的高压管道的最优设计应是满足储气量要求,金属耗量最小,且 η 也应较小。

根据式(14-48)可知,影响金属耗量的工艺参数有最大运行压力 $P_{1,max}$、管道内径 D 和管道长度 L,金属耗量是这些参数的非单调函数。高压管道优化设计可归纳为以下最优化问题:

$$\min V_t(D,\ L,\ P_{1,max})$$
$$\text{st. } V = xQ$$
$$P_{1,max} \leqslant p_1 \qquad\qquad (14-50)$$
$$L \leqslant L_{max}$$
$$D \leqslant D_{max}$$

实际工程上,$P_{1,max}$ 和 D 的取值都是规定系列的离散值,L 的取值一般也根据工程实际情况确定几个可取的离散值。因而可以遍历算法,先计算出所有可选的 $P_{1,max}$、D 和 L 取值下管道的储气能力和金属耗量。再搜索出满足最小储气量要求且金属耗量最小的工艺参数配置方案,即为最优方案。

例:A 市规划期日用气量为 30 万 m^3,现拟建设一条城市高压天然气管道连接长输管道分输站和城市门站,距离为 150 km。根据供气合同,长输管道将以稳定小时流量向城市供气,分输站运行压力为 10 MPa(绝对压力),城市门站出口压力为 0.5 MPa(绝对压力)。拟建高压管道需解决城市用气小时调峰问题,调峰量为日用气量的 20%。其他参数取值为:

$T_0 = 273.15$ K;$T = 288.15$ K;$\Delta = 0.587$;钢管最低屈服强度 $\sigma_s = 245$ MPa;焊缝系数 $\Phi = 1$;强度设计系数;$F = 0.3$;$Z = 1$。试确定最优的管道工艺参数。

先假设 D 取 500 mm,L 取 15 km,则可绘制 η 与 $P_{1,max}$ 之间的关系如图 14-8 所示。

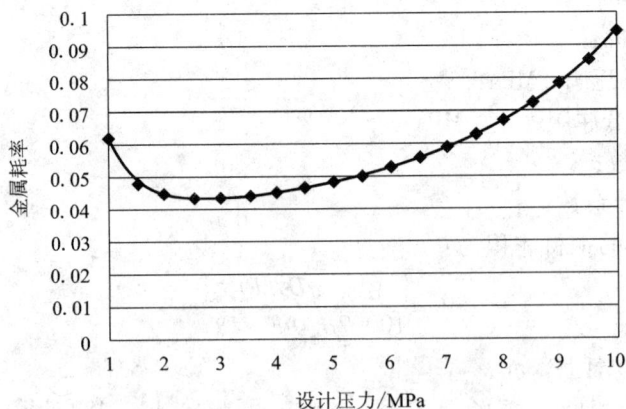

图 14-8　金属耗率与设计压力之间的关系

由图 14 - 8 可知, 当设计压力为 2.5 ~ 3.5 MPa 时, 金属耗率最低。

根据案例情况及工程习惯, 高压管道的设计压力可以有五种方案: 1.6 MPa, 2.5 MPa, 4.0 MPa, 6.4 MPa, 10 MPa; 管道内径从 100 mm 至 1000 mm 范围中选择常用管径系列; 管道长度已经确定为 15 km; $P_{2,min} = 5 \times 10^5$ Pa。

通过编程计算可知, 随着压力和管径的增大, 储气能力都会增大, 但相应的管材消耗也增多, 表 14 - 1 中的参数是在五种设计压力下的最小管径配置方案及其管材消耗对比。

表 14 - 1 满足最小储气能力要求的设计方案对比

方案序号	设计压力/MPa	管径/mm	长度/km	钢材耗量/m³	$Vt/V(10^{-6})$
1	1.6	700	15	2820.2	46889
2	2.5	550	15	2921.2	43293
3	4	400	15	2819	45238
4	6.4	350	15	4451	55379
5	10	250	15	6270	95750

由表 14 - 1 可知, 能够满足储气调峰要求且管材消耗最好的方案是方案 3, 即管道设计压力(即最大允许运行压力)为 4.0 MPa, 管道内径为 400 mm 的方案。但管材耗量与储气能力之比最小的方案是方案 2, 即设计压力为 2.5 MPa, 管道内径为 550 mm, 该方案能够满足最小储气能力要求且管材发挥的功效最大。

考虑到施工难易程度及工程造价的高低, 该案例最佳方案应选方案 3。

适当设计的高压管道在满足最大供气流量的同时, 也能够解决城市一日之内的用气调峰问题。通过提高设计压力、增加管径和延长管道长度的方法都可以使高压管道的储气能力增加, 管径和长度对单位储气量的金属耗量影响较小, 而设计压力对金属耗率影响大, 且存在一个使得金属耗量最小的设计压力值。通过高压管道参数的优化设计, 可以节省高压管道材料耗费, 从而保证技术可行的前提下经济最优。

本章小结

本章介绍了一些技术经济分析的简单概念、工程项目中常用的经济评价方法、不确定性分析方法和一些基本的技术经济指标的计算方法。通过燃气调压站的计算费用、不同压力管网的计算费用确定燃气调压站的最佳工作半径。在高压管道的设计中, 通过高压管道参数的优化设计, 可以节省高压管道材料耗费, 从而保证技术可行的前提下使管道工程造价最低。经济效益在选择城市燃气规划方案中起着重要作用, 因此需要通过技术经济比较对城市燃气规划方案进行经济效果的评价、论证和预测, 通过比较从中择优, 以达到最佳经济效果。

思考题

1. 现金流量和现金流量图的概念是什么?

2. 什么是资金的时间价值? 应该如何计算?

3. 简述工程项目运营期成本费用及构成。

4. 工程项目经济评价指标体系有哪些? 盈利能力分析指标有哪些?

5. 怎样对工程项目进行不确定性分析?

6. 调压站、低压管网及中压(或高压)管网的计算费用如何计算?

7. 调压站最佳作用半径与哪些因素有关?

8. 怎样在技术可行的前提下通过高压管道参数的优化设计节省高压管道材料耗费, 从而保证使管道工程造价最低?

9. 要使燃气工程项目各种方案具有可比性, 必须具备的可比原则和条件有哪些? 目前应用较多的技术经济比较计算方法有哪几种? 如何对能够满足多种需要的综合利用方案和能够满足相同需要的联合方案进行比较?

附表 管道材料对管道性能及用途的影响

钢管名称及标准号	规格尺寸范围/mm	钢号	制造方法或和交货状态	适用范围	备注
低压流体输送用镀锌焊接钢管 GB 3091	DN6~150 普通管（壁厚2~4.5），加厚管（壁厚2.5~5.5）	Q195 Q215A Q235A	炉焊、电焊不带螺纹按原则制造状态交货，>DN10的钢管可按用户要求带螺纹交货	0~100℃、≤0.6MPa的水、空气	代替 GB 3091—1993
低中压锅炉用无缝钢管 GB/T 3087—2008	外径：φ10~426，壁厚：1.5~26	10 20	热轧管以热轧状态交货，冷拔（轧）管以热处理状态交货	各种结构中低压锅炉用和机车锅炉用	精度分普通级和高级两种，其外径和壁厚的允许偏差不同
高压锅炉用无缝钢管 GB 5310—2017；化肥设备用高压无缝钢管 GB 6479—2013	热轧（挤、扩）管，φ22~530，壁厚2~70 冷拔（轧）管：φ10~14，壁厚2~13，外径 φ14~273，壁厚4~40	20G 10MnWVNb 20MoC 25MnC 12CrMoG	900~930℃正火，(980±10)℃正火，(740±10)℃或(810±10)℃高温回火	适用制造高压及其以上耐热无缝钢管-40~400℃，10~32MPa的化工设备和管道通用	代替 GB 5310—1999
输送流体用无缝钢管 GB 8163—2008	热轧（挤、扩）管，φ32~630，壁厚2.5~75；冷拔（轧）管：φ6~200，壁厚0.25~3.2	10，20优质碳素钢 Q295 Q345 Q390 等	热轧管以热轧状态或热处理状态交货，冷拔（轧）管以热处理状态交货	-20~450℃，-70~100℃，-40~450℃	代替 GB/T 8163—1999
石油裂化用无缝钢管 GB 9948—2013	外径：φ10~273，壁厚：1~20	10，20优质碳素钢	热轧管纵轧，冷拔管正火	炉管、换热器管和配管	代替 YB 237—1988
		12CrMo		-40~525℃	
		15CrMo	热轧管+回火，冷拔管正火+回火	-40~550℃	
		1Cr2Mo			
		1Cr5Mo	退火	-40~600℃	
		1Cr18Ni9	固溶处理：热轧管固溶温度≥1040℃	-196~700℃	
		1Cr19Ni11Nb	固溶处理：热轧管固溶温度≥1050℃，冷拔（轧）管固溶温度≥1095℃	-196~700℃	

续附表

钢管名称及标准号	规格尺寸范围/mm	钢号	制造方法或和交货状态	适用范围	备注
流体输送用不锈钢焊接钢管 GB/T 12771—2008	外径：φ6～560，壁厚：0.3～14	06Cr13 06Cr19Ni10 022Cr19Ni10 022Cr18Ti 06Cr18Ni11Nb 022Cr17Ni12Mo2	冷轧管以热处理状态交货，经协商也可按其他状态交货；采用自动电弧焊或电阻焊接方法制造	中低压流体用	
流体输送用不锈钢无缝钢管 GB/T 14976—2012	热轧（挤、扩）管，外径 φ68～426，壁厚 4.5～18；冷拔（轧）管：φ6～159，壁厚 0.5～15	06Cr19Ni10	1010～1150℃，急冷	流体输送用	代替 GB/T 14976—1999
		022Cr19Ni10	1010～1150℃，急冷		
		06Cr23Ni13	1030～1150℃，急冷		
		06Cr25Ni20	1030～1150℃，急冷		
		06Cr18Ni11Ti	920～1150℃，急冷		
		06Cr18Ni11Nb	980～1150℃，急冷		
		022Cr17Ni12Mo2	1010～1150℃，急冷		
		06Cr19Ni13Mo3	1010～1150℃，急冷		
		022Cr19Ni13Mo3	1010～1150℃，急冷		
		06Cr17Ni12Mo3Ti	1000～1150℃，急冷		
		1Cr18Ni12Mo3Ti	1000～1150℃，急冷		
		06Cr18Ni12Mo2Cu2	1010～1150℃，急冷		
		022Cr18Ni14Mo2Cu2	1010～1150℃，急冷		
		06Cr18Ni11Ti	1000～1100℃，急冷		
		06Cr13	780～830℃，空冷或缓冷		
		0Cr26Ni5Mo3	≥950℃，急冷		

续附表

钢管名称及标准号	规格尺寸范围/mm	钢号	制造方法或/和交货状态	适用范围	备注
低压流体输送用大直径电焊钢管 GB/T 14980—1994	外径 φ168.3～508，壁厚 5.0～12	Q215	按制造状态交货	适用于水、煤气、空气、采暖蒸汽等低压流体	
		Q235A、B	按制造状态交货		
低压流体输送管道用螺旋缝埋弧焊钢管 SY/T 5037—2012	外径 φ273～2540，壁厚 5.0～20	Q195	按制造状态交货	适用于水、煤气、空气、采暖蒸汽等普通流体	代替 SY 5037—92
		Q215			
		Q235			
普通流体输送管道用螺旋缝高频焊钢管 SY/T 5038—1992	外径 φ273～2540，壁厚 5.0～20	Q195	按制造状态交货	适用于水、煤气、空气、采暖蒸汽等普通流体	代替 SY 5038—83、SY 5039—83
		Q215			
		Q235			

参考文献

[1] 崔永章，史永征，陈彬剑. 燃气气源[M]. 北京：机械工业出版社，2013.

[2] 徐文渊，蒋长安. 天然气利用手册(精)[M]. 第二版. 北京：中国石化出版社，2006.

[3] 张爱凤. 燃气供应工程[M]. 合肥：合肥工业大学出版社，2009.

[4] 岳登贵. 住宅燃气采暖与制冷发展分析[J]. 上海煤气，2005(03).

[5] 罗健，余学海，张占锁，等. 燃气分布式能源发展前景及经济性分析[J]. 燃气轮机技术. 2012. 25(1)：17 – 19.

[6] 刘满平. 我国天然气分布式能源发展制约因素及对策研究[J]. 中外能源，2014，19(1)：3 – 10.

[7] 段常贵. 燃气输配[M]. 第四版. 北京：中国建筑工业出版社，2011.

[8] 蒋长春. 采气工艺技术[M]. 北京：石油工业出版社，2009.

[9] 王志昌. 输气管道工程[M]. 北京：石油工业出版社，1997.

[10] 严铭卿. 燃气输配工程分析[M]. 北京：石油工业出版社，2007.

[11] 刘松林. 高层建筑燃气系统设计指南[M]. 北京：机械工业出版社，2004.

[12] GB 50251—2015 输气管道工程设计规范.

[13] 姜正侯. 燃气工程技术手册[M]. 上海：同济大学出版社，1993.

[14] 谭小平. 室内天然气管道选材的探讨[J]. 煤气与热力，2009，29(7)：15 – 19.

[15] 康勇. 油气管道工程[M]. 中国石化出版社.

[16] 严铭卿. 燃气输配管网供气可靠性评价方法[J]. 煤气与热力，2014，34(01)：1 – 5.

[17] 王蕾，李帆. 城市燃气输配管网的可靠性评价[A]. 煤气与热力，2005(04)：5 – 8.

[18] 何淑静，周伟国，严铭卿，等. 城市燃气输配系统事故统计分析与对策[J]. 煤气与热力，2003，23(12)：753 – 755.

[19] 汪涛，张鹏，刘刚. 城市天然气管网运行的可靠性分析[J]. 油气储运，2003，22(3)：15 – 18.

[20] 王玉梅，郭书平. 国外天然气管道事故分析[J]. 油气储运，2000，19(7)：5 – 10.

[21] 黄瑞详. 可靠性工程[M]. 北京：清华大学出版社，1990.

[22] 疏松桂，唐信青. 故障树手册[M]. 北京：原子能出版社，1987.

[23] 曲慎扬. 油气管道可靠性评价指标及其计算[J]. 油气储运，1996，15(4)：1 – 4.

[24] 苏哈列夫，斯塔夫洛夫斯基，卡拉谢维青. 干线管道设计中的可靠性问题[J]. 油气储运，1997，16(12).

[25] 张川东. 城市配气管网水力工况及可靠性分析研究[D]. 西南石油学院，2003.

[26] 刘惟信. 机械可靠性设计[M]. 北京：清华大学出版社，1996.

[27] 邓立三. 燃气计量[M]. 郑州：黄河水力出版社，2011.

[28] 毛义华. 工程经济学[M]. 杭州：浙江大学出版社，2014.

[29] 刘晓君. 工程经济学[M]. 第3版. 北京：中国建筑工业出版社，2015.

[30] 重庆建筑大学. 燃气生产与净化[M]. 北京：中国建筑工业出版社，1992.

[31] 顾安忠. 液化天然气技术[M]. 北京：机械工业出版社，2003.

[32] 杨凤玲. 中国为什么要发展液化天然气[J]. 城市燃气，2005(7)：24－27.

[33] 赖元楷. 浅析天然气高效利用[J]. 城市燃气，2005，(1)：18－23.

[34] 李海梁. 北方地区燃气输配系统形式的选择[J]. 煤气与热力，1999.19(04).

[35] 刘燕，马一太，田贯三，等. 北京拟建六环天然气管道储气能力计算及调峰问题探讨[J]. 天然气工业，2004，24(12)：155－157.

[36] 钟德鑫，苑莉钗. 高压管道储气调峰在城市配气设计中的应用[J]. 油气储运，2003，22(2)：24－26.

[37] GB50251，输气管道工程设计规范(GB 50251)[S]. 北京：中国计划出版社，2003.

[38] 陈立. 城市燃气技术现状及发展趋势[J]. 煤气与热力，2007(12)：56－58.

[39] 顾安忠. 液化天然气技术[M]. 北京：机械工业出版社，2010.

[40] 郭揆常. 液化天然气(LNG)应用与安全[M]. 北京：中国石化出版社，2008.

[41] 郁永章，高其烈，等. 天然气汽车加气设备与运行[M]. 北京：中国石化出版社，2006.

[42] 彭世尼，黄小美. 燃气安全技术[M]. 第3版. 重庆：重庆大学出版社，2015.

[43] 张应力，周玉华. 液化石油气储运与管理[M]. 北京：中国电力出版社，2007.

[44] 严铭卿，宓亢琪. 燃气输配工程学[M]. 北京：中国建筑工业出版社，2014.

图书在版编目（ＣＩＰ）数据

燃气输配与储存 / 黄小美等编著. --长沙：中南大
学出版社，2018.12
ISBN 978 - 7 - 5487 - 3523 - 6

Ⅰ. ①燃… Ⅱ. ①黄… Ⅲ. ①煤气输配 ②煤气储存
Ⅳ. ①TQ547.8 ②TQ547.9

中国版本图书馆 CIP 数据核字(2018)第 286330 号

燃气输配与储存

黄小美　管延文　赵　丽　庞凤皎　李永存　蔡　磊　编著

□责任编辑	刘颖维	
□责任印制	易建国	
□出版发行	中南大学出版社	
	社址：长沙市麓山南路	邮编：410083
	发行科电话：0731 - 88876770	传真：0731 - 88710482
□印　　装	湖南省众鑫印务有限公司	

□开　　本	787×1092　1/16		□印张 20.25		□字数 498 千字
□版　　次	2018 年 12 月第 1 版		□印次	2018 年 12 月第 1 次印刷	
□书　　号	ISBN 978 - 7 - 5487 - 3523 - 6				
□定　　价	59.00 元				

图书出现印装问题，请与经销商调换